U1006086

深孔加工技术

主编　王世清

编者　王世清　朱　林

刘战锋　彭　海

西北工业大学出版社

【内容简介】 本书系统全面地论述了深孔加工的切削机理、基本理论、基础知识、加工系统、刀具设计、机床改造、加工工艺、加工实例、加工检测及发展动向等，特别是对超细长深孔的加工、难切削材料的深孔加工、种种高难度深孔加工实例、深孔加工孔轴心线的控制及加工质量的控制等方面做了较为突出详细的描述。

本书是作者多年来对深孔加工技术研究的总结及体验。全书内容精练、理论充实、应用具体，可供有关技术人员阅读，也可供大专院校师生参考。

图书在版编目(CIP)数据

深孔加工技术/王世清主编.—西安:西北工业大学出版社，2003.9(2018.7重印)
ISBN 978-7-5612-1696-5

Ⅰ.深… Ⅱ.王… Ⅲ.孔加工 Ⅳ.TG52

中国版本图书馆CIP数据核字(2003)第074522号

出版发行：西北工业大学出版社
通信地址：西安市友谊西路127号　**邮编**:710072　**电话**:029-8493844
网　　址：www.nwpup.com
印 刷 者：西安日报社印务中心
开　　本：787 mm×1 092 mm　1/16
印　　张：15.625
字　　数：378千字
版　　次：2003年10月第1版　2018年7月第2次印刷
定　　价：35.00元

前　　言

深孔加工难度高，加工工作量大，是机械加工中的关键性工序。随着科学技术的进步，产品更新换代的迅速，新型高强度、高硬度、难加工零件的不断出现，对深孔加工的质量、加工效率和刀具的耐用度都提出了更高的要求。因此，对深孔加工技术的研究，已成为相关技术人员十分关注的问题。十几年前，我们编写了《孔加工技术》一书，受到了广大机械工艺人员和有关孔加工技术人员的欢迎。目前，国内还没有专门介绍深孔加工技术方面的书籍，不少读者与我们联系，迫切希望我们编写一本深孔加工技术方面的专著。

近年来，在深孔加工领域里，国内与我们合作的业务日渐增多，使我们在各种深孔加工方法的切削机理、基础理论、基本规律及质量控制等方面做了进一步的探索，并使其在比较大的范围内得到了较长时期的实践和应用。我们公开发表相关论文 60 余篇，指导完成该方向研究的博士和硕士论文 7 篇，经过不断的充实和发展，提高了深孔加工技术水平。为满足读者的要求，我们完成了这本名为《深孔加工技术》的新书。在《孔加工技术》一书的基础上，做了较大的修改、补充，并将十余年来我们对深孔加工的理论研究、切削试验、加工应用及发展动态等方面的新内容充实到这本新书中。望本书能起到抛砖引玉，启迪读者的目的。

全书共分十四章，其中第一，二，三，六章由朱林教授编写，第七，九，十四章由刘战锋教授编写，第十二章由王世清教授编写，第四，五，八，十三章由彭海副教授编写，第十章由王世清、刘战锋教授编写，第十一章由王世清、朱林教授编写，全书由王世清教授主编。

由于编者水平有限，书中缺点、错误在所难免，恳请读者批评指正。

编　者

2003 年 6 月

目　　录

第一章　深孔加工基础知识

深孔加工难度高、加工工作量大，已成为机械加工中的关键性工序。随着科学技术的进步，产品的更新换代十分频繁，新型高强度、高硬度的难加工零件不断出现，无论是对深孔加工的质量、加工效率，还是刀具的耐用度都提出了更高的要求。因此，研究深孔加工的新工艺、深孔加工刀具的新结构、深孔加工的检测方法和监测系统等已成为人们十分关注的问题。本章主要介绍深孔加工基础知识。

第一节　深孔加工简介

一、深孔的定义

孔加工分为浅孔加工和深孔加工两类，也包括介于两者之间的中深孔加工。一般规定孔深 L 与孔径 d_0 之比大于 5，即 $L/d_0>5$ 的孔称为深孔；$L/d_0\leqslant 5$ 的孔称为浅孔。为什么要这样规定呢？原因在于：一般实心料上的孔加工，采用标准麻花钻进行钻削，如图 1.1 所示，麻花钻结构直径 d_0、螺旋角 β 和螺旋槽导程 P 之间的关系为

$$\frac{P}{d_0}=\frac{\pi}{\tan\beta} \tag{1.1}$$

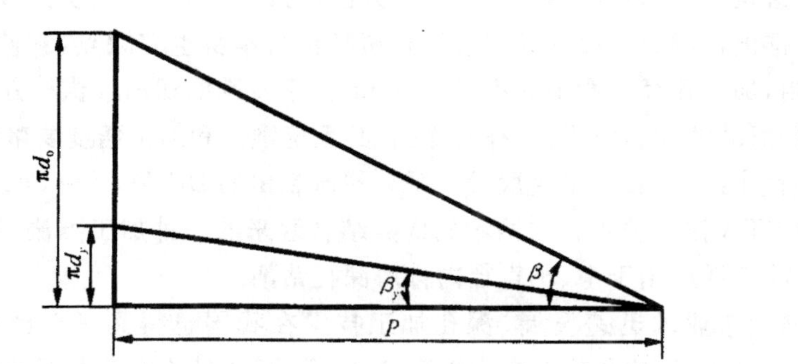

图 1.1　麻花钻的螺旋角

在生产实践中，为了保证切屑顺利排出，麻花钻一次钻到底时（中途不退出）的钻孔深度 L 通常不超过螺旋槽导程 P 的 3/4，即 $L < 3P/4$，代入式(1.1)得

$$\frac{L}{d_0} < \frac{3\pi}{4\tan\beta} \tag{1.2}$$

按 GB1441 — 78 规定，麻花钻螺旋角 β 推荐值在 $25° \sim 30°$ 之间。由式(1.2)可算得 $L/d_0 < 5.05 \sim 4.08$，即麻花钻正常钻孔深度和孔径之比一般不超过 5，因此，工程上把 $L/d_0 > 5$ 的孔称为深孔。

孔的深度与直径之比，决定了孔加工工艺系统的刚度及刀具结构上的特点。L/d_0 增大，工艺系统刚度降低，切屑排出及冷却润滑的难度加大。

二、深孔加工发展概况

最早用于加工金属的深孔钻头是扁钻，它发明于 18 世纪初。1860 年美国人对扁钻做了改进，发明了麻花钻，在钻孔领域迈出了重要的一步。但用麻花钻钻深孔时，不便于冷却与排屑，生产效率很低。随着枪炮生产的迅速发展，在 20 世纪初期，德、英、美等国家的军事工业部门先后发明了单刃钻孔工具，因用于加工枪孔而得名枪钻。枪钻也称为月牙钻、单刃钻及外排屑深孔钻。枪钻钻杆为非对称形，故扭转强度差，只能传递有限扭矩，适用于小孔零件加工生产，效率较低。

在第二次世界大战前和战争期间，由于战争的需要，枪钻已不能满足高生产效率的要求，在 1943 年，德国海勒公司研制出毕斯涅耳加工系统（即我国常称的内排屑深孔钻削系统）。战后，英国的维克曼公司、瑞典的卡尔斯德特公司、德国的海勒公司、美国的孔加工协会、法国的现代设备商会等联合组成了深孔加工国际孔加工协会(Boring and Trepanning Association)，简称 BTA 协会。经过他们的努力，这种特殊的加工方法又有了新的发展，并被定名为 BTA 法，在世界各国普遍应用。后来瑞典的山特维克公司首先设计出可转位深孔钻及分屑多刃错齿深孔钻，使 BTA 法又有了新的飞跃。

BTA 法存在着切削液压力较高，密封困难等缺点，为克服这些不足，1963 年山特维克公司发明了喷吸钻法。这是一种巧妙应用喷吸效应的方法，可以采用较低的切削液压力，使切屑在推、吸效应下容易排出，有利于系统的密封。但是喷吸钻法本身也有缺点，它使用两根钻管，使排屑空间受到限制，加工孔径一般不能小于 18 mm。由于特殊的切削液供给方式，缺乏了 BTA 法中切削液对钻杆振动的抑制作用，刀杆易擦伤，其系统刚性和加工精度要略低于 BTA 法。

20 世纪 70 年代中期，由日本冶金股份有限公司研制出的 DF(Double Feeder) 法为单管双进油装置，它是把 BTA 法与喷吸钻法两者的优点结合起来的一种加工方法，用于生产后得到了满意的结果，目前广泛应用于中、小直径内排屑深孔钻削。

由于我国机械制造业的迅速发展，深孔加工技术在我国也得到了广泛的应用。20 世纪 50 年代群钻的研制成功，使钻孔效率大为提高。1958 年 BTA 钻头在我国开始使用，在此之后，70 年代初，我国开始研制和推广喷吸钻，到 1978 年 DF 法已在我国设计完成并于 1979 年正式用于生产，现广泛应用于中、小直径内排屑深孔钻削。国内几家重型机器制造厂相继研制和采用了深孔套料钻，已成功地加工出 12 m 长的发电机转子内孔。西安石油大学于 1989 年成功地将喷吸效应原理应用到外排屑枪钻系统，使枪钻的加工性能大大提高；1994 年又研制成功多尖齿内排屑深孔钻，使深孔钻削的稳定性和耐用度大大提高。

随着生产与科技的进步，深孔零件在材质及毛坯制造、刀具材料、深孔加工机床、基础理论研究、检测等方面都有了较大的进展。

深孔零件的材质，过去多采用碳素结构钢、低合金钢和高强度合金钢。新型工程材料，如钛合金、不锈钢、耐热钢、耐磨钢、陶瓷、塑料、碳素纤维塑料、复合材料等，开始在深孔零件上采用。新材料的逐步采用对深孔加工提出了新的技术难题。

除了深孔零件的材质外，零件的毛坯质量也有了很大的改观。现在深孔零件的毛坯除了采用一般的铸、锻、轧制毛坯外，对于机械性能要求高的深孔零件，采用真空冶炼、电渣重熔等方法获得高质量的铸锭后，进行压力加工。在管坯生产中，除了一般的热轧、冷轧无缝管材外，现已采用精轧无缝管材。冶金技术的进步，提高了材料的机械性能，使材料的加工性能发生了显著的变化；锻造及压力加工技术的进步，使得毛坯材料的去除率大为降低。另外，由于热处理技术的发展，深孔工件经过热处理后，在机械性能、结晶与显微组织上都有了较大的改善，这直接影响着材料的再加工性。

随着新材料发展及材料机械性能的提高，促进了新刀具材料的不断发展。深孔加工刀具所使用的刀具材料多为高速钢、YG及YT类的硬质合金。目前，已开始试验和采用新型高速钢材料、超细晶粒硬质合金、涂层刀片、陶瓷（金属陶瓷、SiN_4 等）、立方氮化硼（CBN）、金刚石等新型刀具材料。

深孔加工机床现在多采用常规机床，有深孔钻镗床、深孔磨床、珩磨机及通用车床改造成的深孔钻镗床。近年来，已出现数控深孔钻镗床（CNC）。

现代深孔加工技术的发展，面临着多品种、小批量、新型工程材料及愈来愈高的精度要求的挑战。由于机械工业产品多品种、小批量的比重日益增加，提高劳动生产率、降低生产成本成为深孔加工技术的中心课题。发展成组技术和开展计算机辅助设计及计算机辅助制造（CAD/CAM），实现自动化生产是提高深孔加工劳动生产率和经济效益的根本途径。新型工程材料对深孔加工技术的挑战，在于要求提高传统深孔加工方法的水平，开发新的制造技术与工艺方法。愈来愈高的精度要求，需要发展深孔精密加工技术，并相应地发展精密测量及精密机械设计。在实现深孔加工自动化生产中，需要解决加工中异常情况的监控及自动检测。目前，深孔加工中的这些问题，虽然落后于车削、铣削，但已有一些国家在开发研制，进行解决。

随着深孔加工技术的发展，深孔加工技术的基础理论研究也在不断加强，并取得了有价值的成果。

第二节　深孔钻的结构及切削角度

一、深孔钻的结构

深孔钻的种类较多，图1.2所示为单齿内排屑深孔钻结构，由切削刀齿、导向块和刀体三大部分组成。刀体是空心的，切屑由前端喇叭口进入，通过钻杆内腔排出，后端螺纹用于与钻杆连接。刀齿上主切削刃分两条，分别为外刃和内刃。副刀刃与两个导向块在同一圆周上，三点定圆，自行导向。

二、深孔钻标注角度的参考系

深孔钻标注角度的参考系建立的条件与普通刀具相同，即假定运动条件和假定安装条件。

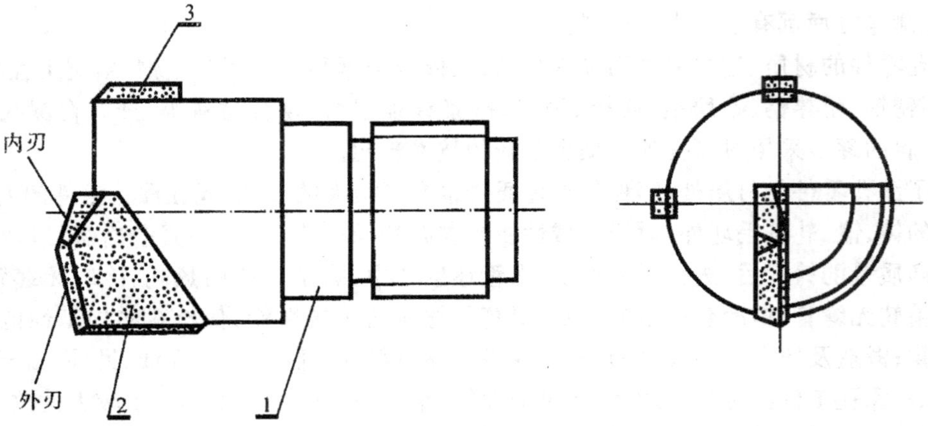

图 1.2 单齿内排屑深孔钻结构

1— 刀体；2— 刀齿；3— 导向块

1. 深孔钻标注角度的参考平面

为了合理标注切削角度，需要选择合适的参考平面，根据切削原理的定义，深孔钻参考平面如图 1.3 所示。

(1) 基面 P_r：通过切削刃上选定点，与该点主运动方向垂直的平面。

(2) 切削平面 P_s：通过切削刃上选定点，与切削刃相切且垂直于基面 P_r 的平面。显然，切削平面垂直于基面。

2. 深孔钻标注角度的测量平面和参考系

由于刀具结构不同，根据加工、检验和计算等方面的要求，各种刀具角度的测量平面不尽相同。深孔钻常用测量平面为正交平面和法平面。

正交平面 P_o：它是通过切削刃上选定点，垂直于切削平面 P_s 与基面 P_r 的平面。

正交平面 P_o 与基面 P_r、切削平面 P_s 构成正交的空间角度标注参考系 $P_o—P_r—P_s$，即 $P_o \perp P_r \perp P_s$，称为正交平面参考系（见图 1.4）。

三、深孔钻的标注角度

深孔钻属于多刃刀具，主切削刃通常刃磨略低于钻心，切削刃上各点的基面是变化的，若按上述标注角度参考系严格标注就比较繁琐。由于主切削刃低于钻心不多（<0.5 mm），通常忽略不计，按照我国刀具角度标注习惯，采用正交平面参考系进行标注（见图 1.5）。

1. 主切削刃角度

(1) 前角 γ_o：在选定点的正交平面 P_o 内，前刀面与基面的夹角。

(2) 后角 α_o：在选定点的正交平面 P_o 内，后刀面与切削平面的夹角。

(3) 余偏角 ψ_r：在基面 P_r 内，主切削刃与进给方向垂线之间的夹角。深孔钻主切削刃由外刃和内刃组成，为了刃磨和测量的方便，习惯上不标注主偏角而标注余偏角。外刃和内刃对应的余偏角分别为 ψ_r 和 ψ_{rr}，俗称为外角和内角。

(4) 刃倾角 λ_s：在切削平面 P_s 内，主切削刃与基面之间的夹角。出于切削性能的要求，深孔钻主切削刃的外刃和内刃前刀面不共面，外刃基本上是通过钻心的，刃倾角 $\lambda_s = 0°$；而内刃

刃倾角 $\lambda_s \neq 0°$，为了简化标注，通常标注端面刃倾角 λ_τ。

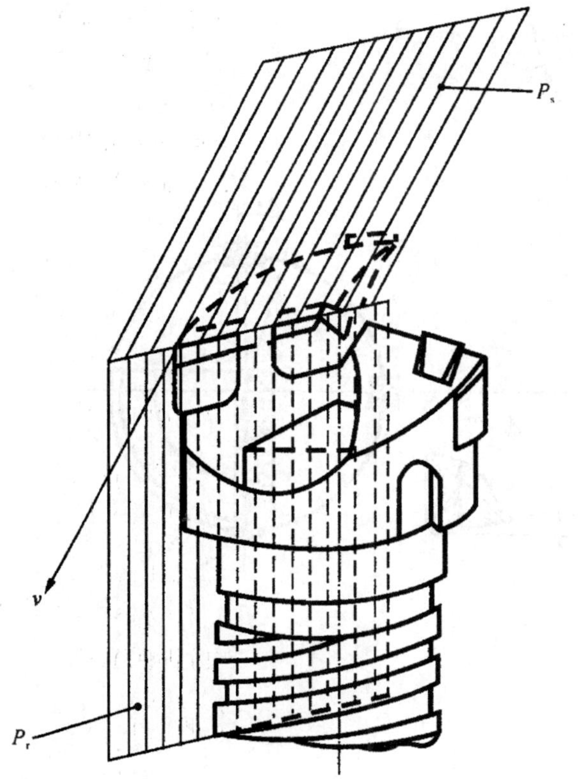

图 1.3 深孔钻标注角度的参考平面

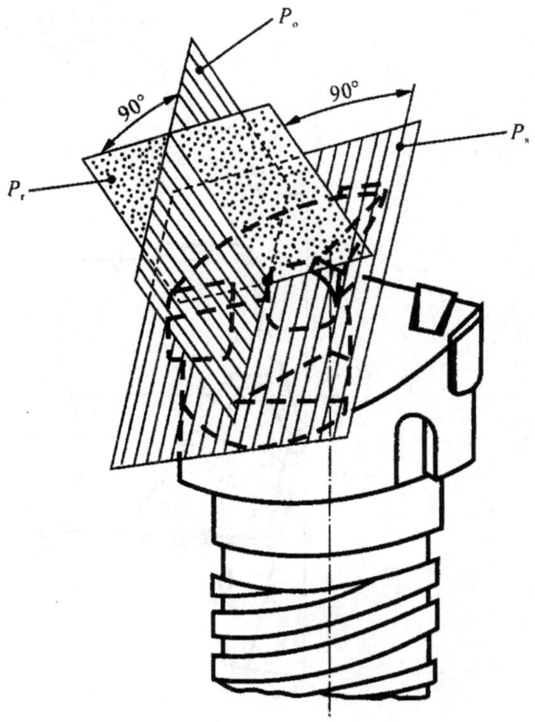

图 1.4 深孔钻标注角度的参考系

2. 副切削刃角度

(1) 副刃后角 α_o'：在选定点的副正交平面 P_o' 内，副后刀面与副切削平面的夹角。

(2) 副偏角 κ_r'：在基面 P_r 内，副切削刃与钻头进给方向的夹角。

第三节 深孔加工的类型及特点

一、深孔加工的分类

深孔加工可分为一般深孔加工（钻、镗、铰等）、精密深孔加工（珩磨、滚压等）和电深孔加工（电火花、电解等），本节主要介绍一般深孔加工的分类方法。

1. 按加工方式分类

(1) 实心钻孔法：毛坯无孔，采用钻削加工出孔的方法，如图 1.6(a) 所示。

(2) 镗孔法：已有孔，为提高孔的精度和降低孔表面粗糙度采用的方法，如图 1.6(b) 所示。

(3) 套料钻孔法：用空心钻头钻孔，加工后毛坯中心残存一根芯棒的方法，如图 1.6(c) 所示。

2. 按运动形式分类

(1) 工件旋转，刀具作进给运动。

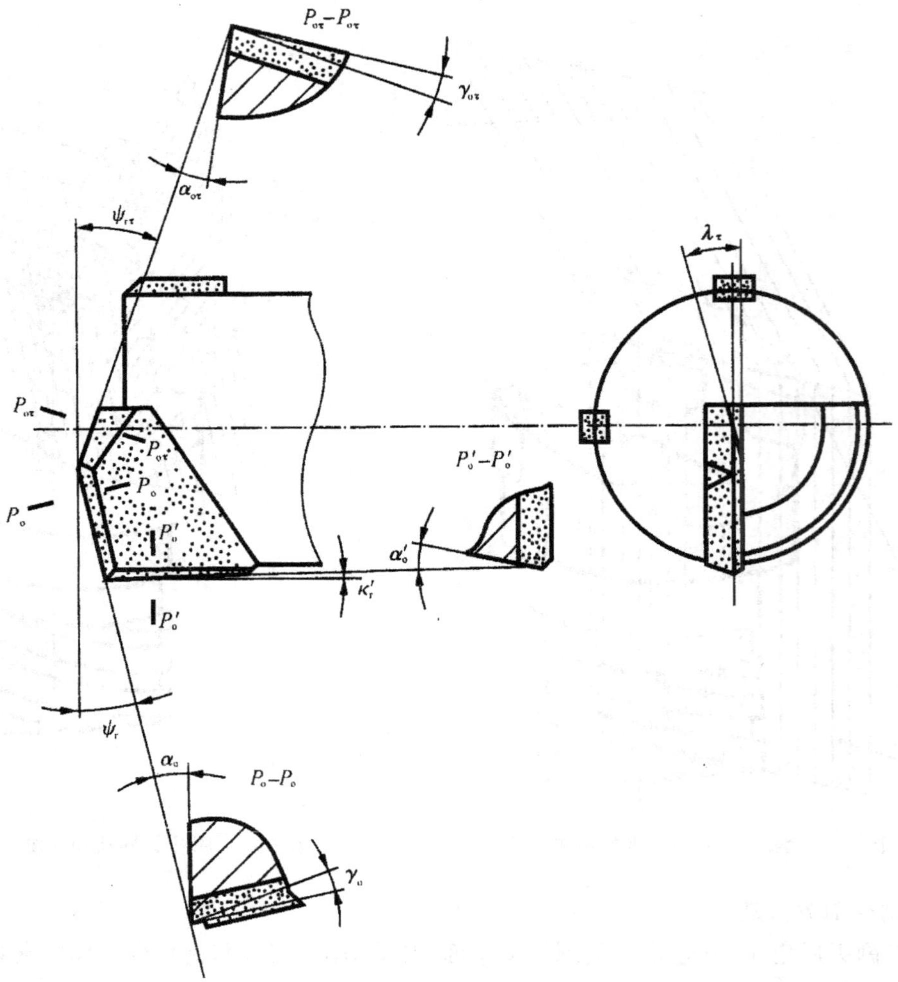

图 1.5 深孔钻的标注角度

(2) 工件不动，刀具旋转又作进给运动。

(3) 工件旋转，刀具也作相反方向旋转又作进给运动。

(4) 工件作旋转运动与进给运动，刀具不动，这种形式采用不多。

3. 按排屑方法分类

(1) 外排屑：切屑从刀杆外部排出。外排屑又可分为两种方式。

1) 前排屑：切屑沿孔中待加工表面向前排出，切削液从钻杆内，或从钻杆外，或从钻杆内、外同时进入。

2) 后排屑：切屑沿刀杆外部向后排出，切削液从钻杆内部进入。

(2) 内排屑：切屑从刀杆内部排出，切削液从钻杆外部进入。

4. 按加工系统(冷却、排屑系统)分类

(1) 枪钻系统。

(2) BTA 系统。

(3) 喷吸钻系统。

(4) DF 系统。

二、深孔加工的特点

深孔加工是处于封闭或半封闭状态下进行的，故具有以下特点：

(1) 不能直接观察到刀具的切削情况。目前只能凭经验，通过听声音、看切屑、观察机床负荷及压力表、触摸振动等外观现象来判断切削过程是否正常。

(2) 切削热不易传散。一般切削过程中 80% 的切削热被切屑带走，而深孔钻削只有 40%，刀具占切削热的比例较大，扩散迟、易过热，刃口的切削温度可达600 ℃，必须采用强制有效的冷却方式。

(3) 切屑不易排出。由于孔深，切屑经过的路线长，容易发生阻塞，造成钻头崩刃。因此，切屑的长短和形状要加以控制，并要进行强制性排屑。

(4) 工艺系统刚性差。因受孔径尺寸限制，孔的长径比较大，钻杆细而长，刚性差，易产生振动，钻孔易走偏，因而支承导向极为重要。

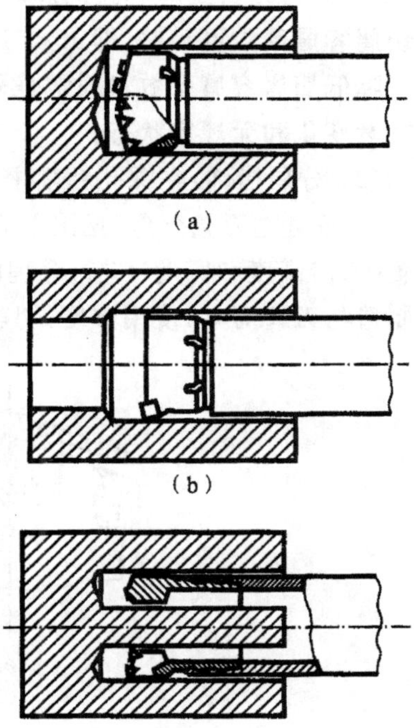

(a)

(b)

(c)

图 1.6 深孔加工方式

三、深孔加工中要解决的主要问题

根据深孔加工的特点，在设计深孔加工刀具和深孔加工系统时，应注意和解决以下问题。

1. 冷却、润滑与排屑

由于深孔加工切削热不易排散，切屑不易排出，因此必须采用强制冷却和强制排屑的措施。目前是采用高压将切削液通过钻杆的外部或内部直接送到切削区，起到冷却、润滑的作用后，将切屑由钻杆内部或外部排出，达到强制冷却和排屑的目的。

2. 切屑的处理

深孔加工的排屑是十分重要的问题，尤其是小直径深孔及内排屑套料钻（环孔钻），排屑空间很小，排屑条件更为恶劣。排屑问题从切削过程来看，与分屑、卷屑和断屑三方面密切联系。切屑的宽窄、卷曲的形状、切屑的长短，都直接影响到排屑情况。

(1) 深孔钻削要求切屑的形成应具有适当的切屑容屑系数 R：切屑容屑系数 R 是切屑容积 V_q 与所切除金属体积 V_j 之比值，即 $R=V_q/V_j$。根据统计资料，各种形状切屑的切屑容屑系数 R 的数值范围是不同的。一般，带直长屑的 R 为 300 ～ 400；带状乱散屑的 R 为 100 ～ 300；螺卷长屑的 R 为 50 ～ 100；螺卷短屑（包括宝塔状屑）的 R 为 30 ～ 50；半环状屑（包括大 C 形屑和带状短屑）的 R 为 15 ～ 30；发条状屑的 R 为 10 ～ 15；折皱单元屑的 R 为 8 ～ 9；断裂单元屑（包括小 C 形屑）的 R 为 5 ～ 6。

切屑容屑系数 R 的大小影响到切屑在工作场地所占用的存放空间，特别是影响到切屑排出的顺利程度和操作安全性。从深孔加工的实际情况来看，一般情况下，对于内排屑深孔钻，当

$R < 50$ 时可以得到顺利排屑。单刃外排屑深孔钻(枪钻)、套料钻由于排屑孔和通道很小,则要求切屑容屑系数更小些,即 $R < 10$。

降低切屑容屑系数 R 通常是采用分屑和断屑措施,并应使切削过程稳定,避免出现切屑形状突然变化和无规律状态。

(2) 分屑措施:在深孔钻削中常用的分屑措施有以下几种。

1) 按背吃刀量分屑(见图 1.7):亦即按刀齿的宽度进行分屑,需对各刀齿切削刃间的相对位置(刀齿高度和宽度)进行合理的分配和控制,工作时使之切下厚而窄的切屑。这种方法,可使制造与刃磨简单,使用方便,切削抗力小,工作稳定。

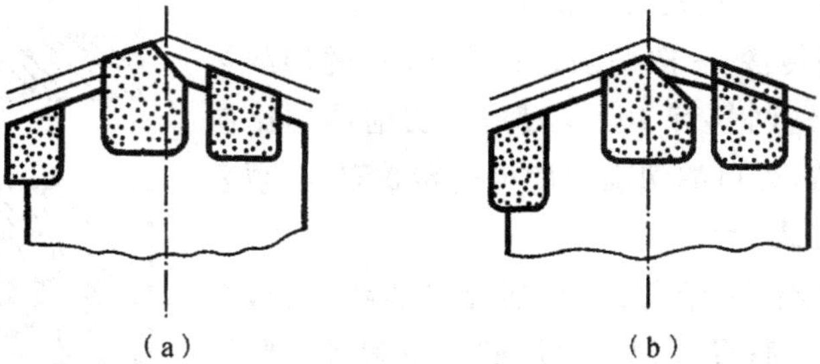

图 1.7 按背吃刀量分屑

2) 不对称分屑槽分屑(见图 1.8):这种分屑方法比较简单,在切削速度较低,进给量不大时可采用(如扁钻)。要注意分屑槽不能磨得太深或太浅,太深时 A 点虚弱,磨损快;太浅不易保证可靠分屑。一般取深度 c 为 0.5 ~ 0.8 mm,宽度 b 为 1 ~ 1.5 mm。

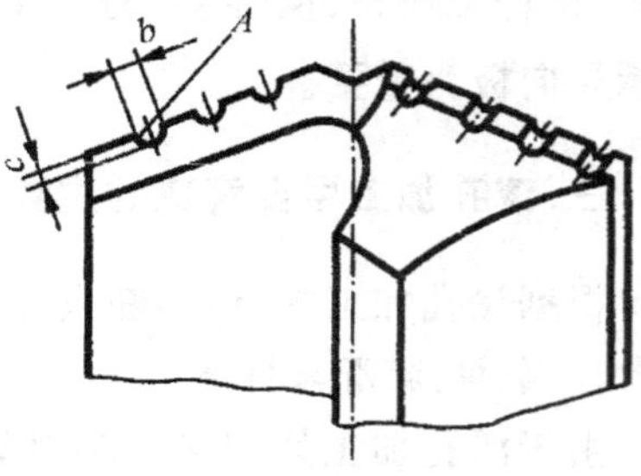

图 1.8 不对称分屑槽分屑

3) 刃尖撕裂分屑(见图 1.9):当内外刃的刀尖角 ε_r 较小时,可实现内外切削刃的分屑,如单刃外排屑深孔钻(枪钻)。但这种分屑方法不太可靠,由于切削路程长,刃口磨损而变钝,使得刀刃的分割切削作用减弱,此时切屑已不像开始那样的分屑状态(见图 1.9(a)),而是在垂直于刃口的平面内卷曲,同时产生一定的侧向变形(见图 1.9(b))。

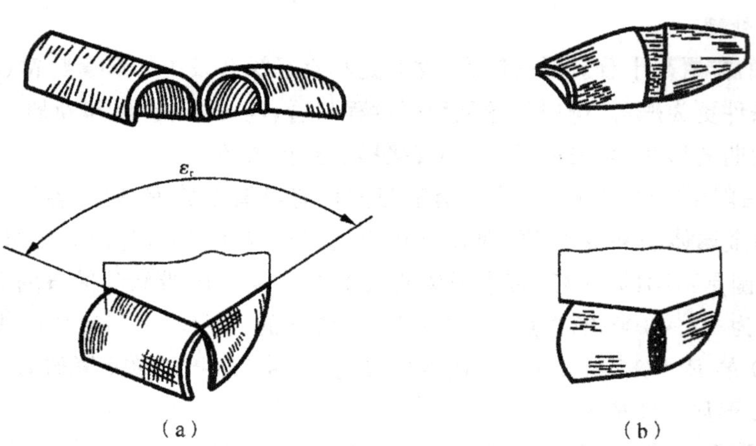

图 1.9 刃尖撕裂分屑

4) 轴向阶梯分屑(见图 1.10):利用刀刃在轴向互相错开不同深度进行分屑,只要深度 c 值大于进给量 f,其分屑是可靠的。根据经验,取 c 为 4 ～ 5 倍的进给量,钻孔时取 c 为 1 ～ 1.5 mm,套料时取 c 为 1.6 ～ 2 mm。同时在钻头的外缘部分 c 值可取小些,而靠近钻心部分 c 值取大些,因为在钻心部分切削速度小,切屑变形较大,切屑厚度增大,不易分屑。

在磨出阶梯台时,注意要磨出各段副切削刃处的副偏角($\kappa_r' \approx 5°$)和副后角($\alpha_o' \approx 5°$),否则会引起刃尖 A 点的迅速磨损。

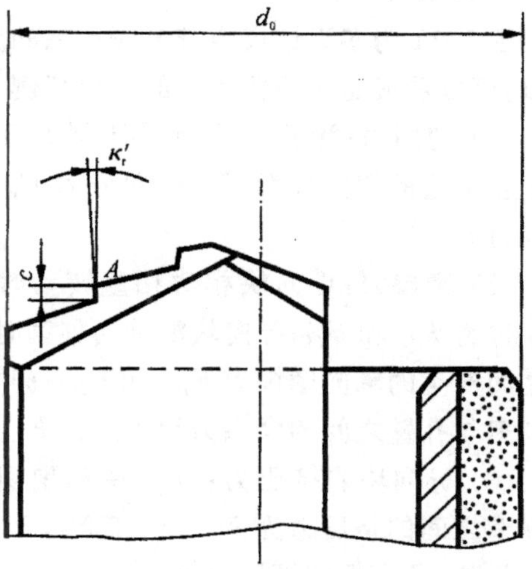

图 1.10　轴向阶梯分屑

(3) 卷屑和断屑:在内排屑深孔钻和套料钻中,希望产生较规则的小 C 形屑,这种切屑的切屑容屑系数小,容易排出,卷屑消耗的功率不大。C 形屑形成是靠卷屑台肩的作用与切削速度 v,进给量 f 适当配合而实现的。当切屑从前刀面上流出时,由于带倾斜(或圆弧)卷屑台的作用,使切屑增加一部分附加变形,切屑材料失去一些塑性,然后顶到孔底。切屑在弯矩作用下再变形,当这种变形达到足够的程度时,就产生断屑。在断屑措施中,注意消耗功率尽可能小些,不要使切屑产生过大的附加变形。

(4) 不断屑:加工如奥氏体不锈钢、沉淀硬化不锈钢和钛合金等难加工材料,尽管采取上述各种方法,也很难实现断屑,反而形成厚而韧的螺旋长屑,会经常出现堵屑,工人操作非常紧张。实践证明,这些材料的加工不宜采用断屑方式,不如顺其自然,让其形成长条屑。注意控制切屑的宽度和厚度,可使之形成窄而薄的褶皱长条切屑,能随切削液非常顺畅地排出。这样,在钻削过程中切削非常平稳,避免了断屑时的冲击,提高了钻头的耐用度,保证了深孔加工的顺利进行。

综上所述,深孔加工中切屑的处理是一个关键技术,不能完全追求断屑,某些难切削材料、小直径孔径的深孔加工,不断屑往往是正常切削的前提。

3. 合理导向

由于深孔的长径比大,钻杆细而长,刚性较低,易产生振动,并使钻孔偏歪而影响加工精度和生产效率,因此深孔加工的导向问题需要很好地解决。目前,在设计深孔刀具时,都是以两个导向块和一个副切削刃的结构确定其径向尺寸,这样刀具可以在工件孔内三点定圆,自行导向,解决了因钻杆刚性不足,钻孔走偏的问题。另外在刀具切入时,还需要有导向装置和辅助支承。

以上三个问题,构成了深孔加工技术的核心,所用的刀具、装置和设备,构成了深孔加工系统。所以深孔加工技术可定义为:使用一定压力的冷却润滑液及排屑系统,采用导向良好的深孔刀具、机床和附加装置,来达到高效、高精度的加工深孔的目的。

第四节　深孔刀具的受力分析

深孔刀具种类繁多,但其结构特点是一致的,即导向、切削分离,两个导向块与副切削刃在圆周三点布置。切削时,径向切削力和主切削力将导向块压向孔壁,副切削刃和导向块还受到工件孔壁的摩擦力矩。所以，各种深孔刀具的受力状况在简化后可以用同一种力学模型来表示。

一、深孔刀具的力学模型

1. 深孔刀具受力分析

图 1.11 为多刃错齿内排屑深孔钻的受力图。对于单刃内排屑深孔钻、枪钻、深孔镗、铰刀等，均可以看成是多刃错齿钻的一个特例。深孔刀具所受的力可分为以下三类：

(1) 切削力：深孔刀具所受切削力可分解为相互垂直的切向分力 F_{zi}，径向分力 F_{yi} 和轴向分力 F_{xi}。

(2) 摩擦力：导向块相对孔壁转动时产生的摩擦力 F_{f1} 和 F_{f2}；导向块沿轴向移动时与孔壁之间产生的轴向摩擦力 F_{fx1} 和 F_{fx2}；同样，副切削刃与孔壁之间的摩擦力为 F_{f3} 和 F_{fx3}。

(3) 导向块的挤压力：导向块和副切削刃与孔壁之间的挤压力为 N_1，N_2 和 N_3。

另外，还有切削液压力等。

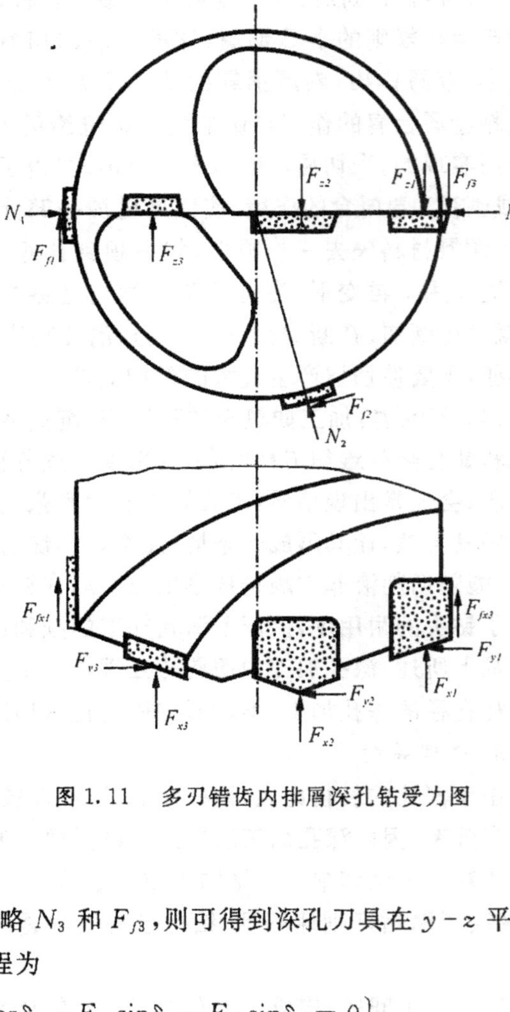

图 1.11 多刃错齿内排屑深孔钻受力图

2. 力学模型的建立

为了便于分析和计算，将深孔刀具所受切削力向钻心 O 点简化，得 $y-z$ 平面切削力的力学模型（见图 1.12(a)），简化后，切削力合力及其合力矩为

$$
\begin{aligned}
F_{\text{hor}} &= \sum F_{yi} \\
F_{\text{ver}} &= \sum F_{zi} \\
M_s &= \sum m_o(F_{zi})
\end{aligned}
\tag{1.3}
$$

式中 F_{hor}—— 水平方向（y 方向）切削合力；

F_{ver}—— 垂直方向（z 方向）切削合力；

M_s—— 切向分力 F_{zi} 对 O 点合力矩。

考虑深孔刀具在力平衡状态时的情况，并忽略 N_3 和 F_{f3}，则可得到深孔刀具在 $y-z$ 平面受力的力学模型，如图 1.12(b) 所示。力平衡方程为

$$
\left.
\begin{aligned}
&\sum Y = 0 \quad F_{\text{hor}} + N_1\cos\delta_1 + N_2\cos\delta_2 - F_{f1}\sin\delta_1 - F_{f2}\sin\delta_2 = 0 \\
&\sum Z = 0 \quad F_{\text{ver}} + N_1\sin\delta_1 + N_2\sin\delta_2 - F_{f1}\cos\delta_1 + F_{f2}\cos\delta_2 = 0 \\
&\sum M = 0 \quad M_s + F_{f1}\frac{d_0}{2} + F_{f2}\frac{d_0}{2} - M_b = 0
\end{aligned}
\right\}
\tag{1.4}
$$

式中 $F_{f1} = \mu N_1$， $F_{f2} = \mu N_2$；

M_b—— 钻杆对钻头支承力矩；

d_0 —— 钻头直径；

δ_1—— 导向块 1 位置角；

δ_2—— 导向块 2 位置角；

μ —— 工件与导向块的摩擦系数。

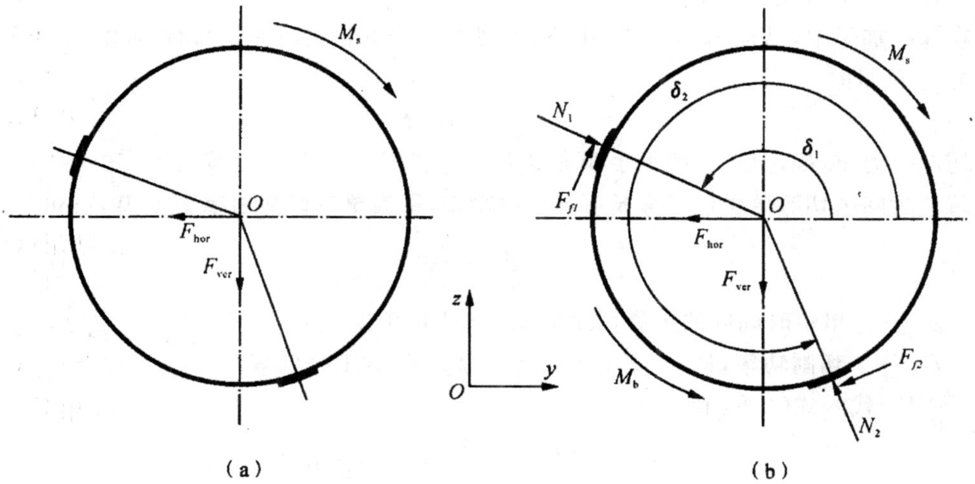

图 1.12 深孔刀具力学模型

3. 切削力计算

当 d_0，δ_1，δ_2 和 μ 为已知时，只要知道切削力 F_{yi} 和 F_{zi}，由式(1.3)可计算出 F_{hor}，F_{ver} 和 M_s，再由式(1.4)即可算出 F_{f1}，F_{f2} 和 M。下面主要介绍切削力的计算。

(1) 切削力经验公式(指数公式)：切削力的经验公式是通过大量实验，用测力仪测得切削力值并将数据经数学方法处理后得出的计算式。这些公式在金属切削中得到广泛的应用，常见形式为

$$\left.\begin{aligned} F_z &= C_{Fz} a_p^{X_{Fz}} f^{Y_{Fz}} v^{n_{Fz}} K_{Fz} \\ F_y &= C_{Fy} a_p^{X_{Fy}} f^{Y_{Fy}} v^{n_{Fy}} K_{Fy} \\ F_x &= C_{Fx} a_p^{X_{Fx}} f^{Y_{Fx}} v^{n_{Fx}} K_{Fx} \end{aligned}\right\} \tag{1.5}$$

式中 C_{Fz}，C_{Fy}，C_{Fx}—— 决定于工件材料和切削条件；

X_{Fz}，Y_{Fz}，n_{Fz}，X_{Fy}，Y_{Fy}，n_{Fy}，X_{Fx}，Y_{Fx}，n_{Fx}—— 分别为 3 个分力公式中背吃刀量 a_p，进给量 f 和切削速度 v 的指数；

K_{Fz}，K_{Fy}，K_{Fx}—— 分别为 3 个分力公式中，当实际加工条件与所求得经验公式的条件不符时，各种因素对切削力的修正系数之积。

上述系数与指数的选择，可参考切削用量手册选取。一般参考车削时的参数来选取。

(2) 用单位切削力计算 3 个切削分力和切削功率。单位切削力 p(N/mm²) 是指单位切削面积上的切向分力，即

$$p = \frac{F_z}{A_c} = \frac{F_z}{a_p f} = \frac{F_z}{a_c a_w} \tag{1.6}$$

式中 F_z—— 切向分力，N；

A_c—— 切削面积，mm²；

a_p—— 背吃刀量，mm；

f —— 进给量，mm/r；

a_c—— 切削厚度，mm；

a_w—— 切削宽度，mm。

在深孔加工中，已知 a_p（刀齿宽度）和 f，如果单位切削力 p 为已知时，可由式(1.6)计算出切向分力 F_z，即

$$F_z = p a_p f \tag{1.7}$$

切向分力 F_z 确定后，再根据手册查得 F_y/F_z 和 F_x/F_z，就可计算出 F_y 和 F_x。

单位时间内切除单位体积金属所消耗的功率，称为单位切削功率 P_s（kW/(mm^3 · s^{-1})）。

$$P_s = \frac{P_m}{Z_w} \tag{1.8}$$

式中 Z_w—— 单位时间内的金属切除量，$Z_w \approx 1\ 000 v a_p f$ (mm^3/s)；

P_m—— 切削功率，$P_m = F_z v \times 10^{-3} = p a_p f v \times 10^{-3}$(kW)。

将 Z_w 和 P_m 代入式(1.8)得

$$P_s = \frac{p a_p f v \times 10^{-3}}{1\ 000 v a_p f} = p \times 10^{-6} \tag{1.9}$$

当单位切削力 p 已知时，由式(1.8)和式(1.9)即可求出 P_m。

二、深孔刀具的稳定度

1. 稳定度的概念

众所周知，深孔钻钻孔是利用副刀刃和两个导向块三点定圆、自身导向进行切削。如何合理布置这三点，是我们研究的主要问题。钻头要在工件中正常工作，导向块必须始终保持与已加工孔壁接触，并有一定的压力存在，才能保证加工过程的稳定性。据此，我们引入静力学中“稳定度”的概念作为合理布置刀刃与导向块位置的理论依据。

稳定度 S 的定义为

$$S = \sum M_w / \sum M_q$$

式中 M_w—— 稳定力矩；

M_q—— 倾覆力矩。

稳定度在这里是对某一个导向块而言。稳定力矩是指以所要考察的那个导向块作为支点，使非考察的那个导向块压向孔表面的力矩。相反，倾覆力矩则是指使非考察的那个导向块脱离孔壁的力矩。这样，一个钻头就有两个稳定度，即导向块1的稳定度 S_1 及导向块2的稳定度 S_2。对于整个钻头的稳定性，应该把两者中最小的作为该钻头的稳定度 S，即

当 $S_1 > S_2$ 时，$S = S_2$；当 $S_1 < S_2$ 时，$S = S_1$。

这样，当 $S > 1$ 时，表示钻头处于稳定状态；当 $S = 1$ 时，表示钻头处于临界状态；当 $S < 1$ 时，这说明钻头处于不稳定状态。

2. 稳定度在导向块布置中的应用

综上所述，稳定度 S 可以作为确定导向块位置的依据。为了计算钻头的稳定度，根据导向块可能布置的4种情况（见图1.13），给出4种情况下稳定力矩 M_w 与倾覆力矩 M_q 的计算公式。

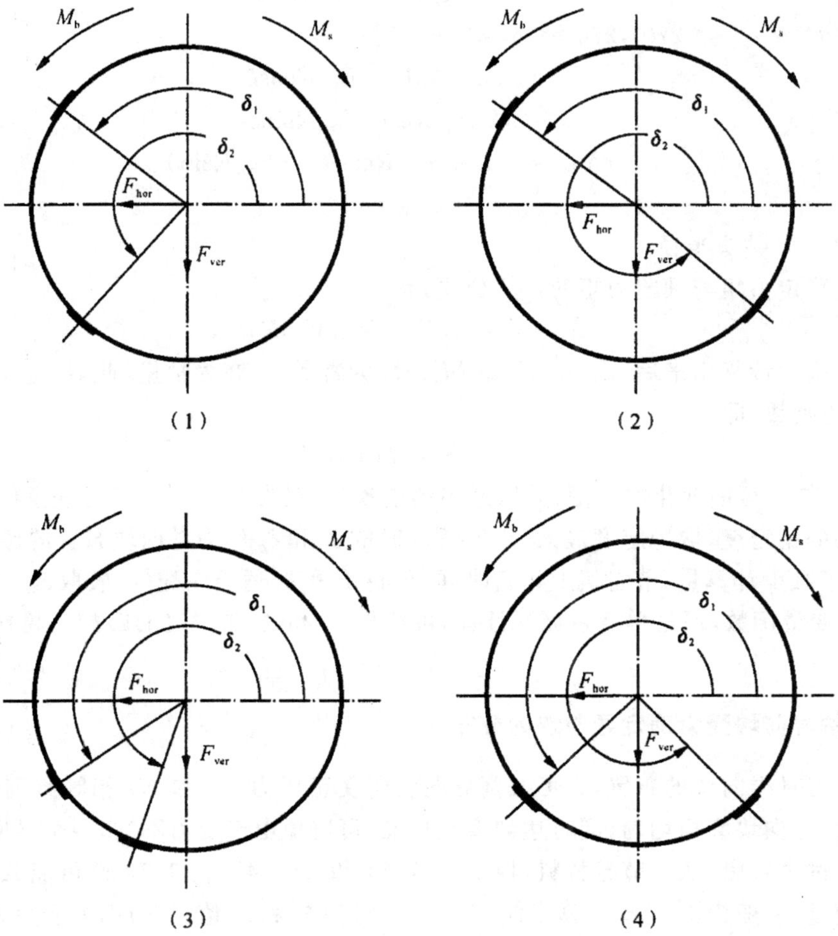

图 1.13　导向块可能的布置

(1) $110° < \delta_1 < 180°, 180° < \delta_2 < 270°$ 时：

$$M_{w1} = F_{hor}R\sin\delta_1 - F_{ver}R\cos\delta_1 + M_s$$

$$M_{q1} = M_b$$

$$M_{w2} = M_b - F_{hor}R\sin\delta_2$$

$$M_{q2} = M_s - F_{ver}R\cos\delta_2$$

(2) $110° < \delta_1 < 180°, 270° < \delta_2 < 360°$ 时：

$$M_{w1} = M_s - F_{ver}R\cos\delta_1 + F_{hor}R\sin\delta_1$$

$$M_{q1} = M_b$$

$$M_{w2} = M_b + F_{ver}R\cos\delta_2 - F_{hor}R\sin\delta_2$$

$$M_{q2} = M_s$$

(3) $180° < \delta_1 < 270°, 180° < \delta_2 < 270°$ 时：

$$F_{w1} = M_s - F_{ver}R\cos\delta_1$$

$$M_{q1} = M_b - F_{hor}R\sin\delta_1$$

$$M_{w2} = M_b - F_{hor}R\sin\delta_2$$

$$M_{q2} = M_s - F_{ver}R\cos\delta_2$$

(4)$180° < \delta_1 < 270°, 270° < \delta_2 < 360°$ 时：

$$M_{w1} = M_s - F_{ver}R\cos\delta_1$$

$$M_{q1} = M_b - F_{hor}R\sin\delta_1$$

$$M_{w2} = M_b + F_{ver}R\cos\delta_2 - F_{hor}R\sin\delta_2$$

$$M_{q2} = M_s$$

式中 R—— 钻头半径。

根据稳定力矩与倾覆力矩的计算公式，有

$$S = f(F_{ver}, F_{hor}, M_s, M_b, R, \delta_1, \delta_2)$$

当切削力计算出来后，则 F_{ver}，F_{hor}，M_s，M_b 为常量，R 亦为常量。此时，稳定度 S 是位置角 δ_1 和 δ_2 的函数，即

$$S = f(\delta_1, \delta_2)$$

取 δ_1 和 δ_2 可能变化的范围，并取适当的增量（一般为 $1° \sim 5°$），算出任意位置角 δ_1 和 δ_2 组合时钻头的稳定度，取稳定度最大（$S_1 = S_2$）时的 δ_1 和 δ_2 作为导向块布置的位置角。在实际应用时，为了减少计算量，节省机上运行时间，可将 δ_1 和 δ_2 适当匹配（一般取 $\delta_2 - \delta_1 = 90°$），这样 S 就为单变量函数。通过单变量循环计算，可获得 δ_1 和 δ_2 在一定的匹配下稳定度最大时的位置角。

三、按导向块受力确定导向块的分布

深孔刀具导向块的布置，亦可按两导向块所受正压力 N_1 和 N_2 相等原则来确定。当受力相等时，两导向块磨损均匀，同时达到磨钝标准，可避免由于受力不均，一个导向块磨损过快而导致刀具过早报废，从而节省材料。根据式(1.3)和式(1.4)，在 δ_1 和 δ_2 可能取值的范围内，取适当的增量（一般为 $1° \sim 5°$），算出使 $N_1 = N_2$ 时的 δ_1 和 δ_2 值，该值即为受力相等时两导向块布置的位置角。

下面以一个 $\phi125$ mm 深孔钻为例，来研究导向块的分布对稳定度的影响。为了便于计算，假定 $F_z = 1$ N，它对钻心的力臂为 45 mm。运用前述计算公式，按 S 最大原则算得 $\delta_1 = 190°$，$\delta_2 = 280°$；按 $N_1 = N_2$ 原则算得 $\delta_1 = 210°$，$\delta_2 = 300°$。

由以上结果可以看出，按两种原则计算所得导向块的位置角是不同的。从深孔加工的稳定性、加工精度和刀具耐用度等方面综合考虑，按最大稳定度原则来确定导向块的位置角 δ_1 和 δ_2 比较合理，对于由此产生的两导向块受力不相等、磨损不均匀的缺陷，可以采取把受力大的导向块的宽度加大，增加承受载荷的面积的方法来弥补。

第五节　深孔加工的切削液

一、切削液的机能

切削液在深孔加工中的综合作用有：

(1) 冷却刀具与工件：减少刀具、工件热变形，提高刀具耐用度，以保证孔的尺寸精度。

(2) 润滑刀具表面：减少磨擦，减少切削变形，降低切削力，减少刀具磨损，提高刀具耐用度。

(3) 排屑和吸振：用一定压力和流量的切削液将切屑由切屑区冲刷出来，实现排屑作用。由于工件内孔和钻杆的内、外都充满了一定压力的切削液，能减弱由切削运动和摩擦作用产生的振动和噪音。

(4) 保护已加工表面及防腐：采用内排屑和前排屑时，切削液可防止切屑划伤已加工表面，并冲刷黏附在工件表面的细碎切屑、积屑瘤及黏附物，同时在孔表面形成油膜，起防锈作用。

二、深孔加工中切削液的选用

在深孔加工中合理地选择切削液是很重要的，它对加工质量和生产率有决定性的影响。

切削液的选用，主要取决于工件材料的性质、加工方法、加工精度、切削液的类型及切削条件等。理论上，应根据不同的加工条件，配制最合适的切削液，实践证明，没有一种“万能的切削液”，想依靠一种切削液去适应所有的加工，这是不现实的。然而，深孔加工中，选择一种通用的切削液，以适应主要的几种深孔加工，那却是十分重要的。这是因为深孔加工中切削液需要量很大，频繁地更换切削液会造成生产成本及生产辅助时间的增加。

切削液类型的选用，主要由它的功能所决定。摩擦力是主要问题时，应选用润滑性好的切削液；热变形是主要问题时，应选用冷却性好的切削液。

按切削条件选择时，主要是由切削速度来决定的。切削速度愈高，切削液的效果就愈差，就愈应该把冷却刀具、延长刀具耐用度的效果作为重点考虑，应选用浸透性好及黏度低的切削液。在低速重切削时，重要的是降低切削力，提高表面加工质量，抑制加工变质层，减少机械磨损，此时应采用油性强、润滑性好及高黏度的切削液。在薄切削时，冷却能力的要求可以低一些。

按加工孔径大小选择时，加工小直径深孔亦选用黏度低的切削液，以便降低黏滞阻力，减少液体能量损失；加工大、中直径深孔，液体的黏度可选大一些。

从工件材料方面考虑时，当工件材料与刀具材料亲和力大时，宜选极压切削油；低速加工碳素钢及低合金钢，宜采用带氟基的切削液；对含硫低的工件材料，可选用纯机油；对含有铬、镍、钨的金属材料，推荐选用含硫的切削液，其润滑与断屑效果较好。

深孔加工中常用的切削液类型是切削油类，在枪钻加工中亦用乳化液。我国已研制成功用于深孔加工的深孔钻切削油，其主要质量指标如表 1.1 所示。

表 1.1 深孔钻切削油质量指标

指　　标	BTA 深孔切削油 A	BTA 深孔切削油 B
比重	0.915	0.882
反应	中性	中性
引火点 /℃	164	162
黏度指数	90	99.5
全酸价 /(mgKOH/g)	0.82	2.0
碱化价 /(mgKOH/g)	44	32
含硫量 /(%)	2.8	2.73
含氯量 /(%)	3.5	3.4

三、切削液的流量与压力

在深孔加工中合理地选择切削液的压力和流量是十分重要的。即应给切削液一定的压力和大的流量，才能将切削液输送到切削区域，起着冷却润滑、降低切削温度和强制断屑的作用；才能将切屑从切削区，向刀具后方或向刀具前方冲掉，保证切屑正常排出。为了获得最佳的表面粗糙度，所需的冷却润滑液的工作压力，往往高于正常排屑的压力，并且保持压力恒定。

加工中所需要的切削液的压力和流量随刀具直径、孔的深度、工件材料、加工方法的不同而不同。表 1.2 与表 1.3 分别给出了在生产中常用的两种深孔加工方式下切削液压力、流量和钻孔直径的关系。可以看出，压力随孔径减小而增大，流量随孔径增加而增加。这里还给出了瑞典山特维克公司推荐的实体钻孔、套孔和镗孔切削液压力和流量的选择图表，如图 1.14 至图 1.19 所示。图中给出了压力和流量的选择范围，即有一个上限和下限，该范围取决于钻孔深度，压力和流量随钻孔深度增加而增加。

表 1.2 外排屑深孔钻切削液压力与流量

加工孔径 /mm	压力 /MPa	流量 /$(L \cdot min^{-1})$
4 ～ 10	2.5 ～ 6	8 ～ 20
10 ～ 15	2 ～ 5	20 ～ 30
15 ～ 20	1.5 ～ 4.5	30 ～ 40
20 ～ 25	1.5 ～ 4	40 ～ 50
25 ～ 30	1.5 ～ 3	50 ～ 60

表 1.3 内排屑深孔钻切削液压力与流量

加工孔径 /mm	压力 /MPa	流量 /$(L \cdot min^{-1})$
8 ～ 15	5 ～ 6.5	20 ～ 50
15 ～ 25	4 ～ 5.5	50 ～ 70
25 ～ 35	3 ～ 4.5	70 ～ 100
35 ～ 45	2.5 ～ 3.5	100 ～ 125
45 ～ 80	2 ～ 3	125 ～ 200

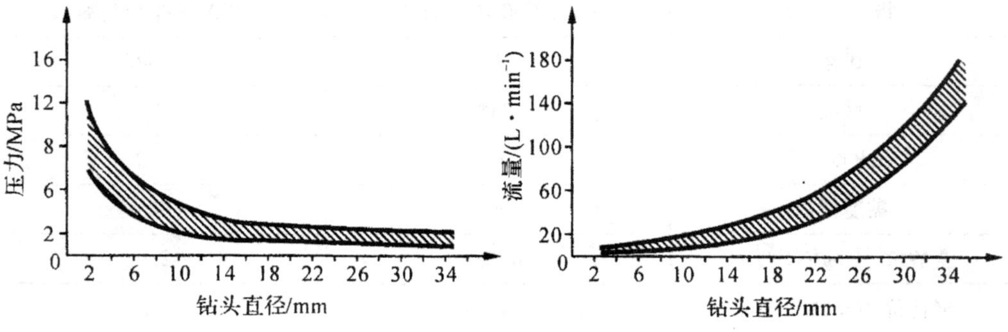

图 1.14 枪钻压力、流量选择图表

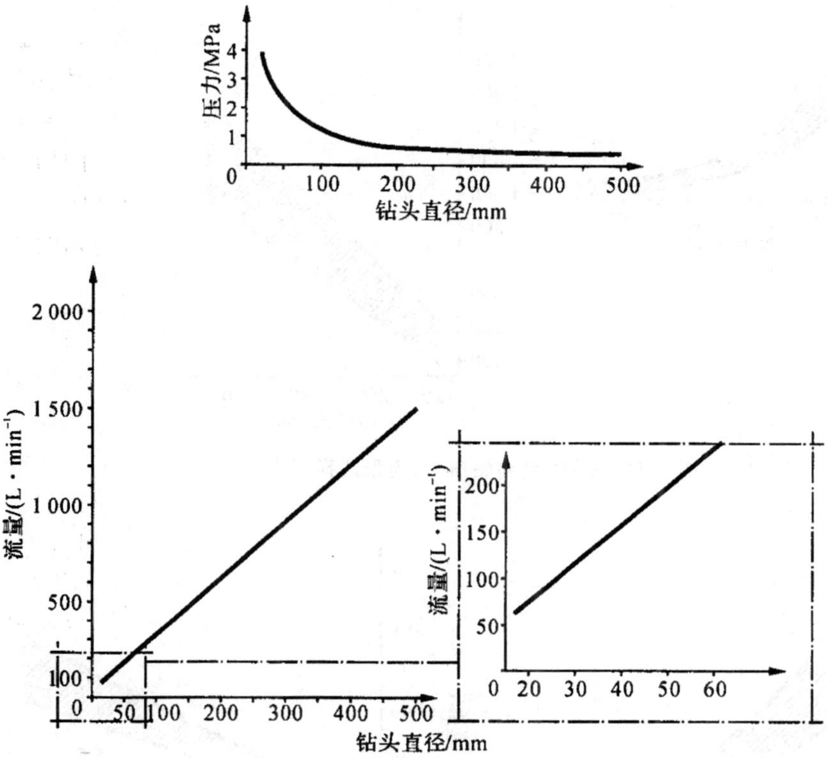

图 1.15 BTA 钻压力、流量选择图表

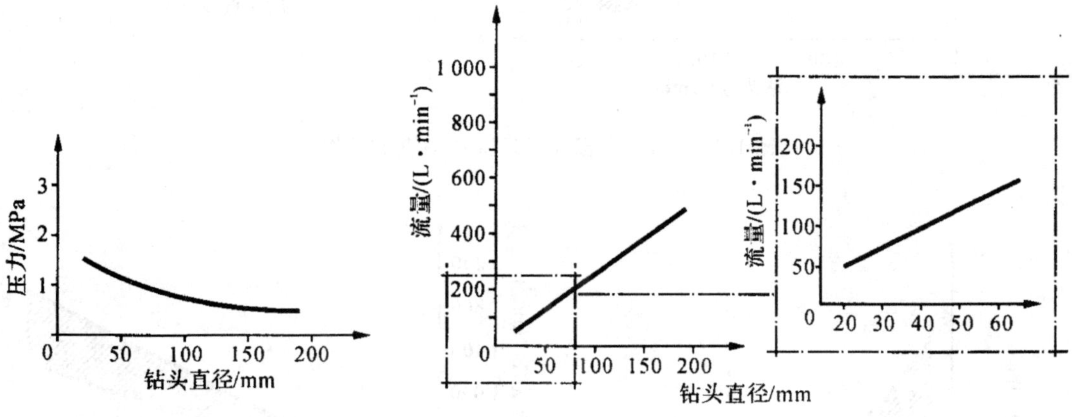

图 1.16 喷吸钻压力、流量选择图表

四、切削液的使用与管理

深孔加工中，只有正确地使用和管理切削液，才能通过最佳的切削液获得所期望的生产率和加工质量的综合效果。但在实际中，使用者往往忽视了切削液的重要性，对切削液的合理使用和适当维护可以延长刀具寿命，提高加工质量，改善工作环境的重要性认识不足。因此，在使用与管理方面应注意以下几点。

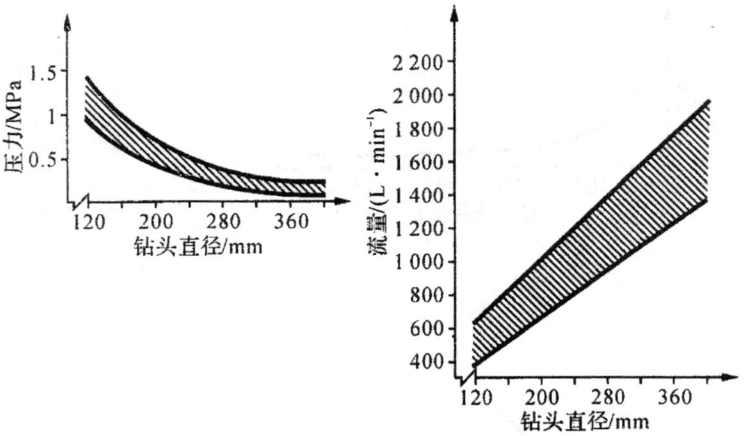

图 1.17 BTA 套料钻压力、流量选择图表

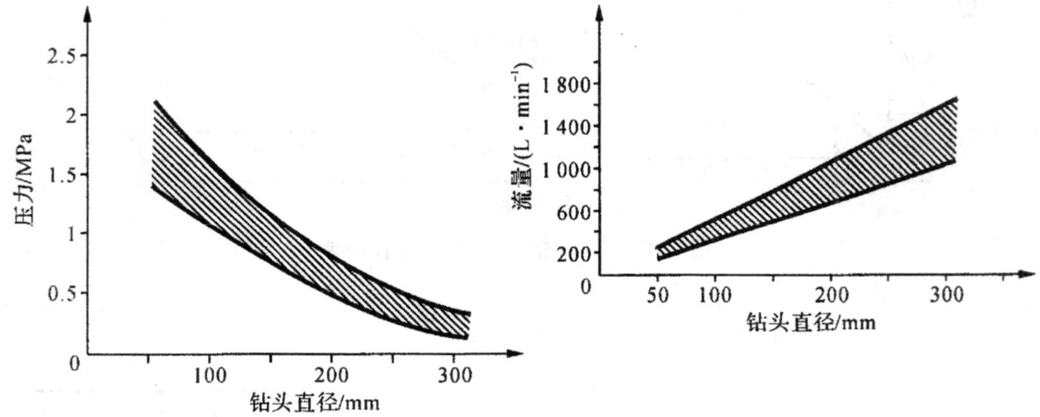

图 1.18 外排屑深孔镗刀压力、流量选择图表

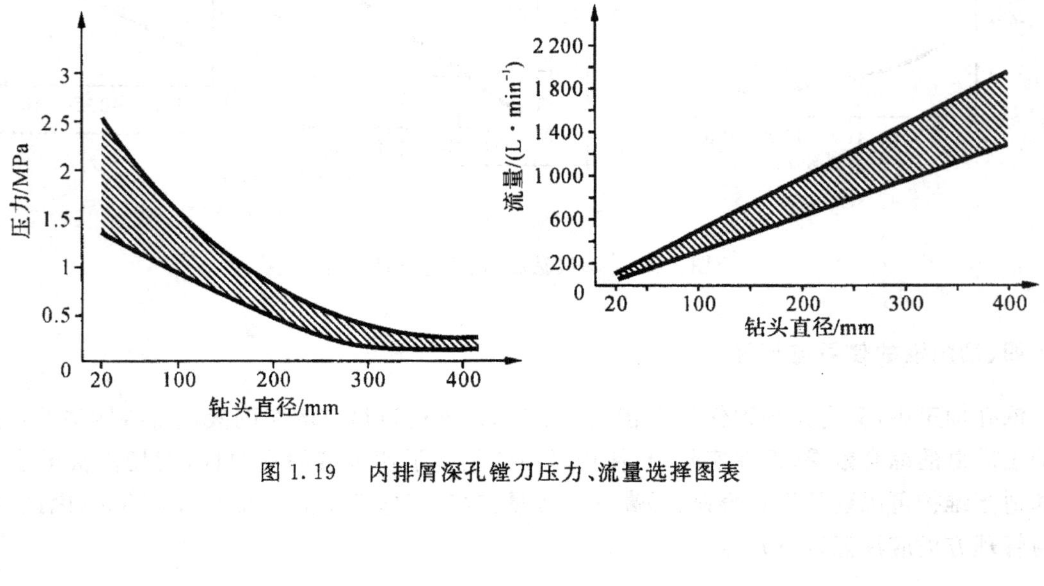

图 1.19 内排屑深孔镗刀压力、流量选择图表

（1）应经常加油，使油箱中油的高度保持在最高平面。油量太小，使得切削液循环速度太快，磨损物、微屑不能完全沉淀；滤油器负荷太高，过滤不良，恶化表面质量，降低刀具耐用度；散热不充分，切削液油温升高，易造成刀具与导向块的磨损及积屑瘤的生长，易使切削液老化，泡沫增多。一般进油温度不超过 40℃，回油温度最高为 50℃，切削液老化常在 50 ～ 60℃ 之间出现，从这个温度每升高 10℃，切削液老化速度约增加一倍。切削液老化，将导致加工质量明显恶化，因而应定期补充或更换切削液。

（2）滤油器、油箱必须定期清洗。

（3）使用中，应采取防腐措施，防止切削液污染、老化变质，以保持良好的工作环境。

（4）不同制造厂的切削液尽量不要混用。

（5）加强对切削液的鉴别与试验分析。

第二章　深孔加工系统

第一节　常用深孔加工系统简介

深孔加工系统是以深孔加工中所用的冷却、排屑装置来分类的。目前，国内、外常用的深孔加工系统有枪钻系统、BTA 系统、喷吸钻系统和 DF 系统。这些系统除用于与之对应的钻头进行钻削外，亦可以用于其它深孔刀具切削加工，如深孔镗削、铰削和珩磨等。

一、枪钻系统

枪钻系统属于外排屑方式，其结构如图 2.1 所示，主要由中心架、扶正器、钻杆联结器和冷却润滑油路系统组成。其中中心架辅助机床卡盘用于装夹工件；扶正器主要用于钻头入钻时导向，并提供向外排屑的通道；尾架用于夹持钻头柄部，支承钻削扭矩和轴向力。枪钻系统的工作原理是：切削液通过尾架上输油入口进入钻杆内部，到达钻头头部进行冷却润滑，并将切除的切屑从钻头外部的 V 型槽中排出。由于切屑由钻头和钻杆外部排出，容易擦伤已加工孔表面，其加工质量要低于内排屑方式的系统。该系统主要用于小直径(一般 $\phi < 20$ mm) 深孔加工。

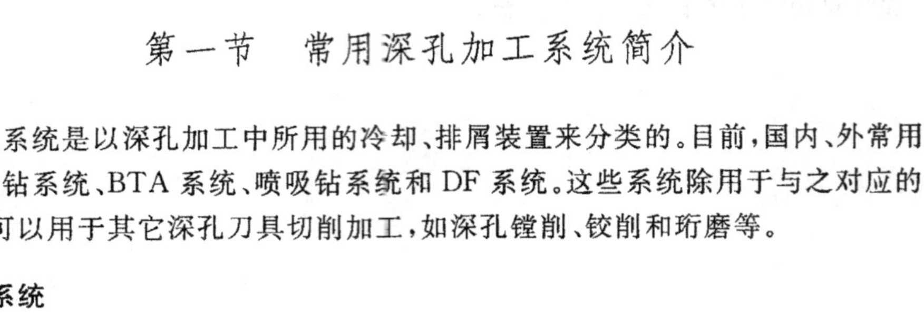

图 2.1　枪钻系统

二、BTA 系统

BTA系统属于内排屑方式，其结构如图 2.2所示，主要由中心架、授油器、钻杆联结器和冷却润滑油路系统组成。BTA 系统中的授油器与枪钻系统中的扶正器功能不同，授油器除了具备导向扶正功用外，还提供了向切削区输油的通道。BTA 系统的工作原理是：切削液通过授油器从钻杆外壁与已加工表面之间的环形空间进入，到达刀具头部进行冷却润滑，并将切屑经钻杆内部推出。该系统使用范围广泛，适用于深孔钻削、镗削、铰削和套料，但受到钻杆内孔排屑空间的限制，主要用于直径 $\phi > 12$ mm 的深孔加工。

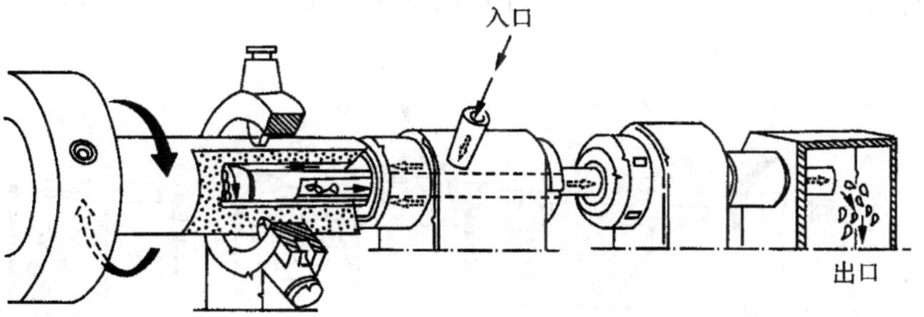

图 2.2 BTA 系统

三、喷吸钻系统

喷吸钻系统主要用于内排屑深孔钻削加工。喷吸钻系统利用了流体力学的喷射效应的原理，当高压流体经过一个狭小的通道喷嘴高速喷射时，在这股喷射流的周围形成低压区，可将喷嘴附近的流体吸走。喷吸钻系统结构如图 2.3 所示，其工作原理是：切削液在一定压力作用下，由联结器上输油口进入，其中 2/3 的切削液向前进入内、外钻杆之间的环形空间，通过钻头柄部上的小孔流向切削区，对切削部分、导向部分进行冷却与润滑，并将切屑推入内钻杆内腔向后排出；另外 1/3 的切削液，由内钻杆上月牙状喷嘴高速喷入内钻杆后部，在内钻杆内腔形成一个低压区，对切削区排出的切削液和切屑产生向后的抽吸，在推、吸双重作用下，促使切屑迅速向外排出。因此，在喷吸钻钻孔时，切削液压力低而稳定，不易外泄，排屑顺畅，降低了钻削系统的密封要求，保证了钻削加工可以在较大的切削用量下进行。

喷吸钻系统由中心架、扶正器、内钻杆、外钻杆及冷却润滑系统等组成。由于有内管，喷吸钻加工最小直径范围受到限制，一般不能小于 ϕ18 mm。

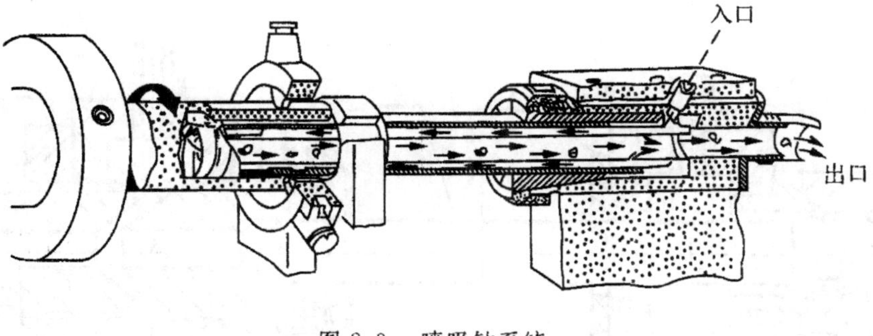

图 2.3 喷吸钻系统

四、DF 系统

DF 为英文 Double Feeder 的缩写，原意为双进油装置，是 20 世纪 70 年代中期日本冶金有限股份公司研制出来的。它并非独创，而是将 BTA 方法推出切屑与喷吸钻吸出切屑的方法相结合，仅用一个钻杆完成推、吸双重作用。它同时具备了 BTA 系统和喷吸钻系统的优点，并克服不足，使钻削直径范围增大(最小直径可达 ϕ6 mm)，密封压力减小，加工精度和效率提高。DF 系统需要把切削液分成两条路线分别供给授油器和联结器，如图 2.4 所示。其工作原理是：

约 2/3 的切削液同 BTA 系统一样由授油器进入，并从钻杆外壁与已加工孔表面之间的环形空间到达钻头头部，并将切屑从钻杆内部推出；另外 1/3 的切削液直接从钻杆联结器的负压装置进入钻杆内腔，产生一定的负压，将切削区的切削液和切屑向后抽吸，促使切屑顺利排出。

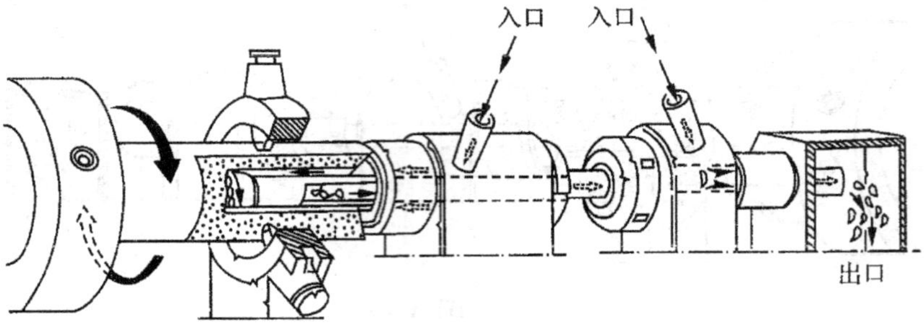

图 2.4　DF 系统

第二节　DF 系统设计理论

DF 系统是目前应用最为广泛的一种深孔加工系统。到了 20 世纪 90 年代，又将 DF 原理推广应用到外排屑钻削系统中，缓解了小直径深孔加工的排屑、密封等难题，并且还可以应用到普通立式钻床和普通车床上，为解决深孔麻花钻钻深孔的冷却、排屑问题开辟了一个新途径。

一、DF 系统的分类

1. 内排屑 DF 系统

内排屑 DF 系统由工件 1、钻头 2、授油器 3、钻杆 4 和负压抽屑装置 5 构成，如图 2.5 所示。内排屑 DF 系统的喷嘴通常采用锥形和月牙槽形两种形式。

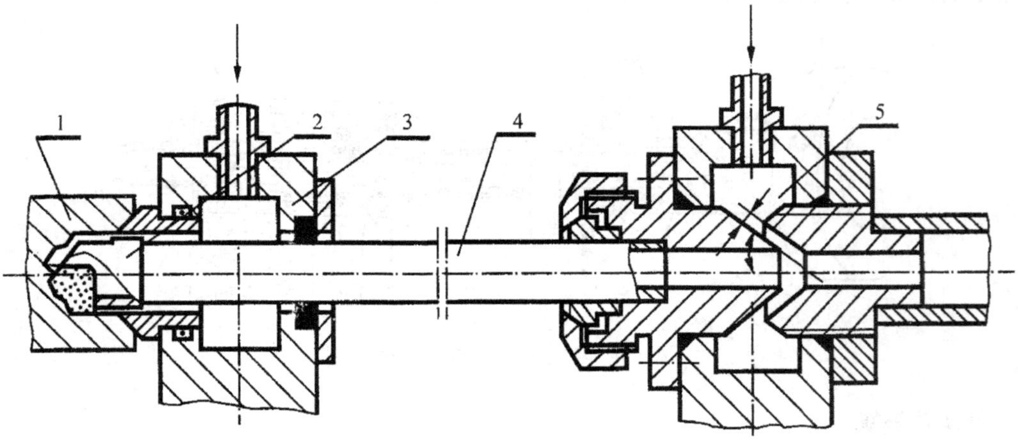

图 2.5　内排屑 DF 系统

2. 外排屑 DF 系统

外排屑 DF 系统由工件 1、钻头 2、负压抽屑装置 3 和联结器 4 构成，如图 2.6 所示。其工作原理是：大部分切削液从尾座输油口进入，通过钻杆内部到达切削区，冷却润滑钻头，并将切屑从钻头外部V型槽或螺旋槽中推出；另一小部分切削液从外排屑负压装置进入，通过喷嘴到达钻杆外壁，并向后喷射，在钻杆V型槽或螺旋槽内产生负压，将切削区的切削液和切屑向外抽吸，促使切屑排出。

因为外排屑负压区的截面积较小，为了喷射充分，喷嘴一般采用圆锥形喷嘴。

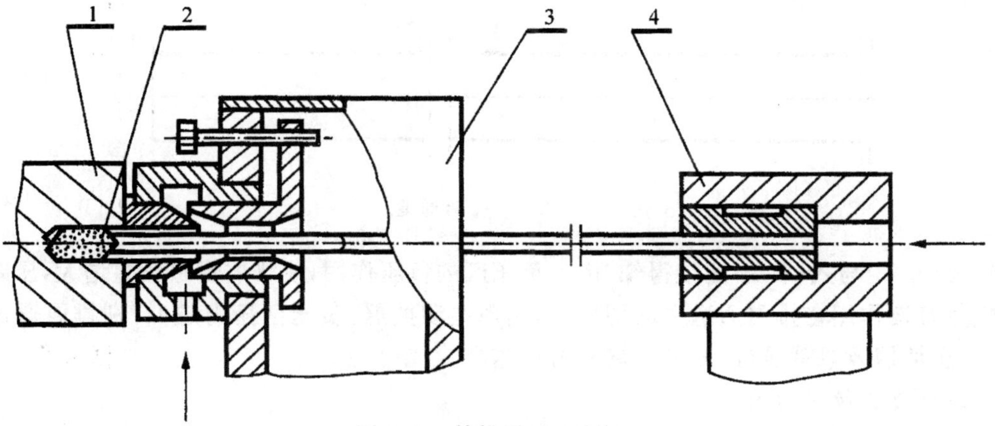

图 2.6 外排屑 DF 系统

二、DF 系统负压抽屑机理

1. 负压抽屑机理

DF 系统负压产生的机理是：切削液经负压装置高速射入排屑通道，与向外流动的切削液混合进行能量转换。排屑通道中向后流动的切削液，在射流喷嘴口处的能量转换区获得能量，切削液流速得以提高。这样，排屑通道内向后流动的切削液，在能量转换前后的流速产生梯度，具有不同的能量，形成压力差。在能量转换区前的切削液压力低，在能量转换区后边的压力高，因而产生真空区，即负压区。在负压区切削液的流动速度加快，提高了排屑效果。

取切削区排屑通道入口至负压喷口之间的单元流体为研究对象，如图 2.7 所示。在无负压效应的情况下，能量方程为

$$Z_1+\frac{p_1}{\rho g}+\frac{\alpha_1 v_1^2}{2g}=Z_2+\frac{p_2}{\rho g}+\frac{\alpha_2 v_2^2}{2g}+h_L \tag{2.1}$$

式中 Z_1,Z_2 —— Ⅰ，Ⅱ 截面处的比位能；

p_1,p_2 —— Ⅰ，Ⅱ 截面处的平均压力；

v_1,v_2 —— Ⅰ，Ⅱ 截面处的平均流速；

α_1,α_2 —— Ⅰ，Ⅱ 截面处的动能修正系数；

ρ —— 冷却润滑液密度；

h_L —— 沿程能量损失。

对于所研究的对象，$Z_1=Z_2$，$v_1=v_2=v$，又因是紊流流动，取 $\alpha_1=\alpha_2=1$。则由式(2.1)得

$$p_1-p_2=\rho g h \tag{2.2}$$

在有负压效应的情况下，能量方程为

$$Z_1'+\frac{p_1'}{\rho g}+\frac{\alpha_1' v_1'^2}{2g}=Z_2'+\frac{p_2'}{\rho g}+\frac{\alpha_2' v'^2}{2g}+h_L' \tag{2.3}$$

同理，$Z_1' = Z_2'$，$\alpha_1' = \alpha_2' = 1$。在有负压效应的情况下，$v_1' \neq v_2'$，$v_1' = v_1 = v$，若设沿程能量损失受负压效应的影响不大，即 $h_L' = h_L$，则由式(2.3)得

$$p_1' - p_2' = \frac{1}{2}\rho(2v\Delta v + \Delta v^2) + \rho g h_L \tag{2.4}$$

式中 $\Delta v = v_2' - v_2$，即有负压效应时，负压区流速的增量。

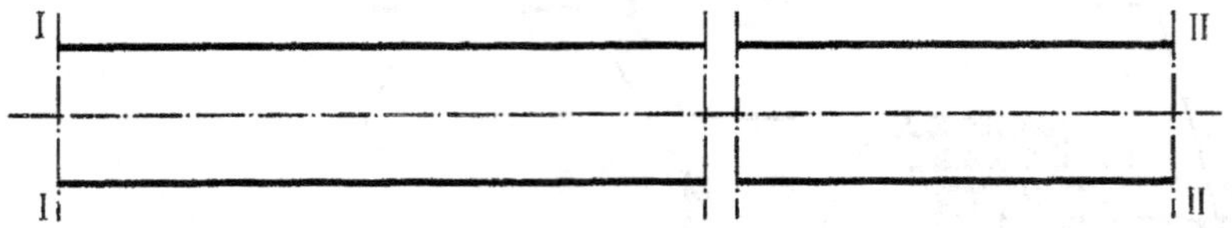

图 2.7 排屑通道

将式(2.2)与式(2.4)比较得知，由于负压区的负压作用，使排屑通道压差增大，压差产生的抽吸力直接作用在排屑通道中的切屑上，实现主动抽屑。负压区压力越低，则排屑通道压差越大，负压抽屑效果就越好，系统排屑能力也越高。

2. 影响负压效应的因素

由以上分析可知，负压抽屑效果由负压区的负压值(即排屑通道压差)确定，而负压值的提高只能通过提高负压射流的能量及其转换率来实现。采用圆锥形喷嘴时(见图2.8)，根据流体动力学理论，负压抽屑装置锥形喷嘴射流具有的动量 F 及其轴向分量 F_x 和径向分量 F_y 分别为

$$F = \frac{\rho \alpha_n' Q_n'}{\pi d_0 \delta} \tag{2.5}$$

$$F_x = \frac{\rho \alpha_n' Q_n^2}{\pi d_0 \delta}\cos\theta \tag{2.6}$$

$$F_y = \frac{\rho \alpha_n' Q_n^2}{\pi d_0 \delta}\sin\theta \tag{2.7}$$

式中 Q_n —— 射流通道流量；
d_0 —— 射流喷口直径；
δ —— 射流喷嘴环形通道间隙；
θ —— 射流喷嘴喷射角；
α_n' —— 动量修正系数。

由式(2.5)～式(2.7)知，在排屑通道结构参数确定的条件下，不考虑切削液的性质，射流通道流量 Q_n、间隙 δ 和喷射角 θ 直接影响射流动量。由流体动力学能量转换理论分析，轴向分量 F_x 影响转换能量大小，径向分量 F_y 影响能量的转换率。F_x 增大，转换能量增大，排屑通道所获得的能量亦增大；F_y 增大，射流能量损失增大，能量转换率降低。实验表明[65]：间隙 δ 对负压效应的影响最大；其次是喷射角 θ；流量 Q_n 对负压效应的影响最小。

(1) 间隙 δ 对负压效应的影响：在喷射角 θ 和射流流量 Q_n 确定的条件下，射流间隙 δ 较大时，射流速度较低，射流动量较小，排屑通道切削液所获得的能量较小，负压区压力 p_2 较高，故负压效应甚微；随着 δ 减小，F_x 增大，p_2 减小，负压效应得以加强。此时虽然 F_y 也增加，能量损失加大，但对负压效应影响不大；当间隙 δ 继续减小时，F_y 继续增大，射流能量损失较大，出现 F_x 和 F_y 对负压效应的影响处于平衡状态，此时，负压效应趋于稳定；当间隙 δ 再继续减小时，

射流能量损失对负压效应影响很大，则负压效应降低；当间隙 δ 很小时，能量损失很大，此时，几乎不产生负压效应。图 2.9 为在不同钻削直径 d_0，不同射流流量 Q_n，间隙 δ 与负压区压力 p_2 之间的对应关系。从图上可以看出，间隙 δ 存在一个临界值 δ_l（负压区压力 p_2 最低时对应的 δ 值）。当 $\delta=\delta_l$ 时，DF 系统获得最佳负压效应；当 $\delta>\delta_l$ 时，负压效应随 δ 减小而提高；当 $\delta<\delta_l$ 时，负压效应随 δ 增大而提高。

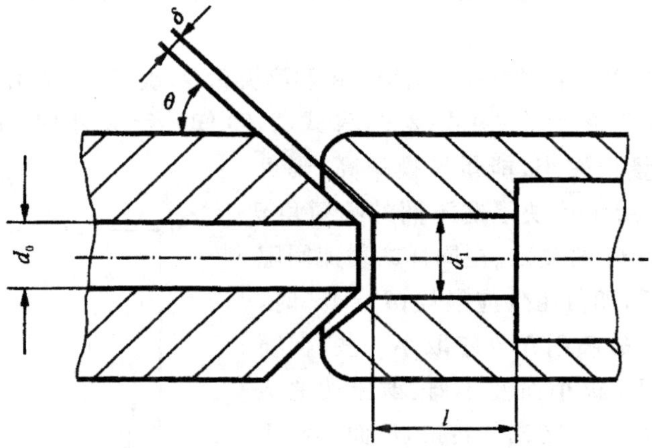

图 2.8　圆锥形喷嘴

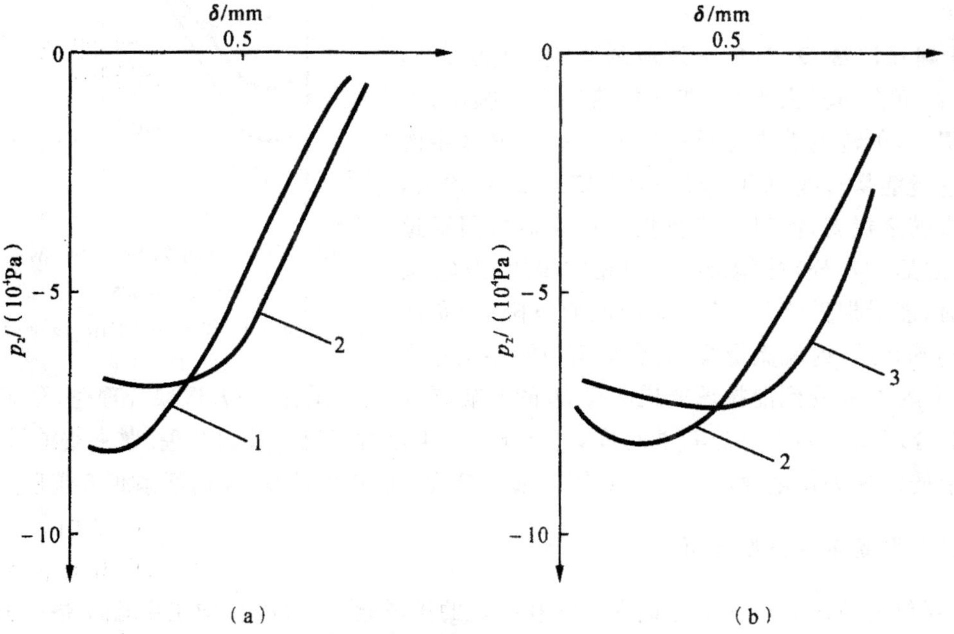

图 2.9　间隙 δ 与压力 p_2 的关系

(a) $d_0=16$ mm；(b) $d_0=12$ mm

1,2,3— 分别为 $Q_n=3.3\times10^{-4}$，5×10^{-4}，6.6×10^{-4} m^3/s

射流间隙 δ 的选取除考虑负压效应外，还应注意 δ 的大小，δ 太小时，易造成进油口密封困难和间隙“堵塞”等弊病。根据流体力学理论，喷嘴环形通道的压力损失 Δp 与 δ 的 3 次幂成反比。δ 太小，压力损失剧增，射流能量损失严重，射流压力过高，造成密封困难和漏油现象。另外，δ 太小易引起“堵塞”。其原因是：

1）油污及微粒切屑容易在间隙中逐步堆积，造成堵塞；

2）射流液流受两壁的吸附形成吸附层，易使间隙“堵塞”。这样，负压效应将会完全消失。

所以，射流间隙 δ 不能太小，在保证一定负压效应后，δ 应尽量取大值。也就是说，在同样的负压效应时，δ 应取大值，即 $\delta > \delta_l$，此区为负压效应稳定区。而不应取小值，即 $\delta < \delta_l$ 此区为负压效应非稳定区。射流间隙 δ 一般可在 0.1 ～ 0.5 mm 内选取，钻孔直径大时取大值，反之，取小值。

（2）喷射角 θ 对负压效应的影响：当间隙 δ 和射流流量 Q_n 确定后，射流动量 F 亦即确定。此时，喷射角 θ 决定 F_x 和 F_y 的大小。由式(2.6)和式(2.7)知，当 θ 减小时，F_x 增加，F_y 减小，转换的能量增大，射流能量损失小，能量转换率高，则负压效应提高。如图 2.10 所示反映了在不同的喷射角 θ 时，间隙 δ 与负压区压力 p_2 的关系。在同样的射流间隙 δ，当 $\theta = 15°$ 时，p_2 最低，即负压效应最佳；$\theta = 45°$ 时，p_2 最高，负压效应最差。故喷射角 θ 应取小一些。但喷射角 θ 太小时，又会因 F_y 很小而使排屑、射流两通道的切削液，在能量转换区内不能充分转换，反而不利于负压效应的提高。另外，喷射角 θ 还受到负压装置结构以及制造工艺条件的限制，其一般取值范围为 15° ～ 30°。

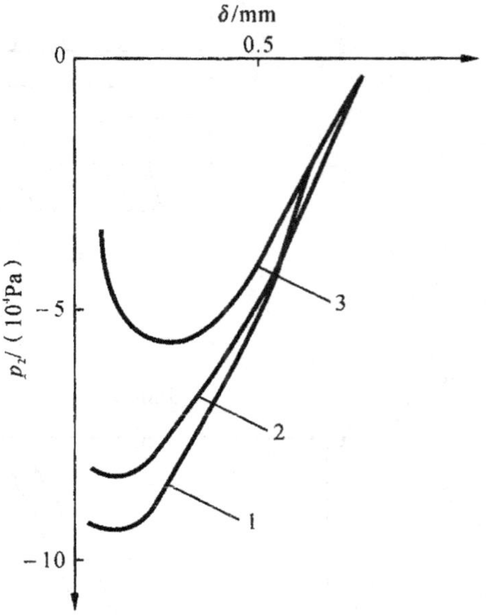

图 2.10　不同 θ 时 δ 与 p_2 的关系

$d_0 = 12$ mm；$Q_n = 3.3 \times 10^{-4}$ m^3/s

1—$\theta = 15°$；2—$\theta = 30°$；3—$\theta = 45°$

（3）射流流量 Q_n 对负压效应的影响：由式(2.6)和式(2.7)可知，Q_n 太小时，即使射流间隙 δ 很小，射流速度很高，射流也没有足够的能量与排屑通道中的切削液进行能量转换，负压效应不好；随着 Q_n 的增大，负压效应随之提高，但射流能量损失以及后排屑通道（喷射口之后的部分）的能量损失也相应增加；当 Q_n 大于某值时，能量损失严重，负压效应反而下降。在负压装置结构确定后，射流流量 Q_n 的合理值应随钻削直径的增大而增大，并受到前排屑通道流量 Q_c 的影响。前排屑通道流量 Q_c 选取合理时，分流比 $q = Q_n/Q_c$ 的合理值为 1/3 ～ 1/5，由此按 $Q_n = qQ_c$ 来确定射流流量较为合理。通常按前排屑通道中切削液的流速为切削速度的 4 ～ 6 倍来选流量 Q_c，亦可参照 BTA 钻削系统来选取。

三、DF 系统排屑特性分析

DF 系统的负压效应大大地提高了深孔钻削的排屑能力。但深孔加工中排屑是否通畅，是由切削区返回切削液（排屑通道切削液）的压力 p_c，流量 Q_c，切屑形态和负压效应综合作用的结果来决定的。下面就这些因素对排屑的影响来分析 DF 系统的排屑特性。

1. 切屑形态及容屑系数 R 对排屑的影响

在排屑通道结构确定的条件下，影响切屑阻力的主要因素是切屑形态。切屑个体的形状、尺寸与切屑的整体状况和占有容积是切屑排出顺利程度的关键，然而，由于钻头切削部分的几何参数与切削工艺参数的匹配，所得到的每片切屑状况具有很大的随机性，且难以测量，无法在一定程度上作定量描述，又由于工件材质、切削条件以及刀具的磨损等造成的切屑卷曲形状及硬化程度的差异，加上每个分离的切屑个体只能表明其本身对排屑通道的适应情况，而无法表达出切屑整体对于排屑通道的适应情况。为此，可以采用切屑容屑系数这一参数来描述加工中切屑的状况。

切屑容积与所切除金属体积之比称为切屑的容屑系数(也称为切屑包容比)，记作 R，表示为

$$R = \frac{V_q}{V_j} \tag{2.8}$$

式中 V_q—— 在一定压力(相当于油压)作用下，切屑占据的体积，m^3；

V_j—— 得到相应的切屑时，相应被切除层金属层的体积，m^3。

切屑的容屑系数除反映了单个切屑本身的形态外，还充分地体现了各类切屑混杂在一起时切屑的整体特点。切屑容屑系数小，表明切削等体积金属所得切屑占有的容积小，即要求的排屑率低。式(2.8) 经变换后可写成

$$RV_j = V_q \tag{2.9}$$

将式(2.9) 除以时间 t 得

$$\frac{RV_j}{t} = \frac{V_q}{t} \tag{2.10}$$

即

$$RZ_{wj} = Z_{wq} \tag{2.11}$$

式中 Z_{wj}—— 单位时间内切除的金属体积，即金属切除率，m^3/s；

Z_{wq}—— 单位时间内所得切屑的容积，即切屑切除率，m^3/s。

正常加工时，只要钻削系统的切屑排屑率 Z_{wp}(单位时间内能够排出切屑的容积值，m^3/s)大于切屑切除率，即

$$Z_{wp} > Z_{wq}$$

时可顺利地排屑，保证系统加工稳定。

C 形切屑及皱折单元屑的容屑系数较小，$R \leq 15$，在同样的切屑排屑率下，容易排出，并且占用存放场地少，是深孔加工的理想切屑形态。当钻削进给量较小时，易产生一种薄而软的带状切屑，该切屑的排屑率较高，容易排出，也可作为深孔加工的正常切屑，但由于这种切屑容屑系数 R 较大，排出后占用存放场地多，并且容易造成切削液损耗，只适宜于存屑场地较大、有大型清理切屑设备的厂家。

2. 排屑通道压力 p_c 和流量 Q_c 对排屑的作用

当射流间隙为零时，DF 系统就变为 BTA 内排屑系统。切削液由切削区进入排屑通道具有一定的压力和流量，使通道中的切屑获得一定能量，并在切削液压差作用下被排出。切屑在排屑通道中运动时，受到切削液推力作用，同时还受到切削液黏滞阻力和摩擦阻力作用。为了能顺利排屑，切削液压力 p_1 必须大于 p_2，这就要求提高输入到切削区的切削液压力或流速。在结构参数确定的条件下，若不考虑负压效应，则可通过增大排屑通道压力 p_c 和流量 Q_c 来提高液流流速，达到提高排屑能力的目的。

如图 2.11 所示为流量 Q_c 对容屑系数 R 的影响曲线。由图可见，在进给量较大的条件下，可以得到稳定的 C 形屑。这时，切削液流量的大小对于切屑的形状和容屑系数 R 影响很小。这

是由于此时切屑在经受了很大的切削变形和附加变形之后，其硬度和强度都很高，又加之切屑的几何尺寸很小，所以切削液就不会对其产生明显的作用效果。

对于带状切屑，由于其切屑的硬化程度低，且尺寸大，因而在切削液的冲击和压力作用下会产生形状和尺寸变化。当流量 Q_c 较大时，切屑由于受到很强的冲击作用而变形及折断，并且相互缠绕和堆积得更加紧密，从而使容屑系数 R 值有所减小。由此可见，对于带状切屑，增大切削液的流量对于排屑有着明显的效果。

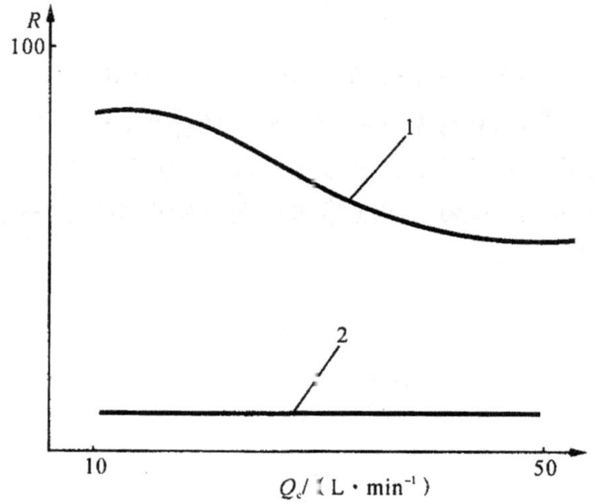

图 2.11 流量 Q_c 对容屑系数 R 的影响

1—带状屑($f = 0.021$ mm/r)；2—C 形屑($f = 0.052$ mm/r)

3. 负压效应对排屑的作用

由式(2.4)知，负压效应使排屑通道压差增加了 $\frac{\rho}{2}(2v\Delta v + \Delta v^2)$。该压差增量与静压差 $p_1 - p_2$ 无关，它仅是由负压效应产生的抽吸压差，记作 Δp_c，即

$$\Delta p_c = \frac{\rho}{2}(2v\Delta v + \Delta v^2) \tag{2.12}$$

其抽吸力 $\Delta p_c A$(A——排屑通道截面积)直接作用于切屑，促使切屑排出。所以，负压效应可以提高 DF 系统的排屑能力。

第三节 深孔加工系统中的常用装置

深孔加工系统与普通车削或铣削系统的不同之处除了冷却润滑系统外，还有授油器、联结器和中心架等，本节主要介绍它们的结构和特点。

一、授油器

授油器的功用是正确引导钻头并向切削区供给高速冷却液。授油器一般分为不旋转式授油器和旋转式授油器两种，如图 2.12 和 2.13 所示，分别用于工件不旋转和旋转两种方式。

1. 不旋转式授油器

如图 2.12 所示不旋转式授油器是由支架 1、前密封圈 2、导向套 3、伸缩轴 4、手轮 5、支承螺母 6 和后密封圈 7 等组成。支架 1 可沿机床导轨移动并固紧。钻孔时，旋转手轮 5 使伸缩轴 4 靠向工件表面，将前密封圈贴紧于工件表面上。压力油通过伸缩轴进入，经由钻头体与导向套 3 形成的环形缝隙进入切削区，冷却润滑钻头。后密封圈 6 是为了防止压力油从钻杆漏出而设置的。钻头进入工件时，由导向套 3 引导稳定钻削，当导向套 3 磨损后需及时更换。这种授油器主要用于刀具旋转的深孔加工方式。

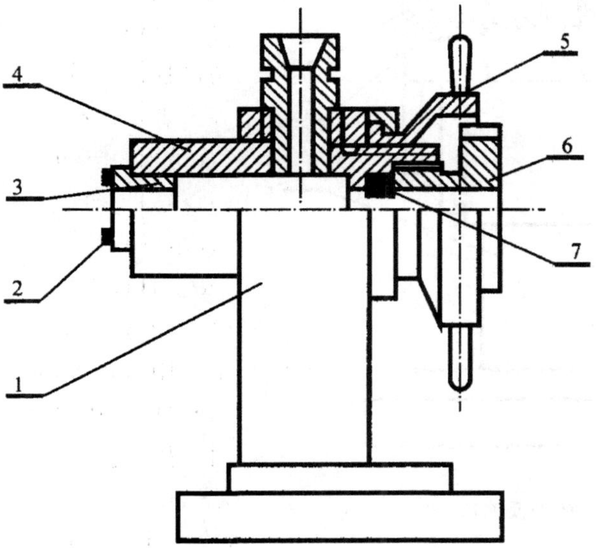

图 2.12　不旋转式授油器

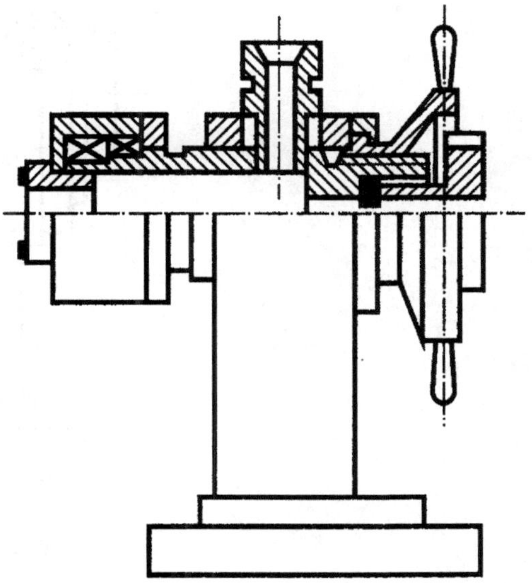

图 2.13　旋转式授油器

2. *旋转式授油器*

如图 2.13 所示，主要用于工件旋转或工件与刀具同时旋转的钻削方式，是最常用的一种授油器。该授油器在头部增加了一个旋转部分，使导向套与工件同时转动，可以提高刀具入钻时的导向精度。

3. *微型授油器*

对于小直径深孔，由于空间受到限制，常用如图 2.14 所示的微型授油器。它由支架 1、导向套 2、移动轴 3、锁紧螺母 4、密封圈 5 和支承螺母 6 组成，去掉了手轮，用扳手松紧，调整移动轴 3，达到导向、密封和给切削区供油的目的。工作时，松开后锁紧螺母，旋转前锁紧螺母，使移动轴 3 前移，让密封圈与工件端面贴紧；加工结束后，松开前锁紧螺母，移动轴后移而脱开工件表面。这种授油器结构简单，占用空间不大。

二、联结器

联结器的功用是支承钻杆和排屑管，传递钻削力矩和轴向力。对于喷吸钻系统和 DF 系统，联结器中还设计有负压抽屑装置，用于射流流量的调节。本文主要介绍带负压抽屑装置的联结器。

1. *典型结构*

带负压抽屑装置的联结器可以做成旋转和不旋转两种形式，分别用于刀具旋转和工件旋转加工方式。旋转式典型结构如图 2.15 所示。转轴 1 通过法兰盘与机床主轴连接，并通过钻杆接头 5 与钻杆 8 连接，带动钻头旋转。壳体 2，轴承 3，7，密封圈 4，6 组成一个旋转支承和密封系统。压力油经由壳体 2 的进油口从锥形喷嘴高速射入，产生负压效应，其射流间隙的大小可由调整垫片 9 调节，以达到最理想的负压效应。

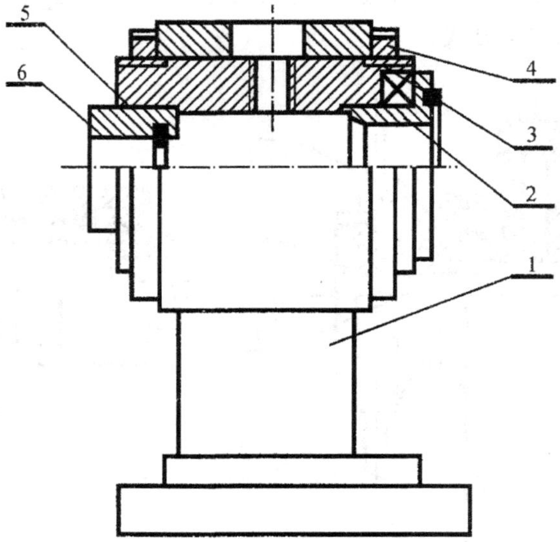

图 2.14 微型授油器

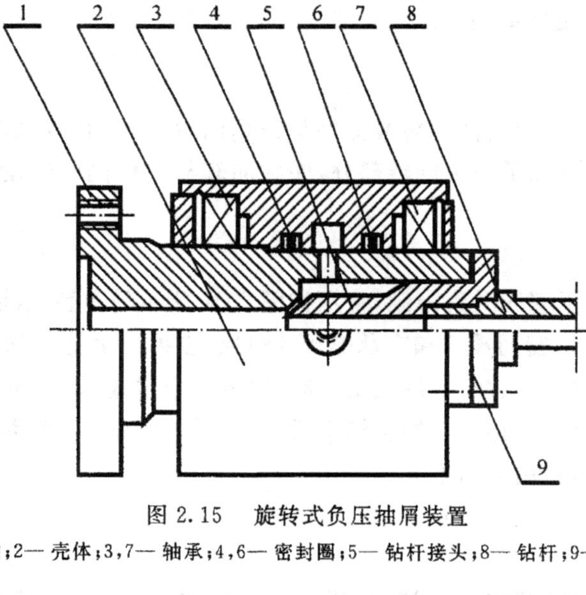

图 2.15 旋转式负压抽屑装置

1— 转轴；2— 壳体；3，7— 轴承；4，6— 密封圈；5— 钻杆接头；8— 钻杆；9— 调整垫片

如图 2.16 所示为不旋转式典型结构。这种联结器结构简单，无需轴承支承，直接与机床进给系统连接。切削液通过进油喷嘴 4 进入，经由前锥套 2 和后锥套 5 组成的锥形喷嘴射入钻杆内腔，向后喷射，形成负压效应。射流间隙依靠调节后锥套 5 来调整，并用螺帽 6 锁紧。

2. 结构设计

(1) 均压腔设计：切削液在进入喷嘴前，先进入一个环绕喷嘴的空间，该空间就称为均压腔，如图 2.15 和图 2.16 所示。均压腔的作用是使射流通道切削液在射流前均压，保证环锥形射流束均匀，以提高负压效应。因此，在设计负压装置均压腔时，首先应保证均压效果。在此基础上，尽量减小均压腔空间，以便减小扩压能量损失，减小负压装置体积。

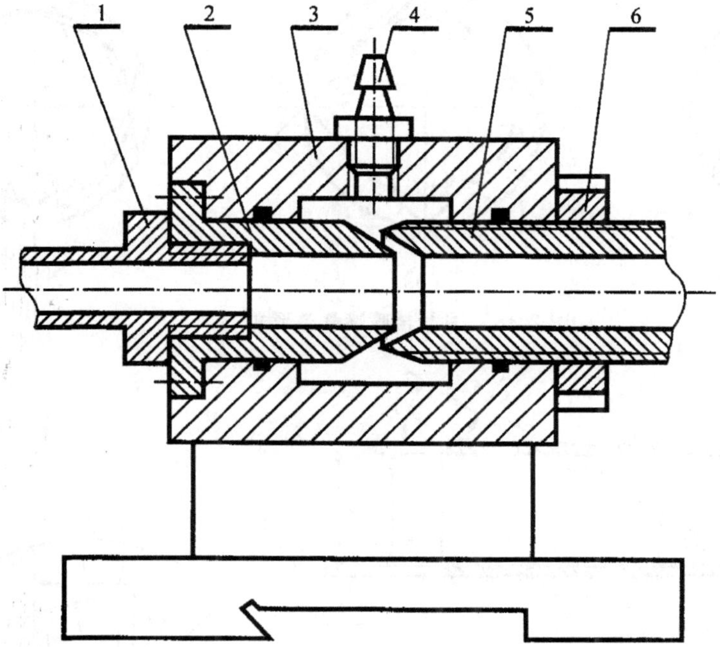

图 2.16 不旋转式负压抽屑装置

1— 钻杆；2— 前锥套；3— 壳体；4— 进油喷嘴；5— 后锥套；6— 螺帽

(2) 射流喷嘴设计：负压抽屑装置中与钻杆相通的进油口，称为喷嘴。常用的形式有两种，一种是月牙槽形，如图 2.17 所示；另一种是圆锥形喷嘴，如图 2.8 所示。

月牙槽形喷嘴一般由两排组成，间隔约为 5 mm，每排 3 ～ 5 个月牙槽，沿圆周均布。月牙槽有一个倾角，用以控制液流的方向。通常喷射角 θ 取 20° ～ 30°，间隙 δ 取 0.3 ～ 0.5 mm。两排月牙槽在整个圆周内应搭成封闭环，避免产生喷射流的死区。必要时可修整喷嘴形状，以尽量减小喷射流死区，修整的形式如图 2.18 所示。最后一排月牙槽，应在进油口的中心线位置上或超前一些，月牙槽应避免开在进油口的涡流区内。还需注意密封，若有泄漏，会提高管内压力而破坏喷吸效应。

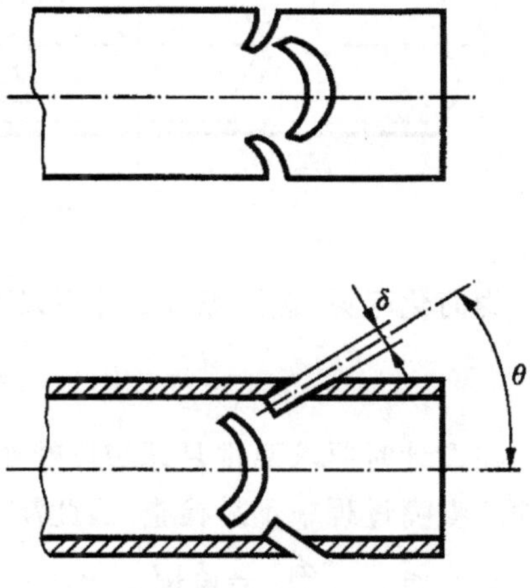

图 2.17 月牙槽形喷嘴

月牙槽形喷嘴加工尺寸的计算如图 2.19 所示，图中喷嘴的面积可以近似看成椭圆上的一段圆弧乘以喷嘴宽度。

椭圆长轴 $$a = \frac{d_1}{2\sin\theta}$$

椭圆短轴 $$b = \frac{d_1}{2}$$

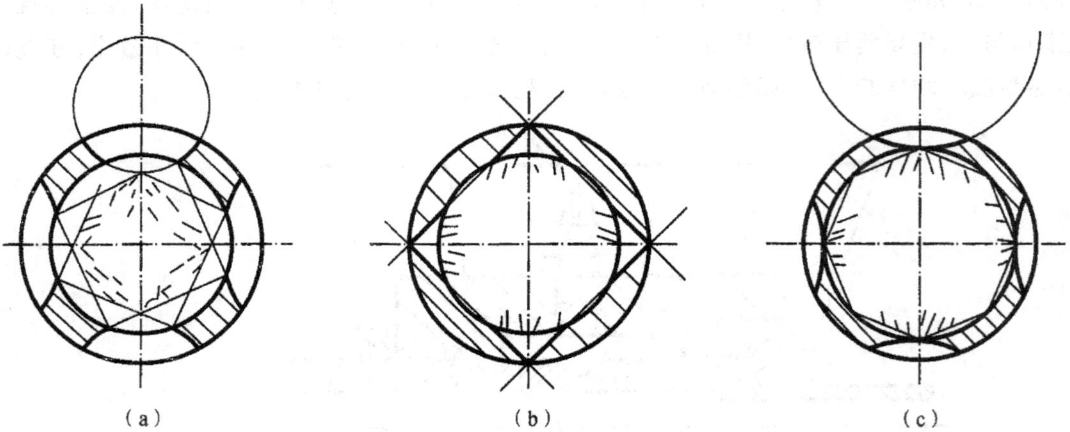

图 2.18　月牙槽喷嘴修整形式

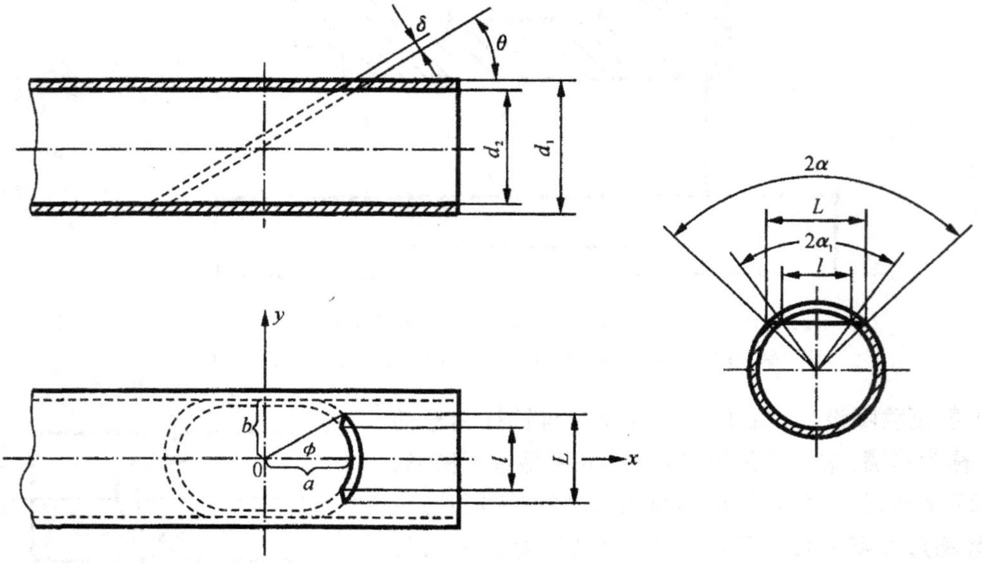

图 2.19　斜切口月牙槽喷嘴结构

为简化起见,椭圆弧长 s 可用以下公式近似计算[6]

$$s=\frac{3}{2}\left(\frac{a+b}{2}\right)-\frac{1}{2}\sqrt{ab} \tag{2.13}$$

在设计时要求两排月牙槽喷嘴在内管的内壁上相互搭接,这样在圆周上是相互均匀的。但在加工喷嘴过程中不易检查,因此需求出射流管内、外表面切缝的长度 l 和 L。

一般取 $l=\frac{d_1}{2}$,或根据需要计算。

$$L=2\sqrt{\left(\frac{d_1}{2}\right)^2-\left(\sqrt{\left(\frac{d_2}{2}\right)^2-\left(\frac{l}{2}\right)^2}\right)^2}=2\sqrt{\left(\frac{d_1}{2}\right)^2-\left(\frac{d_2}{2}\right)^2+\left(\frac{d_1}{4}\right)^2}=\sqrt{\frac{5d_1^2}{4}-d_2^2} \tag{2.14}$$

式中　d_1—— 射流管外径;

　　　d_2—— 射流管内径。

圆锥形喷嘴是由钻杆后端加一锥形喷嘴构成。喷嘴间隙可以调节，从而可以得到较好的喷吸效果，适应范围广。喷射角 θ 与喷射间隙 δ 的合理选取，是保证喷吸效果的关键。喷射角 θ 通常取 15° ~ 30°；喷射间隙 δ 通常取 0.1 ~ 0.5 mm。

除月牙槽形喷嘴和锥形喷嘴外，还可以采用以下两种形式：

第一种是小孔喷嘴，如图 2.20 所示。它由在圆周上均匀排列的与轴线成 30°，并在圆周方向倾斜 15° 的小孔组成。

第二种是带有螺旋角 β 的螺旋锥形喷嘴，如图 2.21 所示。螺旋锥形喷嘴由于射流方向在周向有一倾斜角 β，在射流过程中可避免射流束本身的直接碰撞，减小射流碰撞能量损失，同时，因射流动量的切向分量 $F_z = F\sin\beta$ 的增大以及径向分量 $F_y = F\sin\theta\cos\beta$ 的减小，盲区涡流能量损失也将大大地减小，故负压效应相应提高。

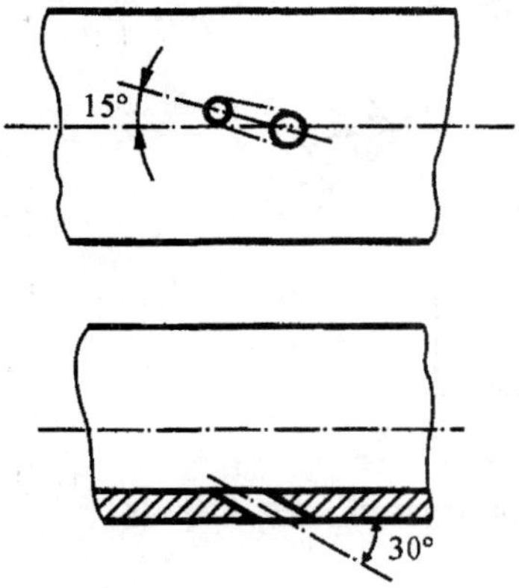

图 2.20　小孔喷嘴

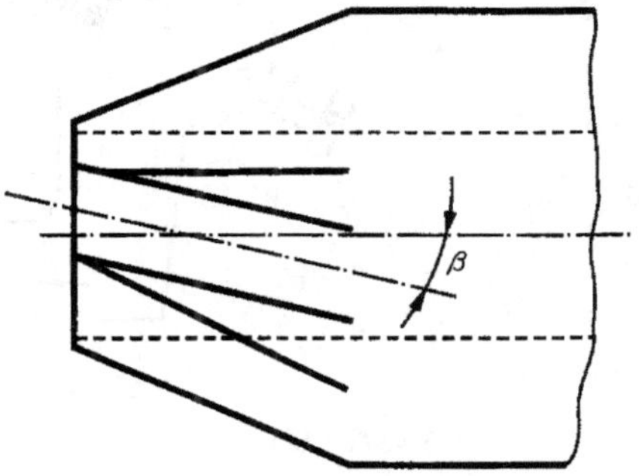

图 2.21　螺旋锥形喷嘴

(3) 后排屑通道混流区结构及设计：后排屑通道如图 2.8 所示。后排屑通道混流区长度 l 和直径 d_1 对负压效应和排屑效果有一定的影响。从负压机理方面考虑，l 太短或直径 d_1 过大，均不利于两通道切削液充分混流，即能量转换。从负压排屑过程考虑，切屑在推吸作用下排至混流区，由于混流区压力较小，此时要靠混流区切削液的动量排屑。所以，混流区流速不宜太小，这样，也就决定了混流区直径不宜太大。但混流区 l 太长或直径 d_1 太小，将造成能量严重损失，混流区通道直径 d_1 绝不能小于钻杆的排屑通道直径 d_0。一般混流区通道直径取为

$$d_1 = d_0 + 2\delta\cos\theta \tag{2.15}$$

混流区长度取为

$$l = 3d_1 \tag{2.16}$$

较为合理。

三、中心架

中心架是深孔钻削装置中三大部件之一，其主要功能是支承、扶正旋转的工件，与普通车床中心架的功用相同。但由于深孔加工零件较重，工件外圆速度较高，因此，必须使用滚动支承。目前常用的有局部滚动和整体滚动两种形式，分别使用三点支承和四点支承。

1. *局部滚动式中心架*

局部滚动式中心架的结构如图 2.22 所示，与普通车床中心架结构相同，只是支承采用了

滚动方式，这种中心架的优点是工件装夹方便，其缺点是刚性较差，工件外圆必须预先车出定位基准，并且找正不太方便。由于深孔钻床没有尾座，采用这类中心架，一般必须在工件端面上车定位锥和授油器导向套上锥面配合定心。

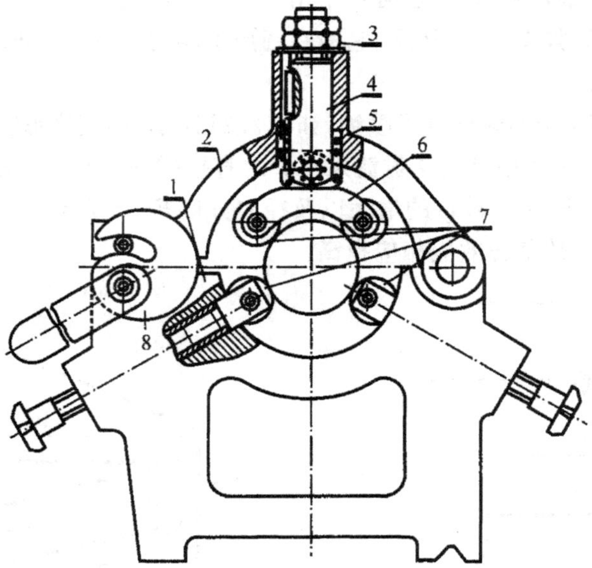

图 2.22 局部滚动式中心架

1— 中心架底座；2— 上盖；3— 螺母；4— 滑杆；5— 弹簧；6— 摆杆；7— 轴承；8— 卡板

2. 整体滚动式中心架

整体式滚动式中心架适用于中小型深孔加工机床，其结构如图 2.23 所示，由轴承、支座、支承套、支承调节螺钉和底板等构成。工件安装在支承套内，调整 4 个支承螺钉进行工件对中。该中心架具有刚性好，回转精度高，找正方便等优点，但工件的装夹不如局部滚动式中心架方便，需要移动中心架。

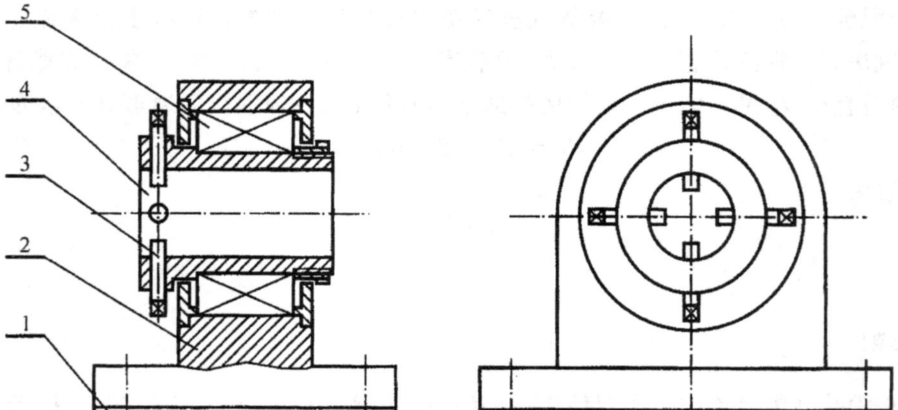

图 2.23 整体滚动式中心架

1— 底板；2— 支座；3— 支承调节螺钉；4— 支承套；5— 轴承

第四节 普通车床改装为深孔加工机床

由于深孔钻床的特殊性，其价格比较昂贵，对于非专业化深孔加工的厂家，成本过高。而采用普通车床改装为深孔加工机床，由于其成本低、制造周期短以及一床多用（车削、深孔钻削、深孔镗削和深孔珩磨）等优点，已为许多生产厂家所接受。

一、总体改造方案

车床改装为深孔加工机床主要有机床和油路两大部分，机床部分主要有中心架、授油器和联结器三大部件；油路部分主要含进油路、回油路以及排屑箱、油箱等，改装总图如图 2.24 所示。

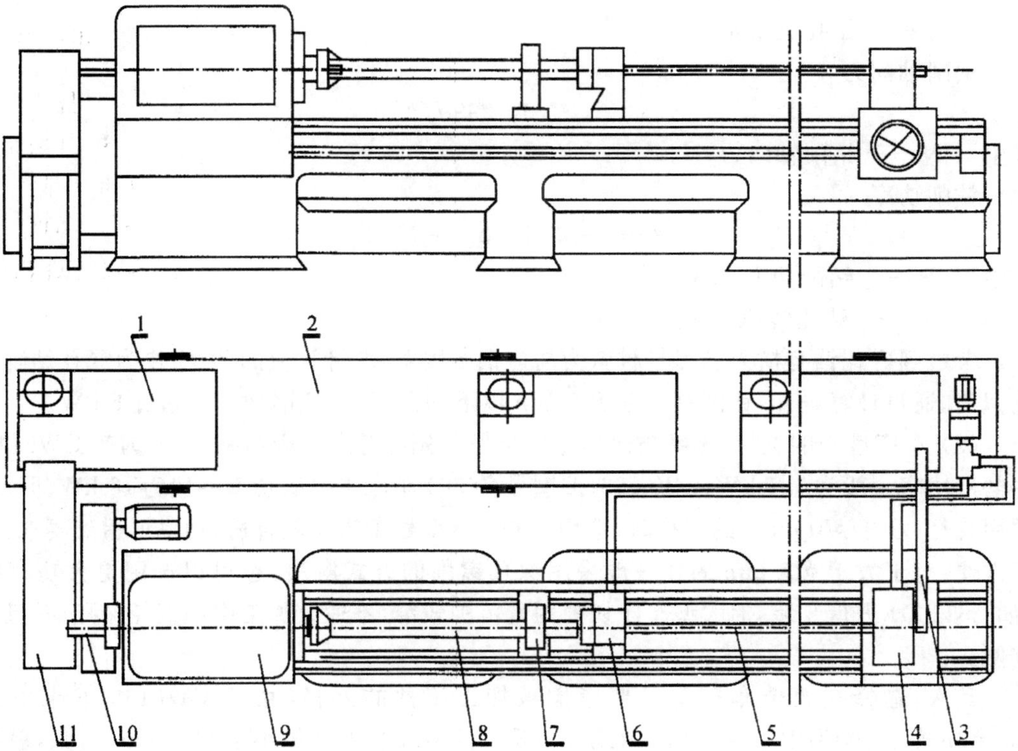

图 2.24 改装结构总图

1— 排屑箱；2— 油箱；3— 后排屑管；4— 联结器；5— 钻杆；6— 授油器；7— 中心架；8— 工件；9— 车床；10— 前排屑管；11— 前排屑箱

改造对车床的要求不高，可以用旧机床进行。改装时，不改变原车床的性能，只需将车床上刀架拆除，换上联结器、授油器和中心架分别装在车床内导轨上。原机床主运动和进给运动机构不变，不用原车床油路系统，另行配置油箱和排屑箱，并在授油器和联结器上接冷却润滑油路。改装后的钻床拆除深孔钻削装置后，仍可作为车床使用。

二、改造分析与计算

1. 车床型号的选择

车床型号的选择主要取决于最大钻孔直径和最大工件外径。最大钻孔直径决定深孔钻削的功率(即被改造车床的功率),最大工件外径决定了被改造车床的回转直径。因此,在改造前,应根据深孔钻削最大参数进行计算,选择被改造车床的型号。

(1) 切削功率计算:目前,还没有成熟的计算深孔钻削功率的经验公式,一般可用麻花钻的功率计算公式近似计算。

钻削扭矩

$$M = 304d^2 f^{0.8} \times 10^{-3} \tag{2.17}$$

式中 M—— 钻削扭矩,N·m;

d—— 钻孔直径,mm;

f—— 钻孔进给量,mm/r。

钻削轴向力

$$N = 299df^{0.7} \tag{2.18}$$

式中 N—— 钻削轴向力,N。

钻削功率

$$P = 2\pi Mn \times 10^{-3} + Nfn \times 10^{-3} \tag{2.19}$$

式中 P—— 钻削功率,kW;

n —— 钻孔转速,r/s。

考虑到麻花钻有横刃和刀具材料为高速钢等因素,取计算值的 70% 作为深孔钻削功率的近似值。通过计算得知,钻削直径在 ϕ70 mm 以下的孔,最大切削功率不超过 8 kW。

(2) 车床型号的选择:选择被改造车床型号首先应考虑机床功率。我国国产 CW6140 车床主电机功率一般为 7.5 kW,CW6163(旧型号 C630) 车床主电机功率一般为 10 kW。因此,加工常用孔径(小于 ϕ70 mm) 的深孔时,选用 CW6163 型号车床比较合适,功率可达到要求,并且操作方便。对于大于 ϕ70 mm 的孔一般采用深孔镗削的方式解决,也可以选用更大功率的车床(如 C61100) 进行改装,但大型车床切削用量范围较窄,不适宜加工中小直径深孔,并且操作不方便。

其次,选择被改造车床型号要考虑被加工工件的外径,由于 CW6163 车床中心高为 300 mm 左右,受到中心架结构的限制,一般工件最大装夹外径小于 220 mm,否则,就要选用更大型号的车床。

2. 床身长度的确定

被改造车床的床身长度取决于最大钻孔的深度,可由式(2.20) 计算

$$L = 2l + (300 \sim 400) \tag{2.20}$$

式中 L—— 车床床身工作长度,mm;

l—— 最大钻孔深度,mm。

3. 切削用量范围确定

目前国内 CW6163 车床最大转速一般小于 800 r/min,最小进给量大于 0.05 mm/r,根据深孔钻削用量推荐值,该用量适合加工 ϕ30 ～ ϕ70 mm 的普通合金钢深孔,若能将最小走刀量

细化到 0.01 mm/r，则加工孔径范围可以扩大到 $\phi15 \sim \phi70$ mm，并能加工如不锈钢和钛合金等难加工材料。

三、冷却排屑系统设计

深孔加工需要强制冷却、润滑和排屑，因此，必须设计一个独立的切削液油路。

1. 油路设计

如前所述，目前常用的内排屑深孔钻系统为BTA系统和DF系统，两者对应的油路系统有所不同。DF系统将BTA系统推出切屑与喷吸钻系统吸出切屑的方法相结合，仅用一个钻杆实现推、吸双重作用。钻削直径范围比喷吸钻系统大，密封压力比 BTA 系统低，因此是目前采用最广泛的一种油路系统，其油路原理图如图 2.25 所示。从油泵输出的切削液分为两路，一路直接由授油器进入，通过钻杆外壁与已加工孔表面之间的间隙到达切削区，并将切屑从钻杆内部推出；另一路从钻杆尾部通过一射流喷嘴进入钻杆内腔，产生一定的负压，将切削区的切削液和切屑向后抽吸，促使切屑顺利排出。两路切削液的流量分配为

$$Q_s = \frac{2}{3}Q,\quad Q_l = \frac{1}{3}Q$$

式中 Q_s —— 通往授油器的流量；

Q_l —— 通往联结器的流量；

Q —— 油泵输出流量。

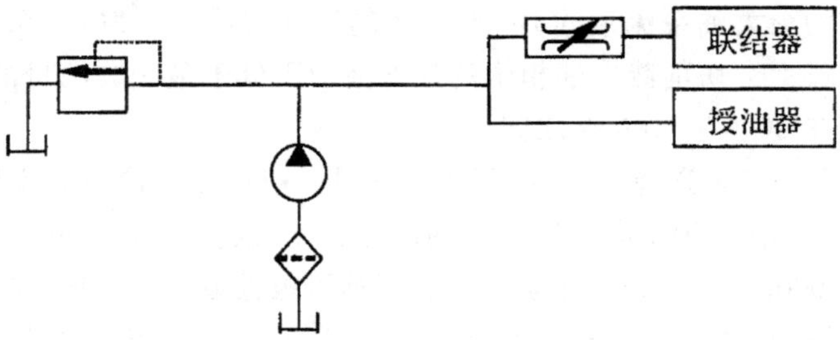

图 2.25 DF 系统油路原理图

BTA 系统油路去掉通往联结器的支路即可。

2. 冷却排屑系统结构设计

冷却排屑系统主要由油箱、排屑箱、油泵、电机、过滤装置和液压元件等组成（见图 2.26）。深孔机床的改装一般是在已安装好的旧车床上进行，受到地面和周围空间的限制，不易做成地坑式油箱，往往采用地面式油箱。因此，油箱高度和宽度要受到车床中心高和床后面空间的限制。油箱长度可按最大加工长度确定，并做成可移动的。

油箱的箱体应设有隔板，保证脏物能够沉淀。此外，还应有滤油装置，滤油装置主要由所要求的过滤精度确定。过滤精度取决于工件材料、切屑形态及工件表面粗糙度等因素。一般地，过滤精度比所要求的表面粗糙度低 10 倍，即 50 μm 的过滤精度可满足 R_a 为 5 μm 表面粗糙度的要求。油箱内采用 5 级过滤装置，在排屑箱中用 $\phi5$ mm 密集孔进行粗过滤，切削油通过油箱盖上 80 粒度过滤铜网进入油箱，在油箱中分别用 100 粒度和 120 粒度铜网进行三、四级过滤，最后在油泵进油管上装纸型过滤器进行第五级过滤。这样，过滤系统的过滤精度可达 10 ～

0.5 μm。有条件的话，装入磁性滤油器效果将更好。

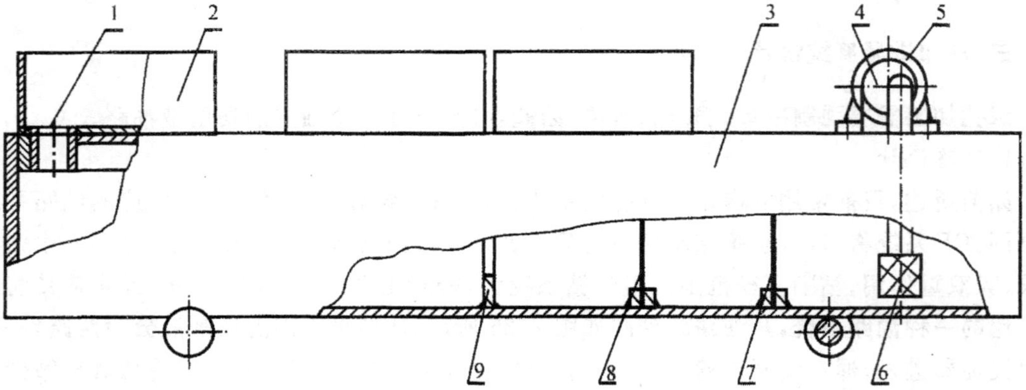

图 2.26 冷却排屑系统结构总图

1—80 粒度铜网；2— 排屑箱；3— 油箱；4— 油泵；5— 电机；6— 过滤器

7—120 粒度铜网；8—100 粒度铜网；9— 隔板

3. 油箱容积、油泵压力及流量的确定

(1) 油箱容积的确定：油箱应有足够的容积，保证切削液能正常冷却以及污物的沉淀和分离。据德国专家G. Zingman研究结果，切削液在油箱中每小时循环次数不能超过6次，因此，油箱的容积至少应为最大油泵流量的10倍。常用的油泵流量一般为125 L/min，故油箱容积一般设计应不小于1 250 L。切削液在油箱中的最低液面不低于最大装油量的70% ～ 80%，持续满载的最高油面应在90% ～ 100%之间。

(2) 油泵压力及流量选择：油泵的压力和流量一般应根据使用的流体截面确定，即根据所加工孔的孔径确定。用CW6163车床改装的深孔钻床，因受到车床的功率和转速的限制，钻孔直径范围一般为$\phi 20$ ～ $\phi 70$ mm，油泵压力和流量可根据表1.3选取。考虑油泵的性价比，通常选用齿轮泵。目前国内生产的齿轮泵最大流量为125 L/min，最大压力为2.5 MPa，基本满足使用要求。

第三章 枪 钻

枪钻是一种比较古老的深孔加工刀具，最初用于加工枪管，故名为枪钻。枪钻是外排屑深孔钻的代表，也是小直径(ϕ10 mm 以下) 深孔加工的常用方法。目前，硬质合金枪钻的最小直径为 ϕ1mm；钻孔深度与直径之比超过 100，最大可至 250；钻孔精度为 IT7 ～ IT9；钻孔表面粗糙度 R_a 为 3.2 ～ 0.4 μm。

枪钻具有一次钻削就获得良好精度和表面粗糙度低的特点，近几年来，已用于精密浅孔和特殊孔加工。以美国为例，1963 年枪钻加工的代表深度为 250 ～ 300 mm，1968 年下降到 100 mm，进入 20 世纪 70 年代已降至 25 ～ 37 mm。枪钻的使用范围也在不断扩大，不仅用于加工通孔，还可以加工盲孔、阶梯孔、斜孔、半圆孔、断续孔和叠层板孔等。

第一节 枪钻的结构

枪钻由头部 1、钻杆 2 和传动部 3(柄部) 三部分组成，如图 3.1 所示。头部材料有高速钢和硬质合金两种，并与钻杆焊接为一体，目前常用硬质合金枪钻。为了保证焊接牢固，定位准确，常采用如图 3.2 所示的焊口形式。在焊接后，进行校直、精磨工序，以保证头部与柄部的同轴度。

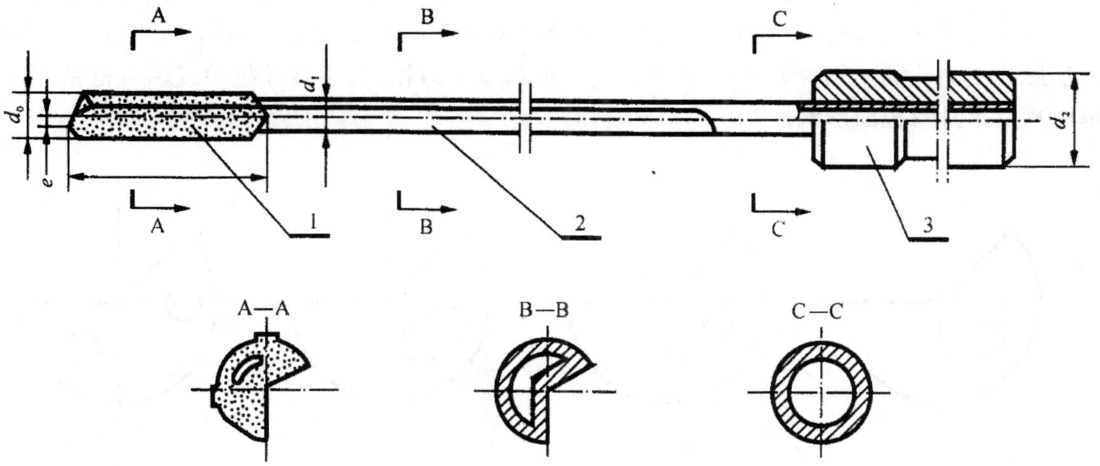

图 3.1 枪钻的结构

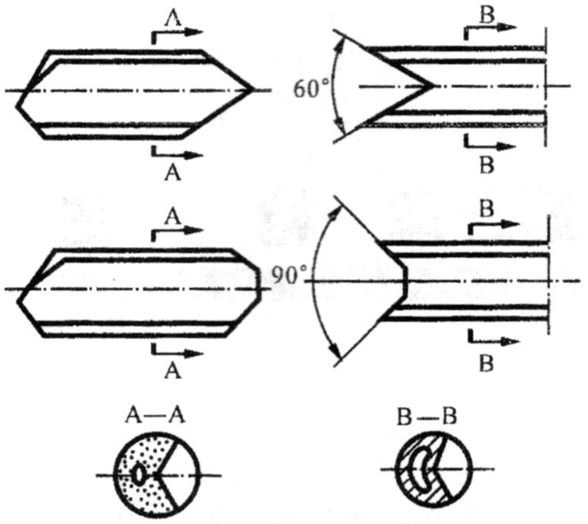

图 3.2 焊口形式

当直径大于 6 mm 时，也可以采用镶焊硬质合金刀片的结构(见图 3.3)，并常采用机械连接方式，这样可以节省硬质合金材料和刀杆，并减少了大钻头刃磨带来的问题，但难保证刀具轴线的同轴度。

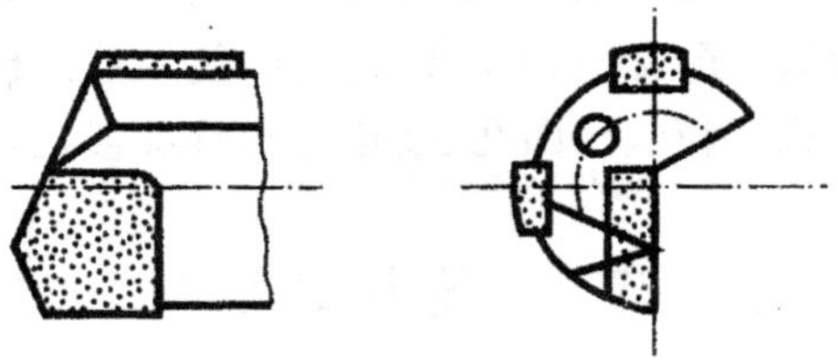

图 3.3 镶焊硬质合金枪钻

一、钻头头部

钻头头部有出油孔，出油孔的形状和大小主要根据切削液流动特性和流量的要求来确定。常用的形状有单圆孔形、半月形、八字形及双圆孔形 4 种，如图 3.4 所示。其中双圆孔形及八字形的出油孔截面积为最大，常用于大直径枪钻或双刃枪钻。小直径枪钻或单刃枪钻，常用单圆孔及半月形截面形状。

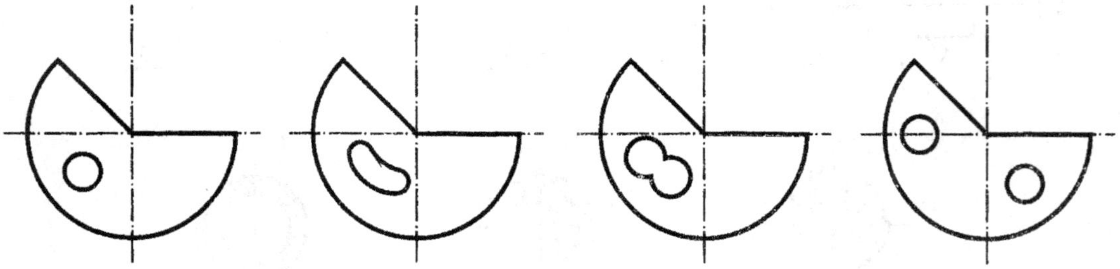

图 3.4 枪钻油孔形式

为了保证加工孔的精度，枪钻头部有两个导向块，与副切削刃带形成三点定圆，自身导向。导向块的形式随枪钻头部结构和直径而异，如图 3.5 所示。镶焊结构头部，镶焊两个条块状导向块；整体结构头部，直径大的直接制成；直径小些的可在圆柱面上磨出平面，自然形成两个导向块。

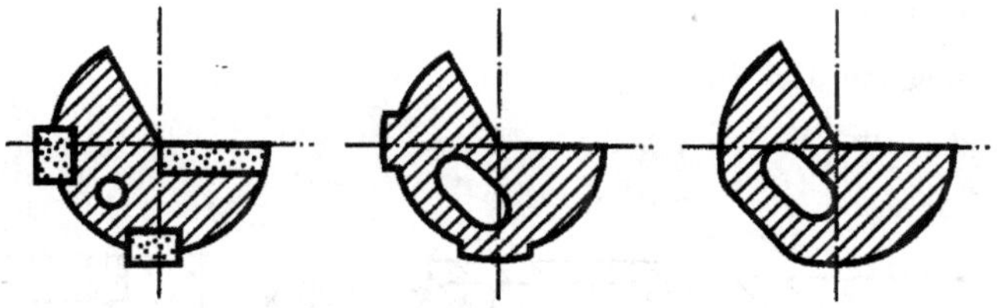

图 3.5 导向块的形式

二、钻杆

枪钻钻杆一般用高强度合金钢管压制成。根据钻孔的深浅和钻头的结构，可选用不同形式的钻杆，如图 3.6 所示。

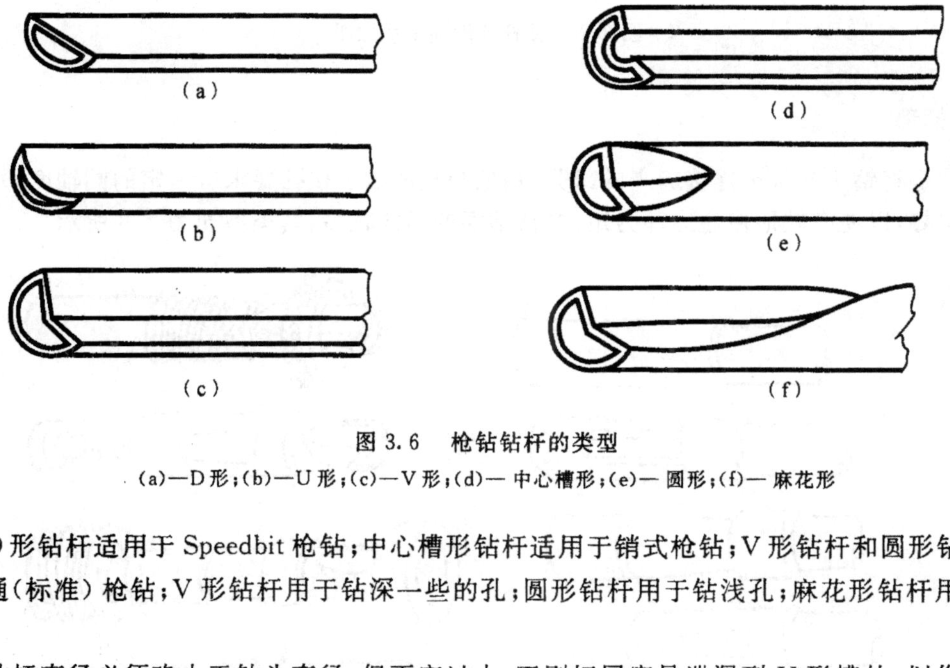

图 3.6 枪钻钻杆的类型

(a)—D 形；(b)—U 形；(c)—V 形；(d)— 中心槽形；(e)— 圆形；(f)— 麻花形

D 形钻杆适用于 Speedbit 枪钻；中心槽形钻杆适用于销式枪钻；V 形钻杆和圆形钻杆适用于普通（标准）枪钻；V 形钻杆用于钻深一些的孔；圆形钻杆用于钻浅孔；麻花形钻杆用于立式钻削。

钻杆直径必须略小于钻头直径，但不宜过小，否则切屑容易泄漏到 V 形槽外，划伤已加工面。通常，钻杆直径 d_1(mm) 取

$$d_1 = d_0 - (0.2 \sim 0.6) \tag{3.1}$$

式中 d_0—— 钻头直径，mm。

钻杆壁厚 t 取

$$t = (0.1 \sim 0.2)d_0 \tag{3.2}$$

钻杆长度 L(mm) 取（见图 3.7）

$$L = l_1 + l_2 + l_3 + l_4 + l_5 + l_6 \tag{3.3}$$

式中 l_1—— 钻头可重磨长度,mm;

l_2—— 孔深,mm;

l_3—— 排屑箱长度,mm;

l_4—— 予留余量,mm;

l_5—— 中心架长度,mm;

l_6—— 柄部长度,mm。

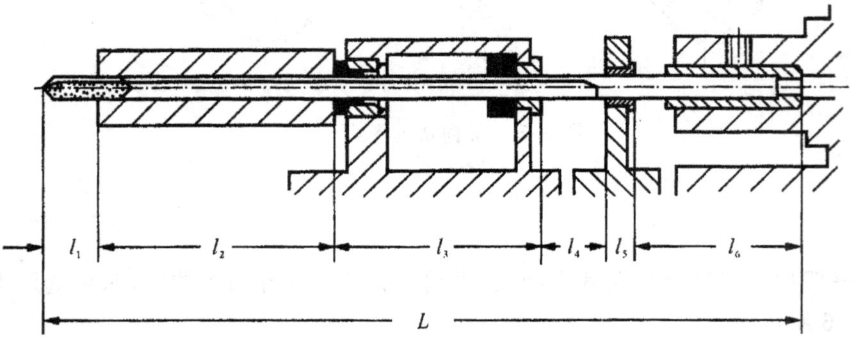

图 3.7 钻杆长度确定示意图

三、柄部

柄部是将钻头和机床连接起来的部分,钻柄与机床的连接孔要求有一定的同轴度,并且连接必须牢靠,以便有效地传递力和力矩。枪钻钻柄的形式较多,其类型如图 3.8 所示。

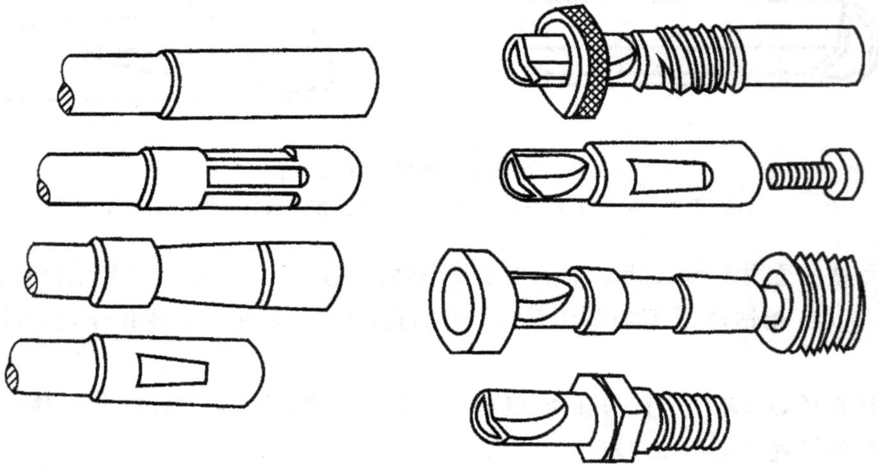

图 3.8 钻柄类型

目前,世界上大多数国家的枪钻都已标准化,基本形状如图 3.1 所示,我国尚未有统一标准。在表 3.1 中列出了我国某工具厂枪钻规格,以供设计时参考。

表 3.1 枪钻结构尺寸

<table>
<tr><th>枪钻直径 d_0/mm</th><th>钻杆直径 d_1/mm</th><th>刀头长度 L_1/mm</th><th>钻柄直径 d_2/mm</th></tr>
<tr><td>3.500 ~ 3.900</td><td>3.3</td><td rowspan="2">15</td><td rowspan="9">15</td></tr>
<tr><td>3.901 ~ 4.400</td><td>3.7</td></tr>
<tr><td>4.401 ~ 4.900</td><td>4.2</td><td rowspan="3">20</td></tr>
<tr><td>4.901 ~ 5.300</td><td>4.7</td></tr>
<tr><td>5.301 ~ 5.800</td><td>5.0</td></tr>
<tr><td>5.801 ~ 6.300</td><td>5.5</td><td rowspan="4">25</td></tr>
<tr><td>6.301 ~ 6.800</td><td>6.0</td></tr>
<tr><td>6.801 ~ 7.300</td><td>6.5</td></tr>
<tr><td>7.301 ~ 7.800</td><td>7.0</td></tr>
<tr><td>7.801 ~ 8.400</td><td>7.5</td><td rowspan="4">30</td><td rowspan="7">19</td></tr>
<tr><td>8.401 ~ 9.100</td><td>8.0</td></tr>
<tr><td>9.101 ~ 9.900</td><td>8.5</td></tr>
<tr><td>9.901 ~ 10.900</td><td>9.5</td></tr>
<tr><td>10.901 ~ 11.900</td><td>10.5</td><td rowspan="5">35</td></tr>
<tr><td>11.901 ~ 12.900</td><td>11.5</td></tr>
<tr><td>12.901 ~ 13.900</td><td>12.5</td></tr>
<tr><td>13.901 ~ 14.900</td><td>13.5</td><td rowspan="7">25</td></tr>
<tr><td>14.901 ~ 15.900</td><td>14.5</td></tr>
<tr><td>15.901 ~ 16.900</td><td>15.5</td><td rowspan="5">40</td></tr>
<tr><td>16.901 ~ 17.900</td><td>16.5</td></tr>
<tr><td>17.901 ~ 18.900</td><td>17.5</td></tr>
<tr><td>18.901 ~ 20.000</td><td>18.5</td></tr>
<tr><td>20.001 ~ 21.500</td><td>19.5</td></tr>
</table>

第二节　枪钻的几何参数及设计

枪钻切削部分要素如图 3.9 所示。有两条主切削刃和一条副切削刃，靠近钻心的一条主切削刃称为内刃，另一条主切削刃称为外刃，其交点被称为钻尖。

一、切削角度

1. 前角和后角

枪钻内、外刃的前角一般均取 $\gamma_o = 0°$，这种平面型前刀面便于制造和重磨。外刃后角通常磨成双重后角，取 $\alpha_{o1}=8^\circ\sim15^\circ$（切削钢料为 $8^\circ\sim12^\circ$，硬度高时取小值；钻削铝、镁及其合金时为 15°）。外刃的第二后角磨成 $\alpha_{o2}=15^\circ\sim25^\circ$，它能防止切屑堆积，使切削液到达切削刃。内刃后角通常取 $\alpha_{o\tau}=10^\circ\sim15^\circ$，由于接近钻心，实际切削后角减小较多，因而应取上限。

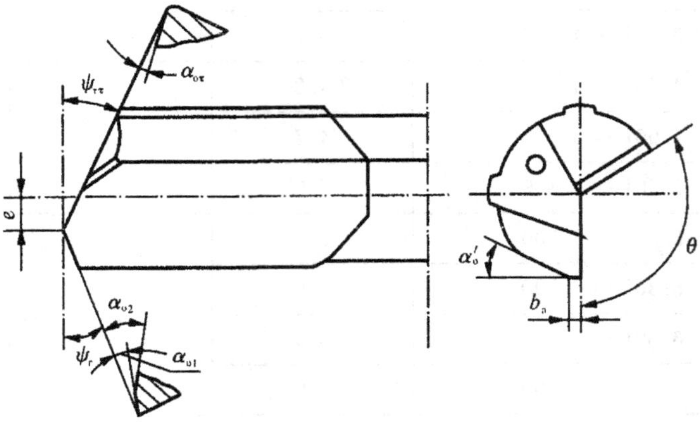

图 3.9　枪钻切削部分要素

副切削刃（亦称圆柱刃）后角常取 $\alpha_o'=8^\circ$，并留有刃带宽度 b_a，一般刃带宽度 b_a 取 0.4～0.6mm，过窄易划破油膜，过宽将增大摩擦力，引起卡钻。

2. 偏角及钻尖位置

枪钻内，外刃的主偏角对切削刃的受力状态、刀尖强度、断屑和排屑情况都有很大的影响。标注时，习惯上不标注主偏角，而是标注余偏角。外、内刃余偏角分别为 ψ_r 和 $\psi_{r\tau}$。枪钻内、外刃的余偏角亦分别被称为内角和外角。钻尖至钻头轴线的距离称为钻尖偏心量 e。内、外角和钻尖偏心量直接影响着切削刃的受力状态，如图 3.10 所示。

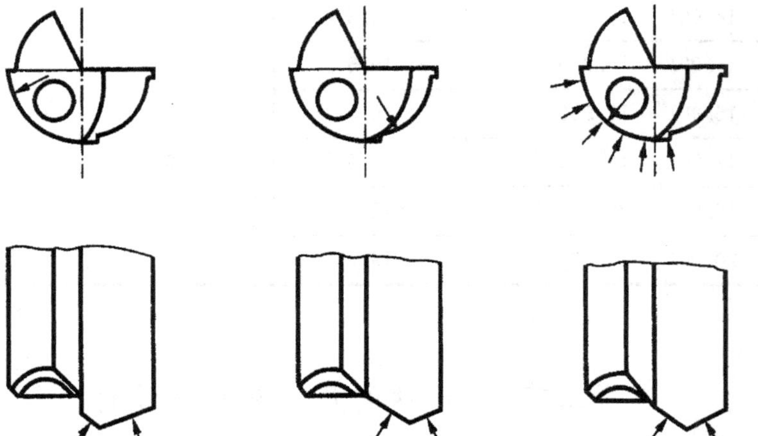

(a)　(b)　(c)

图 3.10　枪钻不同刃形的受力状态

外刃径向力过大，如图 3.10(a) 所示，将使作用于导向块的挤压力增大，摩擦增大，已加工表面恶化，热量增加。

内刃径向力过大，如图 3.10(b) 所示，将使合力作用于副刀刃上，引起较大的直线度误差，使孔径尺寸超差、表面粗糙度增加、切削刀刃带过早磨损等。

最好的情况是内、外刃径向力相等或者外刃径向力稍大于内刃径向力，如图 3.10(c) 所示，使合力作用于导向块上，防止钻头走偏。在理论上，外、内刃径向力平衡时，ψ_r，ψ_{rr} 和 e 有如下关系：

若 $\psi_r = \psi_{rr}$，则 $e = d_0/4$；

若 $\psi_r < \psi_{rr}$，则 $e < d_0/4$；

若 $\psi_r > \psi_{rr}$，则 $e > d_0/4$。

通常取 $e = d_0/4$。考虑内刃切削速度较低，钻心部分切削情况比较复杂，要保证外刃径向力等于或稍大于内刃径向力，必须使 $\psi_r > \psi_{rr}$。加工一般材料时，取 $e = d_0/4$，ψ_r 为 30° ～ 40°，ψ_{rr} 为 20° ～ 25°，软材料取小值。用枪钻加工重叠钢板时，为防止卡钻，要求内刃产生的锥体很小，这时，一般取 ψ_r 为 30° ～ 45°，ψ_{rr} 为 2° ～ 10°，$e = d_0/6$。

3. 槽形角

槽形角 θ 是指枪钻排屑 V 形槽的角度，如图 3.9 所示。槽形角 θ 为 110° ～ 130° 较为合适。槽形角过小，钢管轧制时钻杆易产生裂纹，并且排屑空间小，不利于排屑；若槽形角过大，则钻杆刚性减弱过多。计算和实验表明，当 $\theta = 110°$ 时，钻杆的扭转刚度为轧制前圆形钢管的 35%。

二、其他几何参数

1. 零位芯柱

枪钻的主切削刃基本上要通过钻头中心或略低于钻头中心，不能高于钻头中心，避免崩刃。由于内刃低于中心 h 值，切削时形成了柱形芯棒，这个芯棒被称为零位芯柱，如图 3.11 所示。芯棒的形成一方面可以减少轴向力，另一方面减少了孔轴线的偏移，给枪钻以附加的导向，对钻削是有利的。芯棒直径不宜过大，以便于自动折断同切屑一起排出。通常取零位芯柱半径 $h = (0.015 \sim 0.025)d_0$，一般不要大于 0.4 mm。

为了避免芯棒与钻头体之间的摩擦，内刃一般少量超过钻头中心，超过的值用 b_c 表示，b_c 的值必须大于芯棒半径，一般取 $b_c = (2 \sim 3)h$。

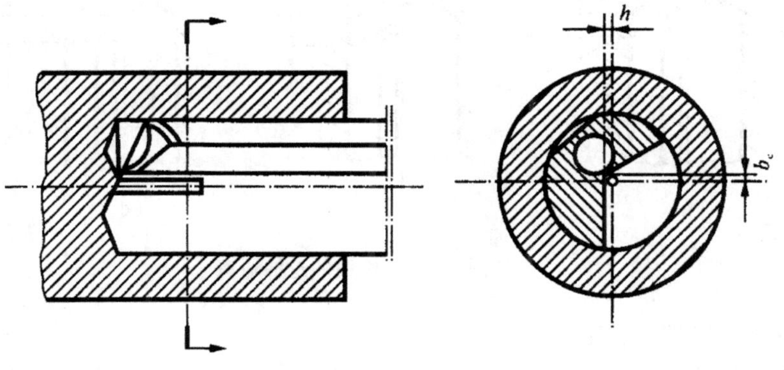

图 3.11 零位芯柱

2. 切削部分倒锥值

同其他钻头一样，枪钻切削部分也需要刃磨倒锥，即钻头切削部分的直径从头部向尾部逐渐减少。其主要作用是：

(1) 减少钻头与工件孔壁间的摩擦，减少切削热。

(2) 保证有冷却润滑膜产生，防止钻头导向块和切削刃表面的损坏。

倒锥值的大小直接影响枪钻的耐用度和使用寿命。倒锥值越大，沿长度方面的磨损量越小，沿径向的磨损量越大。因此，倒锥值的确定原则是：既要考虑被加工另件的精度要求，又要尽量延长枪钻的使用寿命。

枪钻切削部分长度与孔精度和倒锥角之间关系为

$$l_s = (d_{max} - d_{min})/2\tan\alpha \tag{3.4}$$

式中 l_s —— 枪钻切削部分长度，mm；

d_{max} —— 最大孔径，mm；

d_{min} —— 最小孔径，mm；

α —— 倒锥角，(°)。

为适应多种切削加工的要求，标准枪钻一般按每 100 mm 的长度上直径的减少量来标注，这个减少量 K 可以按下式计算，即

$$K = 0.02d_0 \tag{3.5}$$

3. 导向块滞后量

为了防止导向块前端先于刀刃参加切削，要求导向块前端必须滞后外刃尖一定距离，该值即称为导向块滞后量。滞后量不能过大，否则将引起入口处切削不稳定。通常滞后量取为 0.5 ～ 1.2 mm，或取为(2 ～ 4)f(f 为进给量)。

三、过油通道和钻型

1. 过油通道

为了增加切削液的流动空间，需要在钻头内刃的延长线上磨出过油通道，如图 3.12 所示。为避免切屑堆积，使切削液易于流向 V 型槽，还要在轴肩上磨出与径向成 15° ～ 30°，宽度为 0.2 mm 的倒角。

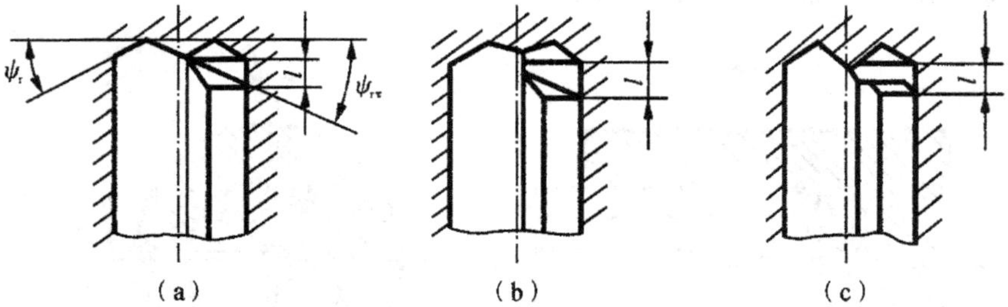

图 3.12 枪钻的过油通道

过油通道有以下 3 种形式：

(1) 斜坡型：如图 3.12(a) 所示，这种形式刃磨方便，应用较多。但这种过油通道的过流截面积较小，并且难以增大。这是因为，该过流截面积取决于内角 ψ_{rr}，而内角 ψ_{rr} 又受到钻头切削性能的限制，不宜过大。如果过大，则导向块滞后量过大，易引起入口处切削不平稳和切削液溢漏过多，并可能使内刃径向力大于外刃径向力，造成钻头走偏。标准枪钻一般取 $\psi_{rr} = 20°$。若想

再增加过流截面积，只有采用下述的两种形式。

(2) 斜坡斜台型和斜坡平台型：如图3.12(b)，(c)所示，这两种形式均是斜坡型的改进型，是针对上述问题采取的措施。台阶磨法可以获得较大的过流截面积，并相应增加了内刃内角的变化范围，为非标准型枪钻的刃磨和使用提供了可能性。

2. 枪钻钻型

枪钻有3种基本钻型，如图3.13所示。在这些基本钻型中，图3.13(a)为斜刃型，亦称为标准型，是最常用的基本钻型，适用于加工一般结构钢。

图3.13(b)为阶梯型，亦称增大油腔型。此钻型使进油通道加大，而且导向也较好。使用此钻型时，台阶与孔壁接触点的位置不要太靠前，否则会导致切屑堆聚。

图3.13(c)为平顶型，主要用于钻层叠板料、韧性材料。如用斜刃型，在钻透每一层板后，内刃处切屑形成一个锥形垫圈，并随工件同步旋转，妨碍对下块板的继续切削，只有采用平顶型能避免卡屑现象。

除基本钻型外，还有一些变革钻型，如图3.14所示。

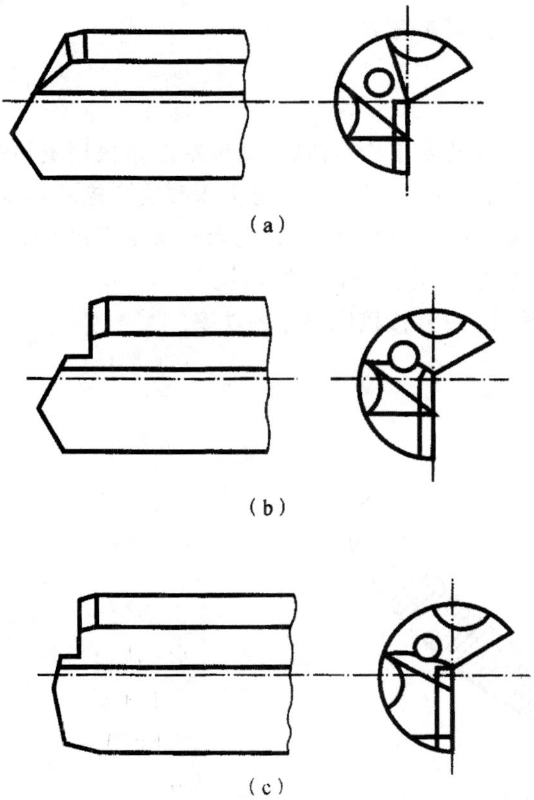

图3.13 枪钻钻型

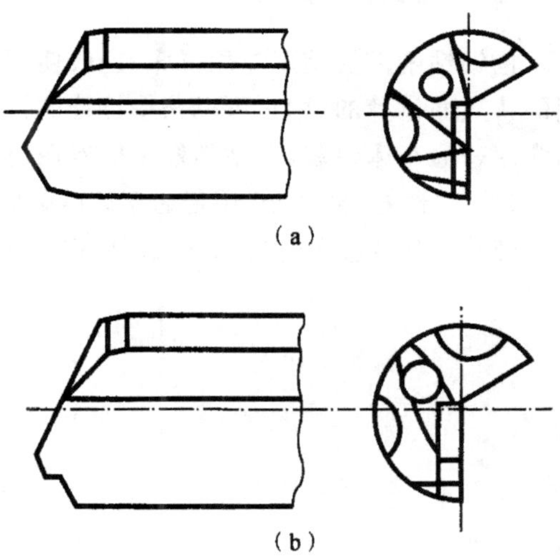

图3.14 枪钻变革钻型

图3.14(a)为外刃倒角型，此钻型可使刃口强度增加，延长刀具寿命，并能起到一定的分屑作用。

图3.14(b)为外刃分屑型，主要用于直径较大的枪钻。标准枪钻一般通过钻尖来分屑，并且很不可靠。因长时间的切削，钻尖变钝，切削作用必然减弱。特别是当枪钻直径较大时，切屑

厚而宽，不易排出，必须采用此钻型进行分屑。

第三节　枪钻的使用

一、切削用量的选择

切削用量的选择与切削过程以及切屑的形成有关，同时也与被加工零件材料、精度要求和机床特性有关。

1. 切削速度

切削速度主要取决于刀具材料，受到钻头耐用度和机床转速的限制。目前，高速钢枪钻一般取切削速度 v 为 35 ～ 70 m/min；硬质合金枪钻切削速度可参考表 3.2 选取。

2. 进给量

进给量主要受工艺系统（刀具、工件和机床等）刚度和强度的限制，此外，还受到加工表面质量、排屑效果和切削液的性质等因素的影响。目前，高速钢枪钻常取 f 为 0.01 ～ 0.032 mm/r，直径大者取上限，硬质合金枪钻进给量可参考表 3.2 选取。

二、对枪钻机床的要求

枪钻钻削需要使用专用机床。一般使用专门设计的专用枪钻钻床，这种钻床是根据枪钻钻削的特点而设计的，用它可以获得最佳的钻削效果。另外，也可以将普通机床改装为枪钻钻床，通常用普通车床改装，但钻削效果比专用机床要差一些。一台好的枪钻机床应满足下述要求：

（1）刚性好，振动小。用普通车床改装时，应特别注意进给机构的刚性。

（2）具有足够大的功率。改装钻床时，可参考图 3.15，校核原机床的功率。

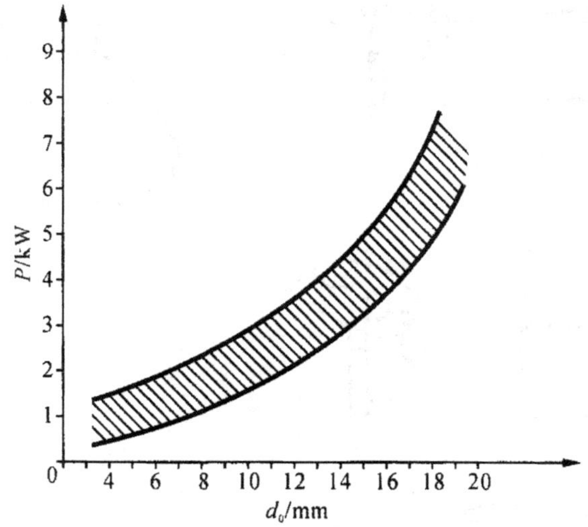

图 3.15　钻孔直径 d_0 与机床功率 P 的关系图

（3）具有足够高的主轴转速。普通车床最高转速一般远远不能满足小直径（$d_0 < 10$ mm）深孔加工转速的要求，所以，改装机床时需要提高原机床的转速。

（4）进给机构稳定（最好有无级进给），进给量范围合适。改装时，一般需重新配挂轮，减小进给量档次。

表 3.2 硬质合金枪钻切削用量

材料名称	硬度 HB	切削速度 m/min	钻头直径 /mm			
			1.95 ~ 3.00	3.00 ~ 6.30	6.30 ~ 12.50	12.5 ~ 35.00
			走刀量 /(mm · r^{-1})			
非合金钢	90 ~ 200	60 ~ 120	0.003 ~ 0.010	0.005 ~ 0.030	0.015 ~ 0.055	0.020 ~ 0.110
	125 ~ 225	50 ~ 120	0.003 ~ 0.010	0.005 ~ 0.030	0.015 ~ 0.055	0.020 ~ 0.110
	150 ~ 225	40 ~ 100	0.003 ~ 0.010	0.004 ~ 0.025	0.010 ~ 0.050	0.020 ~ 0.100
低合金钢	150 ~ 260	40 ~ 120	0.003 ~ 0.010	0.004 ~ 0.030	0.010 ~ 0.05	0.020 ~ 0.110
	220 ~ 400	40 ~ 120	0.003 ~ 0.010	0.004 ~ 0.025	0.010 ~ 0.050	0.020 ~ 0.100
高合金钢	150 ~ 250	40 ~ 100	0.003 ~ 0.010	0.004 ~ 0.025	0.010 ~ 0.050	0.020 ~ 0.100
	250 ~ 400	50 ~ 100	0.003 ~ 0.010	0.005 ~ 0.025	0.015 ~ 0.050	0.030 ~ 0.100
不锈钢	150 ~ 270	40 ~ 90	0.003 ~ 0.008	0.004 ~ 0.025	0.010 ~ 0.040	0.020 ~ 0.100
铸钢	90 ~ 225	50 ~ 120	0.003 ~ 0.010	0.005 ~ 0.030	0.015 ~ 0.055	0.020 ~ 0.110
	150 ~ 250	40 ~ 100	0.003 ~ 0.010	0.004 ~ 0.025	0.010 ~ 0.050	0.020 ~ 0.100
可锻铸铁	110 ~ 145	70 ~ 90	0.005 ~ 0.010	0.008 ~ 0.030	0.020 ~ 0.070	0.050 ~ 0.190
	150 ~ 270	60 ~ 90	0.004 ~ 0.010	0.005 ~ 0.030	0.010 ~ 0.070	0.030 ~ 0.190
灰口铸铁	150 ~ 220	60 ~ 90	0.004 ~ 0.010	0.005 ~ 0.030	0.010 ~ 0.070	0.030 ~ 0.190
	200 ~ 330	55 ~ 90	0.003 ~ 0.010	0.003 ~ 0.030	0.005 ~ 0.070	0.010 ~ 0.190
球墨铸铁	125 ~ 230	70 ~ 90	0.005 ~ 0.010	0.008 ~ 0.030	0.020 ~ 0.070	0.050 ~ 0.190
	200 ~ 300	60 ~ 90	0.004 ~ 0.010	0.005 ~ 0.030	0.010 ~ 0.070	0.030 ~ 0.190
铝合金	40 ~ 150	65 ~ 300	0.005 ~ 0.015	0.005 ~ 0.040	0.020 ~ 0.070	0.030 ~ 0.150
铜和铜合金	50 ~ 160	65 ~ 300	0.005 ~ 0.015	0.005 ~ 0.040	0.020 ~ 0.070	0.030 ~ 0.150

(5) 具有满足要求的切削液装置和排屑装置(最好使用外排屑 DF 装置,如图 2.6 所示)。

(6) 还需装备下列部件:

1) 可调式进给过载保护器;

2) 保证切削液系统与机床同步起动的电机联锁装置;

3) 油压表;

4) 切削液过滤器;

5) 储油箱的油量表。

三、使用枪钻应注意的问题

(1) 工件的夹紧必须安全可靠,并与机床中心同轴,可将工件外圆和端面加工,至少要车出定位面。

（2）在加工长工件时，工件和枪钻应使用固定中心架，此外，钻杆还需要有 1 ～ 3 个移动支承架。

（3）工件上的中心孔一定要小于枪钻的直径，如果中心孔的尺寸无法减少，可使用特殊的导向钻套，如图 3.16 所示。

（4）开始钻削时，必须使用导向钻套，钻套的内径与钻头直径相配，钻套的内径要磨至 IT6 级，工件较短或孔直线度要求不高时，亦可采用在工件上预钻导向孔来导向。

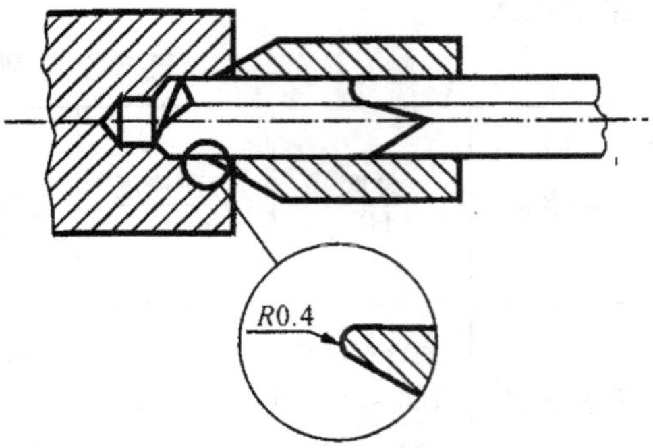

图 3.16　特殊钻套

（5）钻套是易损件，当钻套内径磨损量大于 0.02 mm 时，该钻套就应该调换，最好使用硬质合金钻套。

（6）枪钻加工中常遇到的问题和产生的原因可参见表 3.3。

四、枪钻的重磨

枪钻磨钝后，可以重磨，以保证枪钻的正常工作。通常，硬质合金枪钻后力面磨钝标准 VB 是

（1）$d_0 < 15$ mm 的枪钻，$VB = 0.2 \sim 0.4$ mm；

（2）$d_0 > 15$ mm 的枪钻，$VB = 0.4 \sim 0.6$ mm。

枪钻的可重磨次数取决于孔径公差和工件材料，一般重磨次数为 15 ～ 20 次；每次重磨后总钻孔深度为 10 ～ 20 m。重磨一般在工具或刃具磨床上进行，采用专用夹具，刃磨参数见本章第二节。

表 3.3　加工中出现的问题和原因

加工中出现的问题	产生的原因
钻头无法钻进工件	1. 内刃高于中心 2. 后角过小 3. 刀片偏离中心尺寸过小 4. 磨损太大或崩刃 5. 切削速度过低或进给量过大
刀杆剧烈振动或弯曲	1. 进给量过大 2. 中心架或定位导向套松动，不能支承刀杆 3. 切屑堵塞 4. 磨损严重或崩刃
切屑易堵塞	1. 冷却液压力不够，泵漏，进油管堵塞 2. 冷却液黏度过大，清洁度差 3. 刀头部进油孔堵塞或进油孔过小 4. 切屑形状不利于排屑
同轴度差	1. 钻尖偏心量与内、外刃的余偏角选择不当 2. 导向套过分磨损或倾斜 3. 机床 — 刀具 — 夹具轴线位置误差过大 4. 毛坯弯曲过大

续表

加工中出现的问题	产生的原因
钻孔孔径超差	1. 钻头外径摇摆过大 2. 钻头磨损过大 3. 刀片材料与被加工材料有亲合力，易产生刀瘤 4. 机床刚性低、精度差

第四节 新型枪钻

枪钻近几年发展的新品种较多，结构变化也比较大，较为突出的有双刃枪钻、断屑枪钻、振动枪钻、Speedbit 枪钻及销式枪钻等。

一、双刃枪钻

最早在美国出现的一种双刃枪钻，其结构如图 3.17 所示。这种钻头结构简单，两个切削刃位于两个导向之间，便于切削力平衡。有 2 ～ 4 条排屑槽。适用于直径为 14 ～ 30 mm 范围。同时，日本与前苏联也研究出“X”形双刃枪钻，如图 3.18 所示。他们将圆管压成“X”形，端部焊有硬质合金刀齿，这种钻头可以进一步加大切削液的流量，从而使加工铸铁和铝合金时，每转进给量增大 3 倍，但不适用于钢材钻削。

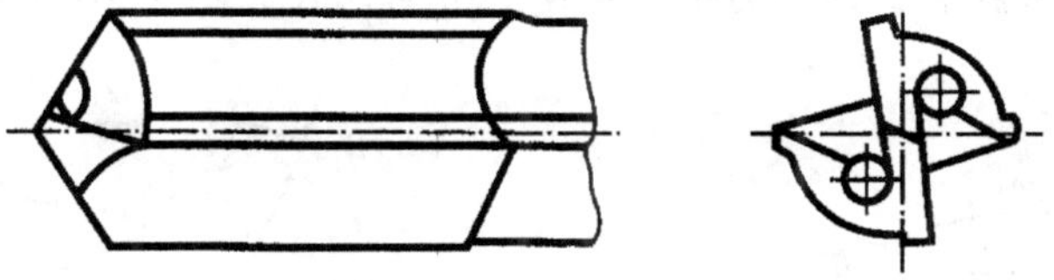

图 3.17 双刃枪钻

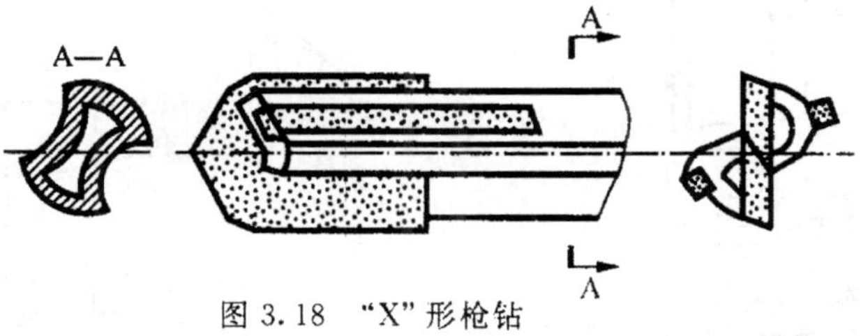

图 3.18 “X”形枪钻

上述两种双刃枪钻虽具有径向力平衡，切削液流量较大的优点，但由于它采用的是对称结构，必然存在麻花钻所固有的缺点，如有横刃，主刀刃非径向刃，主刃上各点几何角度差别悬殊等弊病，限制了这些枪钻的推广。1991 年，西安石油大学研制出一种新型双刃枪钻，其结构如图 3.19 所示。该钻头采用两条不对称的排屑槽结构，钻尖偏离钻轴中心，无横刃。因此，它既具有单刃枪钻导向好、切削稳定的优点，又具有双刃枪钻切削力较平衡、钻削扭矩小及切削液流量大的优点。此外，还有以下特点：

(1) 新型双刃枪钻采用了方便可靠的分屑方式，产生的切屑细而窄，成条状，切削变形小，容易断屑和排屑。普通枪钻一般采用阶梯型刃型来分屑，如图 3.14(b) 所示。这种刃型刃磨比较复杂，既要保证主切削刃的偏角，又要注意分屑刃的偏角和侧后角，一般需要专用刃磨装置刃磨。采用这种刃型，钻削径向力将大大增加，易使钻削过程挤压过甚，加速导向块的破损和磨损，并使已加工表面产生严重的硬化，影响后序的加工。

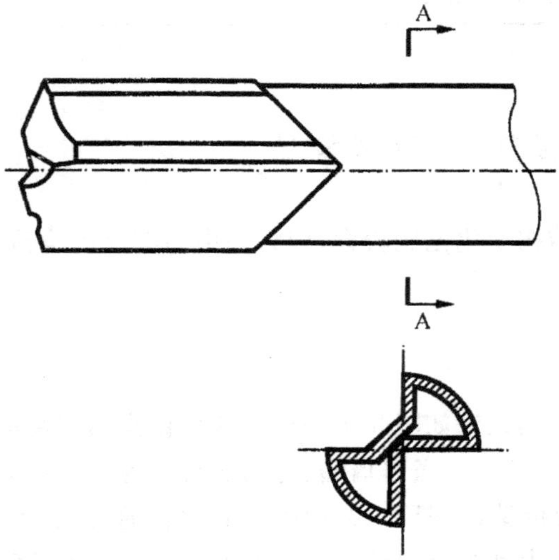

图 3.19　新型双刃枪钻

西安石油大学研制的新型双刃枪钻采用的分屑形式如图 3.20 所示。

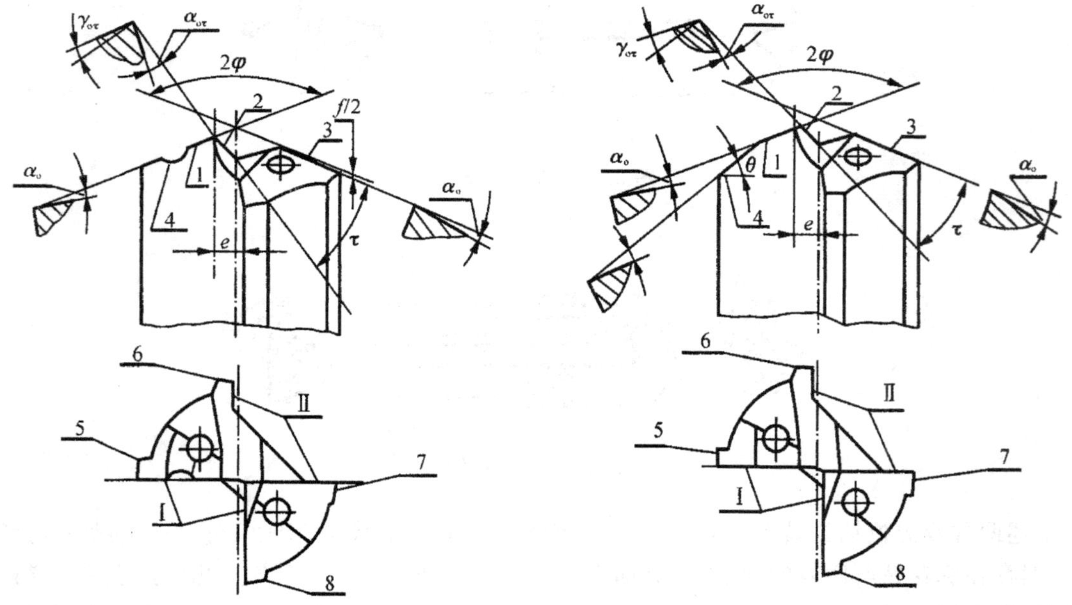

(a)　　(b)

图 3.20　新型双刃枪钻的分屑形式

图 3.20(a) 是分屑槽分屑型，主切削刃由外刃 1、内刃 2、分屑刃 3 及分屑槽 4 组成。在外刃

中间刃磨一鱼肚形分屑槽，宽度约为外刃的 1/3。工件转动一圈时，外刃切下一层金属，分屑槽处留下一层金属未切除，由分屑刃来切除，可实现完全分屑。这样钻削层被分屑槽和偏心钻尖分为 4 段，切下的切屑细而窄，便于断屑和排屑。这种分屑方式既简单可靠，又可减小钻削径向力。要注意的是，为了分屑可靠，外刃与分屑刃的锋角应相同，但它们不在一个锥面上，外刃比分屑刃约高出 $f/2$。

图 3.20(b) 是倒角分屑型。主切削刃由外刃 1、内刃 2、分屑刃 3 及倒角刃 4 组成。这种刃型一般用于钻头直径较小($\phi < 8$ mm)，不易刃磨分屑槽用。这种分屑方式是将一刃倒角，形成倒角刃，该刃不参与切削，所留下切削层由分屑刃切除，从而达到完全分屑的目的。此型的外刃与分屑刃在同一圆锥上。

分屑槽分屑型和倒角分屑型钻头的径向合力方向正好相反。分屑槽分屑型径向切削合力指向分屑刃一边，即压向导向块 7，此时 5 为副刀刃；而倒角分屑型径向切削合力与分屑槽分屑型相反，指向外刃一边，即压向导向块 5，此时 7 为副刀刃。故刃磨导向刃带和副刀刃带时要注意这一点。

(2) 新型双刃枪钻的切削液通道和排屑空间大于单刃枪钻，因而排屑效果好，钻削效率高。新型双刃枪钻有两条容屑空间和形状既不相同也不对称的排屑槽，如图 3.20 中的槽 Ⅰ 和槽 Ⅱ。槽 Ⅰ 与单刃枪钻排屑槽类似，槽 Ⅱ 要小一些。排屑空间比单刃枪钻增大约 1/3。钻削层被分屑槽和偏心钻尖分为 4 段，其中 3 段切屑由大的排屑槽 Ⅰ 中排出；分屑刃切除的切屑由小的排屑槽 Ⅱ 中排出。新型双刃枪钻有两条出油通道，分别对两面刀刃进行冷却和润滑，并将切屑分别由排屑槽 Ⅰ 和 Ⅱ 中排出，切削液流量比单刃枪钻增大约 1/3。

(3) 新型双刃枪钻具有良好的导向性，可提高孔加工的形状精度。新型双刃枪钻有 1 条副刃带 5 和 3 条导向带 6,7 和 8,4 条带在圆周上基本均布，如图 3.20(a) 所示。在正常切削情况下，导向带 8 不起作用，导向带 6,7 与副刃带 5 三点构成导向圆，起导向作用。但在钻头刚切入工件时，由于钻头与导向套之间有间隙以及导向套与回转中心的不同轴度，易使钻头切入时发生偏转，产生尺寸和形状误差。另外，在钻削过程中发生振动，特别是扭振，将使钻头以导向圆上某个导向带为支点发生转动，产生圆柱度误差。单刃枪钻采用三带导向，并且三带基本上在 180° 内布置，以上两种情况产生的误差是无法抑制的。而新型双刃枪钻在 360° 内布置的导向带 8 此时就起作用了，可减少偏转和扭振引起的误差，提高孔加工的形状精度。

(4) 新型双刃枪钻的几何角度，如图 3.20 所示。

锋角 2φ 为 $130^\circ \sim 160^\circ$；内刃与分屑刃的夹角 τ 为 $10^\circ \sim 30^\circ$；

偏心量 e 为 $\left(\frac{1}{7} \sim \frac{1}{9}\right)d_0$；外刃与分屑刃的前角 $\gamma_o = 0^\circ$；

内刃前角 $\gamma_{o\tau}$ 为 $-5^\circ \sim 0^\circ$；外刃与分屑刃的后角 $\alpha_o = 8^\circ \sim 10^\circ$；

内刃后角 $\alpha_{o\tau}$ 为 $8^\circ \sim 12^\circ$。

(5) 当枪钻直径大于 8 mm 时，新型双刃枪钻的工艺性与普通枪钻类似；反之，由于切削液孔过小，硬质合金头部的工艺性较差。故对于直径小于 8 mm 的枪钻，可采用如图 3.21 所示的结构，将切削液通道由孔改为槽，并在钻杆与钻头焊接处，钻两个 $25^\circ \sim 30^\circ$ 的斜孔，使切削液由头部槽中流入切削区。这样既增大了切削液的流量，又改善了硬质合金头部制造工艺性，以便制造直径细小的硬质合金钻头。

在试验中，用 $\phi 9$ mm 新型双刃枪钻，钻削 50 CrV 材料时，在同样的转速下，进给量比普通单刃枪钻提高 50%，耐用度提高一倍。

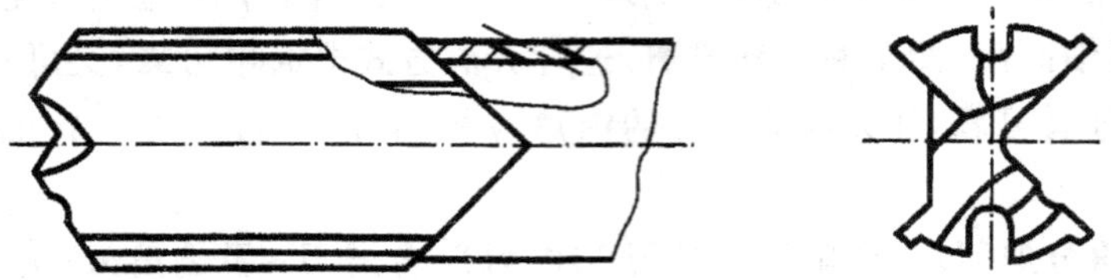

图 3.21 小直径新型双刃枪钻

二、断屑枪钻

断屑枪钻是日本三菱金属株式会社研制出来的，它适用于加工韧性钢材。这种钻头是将前刀面做成特殊形式，把切屑分断成碎块。这样既便于切屑处理，又不影响重磨，其结构如图3.22所示。在加工韧性材料时，可增大进给量 3 ～ 5 倍，为枪钻的高效率创出了新路。例如用 ϕ9 mm 的断屑枪钻加工 15 CrMo 材料时，进给量从过去的 0.04 mm/r 提高到 0.12 mm/r。

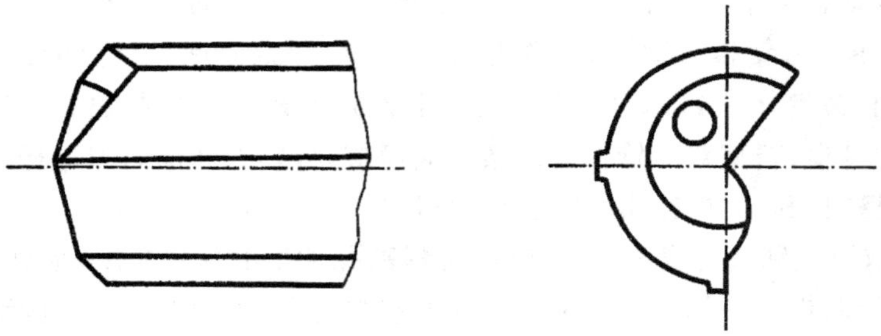

图 3.22 断屑枪钻

三、振动枪钻

振动枪钻是美国 Sonoboud 公司的产品，采用超声波振动进行深孔加工，提高了材料的切除率，使生产效率提高 3 ～ 7 倍。振动切削有利于提高刀具耐用度、表面质量及形位精度；超声波振动有利于金属塑性变形和减少摩擦，并且能够降低使材料结晶组织产生错位所需的力，从而使金属晶格流动更加容易。由于振动，切屑易断，从而提高了金属的切除率。国内常用低频振动枪钻。

四、Speedbit 枪钻

Speedbit 枪钻适用于加工中心，亦适于在普通车床和钻床上使用。它可以加工深度为直径 40 倍的深孔。采用 Spraymist 冷却装置(见图 3.23)，把切削液用压缩空气混合成雾状，送入钻头前端。Speedbit 钻头形状如图 3.24 所示，刀头和钻杆为完整的半圆形，排屑空间较大，喷雾冷却借用空气，把切屑轻轻地吹向孔的出口，可获得理想的排屑效果，一次即可钻出通孔。使用这种枪钻，不用钻套就可加工高精度的孔，完全可以省去铰削工序，经济效益较高。表 3.4 和表 3.5 列出了 Speedbit 枪钻的几何参数。

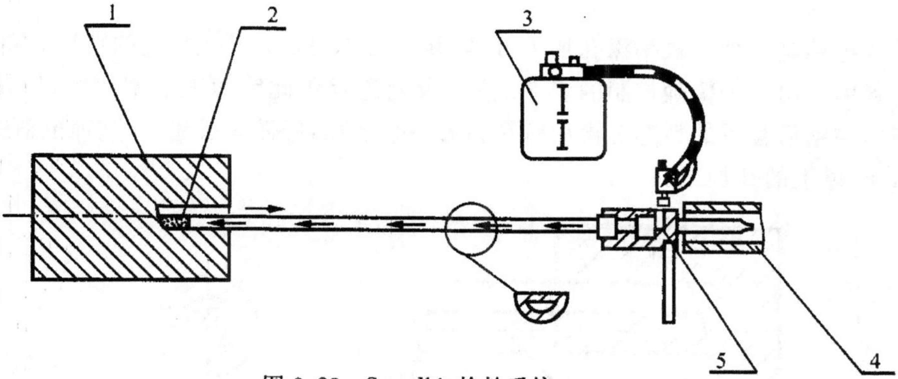

图 3.23　Speedbit 枪钻系统

1— 工件；2—Speedit 枪钻；3— 喷雾冷却装置；4— 主轴；5— 输油器

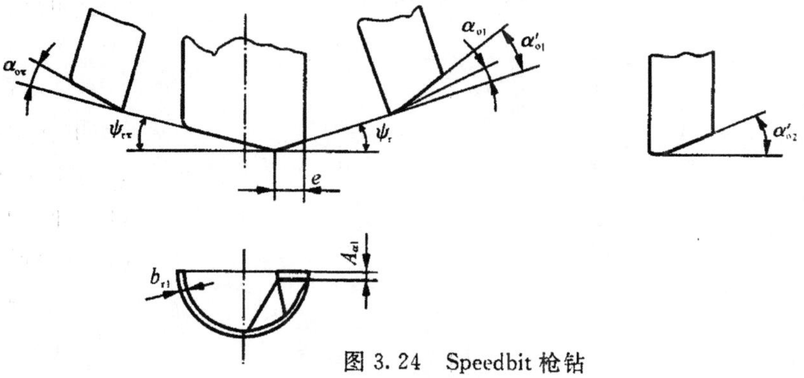

图 3.24　Speedbit 枪钻

表 3.4　Speedbit 枪钻切削参数

参数	一般材料		难加工材料		铸铁	
	水平	垂直	水平	垂直	水平	垂直
外刃第一后角 α_{o1}	20°	15°	20°	20°	30°	12°
外刃第二后角 α_{o1}'	19°	20°	—	—	29°	20°
内刃后角 α_{or}	15°	15°	15°		20°	12°
钻尖处间隙角 α_{o2}'	0°	20°	0°	25°	0°	25°
钻尖偏心量 e	$d_0/4$	$d_0/4$	$d_0/4$	$d_0/4$	$d_0/4$	$d_0/4$
内刃余偏角 ψ_{rr}	15°	15°	15°	15°	15°	15°
外刃余偏角 ψ_r	20°	20°	20°	20°	20°	20°

表 3.5　Speedbit 枪钻倒棱和第一后刀面宽度

钻头直径 d_0/mm	倒棱 b_{r1}/mm	第一后刀面宽度 A_{a1}/mm
5 ～ 10	0.3 ～ 0.5	0.3 ～ 0.5
10 ～ 20	0.5 ～ 0.7	0.5 ～ 0.7
20 ～ 30	0.7 ～ 0.9	0.7 ～ 0.9

五、销式枪钻

销式枪钻是一种高效率深孔加工刀具，其结构如图 3.25 所示。它的功能如同套料刀，能从实心材料中套出一个精确控制的料芯。液压泵制造者用此钻加工活塞筒体，以减轻活塞的重量；同时，在钻后套下的料芯上再用枪钻钻另一个小孔，用做润滑通道。这种枪钻适用于直径大于 12 mm 以上的孔加工。

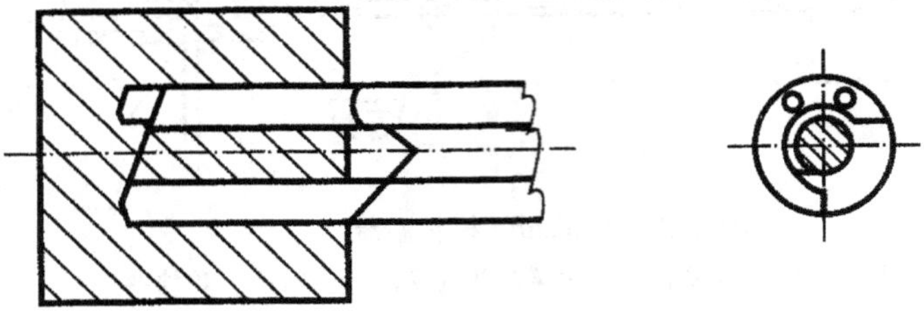

图 3.25 销式枪钻

第四章 内排屑深孔钻

内排屑深孔钻是深孔加工中应用最为广泛的刀具之一，与外排屑深孔钻(枪钻)的工作原理不同的是：高压油经输油装置由钻杆与孔壁间隙处输入到切削区，再从钻杆的内孔中同切屑一起排出。因此，内排屑深孔钻有着以下的特点：

(1) 由于切屑是由钻杆内部排出，切屑不会划伤已加工孔表面，已加工表面质量较好，排屑顺畅。

(2) 钻杆为圆形截面，其扭转刚度及弯曲强度比枪钻高，因而可以采用较大的进给量钻削，生产效率高。

(3) 由于排屑空间大，相应的冷却润滑液压力比枪钻低，一般为 0.5 ～ 3 MPa。因此，对密封及供油系统的要求比枪钻低。

(4) 加工范围广。内排屑深孔钻既可用于较大孔径的深孔加工，也可用于较小孔径(如 ϕ6 mm) 的深孔加工。

(5) 内排屑深孔钻既可用于钻孔，也可在一定的余量范围内用于扩孔。

内排屑深孔钻加工系统目前有 3 种类型：即 BTA 内排屑深孔钻(单管内排屑深孔钻)、喷吸钻(双管内排屑喷吸钻) 以及 DF 深孔钻(单管内排屑双进油钻)。内排屑深孔钻可分为单刃内排屑深孔钻和多刃错齿内排屑深孔钻，后者目前应用更为广泛。

第一节 单刃内排屑深孔钻

一、单刃内排屑深孔钻的结构特点

单刃内排屑深孔钻的结构如图 4.1 所示。钻头的切削部分主要由内刃、外刃、钻尖、导向块以及排屑孔组成。从刃形结构上看，其刃形和切削过程与枪钻相似，但切屑从深孔钻内部排屑孔中排出。钻头圆周上布置有两个导向块，切削刃一般磨有两个或更多的分屑台阶。由于冷却液和切屑的排出都集中从一个排屑口进入钻杆，就相对保证了冷却液的流量和压力，有利于排屑。与多刃错齿内排屑深孔钻相比，所受的径向力及扭矩较大，导向块的磨损较严重，所需的功率较大，因此一般只适用于中、小直径的深孔加工。

单刃内排屑深孔钻结构简单，制造容易、刃磨及重磨方便，它所适用的孔径范围为 6 ～ 65 mm，长径比可达 100，最大可达 250；加工精度达 IT8 ～ IT10 级，孔表面粗糙度 R_a 为 0.8 ～ 3.2 μm。

对于直径为 6 ～ 12 mm 的小直径内排屑深孔钻，为便于刀块的制造与焊接，可以将硬质合金刀块做成如图 4.2 所示的"T"形整体，焊在空心钢管上，"T"型刀块的主刃与导向块连成一体；也可采用两块硬质合金分别焊在钻杆上，形成切削刃和导向块。

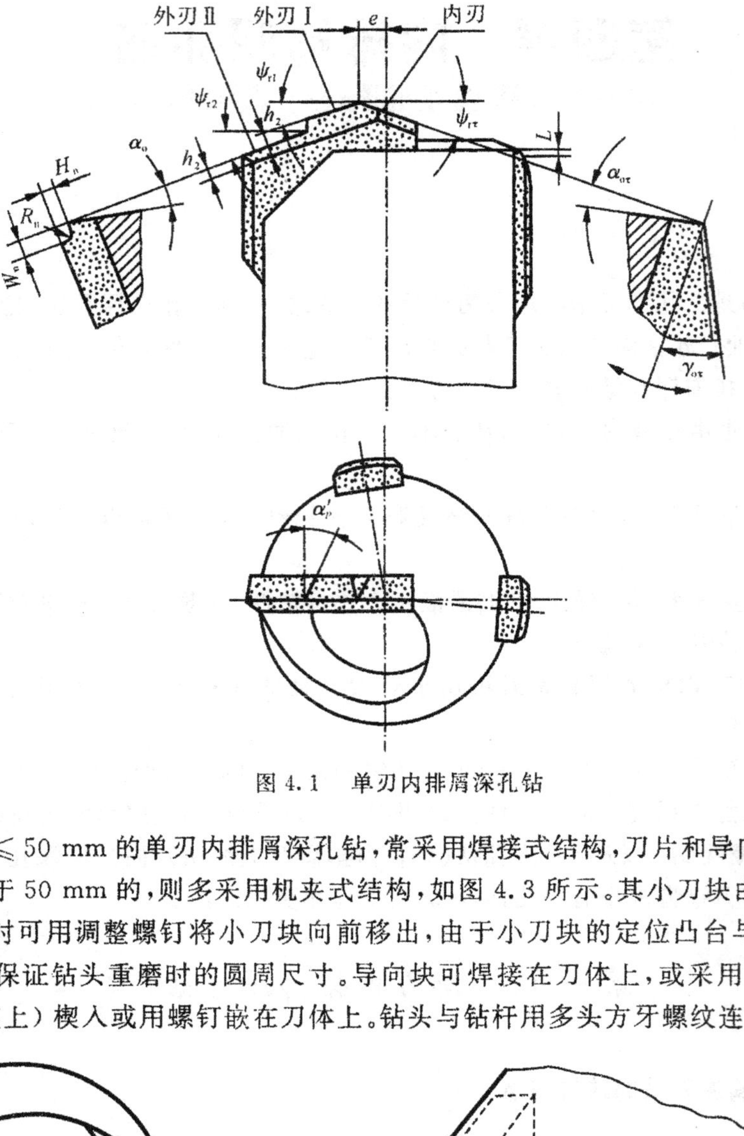

图 4.1　单刃内排屑深孔钻

直径 $d_0 \leqslant 50$ mm 的单刃内排屑深孔钻，常采用焊接式结构，刀片和导向块都直接焊在刀体上；直径大于 50 mm 的，则多采用机夹式结构，如图 4.3 所示。其小刀块由螺钉紧固于刀体上，每次重磨时可用调整螺钉将小刀块向前移出，由于小刀块的定位凸台与刀体轴线倾斜为 2°，因而可以保证钻头重磨时的圆周尺寸。导向块可焊接在刀体上，或采用导向座形式（导向块焊接在底座上）楔入或用螺钉嵌在刀体上。钻头与钻杆用多头方牙螺纹连接。

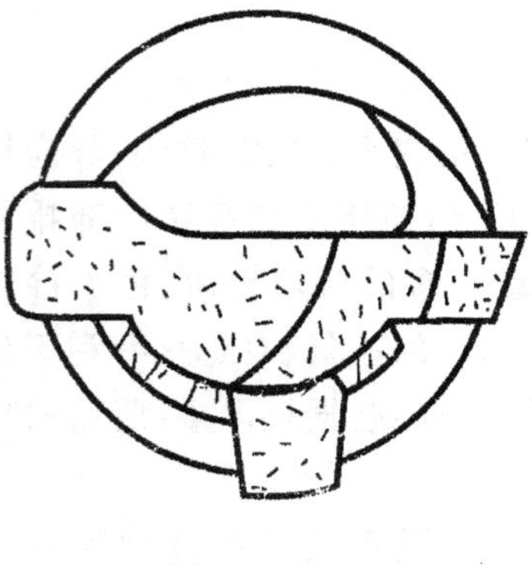

图 4.2　整体硬质合金内排屑深孔钻

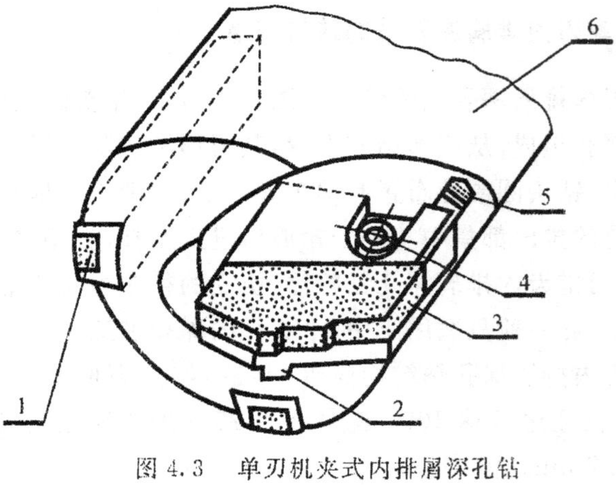

图 4.3　单刃机夹式内排屑深孔钻

1—导向块；2—小刀体；3—刀片；4—紧固螺钉；5—调整螺钉；6—刀体

单刃内排屑深孔钻仅有一个排屑口，为便于分屑和排屑，必须将切削刃磨成分屑阶梯刃。钻头直径越大，分屑阶梯刃的数量就越多，刃磨工作量及难度也越大；钻头焊接后的残余应大，容易产生焊接缺陷。对于较大直径的单刃内排屑深孔钻，由于采用整体式刀片结构，不仅硬质合金耗量大，而且不能针对刀刃各处的具体切削状态，合理选择刀片材料。单刃钻头的径向力及扭矩较大，容易产生打刀及扭钻现象，而且导向块所受的压力也较大，容易磨损。

二、单刃内排屑深孔钻的几何参数

单刃内排屑深孔钻的外刃通常采用阶梯刃或鱼肚形分屑槽来实现分屑，对于直径 $d_0 \leqslant 10$ mm 的钻头可以不磨阶梯刃，只磨一条鱼肚形分屑槽；对于 d_0 为 10 ~ 25 mm 的钻头，磨一个阶梯刃(或分屑槽)；而对于直径大于 25 mm 的钻头，磨两个以上的阶梯刃(或分屑槽)。各阶梯刃(或分屑槽) 在半径方向的尺寸分布如图 4.4 所示。

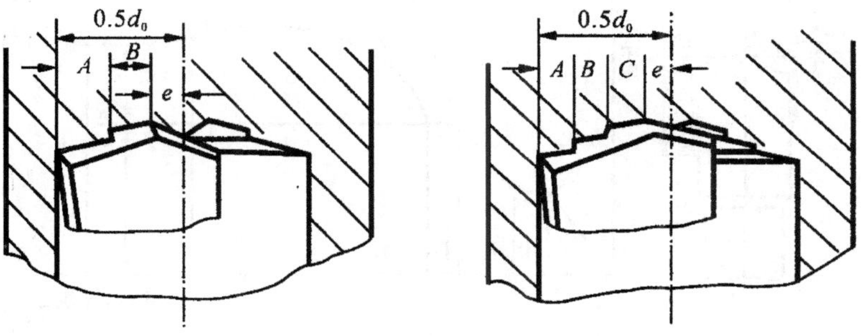

图 4.4 单刃内排屑深孔钻切削刃宽度分配

(a) $A = 0.2d_0, B = 0.175d_0, e = 0.125d_0$; (b) $A = 0.15d_0, B = 0.125d_0, C = 0.1d_0, e = 0.125d_0$

单刃内排屑深孔钻的外刃前角一般均取 $\gamma_o = 0°$，内刃前角取 $\gamma_{o\tau}$ 为 $-5° \sim -15°$，以加强内刃强度。外刃余偏角 ψ_r 通常取 $10° \sim 20°$。对于有阶梯刃的深孔钻，各段上的余偏角值不同，一般钻尖处最小，中间次之，钻头边缘最大。这样，各段所产生的切屑流相互冲击，有利于断屑和排屑。

内刃余偏角 $\psi_{r\tau}$，它的作用主要是使中心刀刃在孔底切出反锥面，起定心作用，将钻心处的切屑进行尖劈分屑，通常取 $\psi_{r\tau} = 20°$。

外刃后角 α_o 通常取 $8° \sim 12°$，内刃后角 $\alpha_{o\tau}$ 常取 $12° \sim 15°$，外缘副切削刃的副后角常取 $\alpha_o' = 8°$。

钻尖偏心量 e，它的大小决定钻头径向合力的大小和方向。合理的偏心量，会使适度的径向力压向已加工孔壁，起稳定钻削、加强导向和提高孔表面质量的作用，同时避免了钻尖的零位切削，改善了钻心处恶劣的切削条件。但若 e 值取得太小，造成压向导向块的径向力过大，导向块磨损严重。反之，若 e 值取得过大，则压向导向块的径向力过小，会引起导向不稳，造成钻削振动，刀具耐用度降低，孔的表面质量较差。e 值的选取与被加工材料的性能及钻头直径大小有关，一般取 e 为$(0.125 \sim 0.25)d_0$(d_0 为钻头直径，小钻头取小值)。

断屑台的宽度 W_n 和深度 H_n 通常根据试验来确定，一般取 W_n 为 1 ~ 2 mm，H_n 为 0.4 ~ 0.5 mm，R_n 为 0.7 ~ 1.2 mm(W_n，H_n，R_n 定义见图 4.1)。断屑台采用外斜型，斜角 τ 为 $2° \sim 3°$。对加工韧性大、难断屑的材料，断屑台采用内斜型，使切屑卷成里松外紧的形状。

导向块滞后量 L，取 L 为 0.5 ～ 1.2 mm，也可取(1.5 ～ 2)f（f 为进给量）。

三、单刃内排屑深孔钻的切削特点

单刃内排屑深孔钻切削部分的切削力分布及切削扭矩的变化，与单刃外排屑深孔钻（枪钻）基本相似。当钻削开始时，钻头通过导向套或工件的引导孔引导钻削，如图 4.5 所示。由于导向套（或引导孔）与钻头间有间隙，钻刃在径向力的作用下，将钻头压向导向套的一边，使钻头与导向套之间一边有间隙而另一边无间隙，开始时钻出的孔小于钻头直径，如 Ⅰ ～ Ⅱ 段，当导向块一进入已加工孔中，则导向块一方面与孔壁摩擦挤光，同时又把切削刃挤向外侧，使孔径扩大至最终尺寸。由于这一时刻（Ⅴ 段），钻头的摩擦扭矩迅速增大到最大（见图 4.5），钻头常常会突然产生抖动，切削刃和导向块容易损坏。在工件的入口端通常会出现喇叭口，其大端尺寸约等于导向套的孔径。

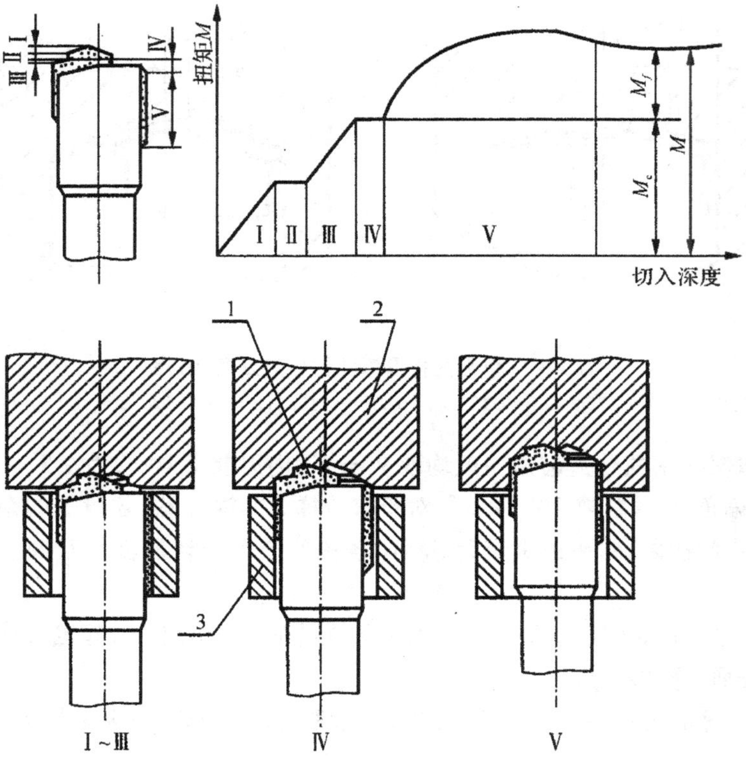

图 4.5 单刃内排屑深孔钻切入过程中扭矩的变化

1— 刀具；2— 工件；3— 导向套

因此，在选择刀具几何参数和导向块时，应注意不要使摩擦扭矩 M_f 过大，要尽量缩短导向块的滞后量，同时应严格控制导向套与钻头的间隙，减小导向套与机床主轴的同轴度误差。

第二节 多刃错齿内排屑深孔钻

一、多刃错齿内排屑深孔钻的结构特点

多刃错齿内排屑深孔钻是将相错的刀齿分别置于钻头两排屑槽的两侧，径向错齿排列有3～7个刀齿(小直径钻头取小值)，各刀齿间相错且留有少量搭接量，圆周上还分布两个导向块，刀体与钻杆用方牙螺纹连接，如图4.6所示。

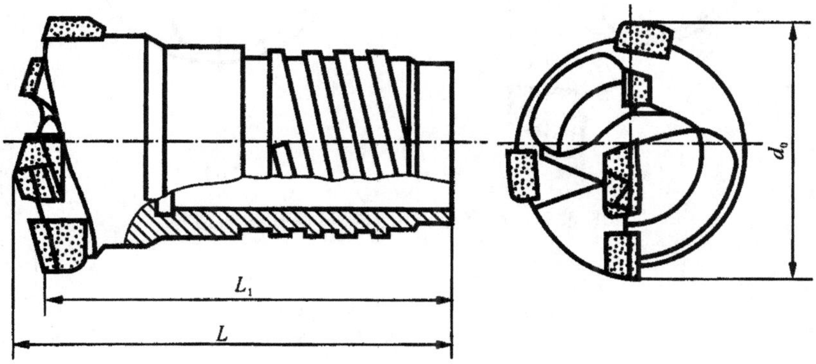

图4.6 多刃错齿内排屑深孔钻

这种结构的深孔钻，由于切削刃错齿排列，故能够实现完全分屑，加之磨有断屑台，容易形成"C"形切屑，有利于切屑的顺利排出。钻头的刀片布置比较合理，可以使径向力始终压向导向块，导向块紧贴已加工孔壁向前推进，钻孔直线度比较好。由于错齿分屑，切削力及扭矩都比较小，切削变形小，产生的切削热较少，而且可以根据各刀齿不同的切削状态，合理地选用不同材质的硬质合金刀片。

经过试验证明[6]，多刃错齿内排屑深孔钻与单刃内排屑深孔钻相比，切削力、切削扭矩可减小45%～50%，功率消耗减小20%，刀具耐用度提高35%左右。因此，应用比较广泛。钻孔直径一般为15～180 mm，最大可达340 mm；钻孔长径比一般为50，最大可至250；加工精度为IT8～IT10级，表面粗糙度R_a为3.2～0.8 μm。

对于直径为20～50 mm的深孔钻头，一般都采用焊接式多刃错齿(2齿以上)结构(见图4.6)。当钻头直径小于20 mm时，制造的工艺性将成为主要矛盾，为此不仅要考虑合理分屑与稳定的导向，还要考虑工艺因素。通常除采用单刃结构外，还有两种比较适合的结构($d_0 \geq$ 15 mm)，如图4.7所示，图4.7(a)有2个刀片(1个刀片兼导向块)和1个导向块共3块硬质合金刀片；图4.7(b)有2个刀片和2个导向块共4块硬质合金刀片。

直径大于50 mm的错齿深孔钻，可有效地采用机夹式结构。目前使用的机夹式结构一般有以下几种：

(1) 机夹小刀块可重磨式：其结构如图4.8所示。适用于$\phi 50$～$\phi 95$ mm的深孔钻，刀体上装有2个或2个以上的小刀块，硬质合金刀片焊接在小刀块上，每个小刀块由圆柱面定位，用螺钉紧固在钻头刀体上，刀片磨损后可重磨或更换小刀块。刀体上分布有两个固定导向块和一

个弹性导向块。弹性导向块的作用是减少钻头在入口处的振动，增加固定导向块与工件孔壁的接触，改善钻头的导向能力，减小孔偏斜。这种结构的深孔钻，制造较为容易、刃磨和重磨方便，是一种比较简单、实用的机夹式内排屑深孔钻。

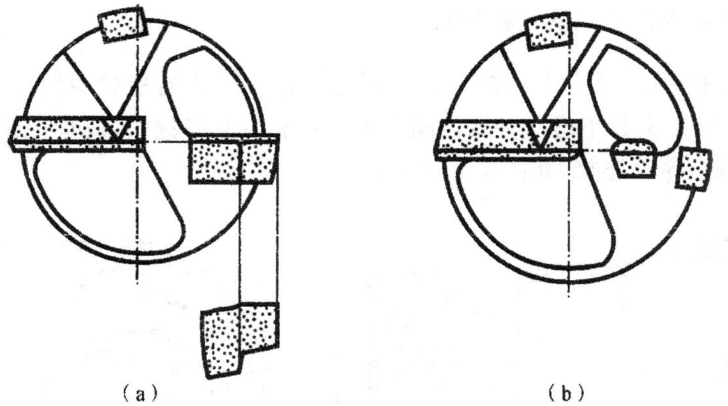

图 4.7 小直径错齿内排屑深孔钻的结构

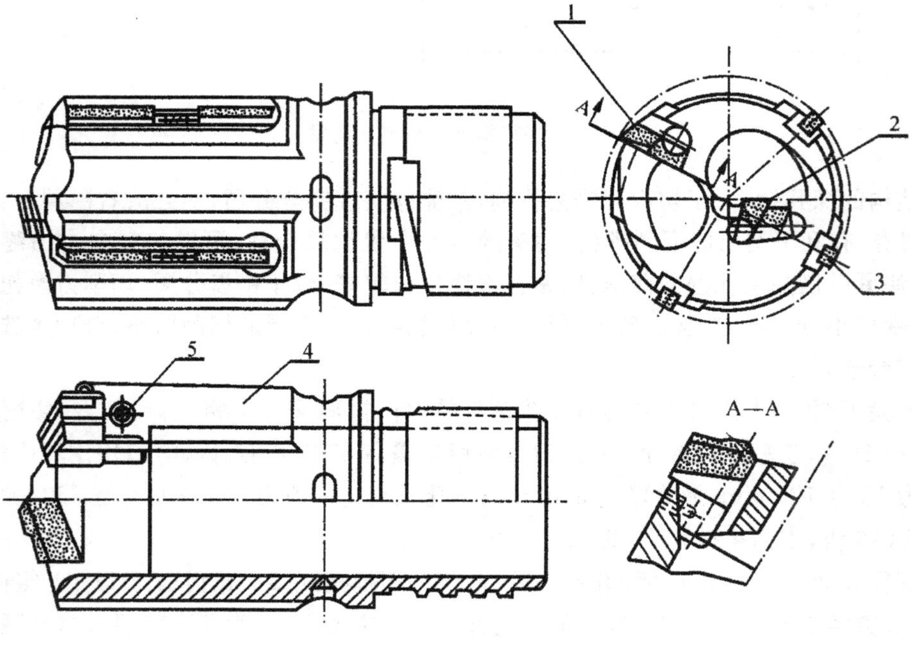

图 4.8 机夹小刀块式内排屑深孔钻

1— 外刃刀块；2— 内刃刀块；3— 导向块；4— 刀体；5— 紧固螺钉

(2) 杠杆压紧式可转位深孔钻：其结构如图 4.9 所示，适用于孔径为 50 ～ 120 mm 的深孔加工。根据 3 个切削刃所处的位置不同，一般外齿用杠杆式，中间齿用偏心式，内齿采用杠销式。导向块采用斜楔式，磨损后可重磨更换。在切削速度 v = 106 m/min，进给速度 v_f 为 60 ～ 80 mm/min 的条件下，这种钻头仍能正常工作，证实刀片的夹紧是牢靠的。

(3) T-MAX机夹可转位深孔钻：如图4.10所示，它是瑞典山特维克公司生产的一种内排屑深孔钻。钻头的直径范围为65～180 mm，钻孔长径比可达100。该钻头的刀体为高强度钢并经调质处理，根据钻头直径大小错齿布置3～5块刀片，由沉头螺钉压紧在刀块的刀片槽内。刀片均为精制刀片，定位刀槽也十分准确，保证了刀片的转位、定位及尺寸精度，使各刀片能准确地保证各自的相互位置精度及最佳的切削位置，发挥它良好的切削性能。在外齿刀块的后部加有一减振块，起减振稳定钻削的作用；导向块是由2块硬质合金刀片焊接在一个导向座上，导向座的底面为平面，并由螺钉和弹簧压紧在刀体上。由于导向座及定位槽的制造精度高，配合良好，可以保证钻头的孔径尺寸精度。这种钻头的加工精度一般为IT9～IT10级，孔的表面粗糙度 R_a 为3.2～1.6 μm。

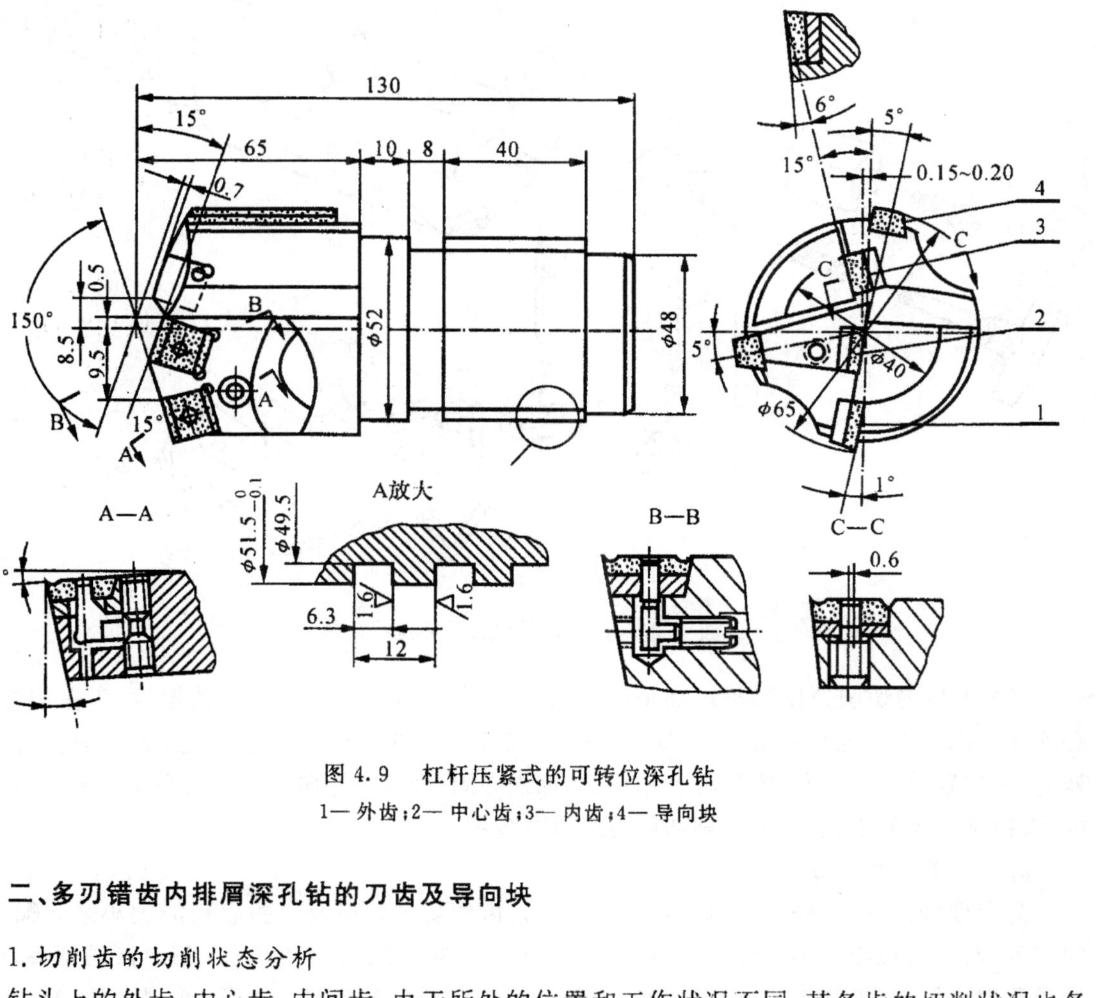

图4.9 杠杆压紧式的可转位深孔钻

1—外齿；2—中心齿；3—内齿；4—导向块

二、多刃错齿内排屑深孔钻的刀齿及导向块

1. 切削齿的切削状态分析

钻头上的外齿、中心齿、中间齿，由于所处的位置和工作状况不同，其各齿的切削状况也各不相同。

(1) 中心齿在几个刀齿中，它的切削条件最差，刀齿的切削力最大，挤压最为严重，卷屑、断屑困难，容易断齿，因此，应减小中心齿内刃的前角和刃倾角（为负值），增强内刃的强度；应缩短中心齿与其他刀齿的轴向距离，以便加强切削的稳定性，减轻中心齿的切削负荷。

(2) 中间齿的切削速度高于中心齿而低于外齿，切削条件较中心齿要好，但由于刀齿突出刀体较多，刃口的左右两侧又磨有侧后角，刀齿强度较低，容易崩刃。刃磨中间齿时，只要它高于中心齿与外齿的锥面(0.5～1)f(f为进给量)即可,中间齿的宽度不宜过宽,可以适当增加中间齿的数量,以便减小切削宽度,减小切削扭矩和切削变形等。

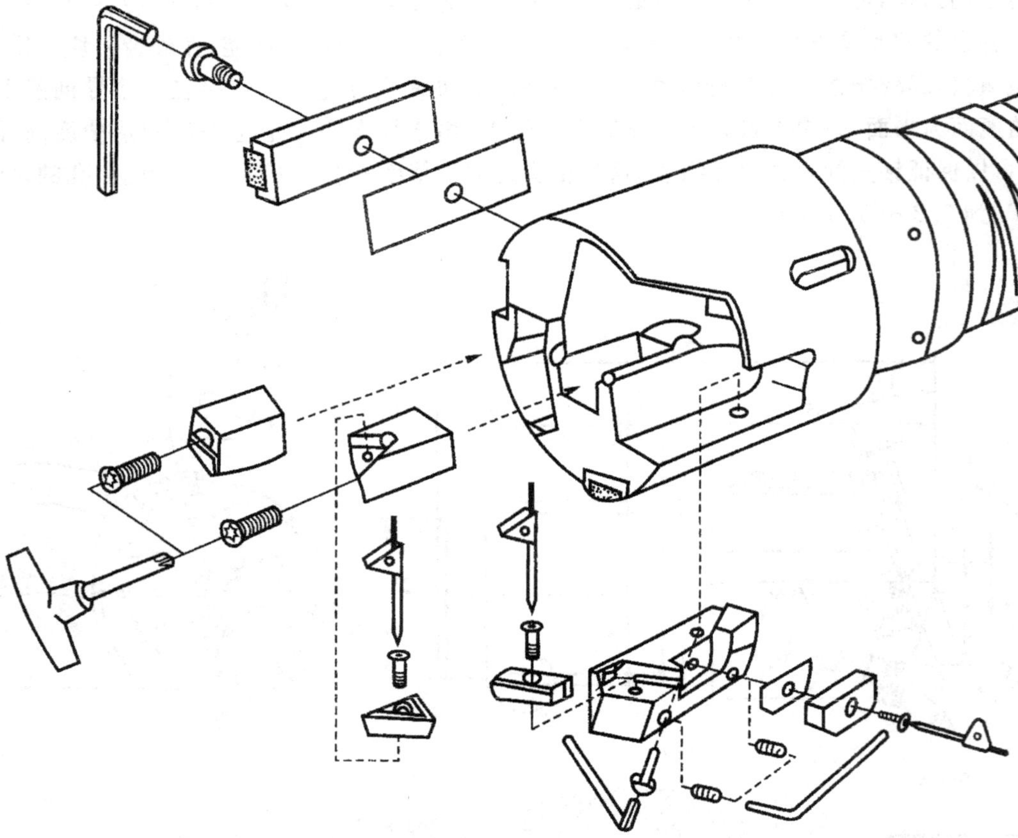

图4.10 T-MAX机夹可转位深孔钻

(3) 外齿的切削速度和扭矩都是最大的,它是加工孔壁质量好坏的关键齿。为保护外齿,必须让径向合力压向导向块,使之紧贴孔壁,稳定钻削,加强导向作用。反之,若径向合力压向外齿,不仅容易打刀,而且容易将孔钻偏。为加强导向,外齿和导向块可磨出很小倒锥或不磨倒锥。为保证外齿的强度,外齿的副切削刃应磨有棱带。

2. 切削齿的负荷分配

为合理分配各刀齿的切削负荷,应根据各刀齿的切削状态及钻头直径的大小来分配刀齿的宽度。对于直径小于15 mm的钻头,可采用单齿结构;对于直径为15～25 mm的钻头,可以选用两刀齿结构(见图4.7);对于直径大于25 mm的钻头,则选择3个或3个以上的刀齿。各刀齿所占钻头半径的比例大致如表4.1所示。

表4.1 各刀齿所占钻头半径的比例

钻头的形式	中心齿	中间齿	外齿
三刀齿钻头	40%	20%	40%
四刀齿钻头	20%	25%,25%	25%
五刀齿钻头	20%	20%,20%,20%	20%

由于中间齿高于外齿和中心齿的锥面，因此，中间齿刃口的径向宽度就是它的径向切削宽度，但中心齿的外刃和外齿刃口的径向宽度应减去刀齿的搭接量才是它们的径向切削宽度。搭接量(刀齿双边)一般约取 0.5 ~ 1 mm(钻头直径大，取大值)。如图 4.11 所示为三刃错齿钻头 3 个刀刃沿半径方向的宽度。其各值的选取应按以下原则确定：

(1) 钻尖偏心量 e 为 $(0.1 \sim 0.2)d_0$。

(2) $A + C - e - F > (1 \sim 3)$ mm，以使径向力始终压向导向块。

(3) $A + C + e + F > 0.5d_0 + (0.5 \sim 1)$ mm，保证有一定的齿间搭接量。

3. 各切削齿的材质选择

根据各刀齿所受的负荷及切削状态选择其刀片材料。对于中心齿，所受的轴向力较大，挤压、摩擦严重，切削条件恶劣，因此，应考虑选用抗弯强度高、抗冲击性好的 YG 类或 YT5 硬质合金刀片；而外齿和中间齿，由于其切削速度较中心齿高(尤其是外齿)，故应选用红硬性好、耐磨性高的刀片材料(如 YT15，YW1，YW2 等)。自贡硬质合金厂生产的 YT798 刀片，虽然属于 YT 类，但由于它的抗弯强度和耐磨性都比较好，因此均可用于中心齿、中间齿及外齿。对于加工一些特殊材料(如钛合金、高温合金等)，应根据材料的特性，选择相应的刀片材料。如加工钛合金材料时，应考虑 YT 类刀片会与钛合金产生亲合性，从而选用 YG 类刀片。对于高温合金材料，应考虑采用红硬性高、耐磨性强的刀片，如 YD15。

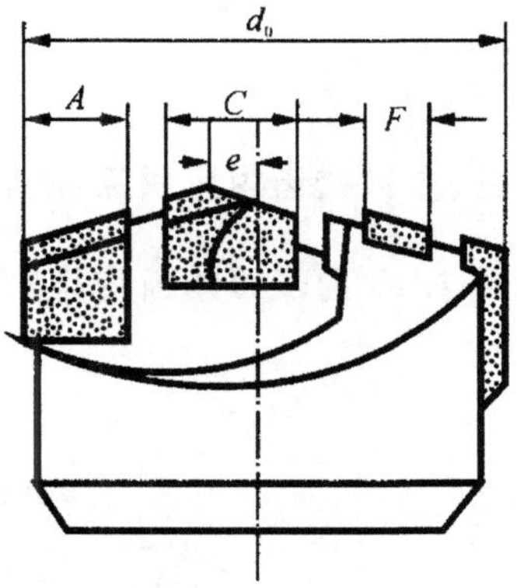

图 4.11 切削刃宽度的分配

4. 导向块

在外齿和中心齿的对面刀体上，布置有两块导向块(其形状如图 4.12 所示)，有时为了减振，在外齿之后设计了一个弹性导向块。导向块的分布原则是要求径向合力作用在两导向块之间，作用在各个导向块上单位面积的压力应最小，并且最好两块导向块的压力相等，以保证稳定切削和导向块的磨损均匀。两块导向块分布的最佳位置应通过切削试验来确定，一般取 $\delta_1 = 5° \pm 5°$，$\delta_2 = 0° \pm 5°$(见图 4.13)。在轴向上，导向块不能超前外齿的刀尖，否则导向块将参加切削。导向块与外齿刀尖的滞后量不宜太小，因为外齿刀尖的磨损会造成导向块的超前；滞后量选得过大，初钻时外齿容易打刀，一般取 0.5 ~ 1.2 mm。

导向块不宜太短，太短的导向块起不了导向作用；导向块太长，不仅浪费硬质合金而且造成摩擦扭矩增大，容易打刀。对于单刃内排屑深孔钻，导向块长度 L 为 $(0.5 \sim 1)d_0$(d_0 为钻头直径)；对于多刃错齿深孔钻，其导向块长度可以取短些，一般不大于 15 mm。导向块的宽度以不破坏导向块与工件之间的润滑油膜为原则，保证导向块与孔壁始终处于滑动摩擦状态，一般取导向块的宽度 B 为 $(0.1 \sim 0.2)d_0$(d_0 为钻头直径)。导向块必须倒棱，以利于油膜的形成，如图 4.12 所示为导向块的形状。

导向块的材料要注意选择与工件材料亲合性小、耐磨性高、韧性好的硬质合金材料。一般加工脆性材料及钛合金材料时选用 YG8；加工钢件时，选用 YT5，YT15，YW1 或 YT798 的硬质合金材料。

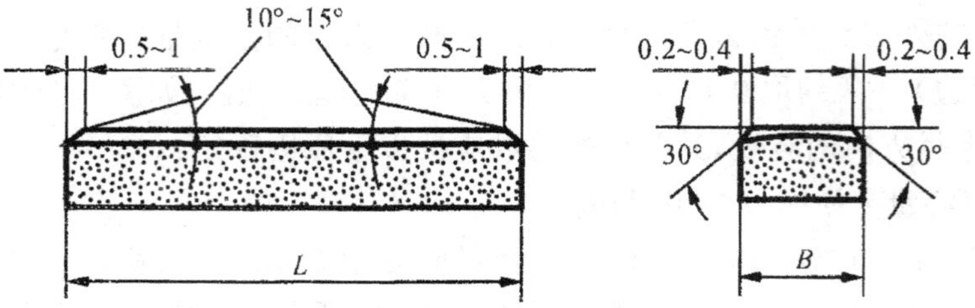

图 4.12 导向块的形状

三、多刃错齿内排屑深孔钻的几何参数

图 4.13 为多刃错齿内排屑深孔钻的标注角度。

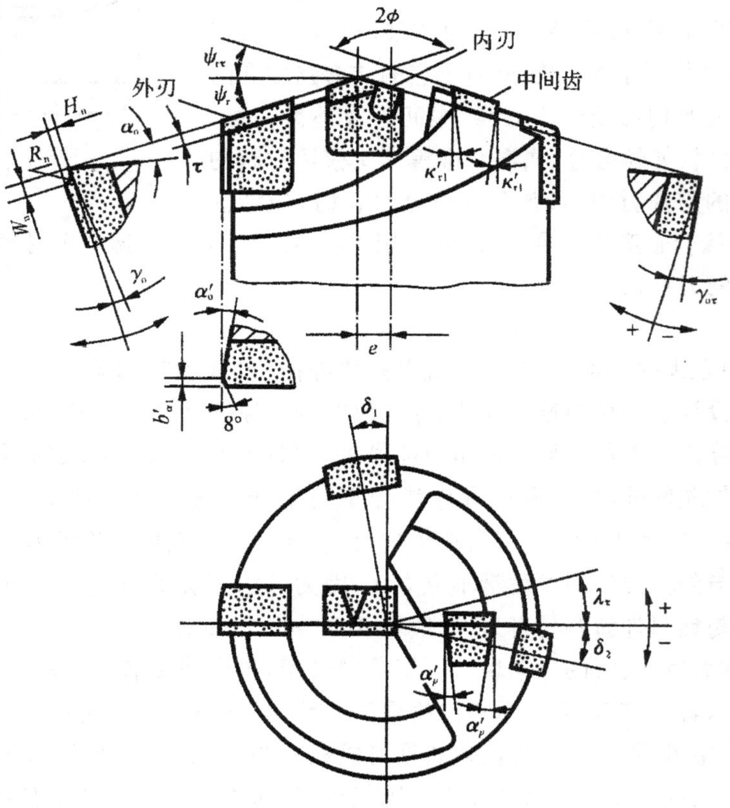

图 4.13 多刃错齿内排屑深孔钻的标注角度

1. 直径及倒锥

在深孔加工中，由于径向合力通过导向块对孔壁产生挤压作用，使得内孔产生塑性变形，之后又经收缩造成一定的微量缩孔，其收缩量为 0.005 ～ 0.02 mm。因此，深孔钻的直径应根据缩孔量相应加大，一般主要是根据加工孔的尺寸及公差选择。钻头的基本直径是最小孔径加上 2/3 孔径公差，公差值按 h6 选取。

为了减小导向块及外缘副切削刃对已加工孔壁的摩擦，又能对孔壁起导向和挤压作用，应将导向块及外缘副切削刃磨成倒锥，每 100 mm 长度上控制在 0.04 ～ 0.07 mm 以内；对于钛合金材料，考虑到回弹量较大这一特性，应适当加大倒锥量，可取 0.07 ～ 0.09 mm；对于钻孔精度要求高的多刃错齿深孔钻，为了提高导向块的挤压效果，导向块也可不磨倒锥。

2. 余偏角

余偏角的大小直接影响切削力的分配、切削变形、切削厚度、切削宽度以及断屑状况。适当地减小余偏角，可使径向力减小，有利于改善导向块的受力状态，减小钻头的走偏，并能改善切屑的流出方向，使排屑顺畅。通常取外刃余偏角 ψ_r 为 18°，内刃余偏角 $\psi_{r\tau}$ 一般应取得比外刃余偏角 ψ_r 大，这样，一方面可保证径向力始终压向导向块一边，另一方面又可避免刃磨时碰伤中间齿。

3. 前角 γ_o 和内刃端面刃倾角 λ_τ

前角的大小主要根据工件材料和加工要求而定。一般取各切削刃的前角 $\gamma_o = 0°$；对于难断屑材料，可取 γ_o 为 1° ～ 3°；对于加工性能好的材料，可取 γ_o 为 3° ～ 6°；对于脆性材料或冷硬性强的材料，前角可取负值。

一般情况下，外齿、中间齿以及中心齿的外刃刃倾角 $\lambda_s = 0°$。但对于焊接式结构的深孔钻，由于中心齿的内刃不便于磨出断屑台，致使内刃高于中心，对切削不利，因而内刃应磨出一定的刃倾角（通常端面刃倾角 λ_τ 为 5° ～ 8°），使刃口略低于钻心，但不超过 0.20 ～ 0.25 mm。同时中心齿的内刃采用负前角 $\gamma_{o\tau} = -5° \sim -8°$，钻刃强度高，断屑可靠。

在刃磨内刃时，其起始点应不超过内齿上的外刃卷屑槽，否则会影响到外刃的断屑效果，而形成长屑。

4. 后角 α_o

切削刃后角 α_o 主要根据工件材料和进给量选取，一般外刃后角 α_o 取 8° ～ 12°。靠近钻心的中心齿内刃，刃口上各点的切削速度不同，甚至趋向于零。这样后角值变化较大，实际工作中后角减小较多，因此，内刃的后角 $\alpha_{o\tau}$ 应取大些，一般取 12° ～ 15°。

由于中间齿在轴向上稍微超前一些，因此中间齿两侧要磨出切深方向的后角 α_p' 和副偏角 κ_{r1}'，否则会引起刃口两侧的迅速磨损，切削力增大，甚至崩刃。一般 α_p' 取 3° ～ 5°，κ_{r1}' 取 1° ～ 2°。

5. 钻尖偏心量 e

多刃错齿深孔钻由于刀刃错齿分布于轴线两侧，一部分径向力得到抵消，钻头所受的径向力小于单刃内排屑深孔钻，工作较稳定。因此钻尖偏心量 e 相应可取小些，一般取 e 为（0.08 ～ 0.1）d_0（d_0 为钻头直径）。

6. 副切削刃的刀具标注角度

外齿外缘处副切削刃的后角通常取 $\alpha_o' = 8°$，同时应留有一定的刃带（棱边），其刃带宽度 $b_{\alpha1}'$ 为 0.5 ～ 1.5 mm，主要保证钻头外齿副刃的刃口强度，加强外齿副刃的挤压切削效果，另外在外齿副切削刃的上端反向倒角 8°，以免退钻时刮伤已加工表面。

7. 断屑台尺寸

断屑台的参数应针对具体加工材料，通过试验来确定。一般孔径越大，进给量越大，切削速度越低，断屑台宽度 W_n 值可取大些。通常取断屑台宽度 W_n 为 1.22 mm，W_n 值的大小对切屑的长短有很大影响。实践证明，当 W_n 相差 0.1 mm 时，切屑的长度可相差 3 ～ 5 mm。断屑台深度 H_n 一般取 0.3 ～ 0.6 mm，圆弧半径 R_n 为（1 ± 0.1）mm，断屑台斜角 τ 为 2° ～ 6°。断屑台斜角通常有两种形式，一种是外斜型，如图 4.14(a) 所示，卷出来的切屑里紧外松，功率消耗较低，适用于加工一般材料；另一种是内斜型，如图 4.14(b) 所示，卷出来的切屑里松外紧，有拉紧力，容易折断，适用于加工韧性较大的材料。

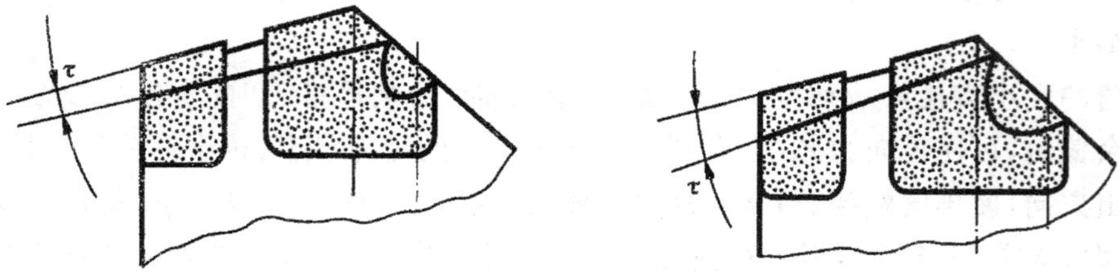

(a)　　(b)

图 4.14　断屑台斜角的形式

第三节　喷吸钻和 DF 深孔钻

喷吸钻是另一种内排屑深孔钻头，它采用了喷吸原理，大大改善了排屑状况，切屑能顺利地沿内管排出。这种深孔加工系统的生产效率高于 BTA 深孔钻系统，而且大大降低了系统的密封要求，因此，在深孔加工中得到比较广泛的应用。

一、喷吸钻

1. 喷吸钻的特点

(1) 使用的切削液压力低。与 BTA 深孔钻相比压力可减小一半，压力 $p \leqslant 1.5$ MPa，流量 Q 为 30 ～ 120 L/min。不需要专门的进油密封装置，可在专用机床或普通机床上进行高效加工。

(2) 适用于 $\phi 18 \sim \phi 65$ mm 中等尺寸直径(最大可达 180 mm)、长径比为 100 以内的深孔加工；一次钻孔精度可达 IT9 ～ IT11 级，孔的表面粗糙度 R_a 为 3.2 ～ 1.6 μm，生产率比枪钻高 2 ～ 7 倍。

(3) 使用范围广。既可用于水平深孔加工，也可用于垂直孔(长径比小于 50) 以及浅孔的加工。

(4) 切削过程中要求断屑可靠，切屑呈均匀的小"C" 形屑最为理想，以保证排屑顺畅。

(5) 由于喷吸钻采用两根钻杆(内、外钻杆)，使得排屑空间受到限制。因此，加工的孔径不能太小，一般须大于 18 mm。同时当孔径或孔深增大时，喷吸钻的排屑效果(喷吸效果) 变差，理想的适用范围为孔径小于 65 mm，长径比小于 50。

由于冷却液从内、外钻杆之间进入，不能控制刀杆的振动，刀杆容易擦伤，同时由于钻杆的壁厚受到限制，因而其刚性和加工精度略低于 BTA 方式深孔钻。

2. 喷吸钻的工作原理

喷吸钻的工作原理如图 4.15 所示。在加工时，具有一定压力的冷却液由进油口流入联结器，其中 2/3 的冷却液由内、外管之间，通过钻头颈部的 6 个小孔从环形间隙(反压间隙 δ) 流向切削区，冷却刀刃并将切屑冲进排屑口，经内管向后排出。由于内管尾部有两排相错的、间隙很小且与轴向夹角为 30° 的月牙槽喷嘴，当冷却液进入时，另外的 1/3 冷却液经月牙槽向后喷射，使得流速增大，形成喷射流。根据能量守恒原理，由于比动能增大，则比压能下降，因而在这股喷射流的周围形成低压区。这样在内管的前、后端造成压力差，后端产生一定的"吸力"，从而使前端带有切屑的冷却液加速向后流动，排出切屑。

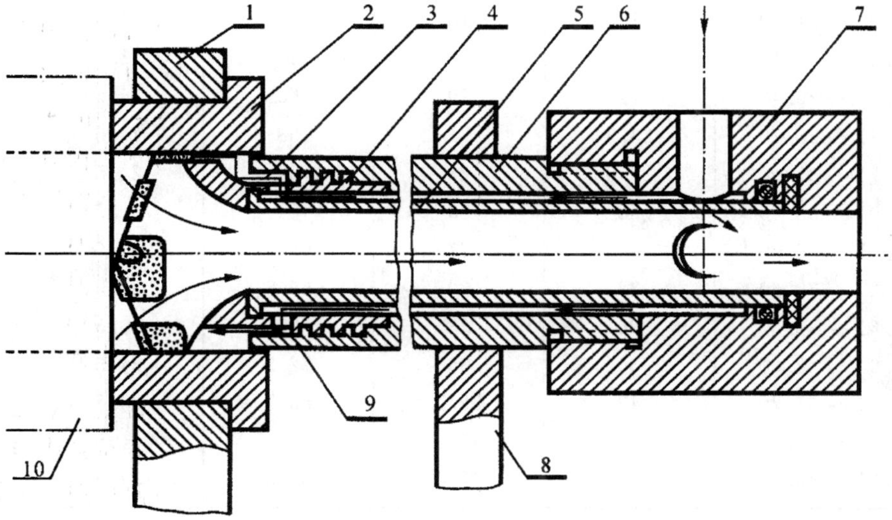

图 4.15 喷吸钻的工作原理图

1— 支架；2— 导向套；3— 反压间隙(δ)；4— 钻头；5— 内钻杆；6— 外钻杆；7— 联结器；8— 钻杆支架；9— 进油孔(6 孔均布)；10— 工件

3. 喷吸钻设计

喷吸钻深孔加工系统所使用的内排屑深孔钻头，结构如图 4.16 所示。钻头的头部结构及几何参数与 BTA 深孔钻一样，所不同的只是在钻头的颈部有 6 ~ 8 个 $\phi 2$ ~ $\phi 3$ mm 的小孔，使切削液从内管中流出，经反压间隙到切削区。另外，钻头的后端内孔须与内管配合，钻头连接外管的螺纹外径要比 BTA 钻头的大一些，在总长度上也要长一些。表 4.2 为国内某工具厂喷吸钻的结构尺寸。

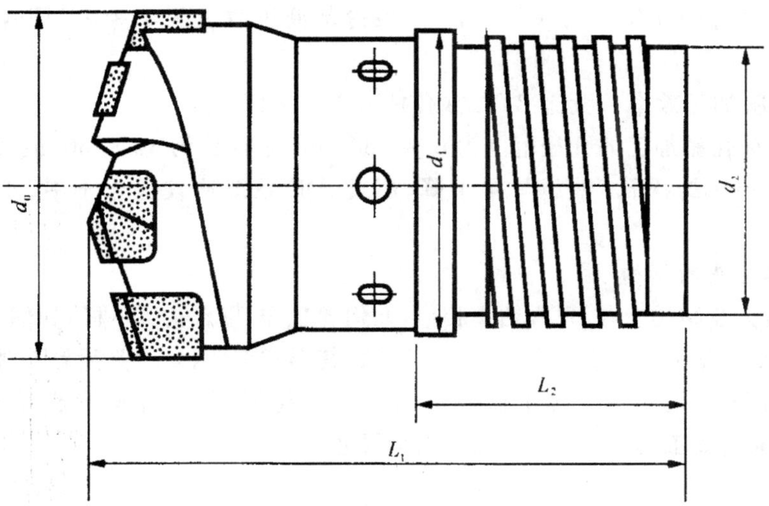

图 4.16 喷吸钻的结构

表 4.2 喷吸钻的结构尺寸

钻头直径 d_0/mm	d_1/mm	d_2/mm	L_1/mm	L_2/mm
18.40 ~ 20.00	16	14	50	21.5
20.01 ~ 21.80	18	16	50	21.5
21.81 ~ 24.10	19.5	17.5	50	21.5
24.11 ~ 26.40	21	19	50	24.5
26.41 ~ 28.70	23.5	21	58	24.5
28.71 ~ 31.00	25.5	23	58	24.5
31.01 ~ 33.30	28	25	58	30.5
33.31 ~ 36.20	30	27	69.5	30.5
36.21 ~ 39.60	33	30	69.5	30.5
39.61 ~ 43.00	36	33	72.5	30.5
43.01 ~ 47.00	39	36	72.5	34.5
47.01 ~ 51.70	43	39.5	85.5	34.5
51.71 ~ 56.20	47	43.5	85.5	34.5
56.21 ~ 65.00	51	47.5	86.5	34.5

二、DF 深孔钻

DF 深孔钻，亦称为单管喷吸钻或双进油器深孔钻，它结合了 BTA 系统与喷吸钻系统的推、吸排屑方式的优点，是一种被广泛应用的深孔钻。

1. DF 深孔钻的特点

(1) 排屑效果好。尤其对于直径为 6 ~ 20 mm 的小直径深孔加工，其优点就更为突出。可取代部分枪钻来加工小直径的深孔。

(2) 只要一根钻杆，省掉了喷吸钻的内管。钻杆内有冷却液的支托，切削振动较小，排屑空间较喷吸钻大，排屑顺畅。因此，加工精度略高于喷吸钻。

(3) 冷却液压力较 BTA 方式深孔钻低，一般冷却液压力 p 为 1 ~ 2 MPa，流量 Q 小于 135 L/min。

(4) 生产率高。加工效率一般比 BTA 深孔钻高 1 ~ 2 倍。

(5) DF 系统深孔钻加工的孔径范围为 6 ~ 180 mm，长径比为 30 ~ 50，最大可达 100。但对于直径大于 65 mm 的深孔，抽屑效果下降，因此，DF 系统比较适合于中、小直径的深孔加工。

2. DF 深孔钻钻头的结构

DF 深孔钻钻头在结构上与 BTA 钻头相似，几何参数与 BTA 钻头一样，如图 4.17 所示。所不同的是 DF 钻头的头部须与孔壁形成一反压间隙，其形式有两种：一是用钻头体与钻头直径之差确定反压间隙；二是在钻头体上做一个圆柱形凸起环颈，与孔壁形成反压间隙(见图 4.17)。表 4.3 为国内某工具厂 DF 深孔钻的结构尺寸。

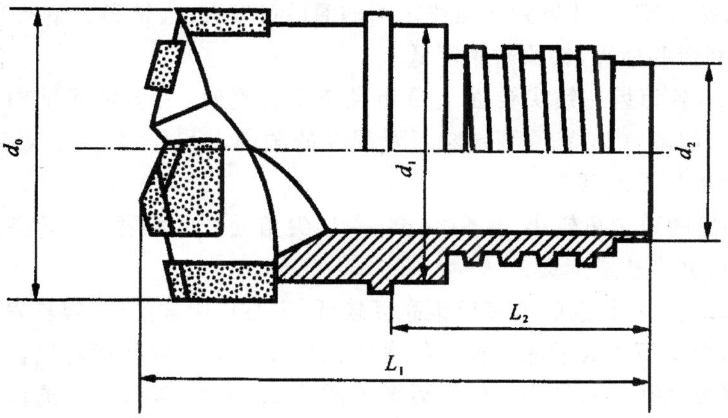

图 4.17 DF 钻头结构

表 4.3 DF 深孔钻的结构尺寸

钻头直径 d_0/mm	d_1/mm	d_2/mm	L_1/mm	L_2/mm
15.50 ~ 16.70	12.4	10.8	36	22
16.71 ~ 17.70	13.4	11.8	36	22
17.71 ~ 18.75	14.4	12.8	38	23
18.76 ~ 20.00	15.4	13.8	43	24
20.01 ~ 21.75	16.4	14.8	43	24
21.76 ~ 24.25	17.4	15.8	47	24
24.26 ~ 26.25	19.5	17.8	48	29
26.26 ~ 28.75	22.5	20.8	55	32
28.76 ~ 31.25	23.5	21.8	58	35
31.26 ~ 33.25	25.5	23	58	35
33.26 ~ 36.25	27.5	25	60	35
36.26 ~ 39.75	28.5	25.5	68	38
39.76 ~ 43.25	32.5	29.5	75	44
43.26 ~ 47.25	34.5	31.5	78	46
47.26 ~ 51.75	37.5	34.5	80	46
51.76 ~ 56.25	41.5	38.5	90	50
56.26 ~ 60.50	45.5	42.5	95	55
60.51 ~ 65.00	50.5	47	96	55

第四节 新型错齿内排屑深孔钻

一、新型错齿内排屑深孔钻的特点

普通错齿内排屑深孔钻从结构设计及几何参数上，都存在着一定的不足，这主要表现在以下几个方面：

（1）锋角较小，钻尖较高，外齿到导向块之间的滞后量较大。入钻和出钻的时间较长，容易造成入钻过程中的断齿和崩刃，钻头耐用度低.

（2）由于锋角小，各刀齿在钻尖锥面上沿半径依次排列时，刀齿之间轴向高度差相对较大。在入钻、出钻两个阶段，中心齿需要单独承受很大的轴向力和径向力，使得钻削振动大，定心作用较差，容易产生打刀及磨损。

（3）中间齿、外齿的刀尖角较小，尖角突出，一旦尖角处产生磨损，齿间搭接量就遭到破坏，钻削过程不平稳，并会造成崩刃。

（4）内刃偏角 κ_{rr} 较小，钻削时孔底反锥高度较低，定心作用被削弱，容易发生切削振动。

针对上述问题，西安石油大学深孔加工技术研究所设计了一种新型的错齿内排屑深孔钻（也称多尖齿内折线刃深孔钻），钻头结构及刃形如图 4.18 所示。它是在普通内排屑深孔钻头的基础上，对钻头的结构和刃形做了有效的改进。这种钻头结构新颖，制造工艺简单，切削效率高，刀具耐用度高，是一种很有实用价值的深孔钻头。其主要结构及刃形特点如下：

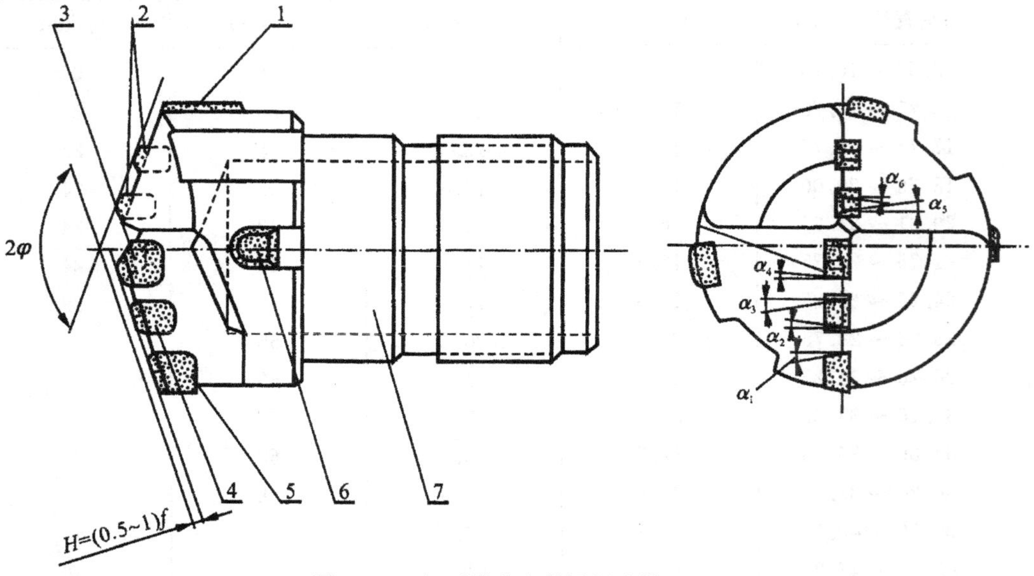

图 4.18 新型错齿内排屑深孔钻

1— 导向块；2— 中间尖齿；3— 中心齿；4— 中间平齿；5— 外齿；6— 减振块；7— 刀体

（1）钻头由中心齿 3、中间平齿 4、外齿 5 及中间尖齿 2 相错布置在轴线两侧，且不在同一圆锥面上，即中间尖齿 2 的圆锥面在轴线方向上高出中心齿 3 与外齿 5 的圆锥面（0.5 ～ 1）f（f 为进给量），能够可靠地实现完全分屑。

（2）轴线右侧的中间齿为尖齿形（普通深孔钻头为平齿形），加工底孔形成环形凹槽（见图 4.19），有利于钻削定心，起稳定钻削的作用。

（3）除外齿 5 外缘一侧为尖角外，其余刀齿都进行了倒角，同时带有 6° ～ 12° 的侧后角，消除了尖角，增大了刀齿的散热体积，同时也增强了刀齿强度，不易崩刃，有利于提高钻头的耐用度及寿命。

（4）增大偏心量，并在中心齿的内刃上磨出两条折线形内刃，即内刃由两条斜度不同的折线刃组成（见图 4.20），因而有效地降低了钻尖高度，使入钻、出钻的时间相对缩短。入钻时可以尽快进入正常切削状态，中心齿与中间齿几乎同时切入工件，改善了刀齿的切削受力状况，防止因切削振动造成的崩刃和断齿。同时，出钻时间缩短，可使切削帽的厚度减薄，有利于减振与抗振。另外，中心齿上磨有内折线刃，减小了中心齿和其他刀齿间的轴向距离，不仅增大了中心齿的散热体积，而且还有利于加强定心，保护中心齿。而对于普通深孔钻头，由于中心齿切削速度低，切削力大，挤压切削严重，卷屑、断屑困难，与其他刀齿相比，切削条件最为恶劣，入钻时，定心不稳、容易断齿或崩齿，而新型深孔钻头所做的改进恰恰有效地防止了这一点。

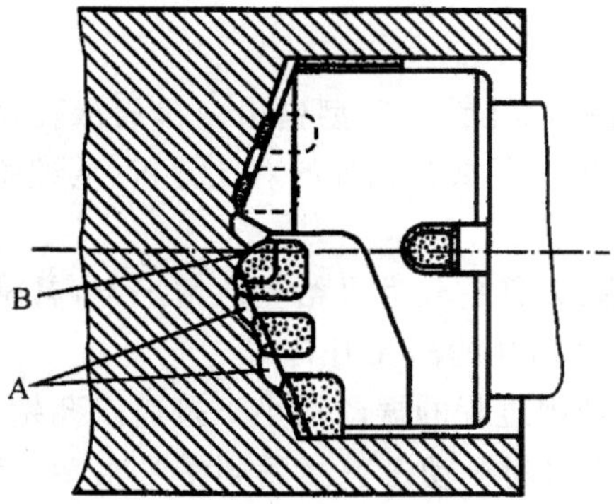

图 4.19 加工的底孔形状

A— 定位凹槽；B— 切削反锥

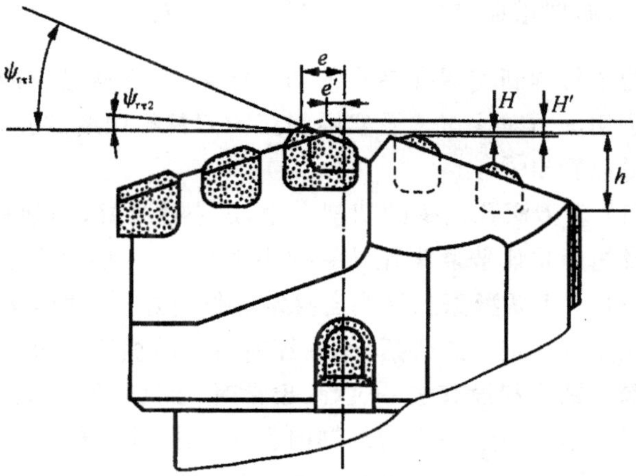

图 4.20 新型深孔钻头与普通深孔钻头钻尖的比较

e'— 普通深孔钻头的偏心量；e— 新型深孔钻头的偏心量

(5) 根据各刀齿的负荷和不同的切削状态合理选用刀块材料。由于中心齿所受轴向力较大，挤压、摩擦严重，切削条件恶劣，因此应该选择抗弯强度高，抗冲击性能好的硬质合金材料，如 YG8。而外齿和中间齿由于离钻心较远，切削速度较高，冲击作用相对较小，宜选用红硬性好、耐磨性高的刀片材料，如 YT798。

(6) 增大断屑台的宽度及圆角半径 R，不仅改善了断屑效果，而且还改善了刀齿的受力状况。普通深孔钻的断屑台尺寸参数偏小，过渡圆角的曲率半径小，切屑发生卷曲变形的时间短，切削变形以及切屑与前刀面的摩擦力很大。同时连续的卷屑、断屑对凸台产生持续的冲击作用，因而在前刀面上经常出现槽沟或“揭盖”；而新型钻头的切屑可以顺利流过断屑台，在过渡圆角上缓慢地发生切削变形，减小了切削变形、切削热、切屑的冲击力与摩擦力(见图 4.21)。

(7) 在刀体后端增设一减振块 6。由于钻削出的孔壁有圆度误差以及材料硬质点的存在，钻削时难免会有振动产生，特别是当刀齿磨损或有崩刃而钻削力失去平衡时，为防止钻头产生向上的振动，采用减振块即可起到减振和保护刀齿的作用，由于减振块属于圆的辅助支撑点，故一般应设计成软点或弹性支撑点。

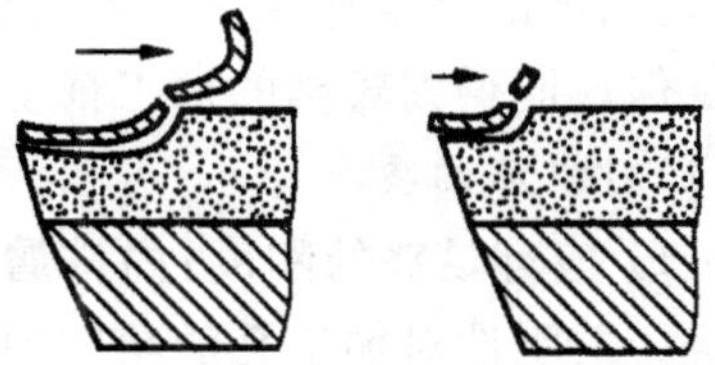

(a) (b)

图 4.21 断屑台与切削变形

(a) 新型深孔钻头；(b) 普通深孔钻头

(8) 减小导向块与钻头体的高度，增加了导向块的抗弯强度。同时为了增大流液面积，刀体上铣有矩形或半圆形输液槽，这样能使流液面积增大 20% ～ 30%，增大了冷却液流量，从而提高了冷却润滑效果。

(9) 钻尖锋角较大。在不产生刃磨干涉的情况下，尽量增大锋角，有利于进一步降低各刀齿之间的轴向高差，缩短入钻、出钻时间，不稳定钻削时间缩短，可提高钻头的耐用度及寿命。

(10) 内刃余偏角 ψ_{rr1} 较大。钻削时孔底形成较高的反锥尖 B(见图 4.19)，有利于定心、稳定钻削及径向力的平衡。

(11) 偏心刃上磨出了内折线刃，允许磨出较大的端面内刃刃倾角，加工底孔上的切削反锥增高，有利于稳定钻削，加强了定心作用。

二、新型错齿内排屑深孔钻的切削性能

为了检验新型深孔钻头的切削性能，对普通错齿内排屑深孔钻和新型错齿内排屑深孔钻进行了切削力对比试验及实际加工的刀具耐用度试验，并进行了试验结果的对比分析。从试验结果可以看出[55]：

(1) 新型深孔钻头的切削力小，定心效果好，切削平稳。尤其在较大进给量的情况下，其轴向力及扭矩均比普通深孔钻头减小很多，是一种适合于高速切削的深孔刀具。

(2) 由于新型深孔钻头自身定心作用好，入钻和整个切削过程的振动均小于普通深孔钻，而且在减振块进入工件后，钻头还有一个减振稳定过程，使切削振动迅速减弱到正常水平，而普通深孔钻头却没有这一过程。出钻时，普通深孔钻振动加剧，跳动量增大，且持续时间长。而新型深孔钻头由于各刀齿的轴向度高差小，透钻快，又有减振块的保护作用，因此可以平稳透钻，大大减小了振动，也避免了崩刃和断齿。

(3) 新型深孔钻头的耐用度要明显高于普通深孔钻头，其平均耐用度可达到 16 m，是普通深孔钻头的 2 ～ 3 倍。

(4) 新型深孔钻的加工质量明显提高。孔的圆度误差要比普通深孔钻小 3 μm 左右，孔径扩张量小 0.04 mm，尺寸精度可达 IT7 ～ IT8 级，孔的加工精度明显高于普通深孔钻。而且孔的加工表面平整光滑，无螺旋刀痕，表面粗糙度 R_a 一般在 1.0 ～ 3.2 μm 之间。

第五节　内排屑深孔钻的使用

一、对加工系统的要求

在内排屑深孔加工中，加工系统各部分对孔的加工质量有很大的影响，各部分自身精度以及安装精度的高低直接反映到孔加工质量的好坏，因此，对加工系统的各部分应有一定的要求，以保证能得到较高的加工精度和生产率。

1. 对机床的要求

(1) 应有足够的刚度：内排屑深孔钻采用高转速、大进给量进行加工，扭矩及轴向力都很大，机床的刚性对加工孔的精度和钻头的耐用度都有较大的影响。

(2) 应具有足够的功率：图 4.22 为不同切削速度和进给量时钻头所需的功率，在计算电动机的额定功率时，应考虑机床的效率。

(3) 进给机构必须稳定可靠：进给平稳，不能有爬行现象。机床的进给量最好是无级调速，以适宜多种材料的深孔加工，一般进给量在 0.05 ～ 0.35 mm/r 范围内。最好使用带有过载保护的进给机构。

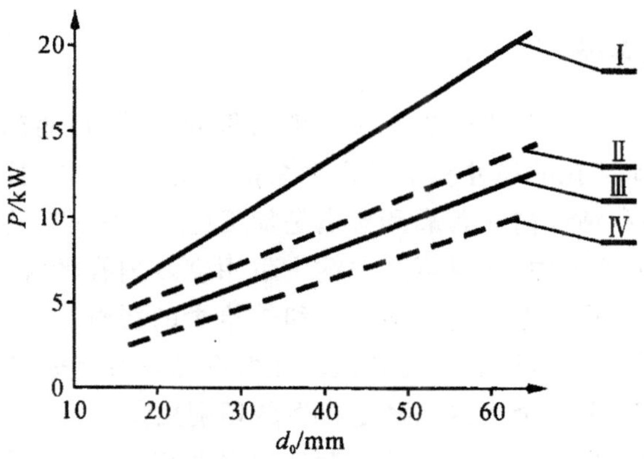

图 4.22 机床功率的选择

Ⅰ—$v=100$ m/min，$f=0.25$ mm/r；Ⅱ—$v=70$ m/min，$f=0.25$ mm/r；

Ⅲ—$v=100$ m/min，$f=0.15$ mm/r；Ⅳ—$v=70$ m/min，$f=0.15$ mm/r

(4) 机床的主轴轴向窜动要小：应把机床主轴轴向窜动调整到允许的范围内，否则易引起振动而打刀。

(5) 应具有一定的控制系统：如主轴负荷表、进给量表、超载安全装置等，以保证深孔加工的可靠性。

(6) 机床主轴的径向跳动量不得超过 0.02 mm。

2. 对加工系统其他附件的安装要求

(1) 要求机床主轴和导向套之间的跳动量不得超过 0.02 mm，以保证两者的同轴度要求。为减小机床主轴和导向套的同轴度误差，最好在所用的机床上直接加工出导向套的底孔。

(2) 要求导向套和工件之间的距离不得超过 1 mm，以保证钻头初钻时良好的贯穿和足够的冷却液流量。

(3) 钻杆的联结器与机床主轴应有一定的同轴度要求。尤其当采用钻头旋转的加工方式时，钻杆联结器应严格对中，以保证与机床主轴有公共的旋转轴线。

3. 对冷却润滑液的要求

在深孔加工中，冷却润滑液对加工质量和生产率有相当大的影响。根据内排屑深孔钻的加工特点，对所使用的冷却润滑液有以下要求：

(1) 应采用低压大流量的冷却润滑方式。由于采用大进给量的加式方式，单位时间内产生的切屑多，切削温度高，因此保证尽快冲走切屑和冷却润滑刀头是十分重要的，冷却液压力及流量的选择参见本篇第一章第五节的内容。

(2) 宜采用油脂类切削油。由于钻头的导向块在切削时受较大的径向压力以及摩擦力，要是冷却润滑不好往往会造成导向块的急剧磨损和剥离。若选用极压强化切削油，会在导向块表面形成一润滑膜，起到润滑和支承重载的作用，这对减小导向块的磨损和延长刀具的寿命极为有利。

(3) 要求保持冷却润滑液的清洁。由于脏的冷却润滑液会导致破坏导向块表面的润滑膜，或使小直径深孔钻的油路堵塞，也容易使高压泵及阀门过早磨损，因此，必须对冷却液进行过滤，可采用先粗后精的过滤方式。

二、切削用量的合理选择

对于内排屑深孔钻，有4个基本因素影响切削用量的选择：切屑的大小及形状；机床的功率；合理的刀具耐用度；加工孔的尺寸精度及表面粗糙度要求。其中，切屑的大小和形状是最为重要的，因为切屑在钻头和钻杆内能否顺利排出是加工能否正常进行的必要条件，当然所选的用量必须是在机床的额定功率内，同时再考虑钻头耐用度及内孔的加工要求。切屑的形成，除了断屑台的形状外，在很大程度上也受切削速度和进给量的影响。一般来说，固定进给量而加大切削速度将使切屑变大、变软，而固定切削速度加大进给量将减短切屑长度，增大切削厚度。在实际使用中，可以通过以下几个步骤来确定合适的切削用量：

(1) 根据被加工材料，参见表4.4，粗选切削速度以及相应的进给量。

(2) 根据图4.22所绘出的功率曲线，检查机床功率是否合适，注意应参考机床的效率值。

(3) 进行一些试验，以形成良好的切屑为标准，决定最佳切削用量。

表4.4 推荐的切削速度和进给量(喷射钻)

材料	硬度 /HB	切削速度 /(m·min^{-1})	进给量 /(mm·r^{-1})
碳素钢	150～225	76～91	0.10～0.38
易切钢	175～250	76～91	0.10～0.38
锰钢	175～250	76～91	0.10～0.38
镍钢	135～275	76～91	0.10～0.38
镍铬钢	150～250	45～91	0.10～0.30
钼钢	150～250	45～91	0.10～0.30
铬钢	150～250	45～91	0.10～0.30
高速钢	175～275	45～91	0.10～0.30
不锈钢	135～275	45～91	0.10～0.30
铸铁	140～220	45～91	0.10～0.30
可锻铸铁	135～250	76～120	0.15～0.50
黄铜	50～160	76～120	0.15～0.50
铝	40～150	91～183	0.15～0.50
高强度耐蚀镍铜合金	200～300	45～91	0.05～0.25
钛合金	180～220	35～65	0.06～0.22
沉淀硬化不锈钢 (PH17-4)	320～380	30～60	0.05～0.20

在试验时须注意以下几点：

如果中间齿形成的切屑呈长条形，可用减小进给量的方法来解决，这时切削速度也要随之减小(起减小切屑长度的作用)，以便使边上的切削刃也能形成合适的切屑。

对一些特别难加工的材料，如氮化钢、不锈钢及钛合金等，切削速度要进一步减小，以便所有的切削刃都能形成合适的切屑。

表4.5为瑞典山特维克公司推荐的BTA深孔钻和喷吸钻的切削用量。表4.6为T-MAX

机夹可转位深孔钻的切削用量。

表 4.5 瑞典山特维克公司推荐的切削用量

工件材料		布氏硬度 HB	切削速度 (m·min⁻¹)	钻头直径 /mm			
				15.6 ～ 20.0	20.01 ～ 31.01	31.0 ～ 43.0	43.01 ～ 65.1
				进给量 /(mm·r⁻¹)			
非合金钢	未淬火	90 ～ 250	70 ～ 120	0.14 ～ 0.20	0.17 ～ 0.25	0.20 ～ 0.30	0.24 ～ 0.32
合金钢	退火	170 ～ 220	70 ～ 110	0.15 ～ 0.20	0.18 ～ 0.25	0.20 ～ 0.30	0.20 ～ 0.30
	韧化淬火	220 ～ 270	55 ～ 85	0.12 ～ 0.18	0.16 ～ 0.24	0.18 ～ 0.24	0.16 ～ 0.28
	韧化淬火	270 ～ 380	30 ～ 55	0.12 ～ 0.18	0.15 ～ 0.22	0.16 ～ 0.24	0.16 ～ 0.25
弹簧钢		150 ～ 250	45 ～ 70	0.16 ～ 0.20	0.16 ～ 0.24	0.18 ～ 0.25	0.18 ～ 0.25
不锈钢	铁素体 马氏体	150 ～ 270	55 ～ 85	0.16 ～ 0.20	0.18 ～ 0.25	0.22 ～ 0.30	0.24 ～ 0.36
铝合金	40 ～ 125	70 ～ 200	0.20 ～ 0.30	0.20 ～ 0.35	0.24 ～ 0.40	0.30 ～ 0.60	
铸铁	低拉力	150 ～ 220	70 ～ 110	0.15 ～ 0.20	0.18 ～ 0.30	0.22 ～ 0.40	0.22 ～ 0.40
	高拉力	200 ～ 300	50 ～ 80	0.14 ～ 0.19	0.16 ～ 0.28	0.20 ～ 0.40	0.22 ～ 0.40

注：表中所例的切削数据是针对使用山特维克公司的焊接式 BTA 深孔钻及喷吸钻而言的。

表 4.6 T－MAX 机夹深孔钻的切削用量

工件材料	工件状况	硬度 /HB	切削速度 /(m·min⁻¹)	进给量 /(mm·r⁻¹)
非合金钢	未淬硬含 C 量 ＜0.25%	90 ～ 200	80 ～ 100	18 ～ 0.30
	未淬硬含 C 量 ＜0.55%	125 ～ 225	80 ～ 100	0.18 ～ 0.30
	未淬硬含 C 量 ＜0.8%	150 ～ 225	80 ～ 100	0.18 ～ 0.30
	高碳钢和碳素工具钢	180 ～ 225	80 ～ 100	0.18 ～ 0.30
低合金钢	未经淬硬	150 ～ 250	70 ～ 100	0.18 ～ 0.30
	淬硬	220 ～ 400	60 ～ 100	0.16 ～ 0.30
高合金钢	退火	150 ～ 270	70 ～ 100	0.18 ～ 0.30
	淬硬	250 ～ 400	60 ～ 100	0.16 ～ 0.30
不锈钢	铁素体、马氏体	150 ～ 270	50 ～ 90	0.16 ～ 0.30
	奥氏体	150 ～ 270	50 ～ 90	0.16 ～ 0.30
铸钢	非合金	90 ～ 225	50 ～ 100	0.15 ～ 0.30
	低合金	150 ～ 250	50 ～ 100	0.15 ～ 0.30
可锻铸铁	铁素铁(短切屑)	110 ～ 145	80 ～ 100	0.18 ～ 0.30
	珠光体(长切屑)	150 ～ 270	80 ～ 100	0.18 ～ 0.30
灰铸铁	低抗拉强度	150 ～ 220	60 ～ 100	0.16 ～ 0.30
	高抗拉强度	200 ～ 330	60 ～ 100	0.16 ～ 0.30
球墨铸铁	铁素体	125 ～ 230	50 ～ 100	0.16 ～ 0.30
	珠光体	200 ～ 300	50 ～ 100	0.16 ～ 0.30
铝合金		40 ～ 150	65 ～ 130	0.10 ～ 0.30
铜和铜合金		50 ～ 160	65 ～ 130	0.10 ～ 0.30

三、提高加工精度的措施

1. 加强导向以减小钻孔偏斜

(1) 适当增大钻头锋角 2φ，可减小钻削径向力，有利于降低导向块的磨损和减小钻孔的偏斜度。

(2) 改变钻头角度和刀齿宽度，必须保证径向合力始终压向导向块，绝不允许偏离导向块方向。径向力既不可太小，也不可太大。太小的径向力会使钻头导向削弱，容易产生振动；太大的径向力容易破坏导向块的油膜，使导向块磨损较快。

(3) 提高导向套或引导孔的精度，加强导向作用。

2. 控制加工系统各部分的位置精度来提高钻孔尺寸精度

(1) 控制机床主轴、导向套（或引导孔）及联结器内孔三者的同轴度误差必须小于 0.03 mm。

(2) 严格控制导向套或导向孔与钻头的间隙，并尽可能采用导向套旋转的方式，以便保证钻孔的尺寸精度。

(3) 应保证足够的冷却液流量和选用抗黏附性好的导向块材料，以防止堵屑和导向块上的切屑黏附。

3. 稳定钻削来降低钻孔表面粗糙度

(1) 钻头外齿副切削刃及导向块的表面粗糙度应低于钻孔粗糙度 2～3 级，最好用油石鐾光副刃及过渡刃。

(2) 选用适当的冷却液及有效的冷却方式。选用冷却效果好，抗黏结性能强的深孔切削液，如 810 深孔切削液或 20# 机械油，并保证供给充足的冷却液，使得排屑顺利，散热快。另外，冷却液必须很好过滤，以降低钻孔的表面粗糙度。

(3) 导向块采用耐磨、抗黏附性好的硬质合金材料，以减小切屑的黏附。

四、孔加工质量的分析

内排屑深孔钻钻削过程中，可能遇到的问题及产生的原因如表 4.7 所示。

表 4.7 钻削中出现的问题及产生的原因

出现的问题	产生的原因
切屑太大 排屑不畅	1. 屑槽过宽、过浅、圆弧半径偏大 2. 切削刃分段后长度仍较长 3. 钻尖偏心量过大，中心齿的内刃切屑太长
切屑形状不一致和成细条状	1. 工件材料组织不均匀，硬度过低，切削用量不相配 2. 进给机构有问题，出现时快时慢 3. 进给量过小或不均匀 4. 断屑槽设计不合理

续表

出现的问题	产生的原因
切屑黏接工件	1. 切削液过滤不细，太脏 2. 工件与刀具材料化学亲合力太大，刀片材料选择不当 3. 切削刃刃口崩缺 4. 产生刀瘤 5. 切削速度过高 6. 工件硬度太低
钻头崩刃	1. 入口进给太快或不均匀 2. 切削用量选用不当，断屑不好，切屑堵塞 3. 切削刃过钝，未及时换刀 4. 工件内部有缺陷
钻头耐用度低	1. 切削用量选择不佳，切削速度太高 2. 刀片及导向块材料选择不合适 3. 导向套磨损，间隙增大 4. 冷却液选择不当
表面质量不好 （无明显振动）	1. 刀具的几何参数设计制造不当，导向块挤压作用不强 2. 机床 — 夹具 — 刀具系统刚性不佳 3. 冷却液选择不合适 4. 冷却液过滤不细，清洁度差
表面质量不好 （有明显的振动）	1. 机床 — 夹具 — 刀具系统对中性不好，刚性不足 2. 工件弯曲，转动惯性不平衡 3. 切削部分几何参数不合要求 4. 导向套与钻头间隙过大 5. 切削速度过低
孔径尺寸超差或形成喇叭口	1. 刀具设计尺寸不对或磨损超差 2. 导向套与钻头间隙过大，或导向套磨损严重 3. 机床 — 夹具 — 刀具系统对中性不好
孔的直线度误差较大	1. 机床 — 夹具 — 刀具系统的对中性不良 2. 导向套磨损严重，入钻时产生引偏 3. 刀具切削部分几何参数选择不当，径向力过大

第五章　其他类型深孔钻

在深孔加工中，对于小批量单件深孔加工，大直径、大长径比的套料深孔加工，在数控机床和加工中心上进行的深孔加工，一般可以采用深孔麻花钻、套料钻、扁钻等深孔加工刀具。

第一节　深孔麻花钻

采用普通麻花钻接加长杆加工深孔，除存在着普通麻花钻的一些缺陷外还有着以下问题：

(1) 刃背宽度较大，螺旋沟槽的长度较短，容屑空间小，一般刃沟与刃背在圆周上宽度之比为 1.33 左右。

(2) 螺旋槽槽形不利于容屑及排屑，加之螺旋角偏小，排屑相当困难。

(3) 钻心厚度从钻尖向钻尾逐渐增厚，其增厚量为(1.4 ～ 2.0) mm/100 mm，因而增大了排屑的困难程度。

(4) 螺旋沟槽的末端切屑排除最困难，当刃沟全部钻入工件后，切屑将在沟槽内被堵死(加长杆无容屑槽)，因此须多次退刀，且随钻孔深度的增加，退刀次数将更加频繁。

(5) 加长杆焊接处，强度最差，容易断钻。

(6) 刚性差，进给量小，生产效率低。

(7) 冷却困难，钻头耐用度低。

在深孔加工中，使用枪钻、内排屑深孔钻虽然具有很多优点，但由于需要专用的机床(或改装的普通车床)以及一套辅助设备，投资较大，深孔加工受到一定的条件限制。深孔麻花钻具有投资少、见效快、无需特殊深孔加工装备等优点，是一般深孔加工中行之有效的加工方法。

为适应深孔加工，国内外已研究出多种类型的深孔麻花钻，例如美国 Bendix 公司的抛物线槽形钻头、德国 Gühring 公司的 GT 系列钻头 、英国 Dormer 公司的蜗杆形钻头、德国 R. STOCK 公司的 V 槽形钻头、国内生产的深孔麻花钻以及西安石油大学研制的四棱带深孔麻花钻等，它们具有以下的共同点：

(1) 螺旋角大：一般为 35°，最大为 60°。大的螺旋角可以增大钻刃前角，使之钻削轻快，且有利于排屑。另外，为增大容屑空间，减小了刃瓣宽度，加宽了刃沟尺寸，使得刃沟与刃背的所占空间角度之比达 1.5 ～ 5。

(2) 钻心厚：一般钻心厚度为(0.35 ～ 0.4)d_0(d_0 为钻头直径)，且在整个螺旋槽长度上无增量，排屑阻力小，钻头刚性好。

(3) 需修磨横刃：常用“十字”型修磨法修磨横刃，可加大钻心处的前角(达 3° ～ 8°)。西安石油大学研制的四棱带深孔麻花钻，采用特殊的方法修窄横刃或完全修去横刃，与“十字”型修磨法相比，钻心处前角更大，钻心强度更高，钻削更为轻快省力。

（4）刃背为曲线形：一般都采用圆弧形，因而剪切应力分布均匀，可提高钻头强度。

（5）锋角增大：通常为 130° ～ 140°，而普通麻花钻的锋角一般为 118°。锋角影响着切屑的流出和切屑的形状，大锋角会形成窄而厚的切屑，有利于切屑的排出。

一、抛物线槽形钻头

这种钻头具有抛物线槽形的排屑槽，可加速切屑的流动，使切屑紧贴钻心排出，有利于冷却液的畅流。

德国Gühring公司的GT系列钻头，是抛物线槽形钻头的典型代表，图5.1所示为GT钻头与普通麻花钻截面形状之间的差别。

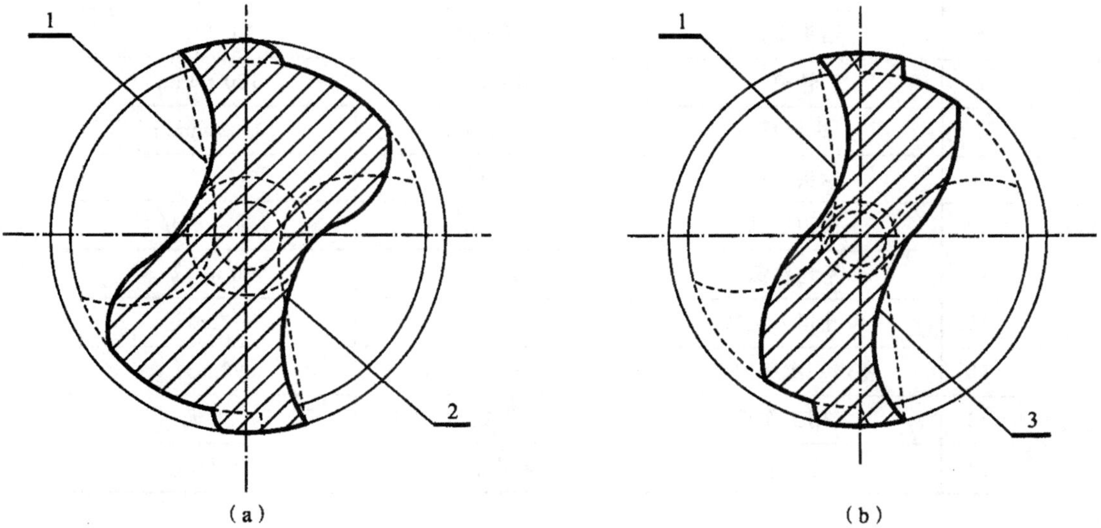

图 5.1　GT 钻头与普通麻花钻截面形状比较

1— 普通麻花钻；2—GT100 钻头；3—GT50 钻头

GT 钻头的锋角为 130°，钻心厚度比普通麻花钻大且无锥度，刃带的边缘处为圆弧曲线，刃沟宽大并经抛光，钻沟螺旋角一般为 35° ～ 40°。GT 钻头分为 GT50 和 GT100 两种。GT100 适宜钻削较硬的材料（$\sigma_b \geqslant 1$ GPa），刃带经过氮化处理，耐磨性高。GT50 具有比 GT100 较薄的钻心，容屑空间较大，适宜钻削较软的材料（$\sigma_b \leqslant 0.5$ GPa），例如低碳钢、纯铝和铝合金等。由于GT钻头的钻心厚度各处均相同，可使切屑从孔内自由排出，冷却液也易到达切削刃处，因而适于高速钻削。根据钻头尺寸和工件材料的不同，GT 钻头可以一次进刀钻削孔深达（10 ～ 15）d_0（d_0 为钻头直径）的孔。我国生产的深孔麻花钻，也属于抛物线槽形钻头，钻头的截面形状如图 5.2 所示。该钻头适于立式钻削铸铁、碳钢及高锰、高铬、高镍等合金钢，尤其适于奥氏体不锈钢的立式钻削。

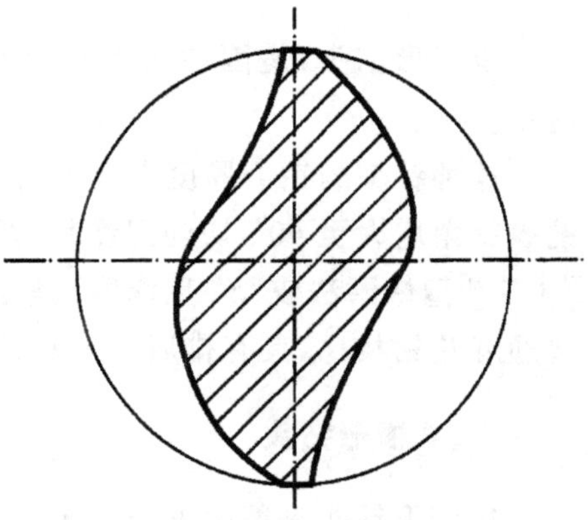

图 5.2　钻头的截面形状

该钻头的螺旋角为40°，刃瓣宽度与刃沟宽度之比达1∶5以上，容屑空间大，钻心厚度为(0.35～0.6)d_0 mm，且各处相同，它的抗扭强度比同样长度排屑槽的普通麻花钻高20%～30%左右，因此，可承受较大的负载。采用"十字"型修磨法修磨横刃。表5.1为这种钻头与普通麻花钻的加工效果比较[96]。

表5.1 深孔麻花钻与普通麻花钻的加工效果比较

序号	项目	普通麻花钻	深孔麻花钻
1	使用机床型号	Z3080	Z3080
2	工件材质	1Cr18Ni9Ti	1Cr18Ni9Ti
3	管板厚度	203 mm	203 mm
4	钻孔总数	6 083 个	6 083 个
5	钻头直径	15.6 mm	16.2 mm
6	转速	160 r/min	160 r/min
7	进给量	0.32 mm/r	0.32 mm/r
8	钻头损耗	84 支	16 支
9	一次刃磨钻深	1～2 m	5～6 m
10	平均钻深	15.5 m/支	76 m/支
11	每孔退刀次数	3～4 次	一次通过
12	塞规一次通过率	80%	98.5%
13	实用工作日	钻30天，铰10天	25天
14	冷却液	乳化液	乳化液

抛物线槽型钻头的刃沟表面与刃背表面均匀过渡，并与刃带直接相连，可用盘形铣刀一次成形加工出刃沟槽，省掉普通麻花钻铣刃背的工序。

二、蜗杆形钻头

蜗杆形钻头，是因钻头的部分刃瓣被磨掉，沟槽成蜗杆形而得名，其截面形状如图5.3所示。

这种钻头的钻心厚度大且均匀一致，刚性好，排屑槽较宽，排屑和冷却效果良好；钻头沟槽的螺旋角增大至40°，切削刃锋利，切削轻快；棱带宽度较窄，减小了钻头与孔壁的摩擦；采用"十字"型修磨法或"S"型修磨法修磨横刃。它一次进给可加工出长径比达12～15的深孔。与普通麻花钻相比，具有排屑效果好、钻头不易磨损和折断、刀具耐用度高等优点。

三、V槽形钻头

V槽形钻头是德国R.STOCK公司生产的系列麻花钻，其中可用于深孔加工的有V63和V70两种，钻头的截面形状如图5.4所示。

V63型钻头比一般深孔麻花钻有更厚的钻心，因而刚性更好，能保持扭矩的稳定性；钻心厚度虽然增大，但它的钻沟截面积仍较大，钻沟的螺旋角为 40°，钻心厚度各处一致，从而保证了良好的排屑效果；由于刃带经过氮化处理，并经铲磨，导向刃带较窄，摩擦热较小，钻头耐磨性高；一般采用“十字”型修磨法修磨横刃。

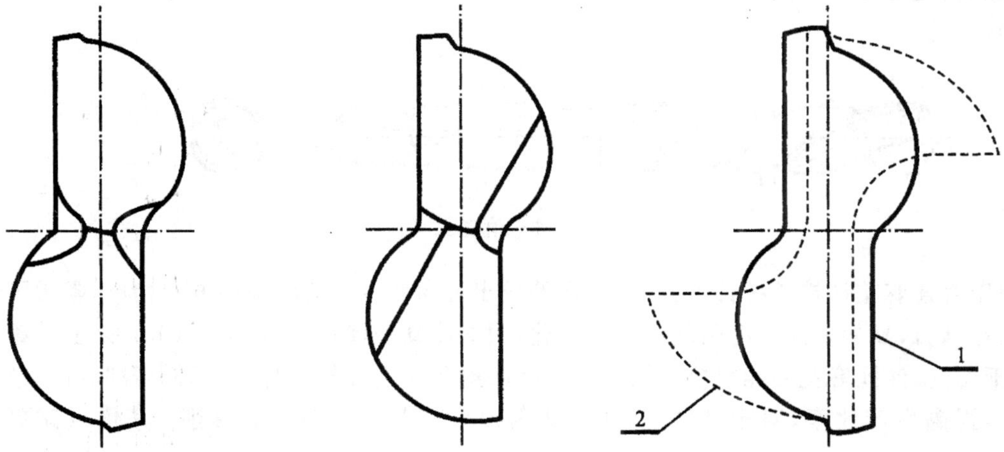

图 5.3 蜗杆形钻头的截面形状

(a) 横刃为“S”形；(b) 横刃为“十字”形；(c) 与普通麻花钻的比较(1— 蜗杆钻头；2— 普通钻头)

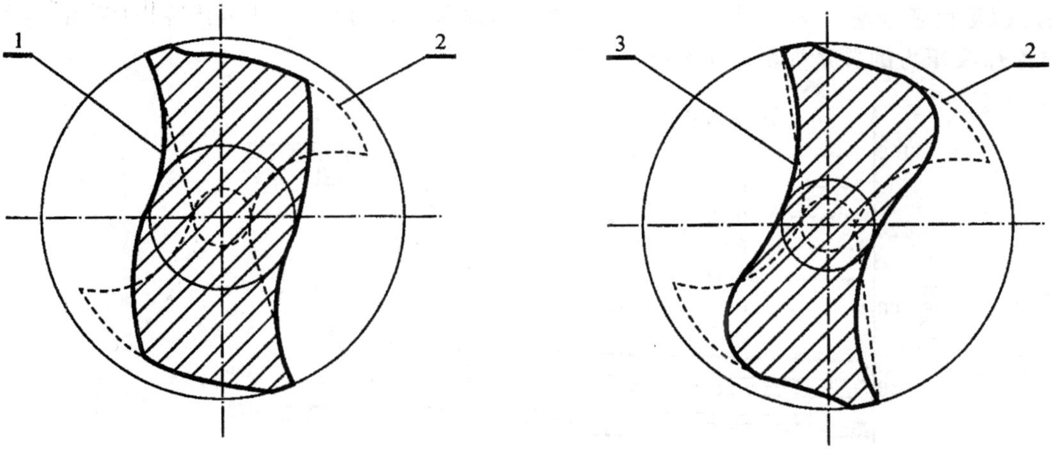

图 5.4 V 槽形钻头的截面形状

1—V63 钻头；2— 普通麻花钻；3—V70 钻头

该钻头常用的切削速度 v 为 15 ～ 26 m/min，进给量 f 为 0.06 ～ 0.38 mm/r。可在钢件上一次进给加工出长径比为 15 的深孔，在铸铁上可钻出长径比为 20 的深孔。对于更深的孔 ($L/d_0 = 50$)，也能很轻松、较快地(退刀次数很少) 加工出来。

V70 型钻头的钻心较 V63 的薄，排屑槽更宽大，钻沟螺旋角为 40°，并经过抛光处理，因而它的排屑效果好。在钻削长径比为 20 的孔时，不必提钻排屑。它除了可用于钻削中、低强度的钢料外，还适用于各类有色金属的深孔加工。对于一些特殊材料(例如钛合金、铜镍锌合金等)，可采用含钴类高速钢材料的 V70 型钻头。这种钻头常用的切削速度 v 为 30 ～ 150 m/min，进给

量 f 为 0.04 ～ 0.06 mm/r。

四、油孔麻花钻

油孔麻花钻的形状如图 5.5 所示，钻头头部有两个出油孔，冷却润滑液自钻柄注入，经油孔由钻尖喷出。

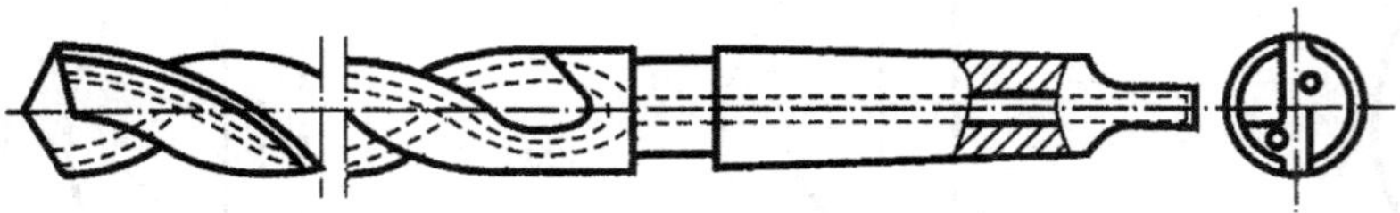

图 5.5　油孔麻花钻

在使用普通麻花钻接长杆钻深孔时，切屑的排出方向和冷却液的浇注方向相反，阻碍了切削液流入切削刃，高的切削温度引起冷却液汽化，因而冷却液渗透不到 $(4 \sim 6)d_0$ 以上的深孔处，形成干切削。油孔麻花钻能将冷却润滑液直接喷射到切削刃部，因而可降低切削温度，减少刀刃磨损，提高生产效率。对于高硬度、不锈钢等难切削材料以及卧式钻削，其优点就更为突出。

油孔麻花钻的另一个特点是，通过提高冷却液压力，能达到强制排屑的目的。图 5.6 为油孔麻花钻与普通麻花钻钻削比较图，在工件材料、刀具材料、钻头直径（ϕ8 mm）和切削速度（n = 600 r/min）完全相同的情况下，仅改变进给量来进行钻削试验。从图中可以看出，油孔麻花钻的扭矩比普通麻花钻小，钻削深度比普通麻花钻深，钻削效率比普通麻花钻高。钻头直径 d_0 与冷却液压力的关系如图 5.7 所示。

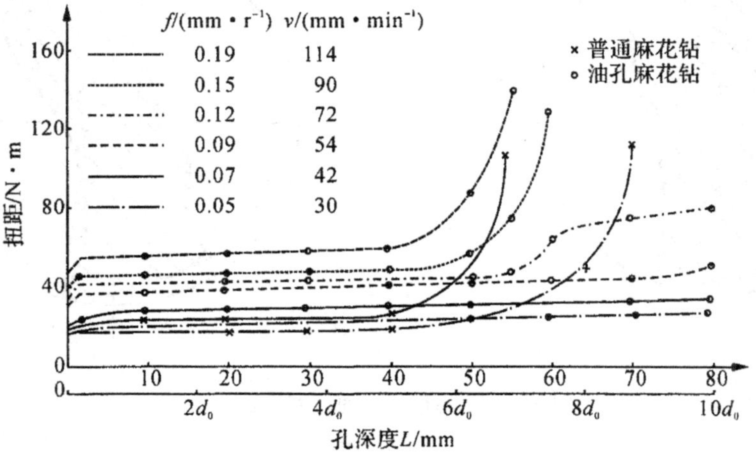

图 5.6　钻孔深度形成的扭矩变化

图 5.8 为德国 R.STOCK 公司生产的 V63 - IK 孔麻花钻及配套使用的旋转输油器。V63 - IK 油孔麻花钻采用 M42 材料（相当于我国的 W2Mo9Cr4Co8）及特殊的加工工艺制造。首先，用枪钻在钻头圆棒毛坯上钻出对称的两个孔，然后在孔中填入特殊材料，加热后按一定螺旋角扭曲，再经常规方法进行加工（磨制或铣制），可按流水线组织生产，成本低，经济效益好。

V63－IK 钻头的旋转输油器能保证在钻头旋转的情况下，输入所需要的冷却液。它与钻头套在一起，由钻头的莫氏锥柄与机床相联，无需任何附加的夹具即可供油钻削。

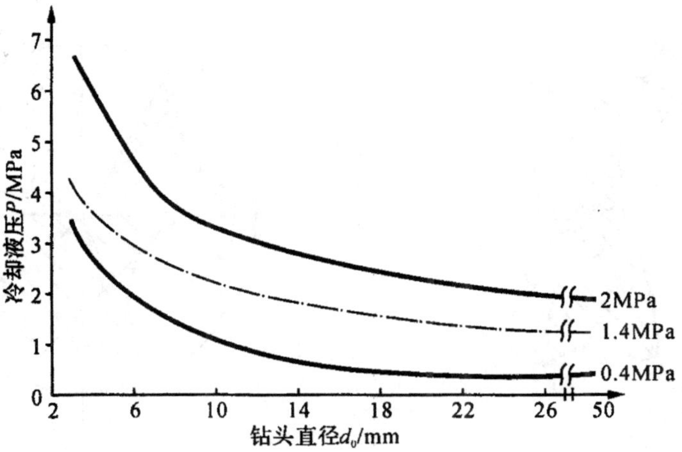

图 5.7 冷却液压力推荐值

(a)

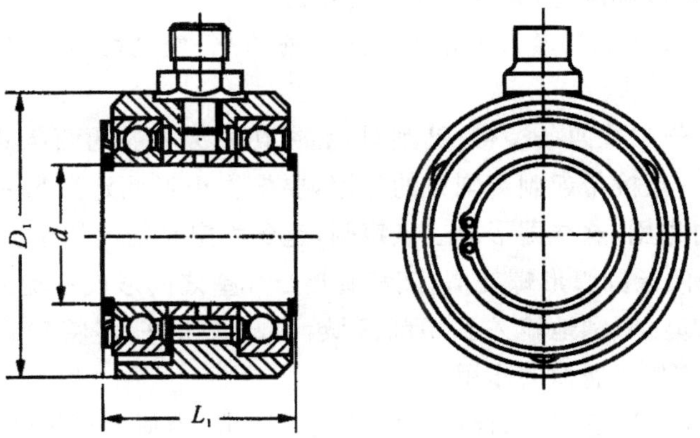

(b)

图 5.8 V63－IK 油孔麻花钻及旋转输油器

(a) V63 油孔麻花钻；(b) 旋转输油器

五、四棱带深孔麻花钻

四棱带深孔麻花钻是西安石油大学研制的两种新型深孔麻花钻。其一为对称容屑槽麻花钻，其二为不对称容屑槽麻花钻。前者可修磨成有横刃及无横刃的两种，后者为无横刃。四棱带深孔麻花钻具有轴向力小，容屑空间大，提钻退屑次数少，一次进给可钻(10 ～ 20)d_0(d_0 为钻头直径) 的深孔，导向可靠，排屑顺畅，冷却液可通过冷却液输送槽进入切削刃部，冷却效果好，钻头耐用度高，钻孔质量良好等一系列优点，其推广应用前景是十分可观的。

1. 四棱带深孔麻花钻的结构特点

图 5.9 为两种四棱带深孔麻花钻的端截面形状，其结构特点为：

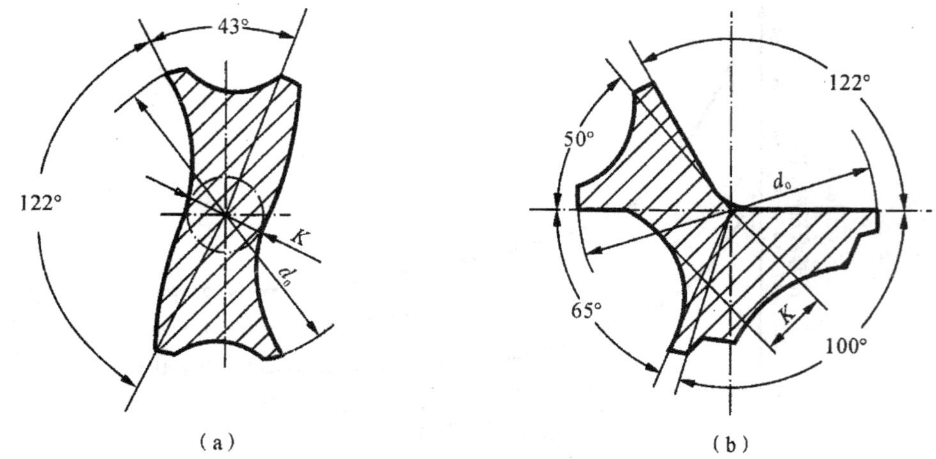

图 5.9 四棱带深孔麻花钻的端截面形状

(a) 对称容屑槽；(b) 不对称容屑槽

(1) 主切削刃为径向刃，钻刃上各点的前角基本相等且为正值，因而钻削条件得到了改善。同时，径向刃有利于采用平面型的后刀面，简化了钻头的刃磨方法。

(2) 钻心厚度大，其厚度 $K=(0.26\sim0.35)d_0$（d_0 为钻头直径），且从钻头头部到尾部无增量。增强了钻头的强度和刚性，并有利于切屑排出。

(3) 螺旋角较大，$\beta=37°$。增大了钻刃的进给前角 γ_f，使之切削轻快，排屑顺畅，有利于深孔钻削。

(4) 钻头圆周上分布有四条棱带。钻削时，和主切削刃相连的两条棱带，只有一条起副切削刃的作用（究竟哪一条棱带起副切削刃的作用，要根据刃形而定）；另一条棱带起减振作用。其余两条棱带起导向作用，这样即形成三点定圆，起到稳定钻削的作用。

(5) 刃背上开有两条圆弧形螺旋槽。该螺旋槽与孔壁之间形成一辅助输液通道，可充分润滑四条棱带，并将冷却液顺利地输入到切削区域，冷却效果好。经特殊修磨刃部（形成钻-铰）后，此输送槽也可起铰削容屑槽的作用。

(6) 容屑槽特殊，容屑空间大。根据不同的使用要求，容屑槽可设计成对称型和不对称型的两种（见图 5.9）。对称型的容屑槽，刃沟尺寸宽大，刃背与刃沟的宽度之比达 $1:(2.5\sim4)$，因而容屑空间大。这样宽的刃沟，虽然对钻头的扭转刚度有所削弱，但由于排屑顺畅、刃形合理、定心良好，因而大大降低了对钻头扭转刚度的要求。不对称型的容屑槽，是根据两切削刃切除金属的多少，设计成一大一小容屑空间的两条容屑槽，这样既可满足大容屑空间的要求，又可增大钻头横截面积，提高钻头的抗扭刚度。同时还可减少钻心的修磨余量，简化刃磨方法。

2. 四棱带深孔麻花钻的刃形设计

四棱带深孔麻花钻，可根据不同的加工要求，修磨成有横刃的刃形和无横刃的刃形，下面分别介绍这两种刃形的特点。

(1) 有横刃四棱带深孔麻花钻（见图 5.10）。这种刃形主要适用于对称容屑槽的四棱带深孔麻花钻，其精孔钻的特点如下：

1) 有较长的修光刃，且修光刃锋角 $2\varphi_1$ 很小(约为 3° ～ 6°)，即修光刃为正锥。修光刃具有微量、逐渐切除余量和辊光孔壁的作用，因而可以获得稳定的尺寸和很好的表面质量；

2) 钻尖较低，外锋角较大。麻花钻为了加强定心作用，一般它的钻尖较高，锋角较小，一旦钻尖钻透工件，定心作用突然下降，机床 — 刀具 — 工件工艺系统的弹性变形能量瞬时得到释放，钻削力、扭矩迅速增大，使振动加剧，且持续时间较长(直到修光刃通过工件)，因而破坏了已加工表面质量。四棱带深孔麻花钻的钻尖较低，外锋角较大(随孔经的增大而增大，一般 2φ 为 150° ～ 165°)，这样的刃形参数肯定会削弱钻头的定心精度，但可以采取修窄横刃，磨小横刃斜角，加大圆弧刃深度，加长修光刃长度及加强分屑措施等方法来弥补定心精度的不足。在钻透工件时，钻心尖、钻侧尖和外缘尖几乎同时钻出工件，缩短了钻透工件的钻出时间，减小了钻削振动。因而，加工表面质量高，孔径尺寸也比较稳定。

3) 外刃磨有鱼肚形分屑槽。一般直径 d_0 为 12 ～ 20 mm 的钻头，外刃磨有一条鱼肚形的分屑槽；$d_0 > 20$ mm 的钻头，两外刃相错磨有两条分屑槽。这种刃口窄、中间宽的鱼肚形分屑槽，分屑可靠，刃磨简单，易于形成侧隙角。所形成的切屑薄而窄，不易刮伤已加工表面。

4) 横刃很窄，并呈“S”形，内刃前角大，钻削轻快省力，切削变形小，内刃斜角大，钻心强度高。

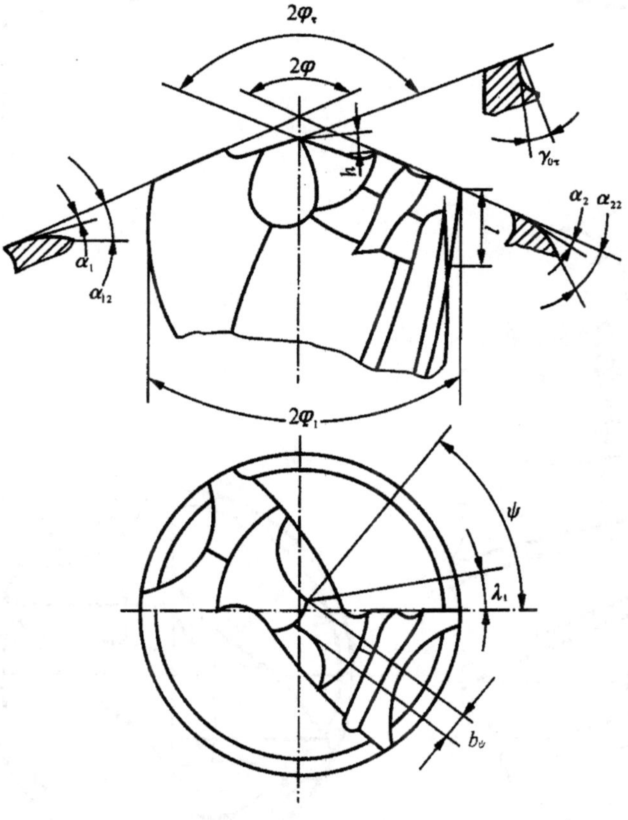

图 5.10 有横刃四棱带深孔麻花钻

非精孔钻的刃形，钻尖可以适当加高、加宽，不必修磨出修光刃，其余参数大致与精孔钻刃形相同。

(2) 无横刃四棱带深孔麻花钻。这种刃形适用于对称容屑槽和不对称容屑槽的四棱带深孔麻花钻，其刃形如图 5.11 所示，它所具有的特点如下：

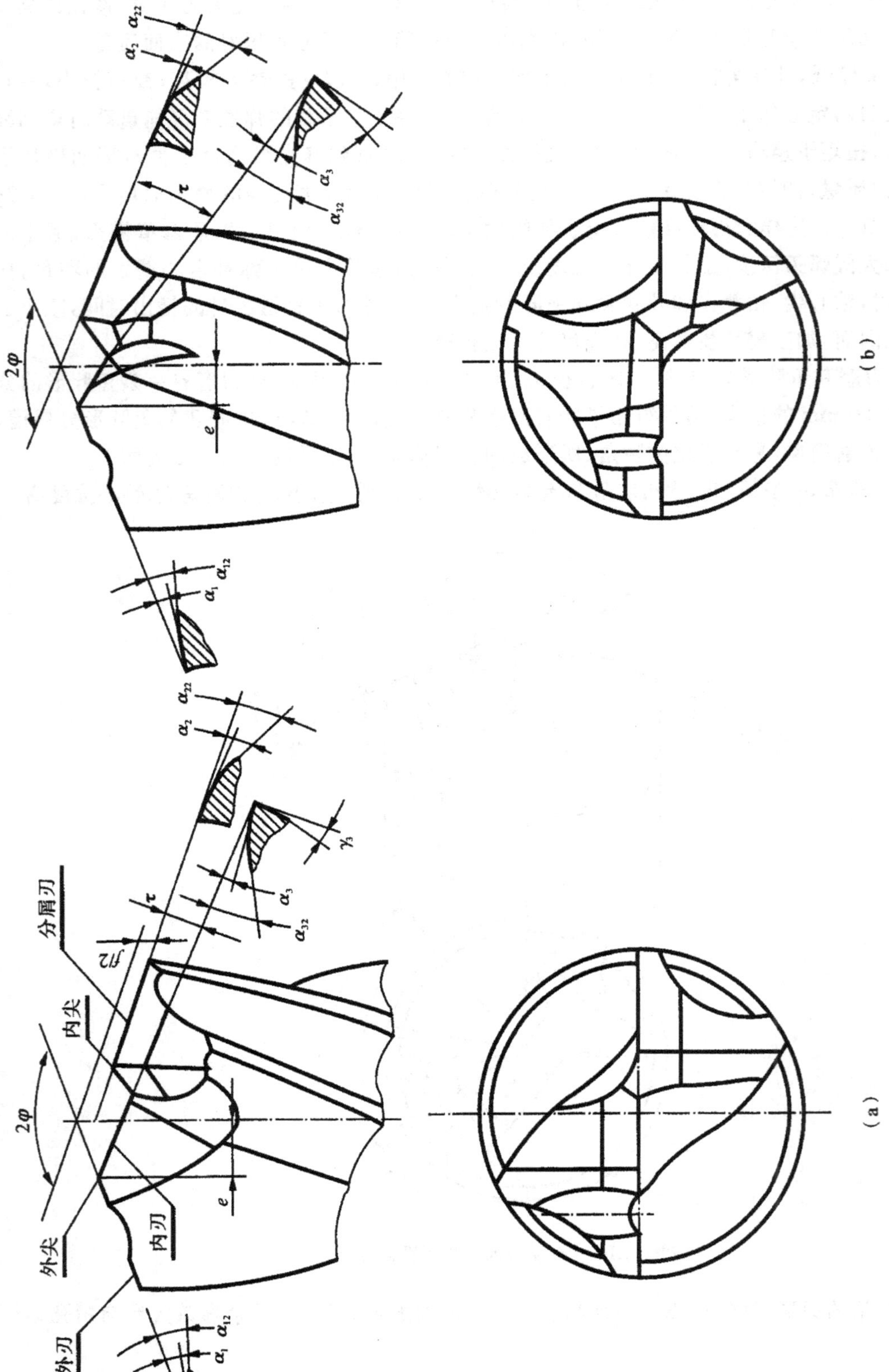

图5.11 无横刃四棱带深孔麻花钻
(a)对称容屑槽；(b)不对称容屑槽

1) 无横刃。钻尖偏离钻头轴线，完全消除了横刃，大大降低了轴向力，减小了钻孔的弯曲度。

2) 内尖和外尖的外刃都分布在130°角的不同锥面上，外尖的锋角比内尖的锋角约大5°左右，在钻头轴向上，外尖高于内尖约为0.1～0.2 mm，这样，当钻头在钻透工件前，而内尖仍在起定心作用的情况下，外尖首先钻透工件，切下一块底片，避免了崩刃。

3) 采用鱼肚形分屑槽。简化了刃磨，便于推广。

4) 由于钻尖(外尖)有一偏心量 e，因而在钻削时，会产生一定的径向力，使钻头的导向棱带始终紧贴已加工的孔壁，减小了钻削晃动，提高了孔的直线度。同时，孔壁受到一定的挤压作用(使孔壁光洁)，得到较好的表面质量。偏心量 e 的选取，主要根据工件材料、钻头直径、孔的加工精度及表面质量的要求而定。

经试验证实[45]，无论是粗加工还是精加工，无论是切削力、刀具耐用度还是加工精度(尺寸、圆度及直线度误差)和孔表面质量，四棱带麻花钻都优于普通麻花钻和普通深孔麻花钻。同时，它还可以解决卧式钻深孔问题，只要在普通车床的中心架上装入四棱带深孔麻花钻的进油装置，就能将冷却液直接输入到切削刃部，冷却润滑棱带及切削刃部，并将切屑强迫推出。由此可见，四棱带麻花钻是一种实用性强、推广面大的新型钻头。

第二节　套料钻

套料钻又称环孔钻，它是一种省料、省能源、高效、优质的深孔加工刀具，生产率比钻头高出十几倍。因此，直径大于 50 mm 的孔，最好采用套料钻加工。

套料钻主要适用于下列几种情况：

(1) 对孔的直线性和位置精度有较高的要求，孔径超过 50 mm 的孔。

(2) 长径比为 1～75 之间的深孔使用套料钻比较经济。

(3) 工件材料价格昂贵或对芯料要进行测试和化学分析，需保留完整的芯部余料。

(4) 机床功率不足，而需钻直径较大的孔。

一、套料钻的分类及其结构

根据排屑方式的不同，分为内排屑和外排屑；从结构上可分为单齿套料钻和多齿套料钻。内排屑套料钻，冷却液通过授油器由钻杆外壁与工件孔壁间的空隙(即进油间隙)流向套料钻头部，冷却切削刃，然后带着切屑经套料钻排屑口沿钻杆内壁与被套出的工件心轴外壁间的空隙(即排油间隙)排出。通常，排油(排屑)间隙为切削宽度的一半。

内排屑套料钻的主要优点是：

(1) 钻杆截面积较外排屑方式大，因而刚性好。

(2) 冷却液可润滑和保护导向块，切屑不会划伤孔壁表面，可获得较好的尺寸精度(IT10级)和较低的表面粗糙度值(R_a 可达 3.2 μm)。

(3) 冷却液可较好地抑制钻杆的振动。

(4) 由于套料钻排屑口的流液间隙变小，使冷却液流速加快，加速了切屑的流动，增强了排屑效果。

外排屑套料钻，冷却液是由钻杆内壁与被套出工件的心轴外壁之间的空隙(即进油间隙)

流向套料钻头部，冷却切削刃，然后带着切屑由工件内孔壁与钻杆外壁的空隙（即排油间隙）排出。通常应使排油间隙的面积稍大于进油间隙的面积，以利于排屑。为了能顺利排屑，需要有足够的排屑空间，相应就要减小钻杆的外径，从而削弱了钻杆的刚性。

外排屑套料钻的优点：

(1) 不需要专用的授油器，简化了加工系统。

(2) 相同孔径的套料钻削，外排屑套料钻的排屑面积大于内排屑套料钻。

(3) 外排屑通道截面形状不受芯料的影响。

(4) 对于大直径、大长径比的套料加工，采用外排屑方式较为合理。因为切出的芯棒太重而下垂，会对刀体产生压力，造成崩刃，故可设置后导向块以及中心托柱。

1. 单齿套料钻

单齿套料钻分为内排屑和外排屑两种，如图 5.12 所示为单齿内排屑套料钻。

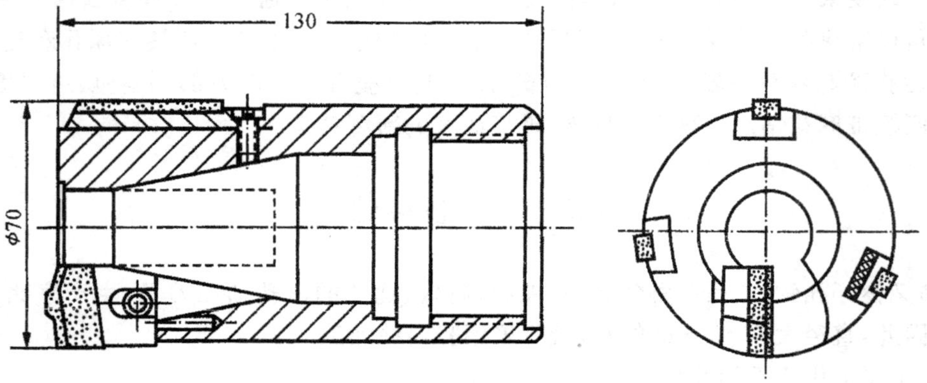

图 5.12 单齿内排屑套料钻

刀齿刃磨成阶梯状，以便分屑。刀头与刀体依靠凹凸槽定位，用螺钉紧固在刀体上。刀体上布置有 3 个导向块，以确保定位正确和加工的稳定。导向块采用燕尾式结构，用螺钉紧固，硬质合金块焊接在基座上。这种套料钻，结构简单，制造方便。

图 5.13 为一种单齿外排屑套料钻，采用圆柱销定位，机械夹固刀头，3 个导向块采用燕尾装配式结构，用螺钉紧固，其中导向块 A 上装有橡皮垫，起到减小振动、稳定加工的作用。

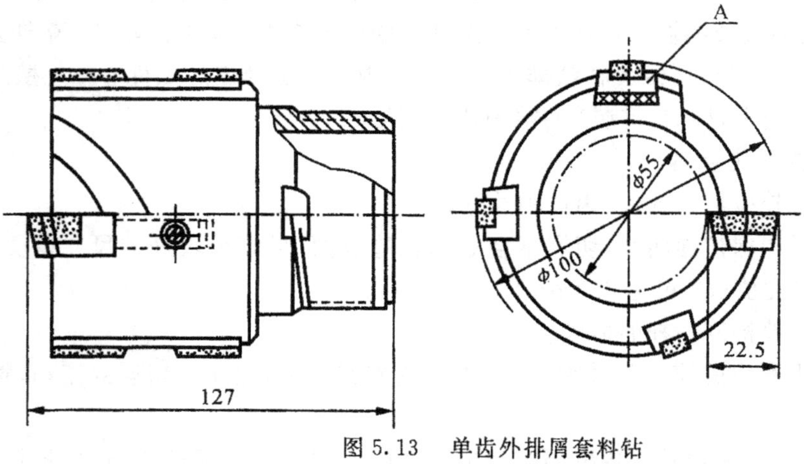

图 5.13 单齿外排屑套料钻

单齿套料钻的切削刃，是根据工件材料和刃口的宽度来决定分屑的段数。一般是按轴向阶梯进行分屑，可分成两段或三段，相应分成两条或三条切屑。为保证排屑顺畅，切屑的宽度应为排屑间隙的 1/3 ～ 1/2。

单刃套料钻被广泛地用于加工孔径在 60 mm 以上的深孔，一般切削刃宽度为 19 mm 时，加工效果较理想。否则，切削效果不佳。

2. 多齿套料钻

多齿套料钻亦有内排屑和外排屑之分。其齿数的选择主要根据孔的直径，并考虑刀体的强度、排屑和冷却液的空间。

除了多齿切削刃外，在刀体上还布置有相应数量的导向块。多齿套料钻的刀头，其结构有焊接式、可转位机夹式(见图 5.14) 以及机夹焊接刀块式(见图 5.15)。

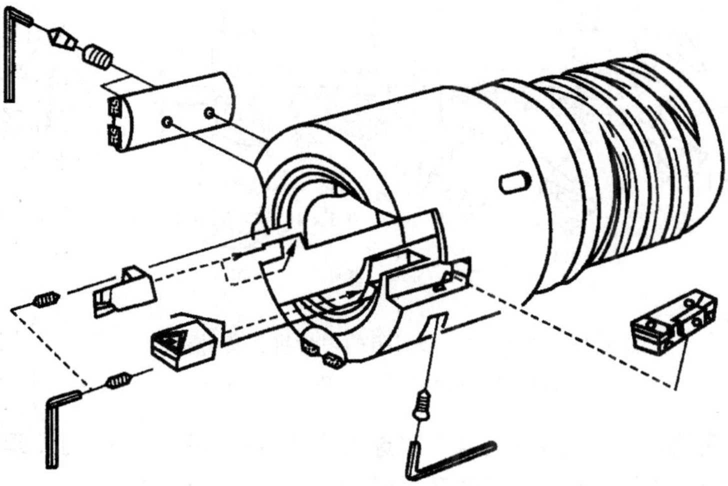

图 5.14 T - MAX 套料钻结构

多齿套料钻的分屑是采用分配切削宽度的方法，其形式有两种，一是径向多刃错齿分屑(见图 5.14)，类似于多刃错齿内排屑深孔钻，特点是切削刃上径向力可以得到较合理的平衡，分屑可靠；二是按切削深度分屑(见图 5.15)，通过切削刃不等高，轴向错齿分布来实现分屑。特点是制造、刃磨简单，切削抗力小，工作稳定，每条切削刃进行倒角，增强了刃口强度，并延长了刀刃的使用寿命。在前一刀齿出现磨损的情况下，后一刀齿会自行切除留下的金属层，可避免产生扎刀现象。

图 5.14 为瑞典山特维克公司的 T - MAX 套料钻(内排屑)，采用径向多刃错齿分屑形式。刀块采用模块式，可转位刀片由十字头螺钉紧固在刀体上，刀片为正三角形。刀体圆周上分布有两个 90° 的导向块，导向块采用装配式结构。在直径为 120 ～ 180 mm 范围内，刀齿数为 4，直径大于 180 mm 时，刀齿数为 5。

图 5.15 是一种外排屑四刃套料钻，刀块上焊有硬质合金刀片，并由螺钉紧固在刀体上。刀体圆周布置有 4 个成 90° 的刀块，依靠燕尾定位，用内六方螺钉紧固。4 个导向块亦采用燕尾式结构。在轴向上 4 条刀刃依次递减 0.3 mm，其减小量相当于(2 ～ 3)f(f 为进给量)，将总切削宽度分割成 2.5 mm 宽的 7 条切屑，起到了分屑作用。在直径更大，长径比大于 100 时，还可采用6 ～ 8 个刀块。

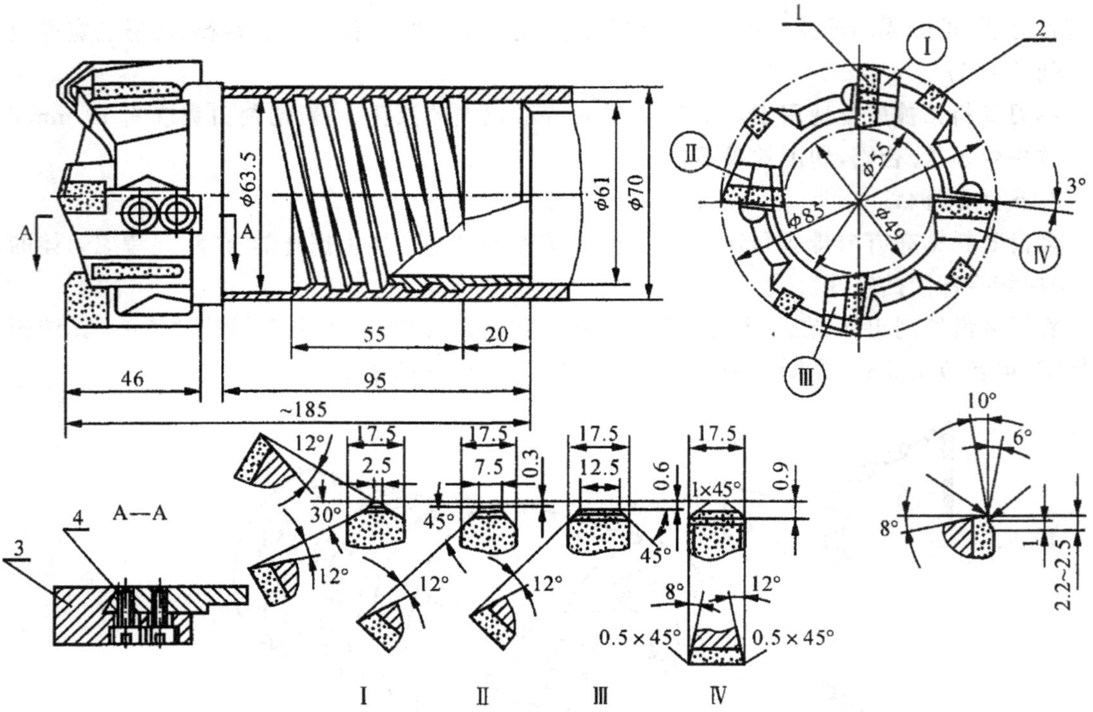

图 5.15　镶硬质合金刀刃的多齿机夹套料钻

1— 刀块；2— 导向块；3— 刀体；4— 螺钉

多齿套料钻与单齿套料钻相比，它具有合理选用刀片材料、径向力小、刀片焊接应力小、节省刀片材料等优点，因此在进行较大直径的套料时，均采用多齿套料钻。

二、套料钻几何参数的确定

1. 切削刃宽度

它决定着套料钻的排屑间隙，影响排屑的顺利与否。同时还决定着切除的金属量、消耗的功率及刀体的强度和刚性。

在保证排屑和刀体刚性允许的条件下，选用较窄的切削宽度。孔径越大，则切削宽度越大，通常选为 19 mm。套料直径大于 100 mm 时，可选用更宽的刀头。

在断屑可靠，排屑顺利的情况下，切削刃宽 B 取 $0.05d_1+(3\sim6)$ mm(d_1 为芯棒直径)。

2. 前角

单刃套料钻的切削，要求分屑必须良好，并采用断屑台强迫断屑，其前角 γ_o 通常为 0°。多齿套料钻主要采用错齿切削来实现分屑，它的前角 $\gamma_o=6°$，分屑后的切屑成为窄的小卷，卷到一定大小后，会碰到前刀面而折断，因此其切削力比单齿套料钻小得多。

3. 后角

套料钻的主切削刃后角，一般均取 α_o 为 $6°\sim12°$，常取分屑倒角处的后角 $\alpha_{o1}=12°$。一般内刃侧后角(切深后角)α_{pr} 为 $2°\sim3°$，避免与芯棒摩擦；外刃侧后角 α_p 的作用是避免外刃与工件孔壁的摩擦，它的取值应考虑加工孔壁圆弧的大小。即加工直径越大，则 α_p 相应选小值，反之取大值。同理单齿套料钻的中间分屑刃的侧后角大小，也应如此选取。

4. 副偏角

为了减小切削齿与心轴的摩擦与干扰，一般选取内齿内侧副刃的副偏角 κ'_{rr} 为 1° ～ 2°30′。切削齿外侧副刃的副偏角一般为 $\kappa'_{rr}=0°$。

5. 刃倾角

刃倾角可以改变切屑的流动方向，控制内、外排屑，一般 λ_s 控制在 5° 以内，但也可采用 8° ～ 10°。

三、深孔套料工艺

1. 导向孔

在进行套料时，既可使用导向套，也可在工件上预先加工出导向孔(环形槽)，其作用是引导套料钻的切入，不使切入孔偏斜和防止切削液飞溅。为使引钻时内、外刃不同时切削，可让导向孔的心轴外径比套料钻内刃的尺寸小 1 ～ 2 mm，同时将心轴端面倒 5×30° 的大倒角，以便切入时容易引进。导向孔的直径公差可按 H9 选取，表面粗糙度 R_a 为 3.2 μm，深度在 20 ～ 80 mm 内。

2. 支承套

为了对套料钻加强支撑作用，可在套料钻与钻杆间再联结一个用木块、尼龙块或胶木制作的支撑套(见图 5.16)，其外径应比套料钻外径大(2/1 000 ～ 4/1 000)d_0(d_0 为套料钻直径)，在切削时逐渐进入孔内起减振作用。

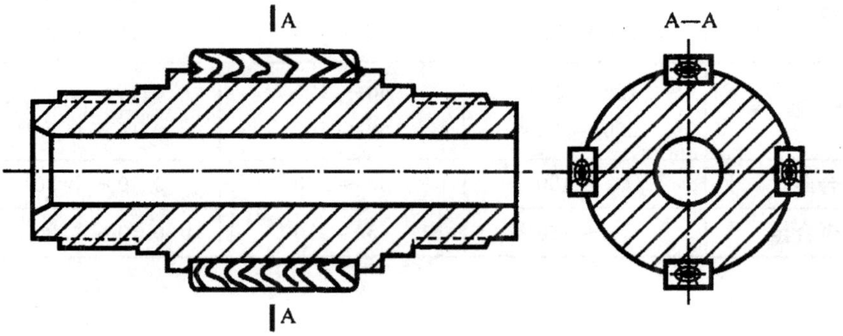

图 5.16 支承套

3. 切削用量的选择

主要取决于工件材料。当采用硬质合金套料钻对热轧、正火、退火或冷拉状态的碳素钢或合金钢、氮化钢等进行套料钻削时，取切削速度 v 为 80 ～ 120 m/min，进给量 f 为 0.12 ～ 0.2 mm/r；对调质钢进行套料钻削时，v 为 60 ～ 110 m/min，f 为 0.15 ～ 0.18 mm/r(硬度高者取低值)；用高速钢套料钻加工退火钢时，v 为 30 ～ 50 m/min。表 5.2 为瑞典山特维克公司 T－MAX 套料钻的切削参数。

值得注意的是，在套料开始时，进给量应适当减小，待切入一段工作平稳后再增大进给量。

表 5.2　用于 T-MAX 套料钻的切削参数

材料种类	硬度 /HB	切削速度 /(m·min⁻¹)	钻头直径 ≥120 mm 进给量 /(mm·r⁻¹)
普通碳素钢	90 ~ 200	80 ~ 100	0.18 ~ 0.30
	125 ~ 225	80 ~ 100	0.18 ~ 0.30
	150 ~ 225	80 ~ 100	0.18 ~ 0.30
	180 ~ 225	80 ~ 100	0.18 ~ 0.30
低合金钢	150 ~ 260	70 ~ 100	0.18 ~ 0.30
	220 ~ 400	60 ~ 100	0.16 ~ 0.30
高合金钢	150 ~ 250	70 ~ 100	0.18 ~ 0.30
	250 ~ 400	60 ~ 100	0.16 ~ 0.30
不锈钢	15 ~ 270	50 ~ 90	0.16 ~ 0.30
铸铁	90 ~ 225	50 ~ 100	0.15 ~ 0.30
	150 ~ 250	50 ~ 100	0.15 ~ 0.30
可锻铸铁	110 ~ 145	80 ~ 100	0.18 ~ 0.30
	150 ~ 270	80 ~ 100	0.18 ~ 0.30
灰铸铁	150 ~ 220	60 ~ 100	0.16 ~ 0.30
	200 ~ 330	60 ~ 100	0.16 ~ 0.30
球墨铸铁	125 ~ 230	50 ~ 100	0.16 ~ 0.30
	200 ~ 300	50 ~ 100	0.16 ~ 0.30
铝合金	40 ~ 150	65 ~ 130	0.10 ~ 0.30
铜及铜合金	50 ~ 160	65 ~ 130	0.10 ~ 0.30

4. 引刀

在引刀和退刀时，应防止刀刃碰坏，特别是在加工长径比大于 100 的孔时，常常因芯棒自重下垂而不易引刀和退刀。一般可采用木块将芯棒端部垫起，也可用与芯棒直径和工件内径相配，宽度为 40 ~ 50 mm 的木套把芯棒托起，再引刀。开始切削后把木套(块)切碎就可继续加工。

套料加工时一般不宜将工件一次套穿，尤其是大直径深孔套料更应如此，否则套穿时芯棒下坠将损坏套料钻和钻杆。可采用孔底尚留出一定的实心长度，待工件调头车(镗)削时再取下料芯。

5. 冷却液

套料钻加工深孔时，宜用活性矿物油而不用乳化液或煤油。与深孔钻削相比，套料钻削需要的压力较小而流量则较大。当孔的深度增加时，套料钻削也需要增大冷却液的压力和流量。冷却液的压力和流量的选取可参见第一章图 1.17。

6. 系统的位置精度

在套料钻孔前，应调整系统各部分的位置精度，使主轴、导向套及钻杆三者之间的同轴度误差不大于 0.03 mm，以防止套出的孔偏斜。

四、深孔套料常见问题及产生的原因

表 5.3 列出了深孔套料中常见的问题及产生的原因。

表 5.3 深孔套料常见问题及产生的原因

常见问题	产生的原因
孔直线性差	1. 主轴、导向套、刀杆支承套、工件支承套等中心线同轴度超差 2. 切削刃几何参数选取不当 3. 导向套与刀具间隙过大
孔径尺寸超差	1. 主轴、导向套、刀杆支承套、工件支承套等中心线同轴度超差 2. 切削刃几何参数选取不当 3. 导向套松动或与刀具的间隙过大
表面质量不好	1. 导向块的尺寸或几何形状不当 2. 切削刃几何参数选取不当 3. 切削刃磨损过大 4. 导向套松动或磨损过大 5. 刀杆刚性差，振动过大 6. 切削速度过低 7. 切削液过滤不好 8. 切削液选取不当，导向块产生黏结磨损
刀具耐用度低	1. 主轴、导向套、刀杆支承套、钻杆支承套等中心线同轴度超差 2. 刀片耐磨性差 3. 切削刃几何参数选取不当 4. 刀杆刚性差，振动过大 5. 导向套与刀具间隙过大，初钻时打刀 6. 切削液选择不当 7. 切削速度过高，刀刃磨损过快 8. 排屑不畅，堵屑崩刃
切屑形成不良	1. 断屑槽几何形状不当 2. 刀刃几何参数选取不当 3. 切削速度过低 4. 进给量过小或不均匀 5. 工件材质不均匀

第三节 深孔扁钻

扁钻是一种结构简单、制造容易的孔加工刀具。随着一些新型刀具材料的出现以及采用新的刀具结构，扁钻也可用于进行深孔加工。

深孔扁钻除具有浅孔扁钻的一些优、缺点外，还有以下几个特点：

(1) 只适用于长径比小于 10 的深孔。

(2) 一般适用加工较大直径的深孔(即直径为 20 ～ 380 mm)，直径越大越经济。

(3) 刀块采用机夹式结构，调节范围较宽，使用方便。

(4) 只适用于卧式的深孔钻削。

(5) 采用内冷却结构，冷却液可直接流入切削区，进行冷却并推动切屑向外排出。

(6) 钻削不平稳，加工质量不高，一般只用于粗加工。

一、机夹式深孔扁钻的结构

机夹式深孔扁钻由刀片和刀体组成，结构如图 5.17 所示。有两种结构类型，即快换型和可转位型。

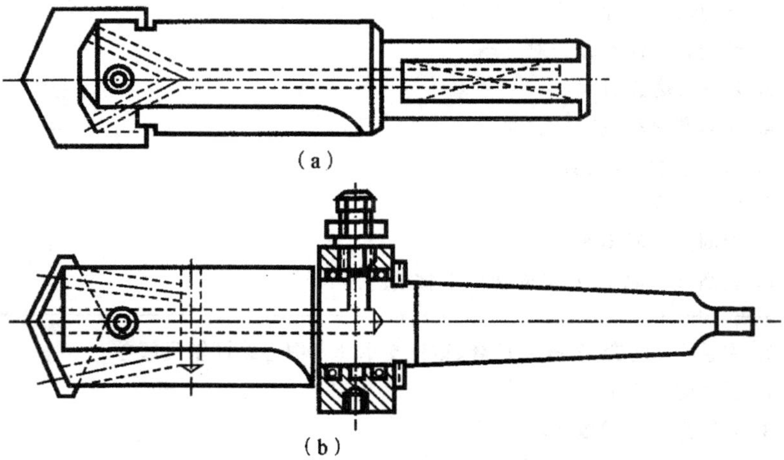

(a)

(b)

图 5.17 装配式扁钻的结构

(a) 快换型；(b) 可转位型

快换扁钻是在刀具的支承面上铣出缺口，与钻杆槽两端的平面相配，用螺钉紧固，结构简单，拆装方便，使用可靠，是目前使用最为普遍的结构之一。快换扁钻的刀片采用高速钢或硬质合金制成，刀片形式如图 5.19 和图 5.21 所示。

目前可转位扁钻的使用范围为 $\phi19 \sim \phi88$ mm，刀片两端都制有切削刃，一端磨损，换另一端使用。装夹时，利用刀片中间孔定位。在钻杆槽底两面制出与刀片后角相配的支承面，槽底后面有一条宽 2 mm 的小槽，用螺钉紧固刀片时迫使刀槽变形而压紧刀片。可转位扁钻刀片的外形如图 5.18 所示。该刀片的几何参数、分屑槽和断屑槽与快换刀片相同，但切削刃平行刀片的基面，没有刃倾角。这种刀片副后角 $\alpha_o' = 0°$，采用圆柱面以增强导向性。刀片材料采用高钴类高速钢制造，或用氮化钛涂层刀片，刀具耐用度高。

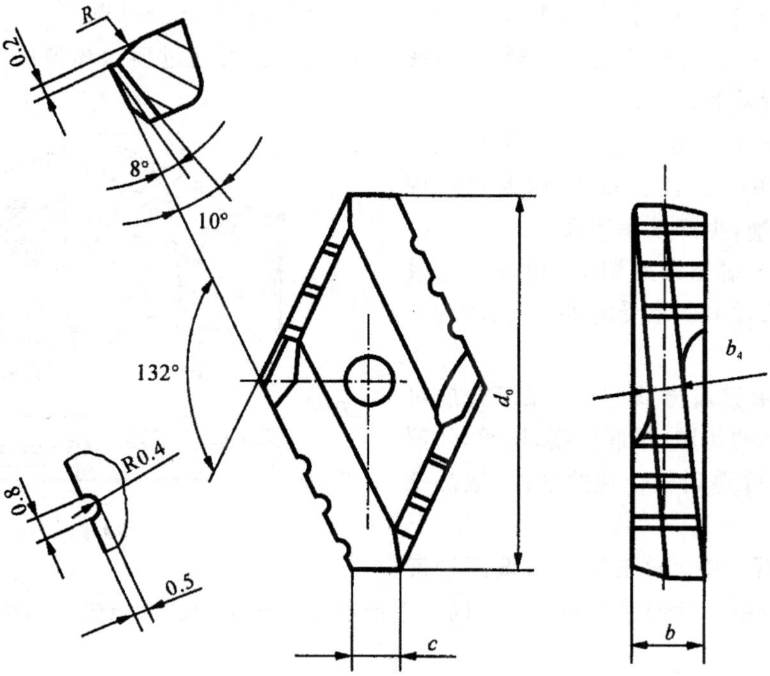

图 5.18 可转位扁钻刀片

硬质合金机夹扁钻的切削速度和生产率更高。一般使用的范围为 $\phi20 \sim \phi65$ mm。这种结构的扁钻由刀片、支承块和钻杆组成。由于采用了支承块，钻杆制造简化，工艺性好。刀片后端的凸台与支承块相配，一起装入钻杆槽内，用螺钉紧固。刀片更换简单、方便。如图 5.19 所示为硬质合金刀片的外形，它的几何参数与可转位扁钻相同，但刀片外圆采用 V 形结构形成两个圆柱导向，减小了摩擦面积，导向性好。

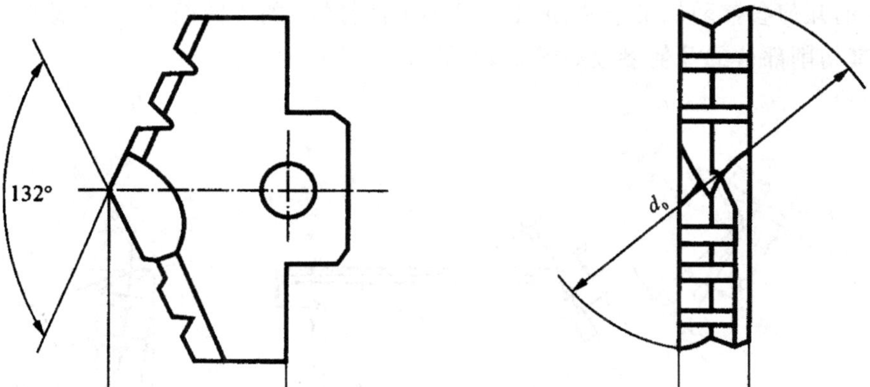

图 5.19 硬质合金刀片

对于较大孔径（$d_0 > 100$ mm）的深孔加工，可以使用另一种装配式硬质合金扁钻[38]。该钻头的刀片结构如图 5.20 所示，主要由顶丝、刀片、楔块、定位滑销、麻花钻、上刀体和下刀体等组成，其中，刀具体由上、下刀体构成，对刀片起夹持和定位作用。切削部分是由两种刀具组合起来，中心部分安装一个普通麻花钻，主要起定心作用和完成部分钻削工作。刀片采用标准硬质合金可换刀片，并完成主要的钻削工作，在刀片磨损后，可通过顶丝和楔块调整刀片的伸出量，对刀片进行重磨。

这种装配式硬质合金扁钻具有下列特点：

(1) 由于采用硬质合金刀片，因此可适用于较高速度的切削，生产效率较高。

(2) 由于中心钻先开始切削，使得定心效果好，并可减小刀片上所承受的轴向力，改善刀片的工作条件。

(3) 刀片采用错齿方式排列，保证分屑可靠，易于形成较小的切屑，排屑顺畅，同时，切削刃上的径向力也可得到较合理的平衡，散热条件较好。

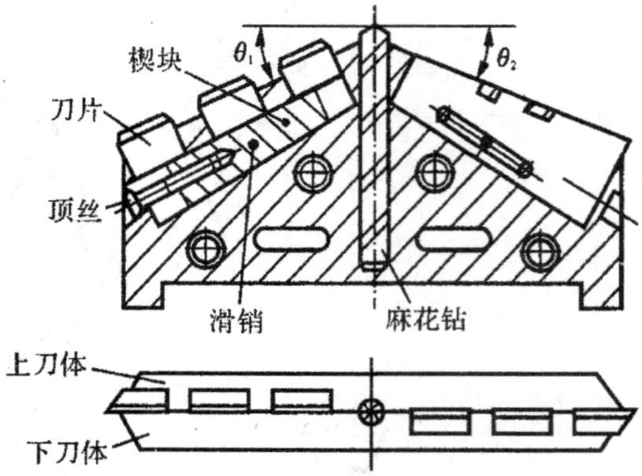

图 5.20　大直径硬质合金扁钻

(4) 对中性好，由于两主切削刃偏离径向平面，在切削时与中心钻形成了一个不在同一平面的立体园锥面的三点定圆结构，保证了刀具的对中性。

除了直槽形式的钻杆外，还有螺旋槽形式的钻杆、带导向块的钻杆以及圆管式钻杆，这些形式的钻杆都主要用于长径比(L/d_0) 较大的深孔加工。

扁钻加工孔时，采用的是外排屑形式，但切屑受钻杆的干扰，不易自由排出。因此，在立式机床上使用扁钻，即使通入冷却液，也只能加工浅孔。对于卧式加工，随着钻孔深度的增加，冷却液的压力也应相应增大，同时还应磨出断屑台使切屑卷曲折断，变成易于排出的切屑形式。

二、扁钻的几何参数以及切削用量的选择

扁钻的几何参数随加工条件(加工孔径和工件材料) 的不同而异。对于钻削钢和铸铁的标准扁钻，其切削部分的几何参数如图 5.21 所示。

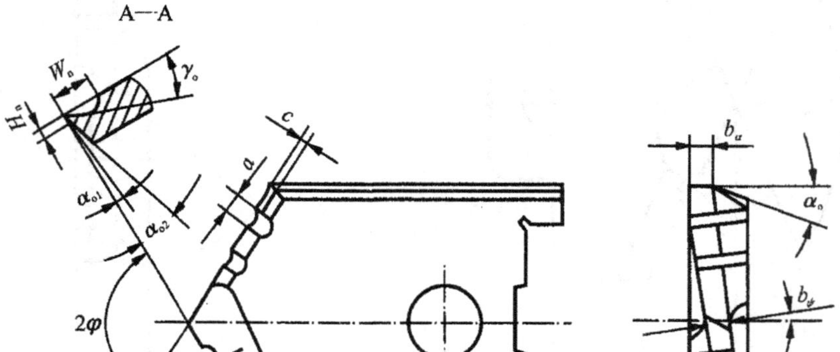

图 5.21　扁钻切削刃几何参数

一般主切削刃后角 $\alpha_{o1}=8^\circ$，第二后角 α_{o2} 为 $10^\circ\sim14^\circ$，前角 $\gamma_o=8^\circ\sim12^\circ$，导向部分刃带后角为零，副后角 α_o' 为 $7^\circ\sim10^\circ$，锋角 2φ 为 $120^\circ\sim132^\circ$；刃带宽度 b_α 为 1.6～4.8 mm，横刃宽 b_ψ 为 1.6～5.5 mm；断屑台尺寸：W_n 为 1.5～2.5 mm，H_n 为 0.3～0.8 mm，R_n 为 0.8～1.3 mm，斜角 τ 为 $4^\circ\sim5^\circ$；分屑槽尺寸：a 为 0.8～1.3 mm，c 为 0.5～0.8 mm。

扁钻的切削用量受机床刚性、机床功率、冷却液的质量和压力、工件刚性、切削刃形状、刃磨情况等各种因素的影响。一般情况下，用高速钢扁钻加工钢件时，切削速度 v 为 20～30 m/min，进给量 f 为 0.25～0.45 mm/r；用硬质合金扁钻加工铸铁时，v 为 50～80 m/min，f 为 0.2～0.3 mm/r，而对于较大的孔径（$d_0>100$ mm），只适宜采用低速切削。

第六章　深孔镗削、铰削及刀具

第一节　深孔镗削的特点及分类

一、深孔镗削的特点

深孔镗削是提高深孔加工精度的一种方法。深孔镗削能校正已有孔上的缺陷，如圆度误差、直线度误差，从而获得良好的几何精度和表面粗糙度。一般情况下，镗孔精度可达 IT7 ～ IT8，表面粗糙度 R_a 可达 3.2 ～ 0.4 μm。深孔镗削兼有普通镗削和深孔钻削的特点，普通镗削中的主要关键 —— 振动与镗杆刚性问题，随着被加工孔长径比增大而愈加尖锐。另外，断屑与排屑也成为主要问题之一。深孔镗削正是针对这些问题吸取深孔钻的优点，其特点是：

(1) 镗刀体上设置有两个导向块，大大提高了镗刀在加工中的稳定性和镗杆的刚性，减轻了振动，提高了加工精度。

(2) 在保证可靠断屑的条件下，采用一定压力的大流量切削液进行冷却、润滑和排屑，可避免切屑对已加工表面的划伤。

(3) 镗刀在切削中产生的径向切削分力由导向块的支反力来平衡，可减弱镗削中的弯曲振动。

(4) 观察镗削过程困难，往往只能根据切屑的颜色或形状、切削的声音、镗杆的振动来判断镗削过程是否正常。

二、深孔镗削的分类

深孔镗削按其排屑方式可分为内排屑与外排屑、前排屑与后排屑；按其送进力的方向可分为推镗和拉镗；按镗削工序特征可分为粗镗和精镗。

1. *推镗法*

在镗削过程中，镗杆轴向受压。按排屑方式分为前排屑推镗法和后排屑推镗法。

(1) 前排屑推镗法：切削液由油泵输出以后，有两种输入方法，一种从镗杆后端输入（见图 6.1(a)），另一种从授油器输入（见图 6.1(b)）。前者通过镗杆内孔进入切削区，而后者通过镗杆外圆与工件已加工孔之间的环形空隙流到切削区，然后带着切屑向床头方向排出到排屑箱。这种推镗方法的两种输油位置对刀具、导向块的寿命以及孔表面粗糙度的影响有较大的差异。

前一种方法由于工件旋转，从镗杆内孔输出的切削液通过镗头上的出油孔射到切削区，形成附着于内孔表面的“螺纹轨迹液”，此轨迹液中存在切屑，在工件旋转的情况下，产生离心力而紧紧地附着于工件内孔表面上，使切屑排出不彻底，从而影响刀具切削刃及导向块的耐用度，影响加工孔的表面粗糙度。

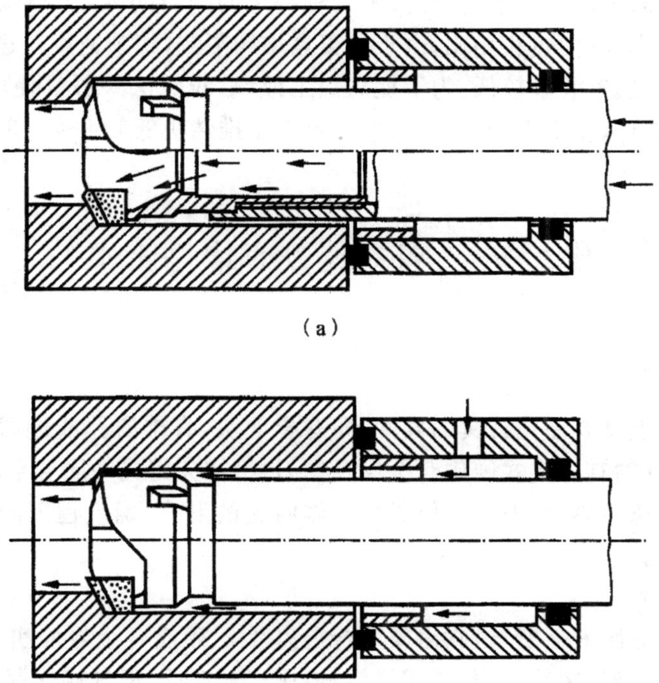

(a)

(b)

图 6.1 深孔镗削切削液输入方式

后一种方法则不然，切削液从授油器输入，以“圆筒状的切削液筒”均匀地从整个钻头的周围向前射出，因而可以减少切屑停留在内孔表面的机会，使切屑几乎全部排出，并且可以充分起到对镗刀、导向块的强制润滑、冷却和减振的作用。这对于延长刀具的耐用度和降低孔加工表面粗糙度都是非常有利的。目前，由于 DF 系统的普及应用，切削液由油泵输出后就被分为两路，钻削时，这两路油分别起冷却、排屑和负压抽屑的作用；镗削时，将两路油分别接到镗杆后端和授油器上，同时进油。这种方法是前两种方法的组合，可避免其各自的缺点，实践证实此法的冷却、润滑和排屑效果较好，值得推广。

(2) 后排屑推镗法：切削液从油泵输出后，从授油器输入，流经镗杆外表面和已加工孔之间的环形空间到切削区，然后强制切屑从镗头上的排屑孔流入镗杆内孔，将切屑推至镗杆尾部排屑箱中。这种方法可以起到强制冷却、润滑镗刀和减少振动的作用。后排屑推镗法与前排屑推镗法相比较，其排屑空间小，对卷屑和断屑要求高。此方法亦可采用 DF 系统，增加负压抽屑效应，提高排屑效率。由于此法是通过镗杆内孔排屑，一般称它为内排屑推镗法，国外称之为 BTA 镗削法。推镗法在镗削过程中，镗杆始终处于轴向受压状态，因而不论是向前排屑还是向后排屑，都容易引起镗杆弯曲，致使镗杆支承套磨损不均匀，容易出现加工孔轴线较大的直线度误差。但对于加工孔孔径较大，镗杆刚性较好的情况，还是可以满足要求的。并且，因为推镗法在刀具制造和加工工艺上比较简单方便，所以这种方法目前使用比较普遍。

2. 拉镗法

拉镗法在镗削过程中，镗杆是在轴向受拉状态下进行工作，镗头沿着镗杆前进的直线方向作进给运动，稳定性好。所以它特别适用于加工孔轴线直线度要求高或长径比较大的小直径深孔，但必须是等直径的通孔。切削液是从镗杆尾部经镗杆内孔流入切削区，带着切屑沿着刀杆表面和未加工孔之间的环形空隙中流出。为了具有一定的排屑间隙，减小镗杆的划伤，镗杆外径比推镗镗杆的外径小。与推镗法相比，由于受刀具结构限制，切削速度与进给量较低，装卸工件与刀具也比较麻烦，加工效率较低。为了提高加工效率，拉镗法一般都使用复合刀具，即粗、精加工一次完成。据统计，在中批量生产时，它的效率比推镗法低 1/4 ～ 1/3。因此，一般不采用拉镗法。

第二节 深孔镗刀的结构设计

一、深孔镗刀结构

深孔镗刀在结构上具有深孔刀具的共性，即有导向块，有排屑孔或进切屑液孔。深孔镗刀有多种结构形式，常见的有焊接式硬质合金深孔镗刀、机械夹固式硬质合金深孔镗刀和机夹可转位式硬质合金深孔镗刀等。由刀块的位置和刀体内孔的形式，确定镗刀的镗削方式。本节将着重介绍它们的结构。

1. 焊接式深孔镗刀

焊接式深孔镗刀如图 6.2 所示，它由硬质合金刀片 2、硬质合金导向块 1 和刀体 3 焊接而成。该刀结构简单，刚性好，制造方便，使用灵活，应用比较广泛。但焊接式深孔镗刀存在着焊接缺陷，如刀片产生微观裂纹和硬度降低，刀体随刀片一起报废。并且随着直径增大，该缺点愈加突出。故焊接式硬质合金镗刀结构适用于中、小直径深孔镗刀，一般为 $\phi6 \sim \phi30$ mm。

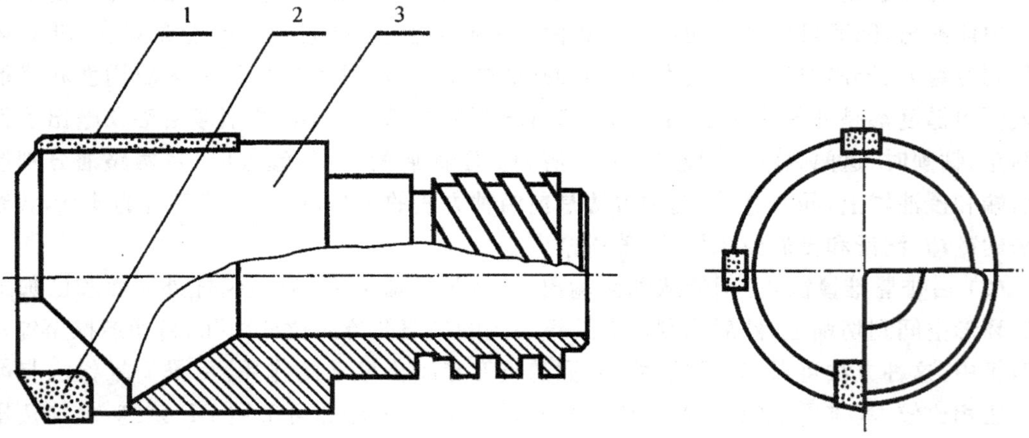

图 6.2 焊接式深孔镗刀

1— 导向块；2— 硬质合金刀片；3— 刀体

2. 机夹式深孔镗刀

机夹式深孔镗刀包括机械夹固式深孔镗刀和机夹可转位式深孔镗刀，二者刀体结构相似，但刀垫和刀片的装夹不同。前者刚性好，后者使用方便。

图 6.3 是机夹可转位式硬质合金镗刀，由导向块 4、刀垫 2、可转位刀片 3、调整斜铁 1、调整

螺钉 6 和刀体 5 构成。导向块由导向垫和硬质合金导向块焊接而成，用螺钉夹固在镗刀体上。可转位刀片置于刀垫上，并用螺钉紧固在镗刀体上。转动两头分别为左、右旋螺纹的调整螺钉，带动调整斜铁轴向移动，可调整镗刀的径向尺寸。该刀结构比较复杂，适用于直径 $\phi30$ mm 以上的深孔镗刀。

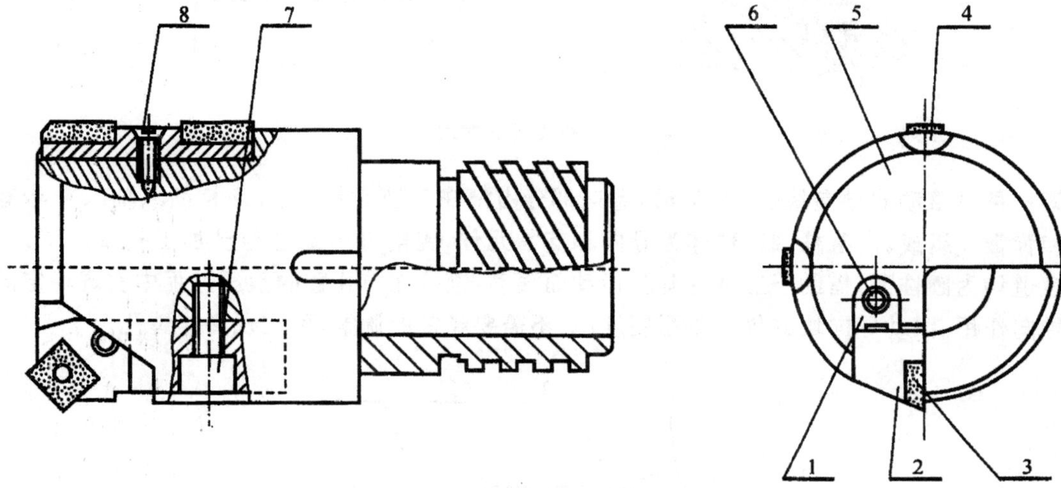

图 6.3　机夹可转位硬质合金镗刀

1— 调整斜铁；2— 刀垫；3— 可转位刀片；4— 导向块；5— 刀体；6— 调整螺钉
7— 刀垫压紧螺钉；8— 导向块压紧螺钉

二、导向块与镗刀块结构

1. 导向块结构

机夹式深孔镗刀目前常用的导向块结构有三种，第一种是焊接夹固式导向块，如图6.4(a)所示，导向块与刀体之间的配合面是圆弧面，导向块用螺钉和弹簧固定在刀体上，可以沿圆弧形支承面微量转动，能自动调节径向尺寸与已加工孔配合。这种导向块的导向性较好，耐用度较高，但加工精度和制造成本较高。导向块和刀体上的配合面要求精密加工，才能保证配合精度和互换性。瑞典山特维克公司的深孔刀具采用的是这种形式的导向块。如图 6.4(b) 所示的是国内常用的一种导向块结构，它亦属于焊接夹固式，制造比较简单，可以互换。但它没有上述的自动调节径向尺寸的功能，刚性也比较差。

(a)　　　　(b)

图 6.4　焊接夹固式导向块

第二种是机夹式导向块(见图 6.5),直接用楔块将硬质合金导向块夹固在刀体上,可以避免焊接带来的弊病,提高导向块的刚性。但导向块的重复装夹精度较低,一般换一次导向块须重新刃磨一次,更换效率较低。

图 6.5 机夹式导向块

第三种是滚动式导向块(见图 6.6),导向部分由滚柱 1、支承销 2、退刀卡套 3、轴承 4、卡套销 5 和弹簧 6 组成。由滚柱或滚珠作为导向和支承元件,镗削力由滚柱与已加工孔壁承受。滚柱与滚道均为圆柱形,借助于工件的旋转运动而滚动,滚柱在与孔壁的滚压过程中实现稳定的定心导向作用。滚动导向块的优点是耐用度高,不需要经常的调整,可实现高速镗孔。

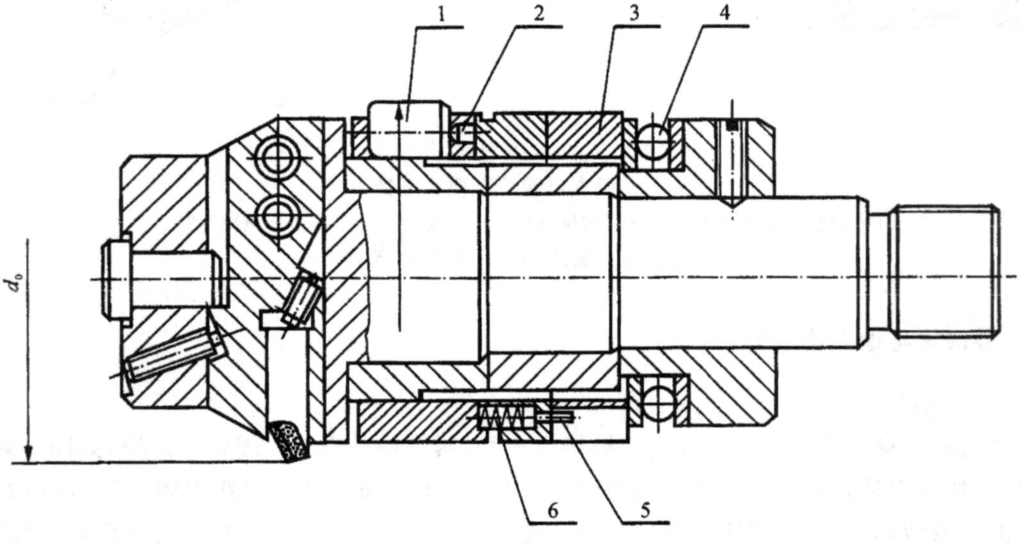

图 6.6 滚动导向式深孔镗刀

1— 滚柱;2— 支承销;3— 退刀卡套;4— 轴承;5— 卡套销;6— 弹簧

2. 镗刀块结构

图 6.7 是焊接式镗刀块,它由硬质合金刀片与刀块体焊接而成,用螺钉夹固在刀体上。该刀块结构简单,制造和使用方便,刀块刚性好,是目前国内常用的一种形式。

图 6.8 为机夹可转位镗刀块,采用机夹方式将硬质合金刀片紧固在刀垫上,通常采用杠杆式(见图 6.8(a))和上压式(见图 6.8(b))夹固刀片。其优点是使用方便,节省硬质合金刀片和刀块材料;缺点是结构复杂,刚性差,制造精度和制造成本高,硬质合金刀片需要精磨才能达到互换的要求。

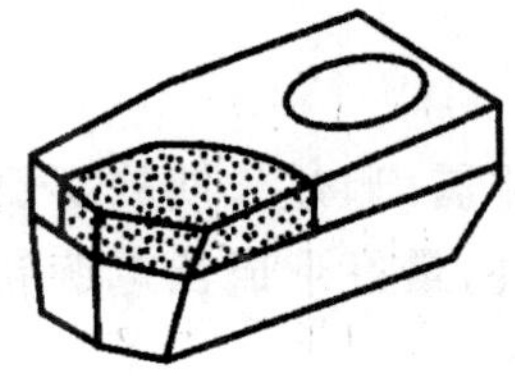

图 6.7 焊接式镗刀块

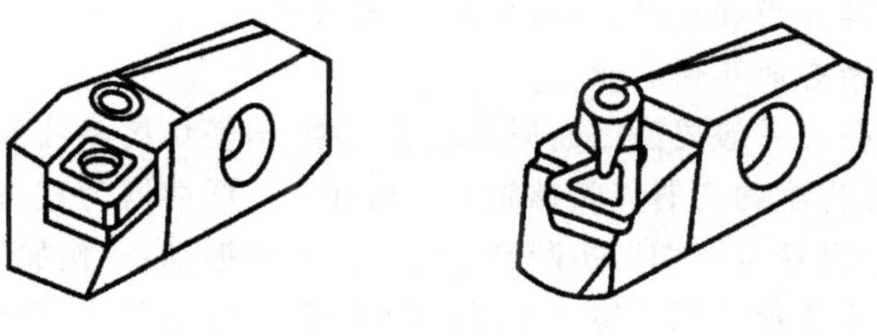

(a) (b)

图 6.8 机夹可转位镗刀块

第三节 深孔镗刀的几何参数

一、切削部分的几何参数

深孔镗刀切削部分的几何参数，如图 6.9 所示。

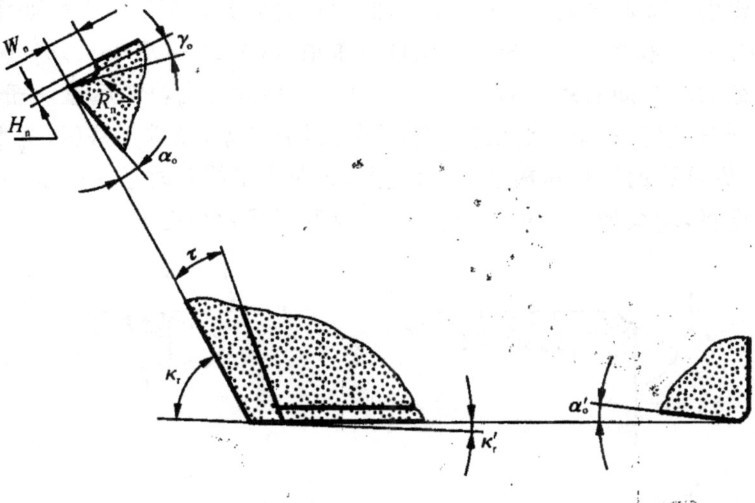

图 6.9 深孔镗刀切削部分的几何参数

1. *前角 γ_o 和后角 α_o*

加工一般材料，前角 γ_o 取 0°，刃磨和重磨方便，并能保证重磨后主刀刃刃口与镗刀中心线重合。加工淬硬钢和高强度钢时，应强化刃口，前角 γ_o 一般取 $-5° \sim -10°$；加工 38CrMoAl、不锈钢等难加工材料时，为减小切削力和振动，前角 γ_o 一般取 $5° \sim 10°$。当前角大于或小于 0° 时，重磨后，主刀刃刃口将低于或高于镗刀中心，此时镗刀的实际工作角度和尺寸将发生变化。

后角 α_o 一般取 $8° \sim 10°$；副后角 α'_o 一般取 $10° \sim 15°$。

2. *主偏角 κ_r、副偏角 κ'_r 和刃倾角 λ_s*

主偏角 κ_r 对镗削影响较大，当 κ_r 较小时，镗削径向力较大，镗刀挤压摩擦剧烈，加工中产生尖叫声，导向块和刀片磨损快，工件已加工表面硬化严重，影响后序加工；当 κ_r 较大时，刀尖负荷重，易崩刃，此时径向力较小，压不住刀，易产生振动，加工表面质量较低。主偏角 κ_r 一般取 $45° \sim 65°$ 为宜，背吃刀量大时 κ_r 取大值，反之，取小值。副偏角 κ'_r 一般取 $3° \sim 5°$，深孔镗刀可以不磨修光刃和刃带。刃倾角 λ_s 一般取 0°。

3. 断屑台的几何参数

深孔镗刀一般要磨出断屑台或卷屑槽，迫使切屑卷曲或折断，便于排屑。通过长期的实践证明，深孔镗削的切屑以长螺旋卷切屑和“C”形切屑为宜，排屑空间允许，最好形成长螺旋卷切屑，可以避免由于切屑折断产生的冲击力和振动，损伤加工表面和刀体。

图 6.9 表示了深孔镗刀断屑台的几何形状，它的主要参数有圆弧半径 R_n、槽宽 W_n、槽深 H_n。其中 R_n 约为 0.25 ～ 0.75 mm，槽深 H_n 约为 0.4 ～ 0.6 mm。前角 γ_0 大时，H_n 应取小值。斜角 τ 对切屑的形状和流出方向有影响。当 $\tau < 0°$ 时，即刀尖处 W_n 较小，此处切屑卷曲半径小而变形大，切屑卷曲后将向待加工孔方向流出，经切削液带动，很容易排屑，这是深孔镗刀常采用的一种断屑台形式，通常取 τ 为 $-1°$ ～ $-5°$。当 $\tau = 0°$ 时，切屑流向加工表面，碰到加工表面折断，形成“C”形切屑。当 $\tau > 0°$ 时，切屑流向已加工表面，容易被导向块挤压，损伤已加工表面和导向块，一般不宜采用。槽宽 W_n 的大小影响切屑卷曲变形的程度，通常 W_n 在 2 ～ 6 mm 范围内选取。

4. 其他切削部分几何参数

导向块在镗削中除起导向作用外，还参加微量切削，其切削部分参数如图 6.10 所示。κ_r 一般为 20° ～ 30°；φ_1 一般为 10° ～ 30°；导向块倒锥值为(0.01 ～ 0.05)/100。镗刀刀尖与进入挤压的导向块的最前端之间的距离 L，如图 6.10 所示，称为导向块滞后量，一般为 0.5 ～ 2 mm。控制这个长度十分重要，如果 L 为负值，则镗削还没有开始，就进入挤压，造成导向块最前端破损或磨损严重，影响孔的表面粗糙度；L 值过大，导向块未能及时进入挤压，影响了导向性及增大了刀具的超出量，增加加工工时，降低了生产率和刀具耐用度。

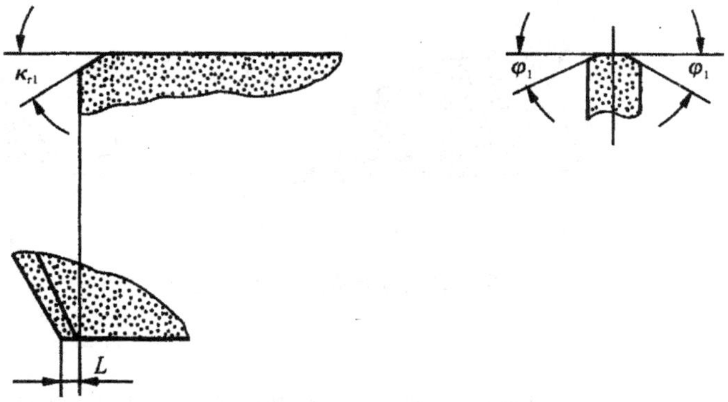

图 6.10 导向块的几何参数

二、结构部分的几何参数

1. 镗刀体结构参数

镗刀体材料一般用 40Cr 或 45 号钢，调质处理硬度 HRC30 ～ 35。镗刀体直径应小于镗刀的直径，由于材料有弹性，刀体直径过大，刀体外圆可能划伤已加工孔表面；由于切削液喷射产生回流，刀体直径过小，容易把铁屑带回刀体与加工表面之间，擦伤已加工表面。通常取

$$d_1 = d_0 - (1 \sim 4)$$

式中 d_0—— 镗刀直径，mm；

d_1—— 镗刀体直径，mm。

镗刀直径大者被减值取上限。

镗刀体与镗杆一般用矩形多头螺纹连接，以保证连接强度和装卸迅速。连接尺寸目前国内尚无统一标准，可参照有关厂家钻杆的标准选取。

2. 导向块的结构参数

(1) 导向块材料：深孔镗刀导向块材料常用 YG8 或 YT798，对于非刚性深孔镗刀，导向块也有采用硬木料、胶木和青铜的情况。

(2) 导向块布置：导向块的布置一般采用两导向或三导向，如图 6.11 所示。图 6.11(a) 所示是两导向，图 6.11(b) 所示是三导向。两导向与三导向对工件的挤压效果是有区别的。由于两导向在挤压时产生的反作用力干扰了刀具原来的稳定切削运动，引起了刀具在反作用力方向上的变形，从而降低了挤压效果；三导向由于有不起导向作用的另一条导向块的支持，刀具原来稳定的切削运动就不会受到干扰，它对工件表面的挤压效果也不会降低。所以，两导向较适宜加工连续表面通孔，三导向既可以加工连续表面孔，又适宜加工不连续表面孔。不论是两导向或三导向，位置角 δ_1 和 δ_2 是相同的，一般为 180° 和 270°，δ_3 一般为 90°。

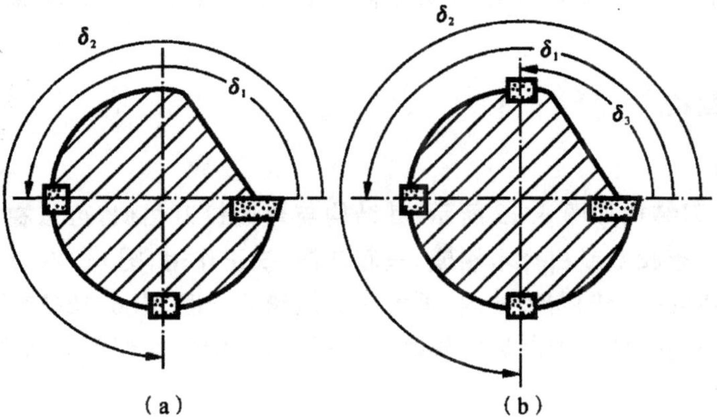

图 6.11 导向块的布置

(3) 导向块宽度和长度：导向块对已加工表面形成挤压作用，两导向是由切削力形成的，三导向是挤压余量造成的，其挤压效果都与导向块的宽度有关。导向块宽，挤压效果差，因为其单位面积上接触压力减小；导向块窄，挤压效果显著，因为其单位面积上接触压力增加。导向块的宽度对孔的圆度误差影响不太大。导向块宽，运动较平稳，孔的直线度好，反之孔的直线度差，而表面粗糙度值降低。因此深孔镗刀的导向块可适当取宽些，一般为 $d_0/6$。

深孔镗刀导向块长度，一般要大大超过相同直径深孔钻的导向块长度，特别是不连续孔，更应尽可能取长些，为了提高支承和导向的刚性，提高孔加工精度。导向块长度一般取为 $(1 \sim 2)d_0$，亦不能过长。试验表明，导向块过短，孔的直线度差，造成孔的两端大中间小；导向块过长，将干扰正常切削，反而降低孔的表面质量。

第四节 深孔铰削的特点、分类及深孔铰刀结构

深孔铰刀是集切削、刮削和挤压为一体的复合刀具，它有很高的加工精度，一般可达 IT6 ～ IT7 级，甚至 IT5 级；表面粗糙度 R_a 为 0.8 ～ 0.4 μm，可高达 0.125 μm。深孔铰削除具备普通铰削的特点外，还具备深孔加工的特点，即合理导向、强制冷却和排屑等。本节主要介绍深孔铰削的特点、分类及各种深孔铰刀的结构。

一、深孔铰削的特点及分类

深孔铰削的主要特点是：

(1) 铰削过程是切削、刮削、挤光和导向共同作用的结果，铰刀切削部分由切削刃、过渡刃和修光刃组成。在切削过程中，切削刃起切削作用，过渡刃起刮削作用，修光刃和导向块起挤光和导向作用。所以铰削加工的精度高，表面粗糙度好。

(2) 铰削加工余量很小，切屑厚度很薄，铰削过程中切削力和振动较小，适宜于高速切削。

(3) 积屑瘤和鳞刺现象对铰削精度和表面粗糙度的影响较大。

根据铰刀的结构，可分为多刃铰削、单刃铰削、无刃铰削和浮动铰削。亦根据送进力的方向分为拉铰和推铰。

二、深孔铰刀的结构

1. 多刃深孔铰刀

常用多刃深孔铰刀结构如图 6.12 所示，其结构与普通铰刀相似，可以在圆周上均布导向块。该导向块一般由夹布胶木或白桦木制成，只起减振、扶正作用。图 6.12(a) 是短结构的拉铰刀，导向块与切削刃在同一个轴向尺寸内，可大大缩短铰刀长度。图 6.12(b) 是长结构拉铰刀，当刀齿较多，不便于在同一位置配制导向块时，可将导向块配制在切削刀齿之前。为保证铰削加工的稳定性，导向块尺寸较长。

小直径多刃深孔铰刀，一般采用三齿结构。材料采用整体硬质合金或高速钢。

多刃深孔铰刀的优点是结构简单，刀齿均布，各刀刃承受切削力较小，切削效率高。但由于结构上的限制，多刃深孔铰刀不适宜进行高速切削，其主要原因是：

(1) 从导向作用上来说，要求铰刀刃带必须有一定的宽度；而从改善表面粗糙度来说，一般是通过切出细微的切屑来实现的，也就是需要铰刀的副切削刃磨得越锋利越好，这等于对同一刀刃提出了两种相反的难以兼顾的要求。

(2) 铰刀要有一定的刃磨量，并保证切削润滑油膜，这也对铰刀刃带宽度提出了非常矛盾的要求。

(3) 要求多刃铰刀几何参数对称，受力平衡，但由于制造误差以及工件材质不匀，无法达到要求，导致较严重的多角形误差。

2. 单刃深孔铰刀

单刃深孔铰刀结构与深孔镗刀相似，其结构有以下特点：

(1) 直径在 ϕ10 mm 以下的单刃深孔铰刀，刀头采用整体压制成型的硬质合金，刀头与刀杆对焊而成。同枪钻结构相似，故又名枪铰。

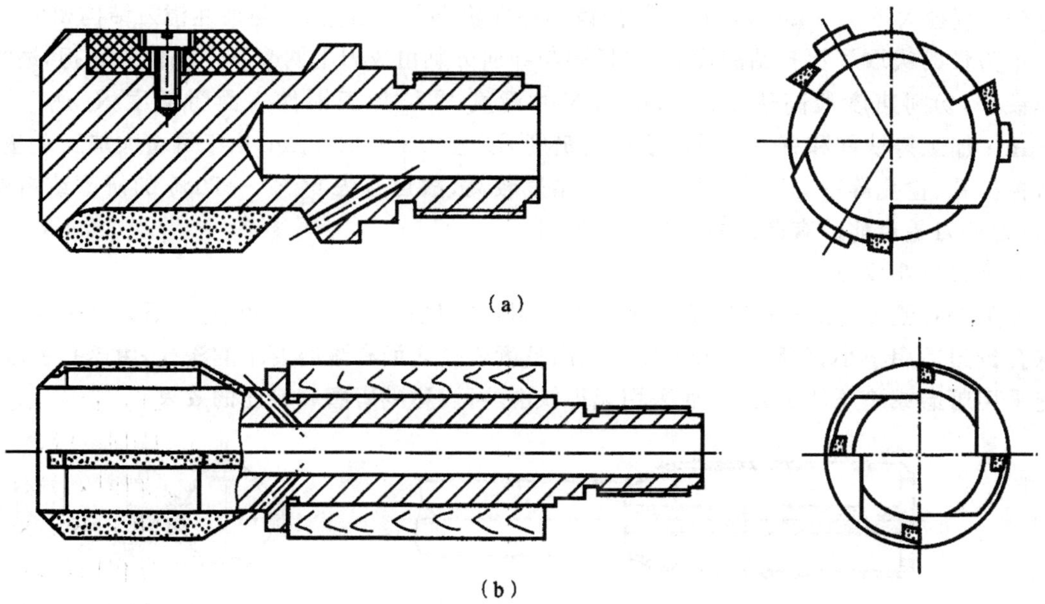

图 6.12 多刃铰刀

(2) 直径为 $\phi10 \sim \phi18$ mm 的单刃深孔铰刀，采用钎焊镶片。有冷却液通道，以便将冷却液送至切削区。

(3) 直径为 $\phi15 \sim \phi25$ mm 的单刃深孔铰刀，切削部分采用机夹式，导向块采用焊接式，如图 6.13 所示。

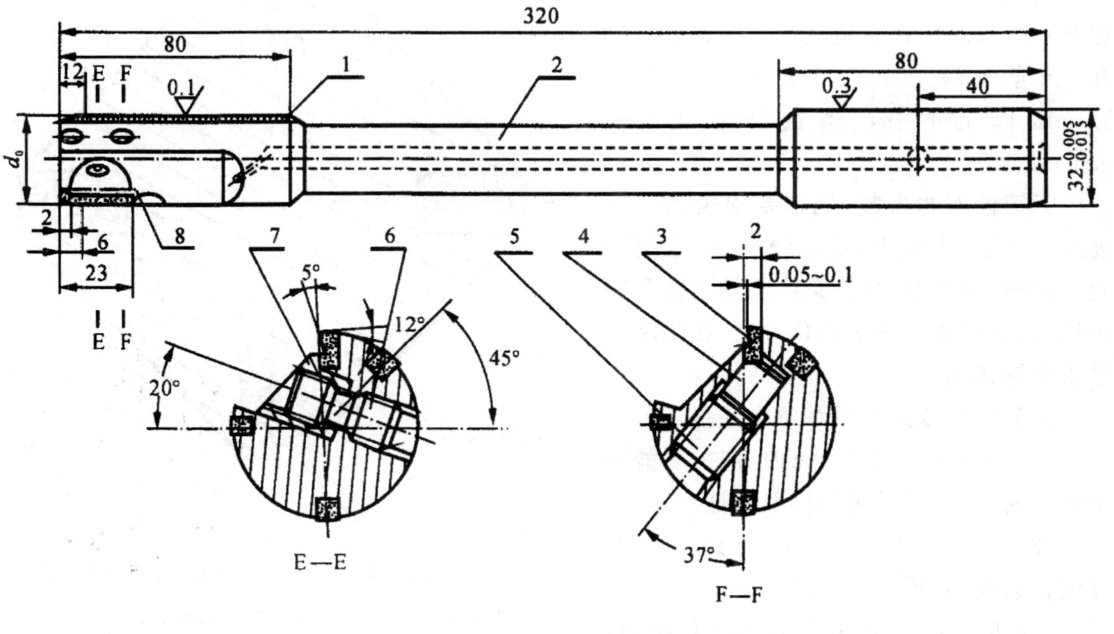

图 6.13 机夹式单刃深孔铰刀

1— 导向块；2— 刀体；3— 刀片；4— 楔销；5— 调整螺钉；6— 压紧螺钉；7— 压块；8— 定位销

(4) 直径大于 ϕ25 mm 的铰刀，切削齿和导向块都采用机夹式，与前述镗刀结构相似。

单刃铰刀吸取了深孔钻的优点，将切削与导向分别由铰刀上两个不同部位来承担，适宜于高速铰削，切削速度最高达 400 m/min，尺寸精度 IT7。加工钢件表面粗糙度 R_a 达 1.6 ～ 0.8 μm；加工铸铁件和有色金属的表面粗糙度 R_a 达 0.8 ～ 0.4 μm，由于可增大加工余量，故可省掉扩孔、镗孔等中间工序。且因其加工精度较高，故可省去 50% ～ 70% 的研磨或珩磨工序。单刃铰刀是目前最有前途的一种深孔铰刀。

3. *无刃深孔铰刀*

无刃深孔铰刀(见图 6.14) 亦称为棱形铰刀，其切削作用为刮削和挤削，所以又名挤刀。无刃深孔铰刀适用于小直径(ϕ15 mm 以下)、高精度或孔表面有耐磨要求的深孔，由于孔径较小，不能采用珩磨或滚压加工方法，而采用无刃铰削，可以达到珩磨和滚压的效果。

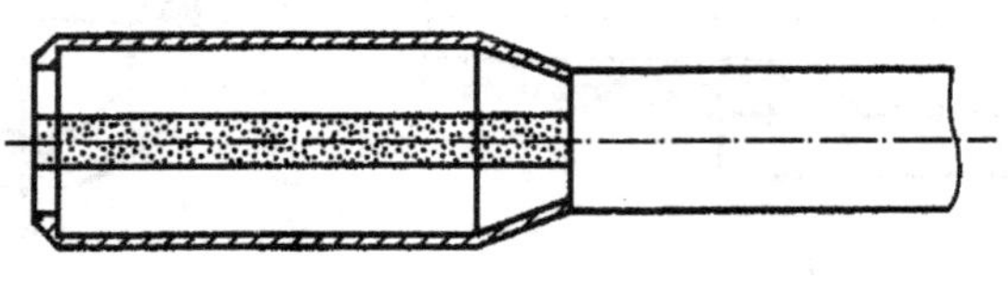

图 6.14　无刃深孔铰刀

无刃深孔铰刀一般有三棱、四棱和五棱 3 种(大直径可制成更多的棱面)，用高速钢或硬质合金制成。目前应用较广的是硬质合金无刃深孔铰刀。小直径(ϕ4 mm 以下) 的铰刀可采用整体硬质合金压制。直径为 4 mm 以上的则采用镶片硬质合金结构。

无刃铰刀铰削余量一般应控制在 0.03 ～0.05 mm，铰削铸铁时铰削余量可适当增大。直径为 4 mm 以下的孔，余量可留 0.05 ～ 0.08 mm；直径为 4 ～ 12 mm 的孔，余量可留 0.1 ～ 0.2 mm；直径为 12 mm 以上的孔，余量可留 0.2 ～ 0.3 mm。

无刃铰刀的齿数，同样要根据加工精度进行选取。齿数少，铰削锋利，但稳定性差，在小孔加工中，用的最广的是三棱和四棱铰刀，五棱铰刀由于楔角过大，在切削中显得不够锋利。

无刃深孔铰刀在设计时应注意：

(1) 孔径小于 2.5 mm 时，应尽可能采用后导向，以保持铰削时的稳定性。

(2) 对于直径小于 6 mm 的铰刀，因刀杆细长易弯曲，可采用拉铰方式。

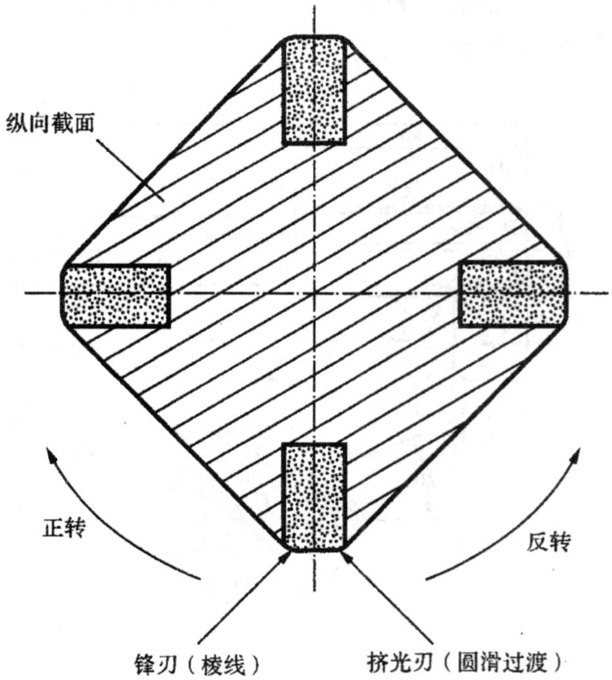

图 6.15　可正、反转铰削的无刃铰刀刃形

(3) 加工淬火钢时，圆柱刃采用锋刃；加工非淬硬材料时，应使圆柱刃与刀体圆滑过渡，增大挤压力。也可采用正转时为锋刃加工淬火钢；反转时为圆滑挤削刃加工非淬硬材料(见图 6.15)。

4. 浮动铰刀

浮动铰刀是深孔加工中常用的半精加工和精加工的一种刀具。可用来作推镗、铰削加工，也可用来作拉镗、铰削加工，能加工 $\phi40$ mm 以上的孔。

浮动铰刀安装在刀杆的长方孔中，并可在方孔中自由滑动。在切削过程中，刀具靠相对的两个切削刃上的径向分力自动对中。铰削开始时，被加工孔的轴线往往与铰刀对称中心不重合，径向力大的一侧将克服浮动铰刀刀体与刀杆长方孔之间的摩擦力，向径向力小的一侧滑动。随着进给深度的增大，浮动铰刀的切削锥全部进入孔内，两刀刃径向力逐渐平衡，至浮动铰刀全部切入后，两刀刃上的径向力在理论上完全抵消，达到孔轴线与浮动铰刀对称中心重合。

浮动铰刀铰孔可以减小或消除由于刀具旋转轴线与被加工孔轴线不重合以及刀杆径向跳动所引起的加工误差，可以提高孔径尺寸精度和圆度，尺寸精度达到 IT7 ～ IT8，孔表面粗糙度 R_a 达到 3.2 ～ 0.5 μm，但浮动铰刀不能修正孔的轴线偏斜与直线度误差。使用浮动铰刀要求预孔直线性要好，表面粗糙度 R_a 不低于 6.3 μm，孔表面不应有大的振动波纹。

浮动铰刀结构形式比较多，如图 6.16 所示是可调式双刃浮动铰刀，切削部分采用硬质合金镶焊式，刀体分为刀体 1 和刀体 2 两部分，由紧固螺钉 3 连接为一体，通过螺钉 4 调节径向尺寸。为增加浮动铰刀在深孔铰削过程中的稳定性，常在刀杆外圆柱体上设置导向块和减振块。浮动铰刀的刀片材料，可采用高速钢、硬质合金和陶瓷。由于浮动铰刀的切削用量不高，因此建议不论是加工钢件还是铸铁件，其切削部分的材料均采用 YG 类硬质合金较为适宜，这样比较容易焊接和刃磨。采用 YT 类硬质合金，在使用上效果并不明显。

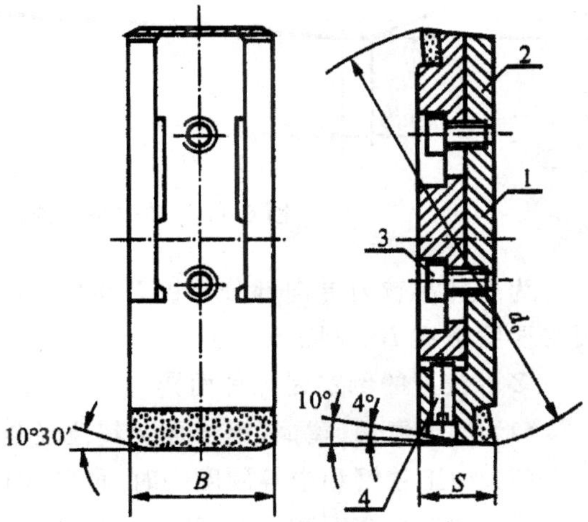

图 6.16 双刃浮动铰刀

1— 刀体 1；2— 刀体 2；3— 紧固螺钉；4— 调整螺钉

第五节 深孔铰刀的几何参数

正确地理解各几何参数在铰削过程中的作用，是正确选择它们的基础。深孔铰刀品种较多，结构差异较大，其几何参数亦相差悬殊，在这节主要介绍单刃深孔铰刀的几何参数。

一、直径和倒锥

铰削属于精加工，对尺寸要求较高，铰刀是一种定尺寸刀具，故对尺寸要求较严。单刃深孔铰刀直径的确定，决定于所加工孔的尺寸精度，同时还要考虑孔的扩张量或收缩量以及足够的备磨量。对于机夹式单刃深孔铰刀，铰刀直径有独特的要求。机夹式深孔铰刀，切削与导向相分离，制成两个直径，即副刀刃(圆柱刃部) 在半径方向上高出导向块一个 c 值(见图 6.17)，这样可以避免导向块产生刮削，并能控制一定的挤压量。c 值不能太大，太大刀片刚性差会产生振动，又会降低挤压作用，影响孔的表面粗糙度。加工高精度孔时，取 $c \leqslant 0.01$ mm，在保证接触面能充分润滑的条件下可取负值。带3个导向块的单刃铰刀比带2个导向块的单刃铰刀的 c 值小。根据被加工材料的不同，推荐的 c 值见表6.1。

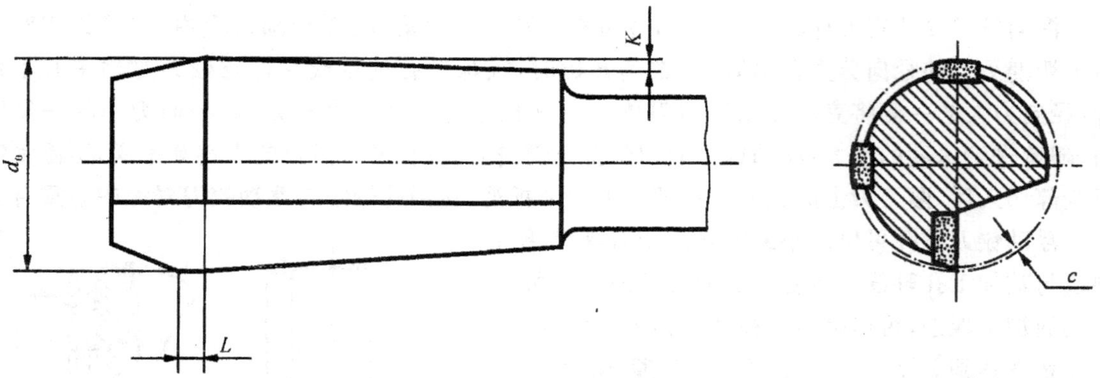

图6.17　单刃深孔铰刀的直径、倒锥及导向部分滞后量

为了减小铰刀导向部分与铰刀圆柱刃同孔壁的非正常刮削，减小摩擦力矩，导向块和圆柱刃带要磨倒锥 K（见图6.17）。

多刃铰刀的倒锥因工件而异：

(1) 加工青铜、黄铜、铝合金及其他轻金属、铸铁时，取(0.009～0.015)/30；

(2) 加工软钢和中等硬度钢时，取(0.015～0.022)/30；

(3) 加工合金钢和不锈钢时，取(0.022～0.03)/30；

(4) 加工耐热钢和高铬不锈钢时，取(0.03～0.037)/30。

单刃深孔铰刀常取 K 为(0.01～0.025)/100。单刃铰刀导向块前端相对铰刀刀尖轴向滞后量 L（见图6.17）约为0.4～1 mm。

表6.1　推荐的 c 值

被加工材料	钢($\sigma_b \leqslant$ 600MPa)	钢($\sigma_b >$ 600 MPa)	铸铁(HB$\leqslant$ 200)	铸铁(HB$>$ 200)	铜基合金和铝合金
c/mm	0～0.01	0.005～0.03	−0.005～0.005	0.002～0.02	±0.002

二、切削角度

单刃铰刀切削刃的几何参数，如图6.18所示。

1. 偏角

(1) 主偏角 κ_r 须根据工件切削时塑性变形的程度和铰削余量而定。一般说来，材料越硬，余量越大，κ_r 就应取得大一些，反之应取得小一些。单刃深孔铰削余量较大，主偏角 κ_r 的选取值比普通铰刀要大的多，一般取30°或45°。

(2) 为了获得理想的表面质量，主切削刃一般磨成双重角度，即在主、副切削刃之间增加一段过渡切削刃，其偏角 $\kappa_{r\varepsilon}$ 一般取3°～5°。过渡刃长度 b_ε 一般取1～1.5 mm。过渡刃长度不能过长，否则将引起振动，使加工表面粗糙。

(3) 切削部分为焊接式的单刃深孔铰刀，副偏角 κ_r' 一般取0°，并同导向块一起刃磨出倒锥。切削部分为机夹式的深孔单刃铰刀，副偏角 κ_r' 一般取 1° ~ 3°。

2. 前角和后角

(1) 主切削刃前角 γ_o 一般取 0°，这样重磨比较方便，重磨后刀刃中心高度不变。但由于深孔铰削余量较大，在铰削过程中，若切削起主要作用，就需要刃口锋利。实践证明，铰削 45 号钢和 38CrMoAl 等材料，前角 γ_o 取 5° ~ 10° 为宜。由于有前角，重磨后刀刃将低于中心，刀具的重磨性不好。为了解决这一矛盾，可采用前角 $\gamma_o = 0°$ 的铰刀，并将主刀刃磨低于工件中心一个 h 值，使其实际工作前角为 5° ~ 10°，这样既可保证铰刀的重磨性，又可提高铰刀的锋利性。h 值可以根据式(6.1) 和式(6.2) 进行计算。

$$\gamma_{oc} = \gamma_o + \theta \tag{6.1}$$

$$\tan\theta = \frac{h}{\sqrt{d_0^2 - h^2}}\cos\kappa_r \tag{6.2}$$

式中 γ_{oe} —— 铰刀实际工作前角；

d_o —— 铰刀直径；

κ_r —— 主偏角。

(2) 主切削刃后角 α_o 一般取 8° ~ 10°，过渡刃后角 $\alpha_{r\varepsilon}$ 一般可取与主后角 α_o 相等，对硬质合金铰刀，α_ε 可取的比 α_o 小 1° ~ 2°，以保证铰刀的强度。

(3) 副后角(圆柱刃后角)α_o' 的主要作用是在铰刀进给时，减小圆柱部分与孔壁的摩擦，一般取 12° ~ 15°，直径大者取大值。对较大直径的铰刀，可采用双重后角。

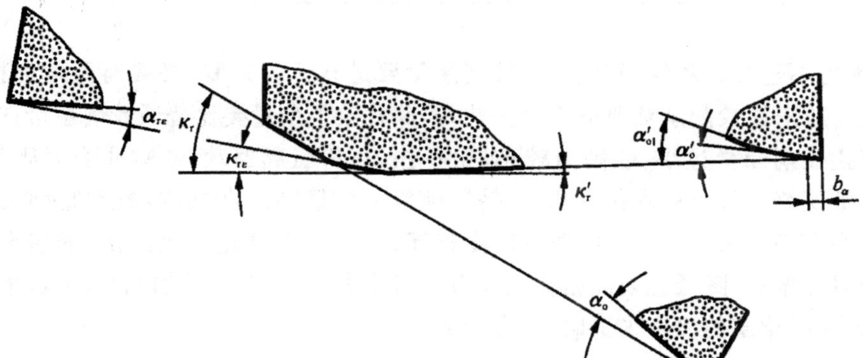

图 6.18 单刃深孔铰刀切削刃几何参数

3. 圆柱刃棱带

圆柱刃棱带 b_α 是铰刀保证加工径向尺寸精度的主要部分。棱带过窄，径向尺寸磨损过快，铰孔稳定性差，在工件材料组织不均匀或韧性较大时，易产生多角形误差。棱带过宽，摩擦较大，切屑易黏在棱带上，增大了工件孔壁的表面粗糙度。棱带值的选取可参考表 6.2。

表 6.2 棱带值的选取

铰刀直径 d_0/mm	< 10	10 ~ 20	20 ~ 30	30 ~ 50	50 ~ 80
棱带宽度 b_α/mm	0.1 ~ 0.25	0.15 ~ 0.25	0.2 ~ 0.3	0.3 ~ 0.4	0.35 ~ 0.5

第六节　深孔镗、铰刀的使用

一、深孔镗、铰削用量

1. 加工余量

深孔镗削一般用于半精密加工，其加工余量主要取决于系统刚性，镗削余量的选取可参考表 6.3。对于精密镗削，由于要保证较高的加工精度和表面质量，余量应取小一些，可参照深孔铰削余量选取。

表 6.3　深孔镗削余量

孔径 /mm	镗削余量（双向）	
	粗镗 /mm	半精镗 /mm
＞10～18	1	0.8
＞18～30	2	1.5
＞30～50	3	2
＞50～80	4	2.5
＞80～120	5	3.5
＞120～180	6	4.5

为了确保铰削力不至过大和铰削平稳，对铰削余量要进行适当控制，必要时要增加扩孔、镗孔和粗铰工序。一般来说铰削余量要适当小一些，但深孔铰削余量要比普通铰削余量选取大的多。这是因为深孔铰削余量过小，铰削力较小，压不住刀，将引起振动，影响孔表面质量。另外，过小的铰削余量使铰刀刃口在硬化层切削，挤压随铰刀的磨钝逐渐加剧，特别是加工硬化比较严重的材料。在前道工序加工后，孔表面硬度较高，切削刃在硬化层上刮挤，磨损十分严重，并引起刀具和刀杆振动，降低孔表面粗糙度和刀具耐用度。所以对于难加工材料，铰削余量应考虑已加工孔表面硬化层的深度来选取，可参考表 6.4。

表 6.4　深孔铰削余量（硬质合金单刃铰刀）

孔径 /mm	铰削余量（双向）	
	一般材料 /mm	难加工材料 /mm
＞3～6	0.1	0.2
＞6～10	0.2	0.3
＞10～30	0.5	0.8
＞30～50	1	1.2
＞50～80	1.5	2
＞80～120	2	2.5
＞120～180	2.5	3

2. 切削速度和进给量

深孔镗、铰削速度和进给量因刀具结构不同而异，单刃刚性镗、铰刀的切削速度一般要高于多刃和浮动镗、铰刀，深孔镗削速度一般比深孔铰削的速度低一级。深孔镗刀的切削用量可参见表 6.5 选取，单刃深孔铰刀切削用量可参照表 6.6 选取，浮动铰刀切削用量可参照表 6.7 选取。

表 6.5 深孔镗刀切削用量

材料种类	硬度 /HB	切削速度 /($m \cdot min^{-1}$)	进给量 /($mm \cdot r^{-1}$)
低碳钢 中碳钢 高碳钢	90 ~ 200 125 ~ 225 150 ~ 225	60 ~ 140 60 ~ 120 50 ~ 100	0.15 ~ 0.40
低合金钢	150 ~ 220 220 ~ 400	50 ~ 130 50 ~ 120	0.15 ~ 0.40
高合金钢	150 ~ 250 250 ~ 400	50 ~ 100 50 ~ 100	0.15 ~ 0.40
不锈钢	150 ~ 270	50 ~ 95	0.20 ~ 0.40
铸　钢	90 ~ 150 150 ~ 250	60 ~ 120 50 ~ 110	0.20 ~ 0.40
可锻铸铁	110 ~ 145 150 ~ 270	60 ~ 120	0.20 ~ 0.40
灰铸铁	150 ~ 220 220 ~ 300	50 ~ 120	0.20 ~ 0.40
球墨铸铁	125 ~ 230 230 ~ 300	60 ~ 120	0.20 ~ 0.40
铝合金	45 ~ 150	65 ~ 300	0.20 ~ 0.40
铜和铜合金	50 ~ 160	65 ~ 300	0.20 ~ 0.40

表 6.6 硬质合金单刃深孔铰刀切削用量

加工材料	切削速度 /($m \cdot min^{-1}$)	进给量 /($mm \cdot r^{-1}$)
碳钢及合金钢	50 ~ 125	25 ~ 70
铸　铁	75 ~ 125	30 ~ 90
铜和铜合金	125 ~ 250	50 ~ 120
铝合金	125 ~ 300	60 ~ 150

表 6.7 浮动铰刀切削用量

孔径 /mm	余量(双向)/mm	进给量 /(mm · r^{-1})	切削速度 /(m · min^{-1})
> 20 ~ 50	0.05 ~ 0.07	5 ~ 8	4 ~ 15
> 50 ~ 80	0.06 ~ 0.09	8 ~ 10	
> 80 ~ 120	0.08 ~ 0.10	10 ~ 12	
> 120 ~ 150	0.10 ~ 0.13	12 ~ 15	
> 150 ~ 200	0.10 ~ 0.15	15 ~ 20	

二、深孔镗、铰削中常见问题和产生的原因

深孔镗、铰刀在使用过程中常常要遇到故障和问题，产生的原因有多种，与刀具、设备、润滑、冷却和使用都有关，表 6.8 列出了深孔镗、铰削过程中常见问题及产生的原因，对症采取适当措施，即可提高镗、铰削质量。

表 6.8 深孔镗、铰削过程中常见问题及产生的原因

故障和问题	产 生 的 原 因
刀杆振动严重	1. 刀尖圆弧 $r_ε$ 过大或过渡刃过长 2. 机床 — 夹具 — 刀具同轴度差 3. 刀具变钝，倒锥不够大，副偏角过小，机床刚性不足
孔径超差或有圆锥	1. 刀具直径设计或制造不正确 2. 刀杆中心架过松，或机床 — 夹具 — 刀具不同轴 3. 切削刃耐用度不够，加工中磨损过大
加工表面发暗	1. 切削速度过低 2. 进给量过小 3. 切削刃带窄，或刃口不锋利，挤压效果不明显
加工表面有刀圈	1. 产生积屑瘤或排屑不利、或切削堵塞 2. 粗加工刀圈过深 3. 刀齿突然打坏 4. 导向套配合过松
工件表面划伤	1. 铰刀倒锥小，尾部未倒角 2. 机床 — 夹具 — 刀具不同轴 3. 排屑不利，刀具崩刃或刀片材料选择不当
孔不圆和棱圆	1. 孔壁薄夹紧变形 2. 一端未夹紧
有螺线形条纹	1. 刀刃太钝 2. 刀尖圆弧刃过大或过渡刃太长 3. 导向套过紧
切屑堵塞	1. 因排屑槽、切削液孔径和位置不当 2. 切削液选择不当或切削液供应系统不符合要求

第七章　深孔滚压加工

第一节　滚压加工机理

滚压加工是在常温状态下用滚压工具对零件表面施加压力，使金属表面层产生塑性变形，修正零件表面微观不平度，降低表面粗糙度数值；改变零件表层的金相组织，形成有利的残余应力分布，提高零件的物理机械性能和使用寿命。多数情况下，它可代替零件的表面处理（如表面淬火、镀铬等）及精加工序（如研磨、珩磨、抛光等）。它是内孔精加工的一种精密强化加工方法，在机械加工中具有独特的加工意义。

一、滚压加工的特点

滚压加工与切削加工相比，有以下特点：

(1) 可降低零件表面的表面粗糙度，一般表面粗糙度 R_a 可达 0.2 ～ 0.05 μm，特别是对软金属（如铜、铝及其合金等）可得到很好的表面粗糙度，部分可代替精磨、研磨、珩磨和抛光等精加工工序。

(2) 强化金属表层，并保持金属纤维组织的完整。一般可使工件表面层的显微硬度 HV 比原始硬度提高 10% ～ 50%，表面硬化层可达 0.2 ～ 5 mm；可提高零件的疲劳强度 5% ～ 30%，使被加工零件提高承受交变载荷的能力。

(3) 扩大配合零件的有效接触面积（一般较磨削后大 20% 左右），从而提高了零件的耐磨性和稳定性，改善了与其相配零件的配合特性，如加速其磨合性、改善相对运动的工作条件、或提高过盈配合的可靠性等。

(4) 滚压加工过程中，工作平稳，受力均匀，产生热量少，一般不产生表面退火、烧伤和裂纹等缺陷。但若滚压量过大，塑性变形严重，孔表面易起皮或撕裂。

(5) 滚压加工与其他精密加工工艺相比，具有较高的生产率。滚压工具结构简单，制造容易，操作方便，刀具耐用度高，在普通车床、钻床、镗床上均可使用。

(6) 滚压加工适用于各种被加工材料，如碳素钢、合金钢、铸铁、有色金属等。但对于原始硬度很高的零件（超过 HB 400），其强化效果并不显著。一般以被滚压材料的表面硬度不超过 HB 350 为宜。

(7) 内孔滚压加工的尺寸范围较大，加工直径为 $\phi2$ ～ $\phi500$ mm，可加工浅孔和深孔。

由此可见，滚压加工主要功用是精整尺寸、压光表面、强化表层。不同的滚压方式其功用也有所侧重。根据工件的尺寸、结构、具体用途、尺寸精度及表面粗糙度的不同要求，可采用不同滚压方式和不同结构的内孔滚压工具。各种内孔滚压方式的特点见表 7.1。

表 7.1　各种内孔滚压方式的特点

滚压方式	主要功用	加工件和尺寸范围 /mm	加工精度	表面粗糙度 $R_a/\mu m$	冷硬层深度 mm
多滚柱、刚性、不可调式	精整尺寸，压光表面	通孔和盲孔 $d>6\sim8, L<30$	IT5 ～ IT7	0.10 ～ 0.05	～5
多滚柱、刚性、可调式		刚性好的通孔和盲孔 $d>20$，L 不限	IT6 ～ IT9	0.20 ～ 0.05	～15
多滚珠、刚性、可调式		通孔 $d>20$，L 不限	IT6 ～ IT9	0.20 ～ 0.05	～5
多滚柱、刚性、不可调冲击式		通孔和盲孔 $d>20$，L 不限	IT6 ～ IT9	0.20 ～ 0.05	～5
单滚珠、弹性式	压光表面，强化表层	通孔 $d>20$	IT6 ～ IT9	0.20 ～ 0.05	～2
多滚柱、弹性式		中等刚性的通孔 $d>60$，L 不限	—	0.20 ～ 0.05	～5
多滚珠、弹性式		刚性小的通孔 $d>60$，L 不限	—	0.20 ～ 0.05	～2
多滚珠、弹性振动式		刚性小的通孔 $d>20$，L 不限	—	0.20 ～ 0.05	～2

二、滚压机理

滚压加工是采用滚压工具对工件表层施加一定的压力，使工件表层产生塑性流动。可将工件表面原始残留微观波峰和微观波谷辊平，改变表面微观凹凸不平的分布状况，使表面粗糙度降低。图 7.1 为工件表面层金属的塑性变形，其中，d_w 为滚压前工件孔径，d_m 为滚压后工件孔径，R_{a1} 和 R_{a2} 分别为滚压前后工件表面轮廓算术平均偏差。

滚压过程中，由于表层金属的滑移、剪切塑性变形、晶粒变细，并沿着变形最大的方向延伸，组织致密呈纤维状，工件表层组织产生冷作硬化，出现了一个复杂的应力区。金属表层与基体之间产生了很大的残余压应力，使金属工件的强度极限增高，塑性降低，同时，工件的工作性能，如疲劳强度、耐磨性和耐腐蚀性都有显著改善。

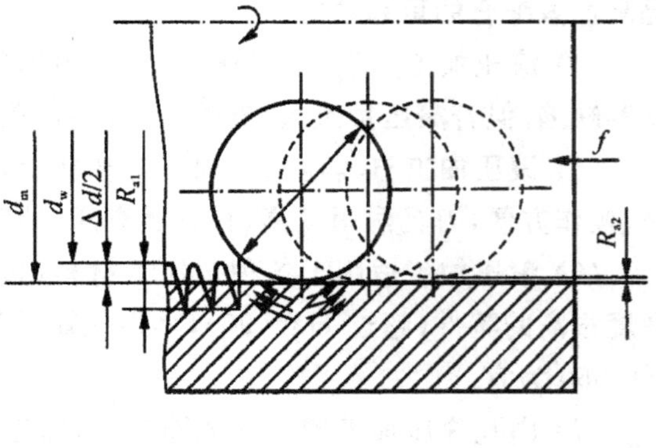

图 7.1　工件表面层金属变形

在同样的滚压条件下，不同的金属材料（如铜、紫铜和铸铁）具有不同的塑性，其滚压效果也不同。金属材料的塑性越高，变形越容易，滚压效果越显著。加工后的表面粗糙度降低幅度大，加工硬化程度显著，硬化层深度较深，如表7.2所示。

表 7.2 几种金属材料的滚压效果

工件材料		紫铜（Cu-3）	45# 钢	铸铁（HT15-33）
抗拉强度 σ_b/MPa		216	598	147
屈服强度 σ_s/MPa		113	353	—
延伸率/（%）		50	16	—
原始状态	硬度/HB	53	197	180
	表面粗糙度 R_a/μm	6.3	3.2	3.2
滚压后	硬度/HB	115	240	198
	表面粗糙度 R_a/μm	0.4	0.2	0.8

第二节 滚压加工方式

一、滚压工具的组成

典型的滚压工具，主要由两个基本部分组成（见图7.2）。

（1）滚压元件：它与工件表面直接接触，起滚压作用。

（2）支承部分：传递滚压力，并保持滚压元件运动的方向和位置。

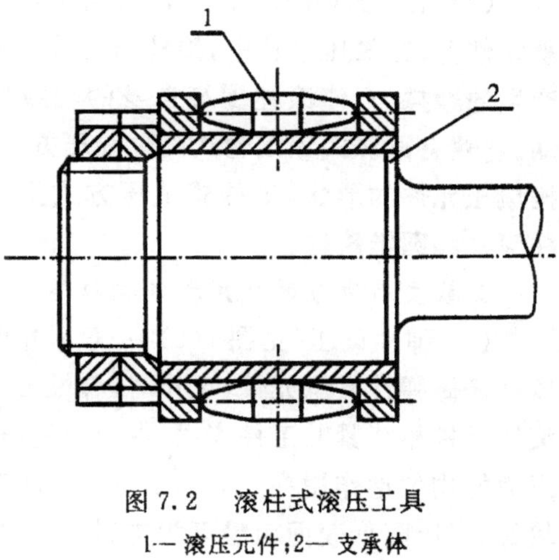

图 7.2 滚柱式滚压工具

1—滚压元件；2—支承体

二、滚压加工方式的分类

一般按滚压工具的组成分类。

1. 按滚压元件分

（1）滚珠式（见图7.3）：滚压元件为钢球，滚压时它与工件加工表面呈点状接触，因此所施加的压力虽小，但单位滚压力较大，足以使工件表面产生一定的塑性变形。

在滚压过程中，滚动摩擦阻力使钢球随阻力的方向转动，钢球与工件之间只有相对滚动，而无相对滑动。工件表面不会产生擦伤现象，因而表面粗糙度较小。同时，钢球磨损均匀，且磨损量较小，使用寿命较长。这种滚压方式适宜压光刚性较差的工件。

（2）滚轮式（见图7.4）：滚压元件为滚轮，滚轮轴线偏斜一个角度 β，以减小滚轮与工件的实际接触面积，提高单位滚压力。在滚压时，工件表面与滚轮表面之间产生一定的速度差，既有相对滚动，也有相对滑动，两种运动形成滚压与挤压的综合效果，加大了工件表层金属的塑性变形，可强化和改善工件表面质量。

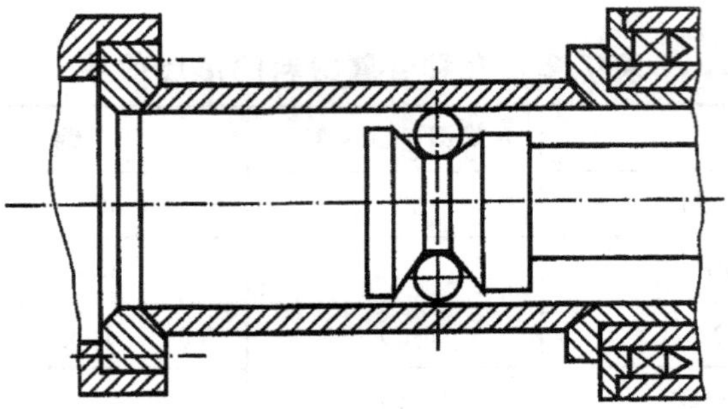

图 7.3　滚珠式滚压

通过调整偏角β的大小，可改变滚轮与工件的实际接触面积，偏斜角$\beta = 0°$时，接触面积最大，呈矩形，只有相对滚动；$\beta = 90°$时，接触面积最小，呈椭圆状，只有相对滑动；$0° < \beta < 90°$时，滚动和滑动两种运动并存。

滚轮式与滚珠式相比其特点是：滚压效果显著，可采用较大进给量；滚轮寿命长，可以进行修磨；滚轮的材料、几何形状及偏斜角等的选择余地大，滚压力大，但要求工艺系统刚性要好，机床的功率要大。

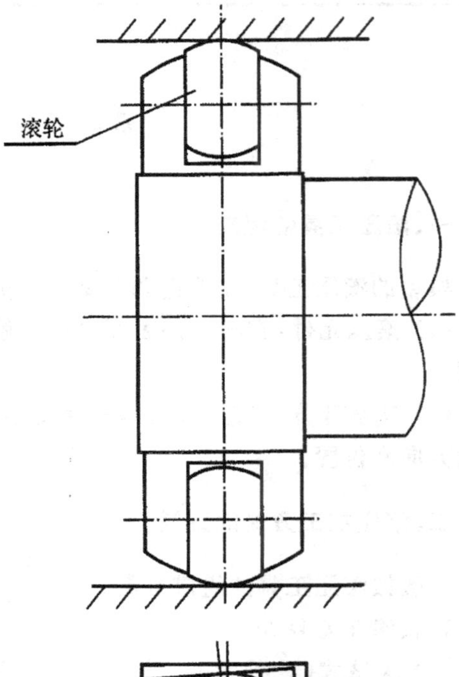

图 7.4　滚轮式滚压

(3) 滚柱式（见图 7.5）：滚柱自由地支持在支承元件上，在滚压过程中，滚柱与工件表面接触时产生的摩擦力，使滚柱围绕自身的轴线作回转运动。它兼有滚珠式和滚轮式两种滚压方式的特点。按滚压元件的形状，滚柱式滚压方式又可分为圆柱滚柱和圆锥滚柱。

2. 按支承部分的功用和结构分类

(1) 弹性滚压（见图 7.6）：一般采用弹簧或液压杠杆做弹性支承元件，工作时，弹性支承元件使滚压元件始终紧贴工件表面，保持恒定滚压力。滚压力能均匀地作用在工件表面上，工件表面质量较好。当以降低表面粗糙度为主时，常采用弹性滚压方式。

(2) 刚性滚压（见图 7.7）：滚压元件置于刚性支承上，滚压元件始终保持一定的位置，它所传递的压力是随工件原始表面微观不平度而上下波动；主要用于精整尺寸和辊光整形；根据结构不同，分为可调式（见图 7.7）和不可调式两种（见图 7.3）。

除上述分类外，滚压方式还可根据滚压元件数量的多少分为单滚柱、单滚珠和多滚柱、多滚珠两大类。

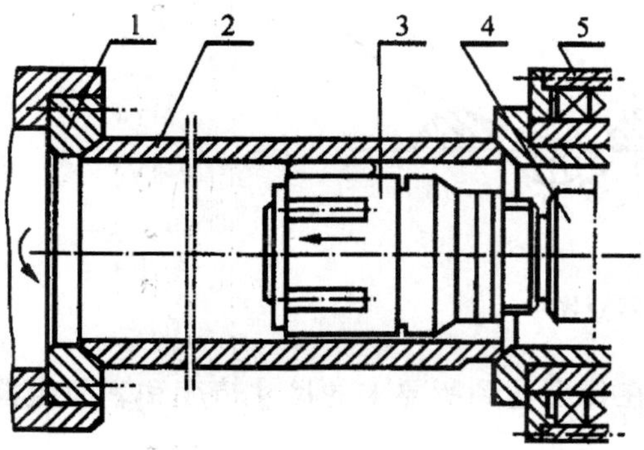

图 7.5 滚柱式滚压

1— 齿环；2— 工件；3— 多滚柱刚性滚压头；4— 镗杆；5— 授油器

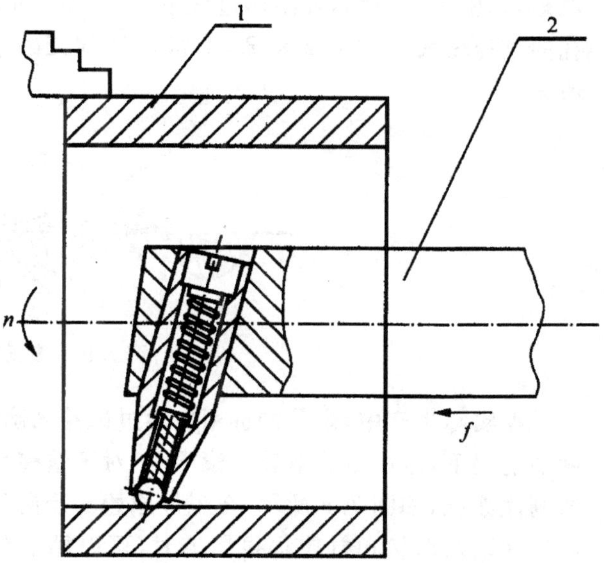

图 7.6 弹性滚压

1— 工件；2— 单滚珠弹性滚压头

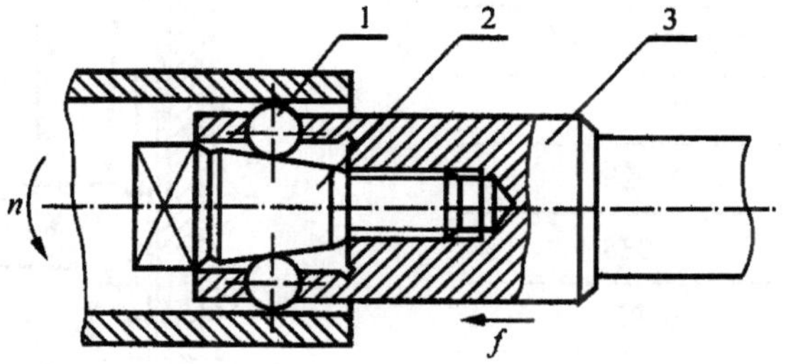

图 7.7 刚性滚压

1— 滚珠；2— 可调整螺钉；3— 镗杆

第三节 滚压加工工艺参数

合理地选择滚压加工工艺参数，不仅可以保证零件表面粗糙度、尺寸精度、表面硬化程度，而且还能有效地提高滚压加工的生产率。本节重点介绍滚压用量、工件的原始表面质量和冷却润滑液的选择。

一、滚压用量

滚压用量是滚压加工工艺参数的重要组成部分，通常指滚压余量 δ，滚压力 F，行程次数 n，进给量 f，滚压工具或工件的速度 v。

1. 滚压余量 δ

滚压零件的加工余量，就是它在滚压过程中所产生的塑性变形量。根据塑性变形体积不变原理，如图 7.8 所示，在滚压过程中，工件表面粗糙度的波峰被压下而波谷向上升起，因而工件孔的直径增大量约为 $2\times R_a/2$，故滚压加工的余量，通常为预加工工序后，工件表面粗糙度值 R_a。

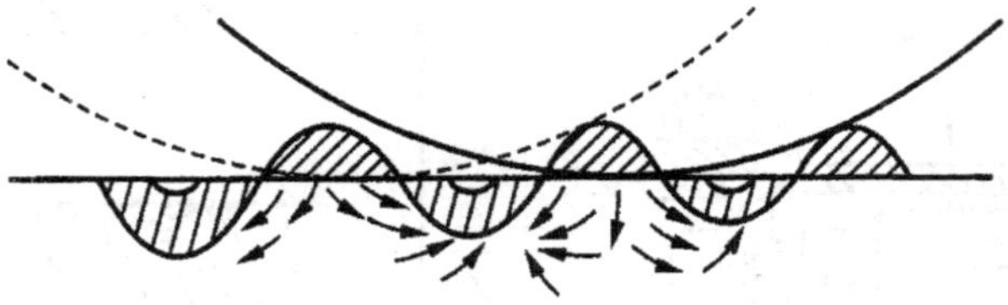

图 7.8 滚压表面示意图

在实际生产中，余量的选用应通过试验来确定。在保证达到所要求的尺寸精度和表面粗糙度的前提下，应尽量选取较小滚压量，对于精整为主的刚性滚压，如图 7.9 所示，在工件原始的径向和轴向尺寸以及形状和材质都很均匀时，可以靠永久变形来校正孔形。反之选用滚压余量过大，将造成永久变形过大，引起工件孔的畸形。表 7.3 给出了刚性滚压时滚压余量的参考数值。

表 7.3 刚性滚压余量的参考数值

加工零件的孔径 d_0/mm	直径上的余量 δ/mm
5.5 ～ 12.7	0.019
13.5 ～ 24.6	0.025
25.4 ～ 44.5	0.038
45 ～ 63.5	0.05
64 以上	0.076 ～ 0.15

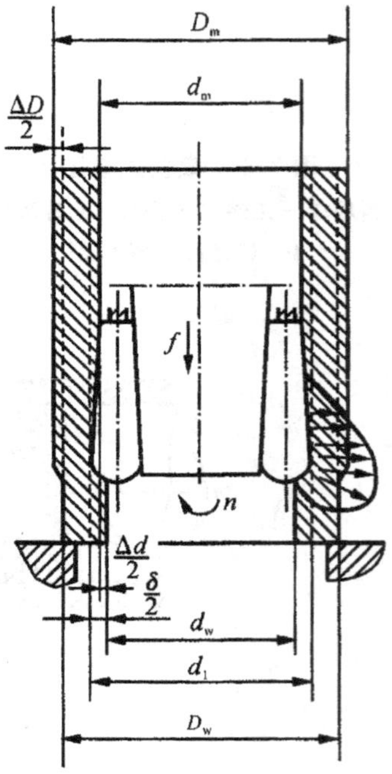

图 7.9 多滚柱刚性滚压

d_w— 滚前孔径；d_m— 滚后孔径；D_w— 滚前外径；D_m— 滚后外径；d_1— 滚压头工作直径；Δd— 孔径扩张量；ΔD— 外径增值；δ— 滚压余量

若以降低表面粗糙度为主时，则滚压余量可选小一些，但不要超过压实烫平原始表面粗糙度的峰沟值。

多滚珠刚性滚压的工作情况与上述相似，滚压表面质量和表面硬度随滚压余量的增加而增大，但滚压余量超过一定极限后，则情况变坏。图 7.10 为滚压余量对表面粗糙度的影响。由图 7.10 可知，用直径 ϕ9.5 mm 的滚珠，加工 15[#] 钢的合理滚压余量为 0.007 ～ 0.09 mm；加工 35[#]，45[#] 钢的合理滚压余量为 0.08 ～ 0.1 mm。若滚珠直径加大到 ϕ12.7 mm，加工 15[#]，35[#]，45[#] 钢滚压余量可增大到 0.08 ～ 0.14 mm。

2. 滚压力 F

滚压加工时，如果主要以压光表面和强化表层为目的，控制滚压力 F 是保证滚压质量的重要参数。在其他参数确定的情况下，为保证滚压质量，应有一定的合理滚压力范围。滚压力的大小和表面粗糙度的关系如图 7.11 所示。在曲线的初始阶段，随着滚压力的增加，表面粗糙度显著降低。当达到一定程度后，滚压力的增加反而会使表面粗糙度增大，实际加工的滚压力应选取最佳滚压力为宜。

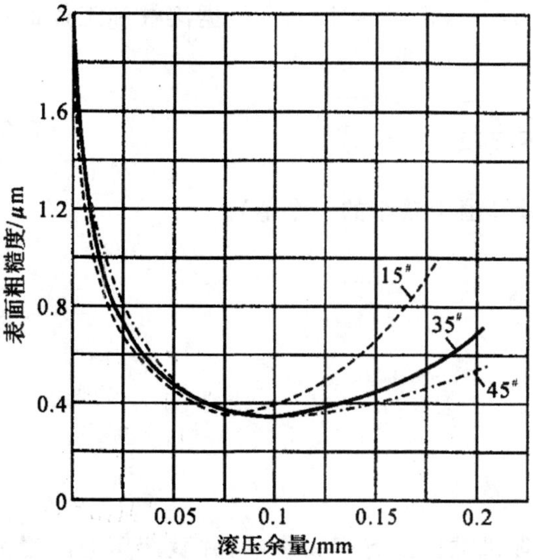

图 7.10 滚压余量对表面粗糙度的影响

孔径 —ϕ50 mm；壁厚 —7.5 mm；滚珠直径 —ϕ9.5 mm；行程次数 —6；v—120 m/min；f—0.08 mm/r

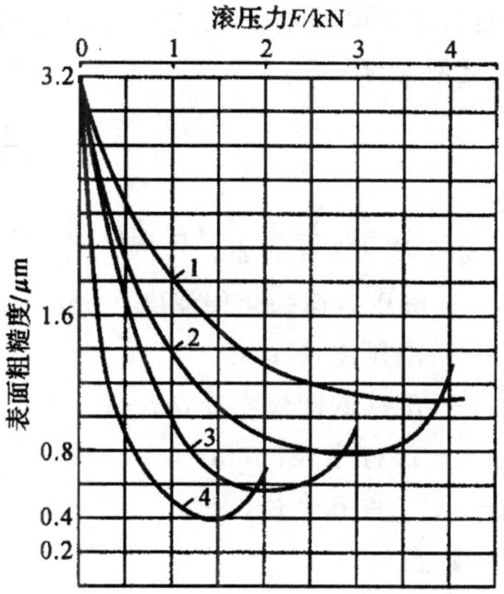

图 7.11 滚压力对表面粗糙度的影响

1—$f=0.47$ mm/r；2—$f=0.24$ mm/r；3—$f=0.12$ mm/r；4—$f=0.06$ mm/r

影响合理滚压力的因素很多，一般来说，加工材料的塑性愈小、原始表面的粗糙度愈大、滚压速度和进给量愈大、滚压行程次数愈少，则滚压力应选得愈大。

为正确选用滚压力 F，一般采取行程试验法，利用工件的一小段或专门的试件，逐渐加大滚压力，做 3 ～ 5 次试验，根据其滚压质量，确定合理的滚压力。

若表面粗糙度要求较低，滚压直径在 50 ～ 10 mm 时，滚压力应在 490 ～ 1 960 N 之间，也可采用近似公式进行计算。

用滚柱滚压内孔

$$F=\frac{d_0 b p^2}{0.018\,3E\left(\dfrac{d_0}{d_1}-1\right)^2} \tag{7.1}$$

用滚珠滚压内孔

$$F=\frac{d_0 p^2}{0.017\,2E\left(\dfrac{d_0}{d_2}-1\right)^2} \tag{7.2}$$

$$p=(1.8\sim 2.1)\sigma_s$$

式中 F —— 滚压力，N；

d_0 —— 工件孔径，mm；

p —— 所需的单位滚压力，N/mm^2；

d_1, d_2 —— 滚柱和滚珠的直径，mm；

b —— 滚柱工件表面接触宽度，mm；

E —— 工件材料的弹性模量，MPa；

σ_s —— 工件材料的屈服强度，MPa。

当要求强化内孔滚压层深度 h 时，一般滚柱滚压的滚压力在 4.903 ～ 29.42 kN之间，如果要求特大的强化层深度时，滚压力也可加大到 58.84 ～ 78.45 kN。也可根据滚柱和工件的尺寸，按下式近似计算

$$F = \frac{h}{0.18}\sqrt{\frac{h}{0.18A}} \tag{7.3}$$

其中 $A_1 = \frac{1}{2r}$，$A_2 = \frac{1}{2r_1} + \frac{1}{2r_0}$（$A$ 值取 A_1 和 A_2 计算值中较小的一个值）。

式中 h—— 滚压表面强化层深度，mm；

F—— 滚压力，N；

R—— 滚柱的圆弧半径，mm；

r_1—— 滚柱半径，mm；

r_0—— 工件孔半径，mm。

3. 进给量 f

滚压时的进给量 f 对滚压后表面粗糙度和物理机械性能有很大影响，并随滚压力的增大而减小。减小进给量，对降低表面粗糙度和提高抗疲劳强度都有良好的作用。且原始表面越粗糙，进给量对表面粗糙度的影响就越大。

进给量 f 对滚压后的表面硬度也有一定的影响，一般随着进给量的增加，滚压后的表面硬度会降低。常见滚压方式的进给量如表 7.4 所示。

表 7.4 常见滚压方式的进给量

滚压方式		进给量 $f/(\mathrm{mm \cdot r^{-1}})$
滚柱滚压	圆柱凸缘形滚柱	0.4 ～ 0.8
	大圆弧半径滚柱	1 ～ 2
	中圆弧半径滚柱	0.4 ～ 0.5
	小圆弧半径滚柱	0.1 ～ 0.2
滚珠滚压	单滚珠滚压	0.03 ～ 0.05
	多滚珠滚压	0.02 ～ 0.47

4. 滚压速度 v

滚压速度对表面粗糙度、加工精度、冷硬程度和冷硬层深度影响都不大，主要影响生产效率。滚压速度主要由机床、滚压工具、工件的刚性与振动因素等条件来确定。

当工艺系统刚度较好时，滚柱式滚压速度 v 采用 30 ～ 60 m/min；当工件材料较硬时，滚压速度应选用低一些；当工件材料韧性较大时，则滚压速度可选高一些。各种材料的滚压速度参考表 7.5。滚珠式滚压的滚压速度 v 通常采用 40 ～ 50 m/min。

表 7.5 滚柱滚压时的滚压速度 v

工件材料	滚压速度 $v/(\mathrm{m \cdot min^{-1}})$
钢	30 ～ 60
铸铁	10 ～ 15
铸铜	30 ～ 50
黄铜	45
铝	90

5. 行程次数 n

行程次数即滚压次数，一般采用 $n = 1$ 或 $n = 2$，后者常用于复合式滚压头。当表面粗糙度要求低，工件刚性又比较低时，可重复滚压，应逐渐加大滚压余量，但次数不应超过 4。行程次数多，会增大滚压力，导致金属表面产生微小裂纹或起皮现象。

二、原始表面质量

滚压前的表面粗糙度，对滚压后的表面粗糙度有很大的影响。内孔经滚压后，表面粗糙度可降低 2 ～ 3 级，最高可降到 5 级。滚压后表面粗糙度 R_a 值可达 0.20 ～ 0.05 μm。

内孔在滚压前的预加工表面粗糙度，对滚压后的尺寸精度也有很大影响。可根据所要求的表面粗糙度来选择原始表面粗糙度，参照表 7.6。

表 7.6 滚压加工原始表面粗糙度

滚压后表面粗糙度 R_a/μm	0.20 ～ 0.10	0.10 ～ 0.05	0.05 ～ 0.025
滚压前表面粗糙度 R_a/μm	< 6.3	3.2 ～ 1.6	1.6 ～ 0.8

三、滚压加工用冷却润滑液

滚压加工用冷却润滑液的目的，是减小滚子与工件之间的摩擦力，减小滚压功率，提高滚子的寿命和降低零件的表面粗糙度。要求冷却润滑液必须能降低摩擦系数和增加滑动系数，应具有良好的润滑性能，极压性能，即能均匀分布和附着于工件及滚子表面上，在很大的压力和长时间的工作中不会发生变质，加工后容易从零件表面去除。流动性好，便于冲洗加工过程中产生的碎末。最好的润滑油，应含有一定量的催化物，它能促使滚压表面迅速地形成氧化膜，以增加滚柱和滚压表面的滑动效果，降低外表摩擦。

机油润滑性好，但黏度大；锭子油除润滑性较好外，传热能力也较强；煤油的洗涤能力较强，并能洗净工件表面的油污和粉尘。因此，一般采用上述油料的混合剂作为滚压加工的冷却润滑液比较好。

滚压钢件时，选用机油或混合油作为冷却液。混合油采用 40% 的机油加 60% 的锭子油，或采用 50% 的锭子油加 50% 的煤油。滚压铸铁时，采用煤油较适宜，也可采用 50% 的机油加 50% 的煤油；滚压铜及其合金时，采用混合油或硫化油较适宜；滚压铝及其合金时，采用重油或机油较适宜；对于用金刚石或人造金刚石滚压工具滚压工件时，则多采用锭子油或豆油作冷却润滑液。

第四节 典型深孔滚压工具

一、概述

深孔滚压加工，通常用于孔径为 $\phi 50 \sim \phi 150$ mm，孔深为 600 ～ 2 000 mm，表面粗糙度 R_a 为0.2 ～ 0.1 μm 的精密深孔的加工，采用深孔滚压来代替珩磨，生产效率可提高 6 倍以上。

深孔滚压工具的滚压元件一般采用圆锥形滚柱，如图 7.12 所示。滚柱用 GCr15 钢制造。滚柱前端磨有 $r = 2$ mm 的圆弧，与锥面光滑连接，锥面斜角为 45°。滚柱装在滚压工具的隔环中，与具有 0°30′ 斜角的锥度衬套相接触。滚柱表面与加工表面之间的夹角为 1° 左右。这样，既保证了滚柱与工件之间有一定的接触长度，又避免了接触长度过长。

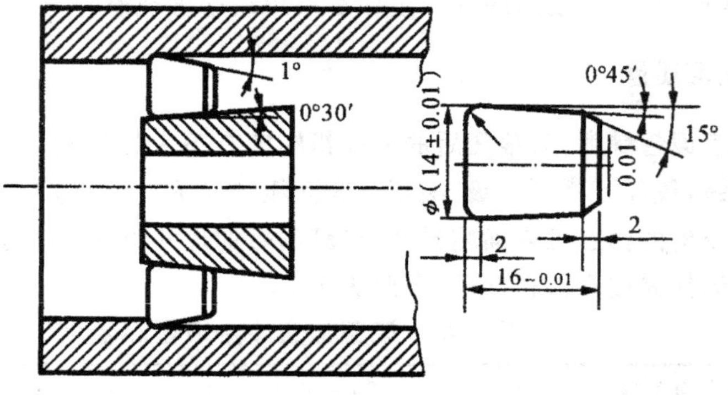

图 7.12 圆锥形滚柱的深孔滚压

圆锥形滚柱数量根据孔径尺寸大小确定，一般取 4 ～ 8 个。滚柱外径尺寸必须一致，误差控制在 0.05 mm 以内。滚压接触面随滚柱数量的增加而增大，增大后可以提高进给量和滚压效率。

深孔滚压工具的结构，从单列多滚子刚性结构发展到多列滚子刚性结构。这种深孔滚压工具的滚压元件，排成两列以上，第一列滚柱（或滚珠）完成预加工，第二列和以后各列滚柱（或滚珠）完成终加工。也就是说，一次行程兼做两次或两次以上行程的工作，使塑性变形条件得到了改善。由于变形功分担在较多的滚压元件上，提高了滚压效率。

镗削与滚压复合加工是深孔滚压的又一种方法，可以采用镗 — 滚压、镗 — 铰 — 滚压、镗 — 镗— 铰 — 滚压的复合加工。按其进给方式分为拉镗滚和推镗滚两种。拉镗滚对撑杆刚性和机床精度要求较低，适用于孔长径比大的情况（如 $L/d > 20$）；推镗滚操作简便，适应于大批量生产。

二、典型深孔滚压工具

由于滚珠式和圆柱式滚压工具存在滚压质量稳定性差，且滚压工具寿命低等缺陷，因此深孔滚压加工通常采用圆锥滚柱为滚压头的滚压元件，常见的有单排圆锥滚柱滚压头和双排圆锥滚柱滚压头。

1. 单排圆锥滚柱滚压头

图 7.13 为单排圆锥滚柱滚压头的典型结构。松开滚压头两端的压紧螺母 1 和 11、紧固螺钉 10 和调节调整圈 8，再调节调整套即可在轴向移动，使轴承推动滚柱 4、顶杆 5 和柱架 7 在内套 6 的外锥面上移动，调整圆周分布滚柱到所需的滚压尺寸，再旋动前端的压紧螺母，迫使前轴承及挡圈 3 压紧滚柱。滚压完毕后，重新松开压紧螺母 1，该滚压工具就能快速退回。

由于采用单排圆锥滚柱作为滚压元件，故结构较简单，但为了保证加工表面粗糙度的要求，进给量必须小，或增加行程次数，所以生产效率较低。

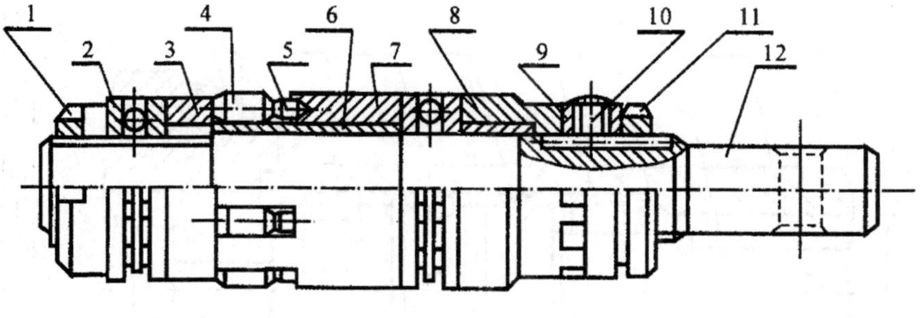

图 7.13 单排圆锥滚柱滚压头

1— 压紧螺母；2— 轴承；3— 挡圈；4— 滚柱；5— 顶杆；6— 内套；7— 柱架；8— 调整圈；9— 保险螺母；10— 紧固螺钉；11— 压紧螺母；12— 镗杆

2. 双排圆锥滚柱滚压头

在大批量生产中，为了最大限度地提高生产率，常采用双排圆锥滚柱滚压头，如图 7.14 所示。其优点是：在一次行程中两排滚柱同时对孔壁进行两次滚压，进给量大（0.8 ～ 1.2 mm/r），生产率高；根据预孔直径尺寸和加工表面粗糙度要求，可任意调节滚压余量，特别适宜孔壁薄又不均匀的情况；滚柱支承套有压痕后可多次修磨，寿命长，滚柱更换简单方便，调节直径准确可靠。其缺点是结构复杂，制造麻烦，成本高，笨重，装卸不方便，自重下垂易使钻杆发生弯曲变形。

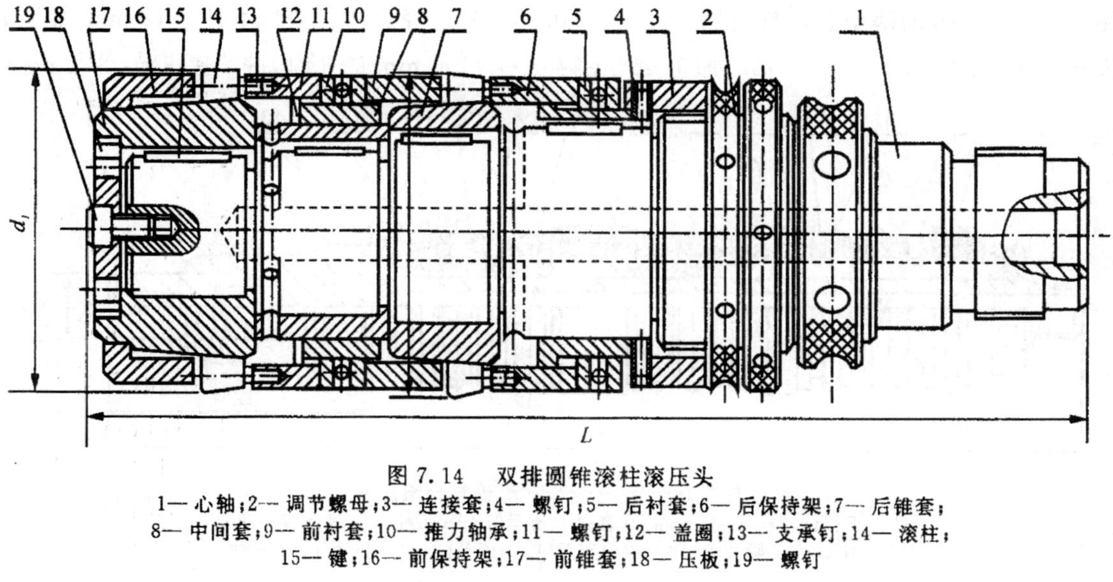

图 7.14 双排圆锥滚柱滚压头

1— 心轴；2— 调节螺母；3— 连接套；4— 螺钉；5— 后衬套；6— 后保持架；7— 后锥套；8— 中间套；9— 前衬套；10— 推力轴承；11— 螺钉；12— 盖圈；13— 支承钉；14— 滚柱；15— 键；16— 前保持架；17— 前锥套；18— 压板；19— 螺钉

3. 深孔复合滚压工具

深孔复合滚压加工的特点是把镗和滚压工序合并在一起进行，利用滚压过程中所产生的切削力，使镗削更加平稳。可适当增加滚柱（或滚珠）的列数至 2 ～ 7 列，如图 7.15 所示。其优点是工序集中，辅助时间短，生产效率高。

切入时，导向套起支承、导向作用，滚压直径 d_5 与导向套孔径 d_6 的过盈量约为 0.3 ～ 0.05 mm，当复合滚镗头全部进入工件后，则滚压部分除起支承和稳定镗削及铰孔切削的作用外，并起到精整孔形和压光表面的作用。可见镗、铰和滚压三者的工作过程密切联系，它们的工作状态都将影响到最终的加工精度和表面粗糙度。

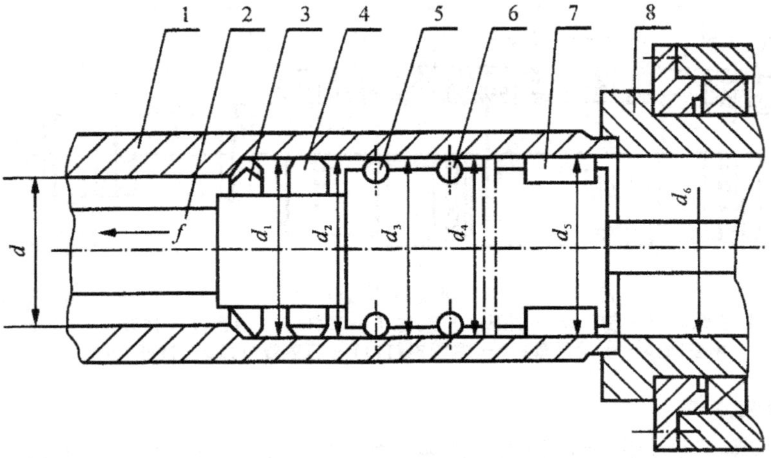

图 7.15　镗 — 铰 — 滚压复合加工示意图

1— 工件；2— 复合刀体；3— 粗镗刀；4— 浮动铰刀；5— 一组滚珠；6— 二组滚珠
7— 精滚压滚柱；8— 导向套；d— 工件毛坯孔径；d_1— 粗镗孔径；d_2— 精镗孔径；
d_3— 一组滚珠外径；d_4— 二组滚珠外径；d_5— 精滚柱外径；d_6— 导向套孔径

常见的深孔复合滚压工具有以下几种：

(1) 镗 — 铰 — 滚压复合滚压头：如图 7.16 所示，这种复合镗滚头属于拉镗滚式结构。适用于 $L/d_0 > 20$ 的薄壁弱性缸筒加工（壁厚为 $0.05d_0$），直径总加工余量不大于 12 mm，加工表面粗糙度 R_a 为 0.8 ～ 0.40 μm。加工 45# 钢 ϕ63 ～ ϕ100 mm 的孔时，进给速度 v_f 为 1 m/h。

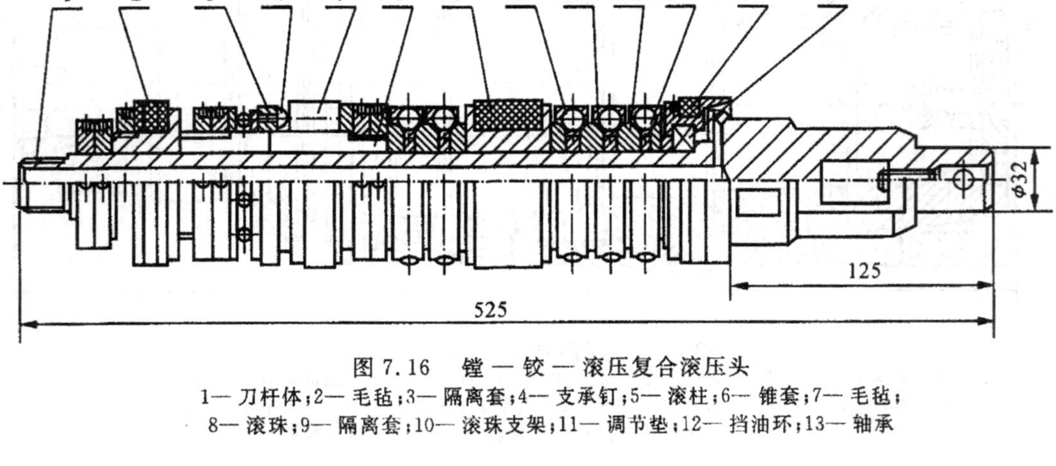

图 7.16　镗 — 铰 — 滚压复合滚压头

1— 刀杆体；2— 毛毡；3— 隔离套；4— 支承钉；5— 滚柱；6— 锥套；7— 毛毡；
8— 滚珠；9— 隔离套；10— 滚珠支架；11— 调节垫；12— 挡油环；13— 轴承

镗—铰—滚压复合工具的镗—铰采用浮动镗刀和浮动铰刀，直径留铰削余量为0.15～0.3 mm，径向力基本上达到平衡。滚压、导向部分长度与切削部分长度之比约为2.5～3。滚压、导向部分共分三段，前两段为滚珠结构，其排数可根据加工的缸筒长度来确定，缸筒长为1～4 m，取3～4排；缸筒长为4～8 m，取6～7排，主要起导向和压光作用，它与工件孔的过盈量取0.08～0.1 mm。后一段为滚柱，主要对增大孔形进行精整和压光，这一段的滚压直径再增大0.02 mm，滚压孔径总扩张量约为0.015～0.03 mm。

这种形式的镗滚复合工具，加工45[#]钢时，切削速度v为15～25m/min，进给量f为0.2～0.3 mm/r。

(2) 精密高效镗—滚复合滚压头：图7.17为精密高效镗—滚复合滚压头，将粗、精加工部分与导向分离，镗削设置单切削刃与硬质合金导向条，使粗加工切削与导向分离，不再依靠滚子作导向，可避免镗滚—复合工具粗镗用精加工的滚子作导向装置所产生的各种弊端。对于大、中孔径加工可采用BTA结构方式，克服了滚柱式及镗滚—复合工具入口困难，走偏严重，孔口扩张量大，形状误差(圆度、波度)大以及表面大花纹现象。该工具与镗杆用矩形螺纹连接，用于大进给量、孔壁不均匀的薄、厚壁管件精密加工，生产效率高。

通常粗镗刀片选用YW2或T26硬质合金，滚柱材料选用GCr15淬硬至HRC62～65，导向条材料选用YG8，切削用量v选用80～120 m/min，f选72～136 mm/min，a_p选2～3 mm，Δt选0.15～0.25 mm。

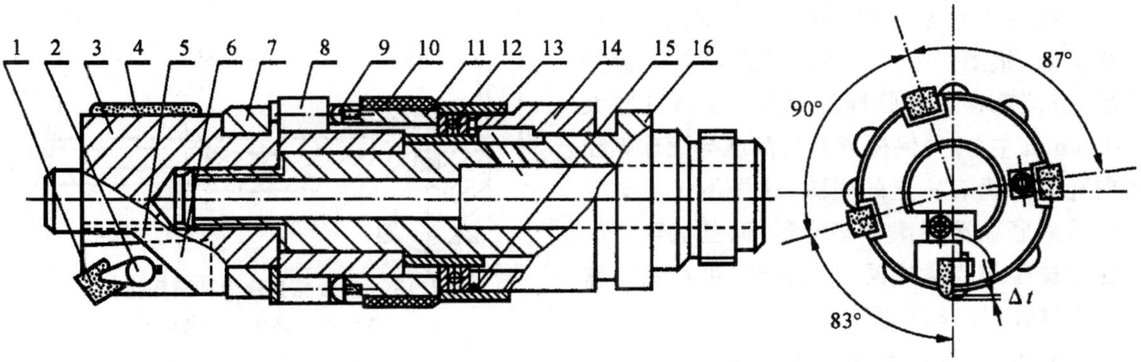

图7.17 精密高效镗—滚复合滚压头

1—刀片；2—压块；3—镗刀体；4—导向条；5—调整斜块；6—刀块；7—半圆卡环；8—滚柱；9—支承钉；10—胶木；11—保持架；12—止推轴承；13—套；14—调整套；15—卡簧；16—滚头体

第五节 深孔滚压加工时常见的几个问题

一、滚压孔表面的缺陷

1. 波纹与“麻点”

在深孔滚压加工中，工件已加工表面有时会出现呈大螺距螺旋线状的波纹和“麻点”。产生原因主要是由于机床—工具—工件系统振动所致。振动产生的原因很多，如机床的振动、工件和工具刚性不够、滚压头轴向偏摆量过大、滚压工具活动部分配合间隙过大、液压系统不稳定、工件装夹偏斜、工件原始表面有波纹，甚至润滑不当等。通常采用以下措施消除波纹和“麻点”。

(1) 提高滚压工具的制造精度，轴向偏摆量应控制在0.01 mm范围内；配合间隙应确保不产生摆动，但也要防止因间隙过小而“卡死”。

(2) 增加滚压工具的刚性，防止因滚压引起工具周期性的振动。在系统刚性较差，工件径向不平衡或装夹误差较大时，应适当减小滚压力或降低滚压速度。

(3) 在保证表面质量的同时，应尽可能采用较小的滚压力。

(4) 要避免所选机床转速与机床固有频率相同而引起的共振现象，消除和减轻机床周期性振动。

(5) 必须防止预孔表面出现轻微的波纹，因为这种波纹，在滚压加工时很难消除。

(6) 正确的选择润滑剂。

2. 滚珠(柱)与工件孔口相互擦伤

当采用如图7.18所示的多滚珠弹性内孔滚压工具滚压时，因滚珠在弹簧力的作用下，被夹持在支承与滚珠架之间不能转动而造成工具在进入和退出工件孔口时，使工件孔口和滚珠表面互相摩擦而出现彼此擦伤的现象。此时，壁厚很薄的滚珠架，在滚珠压力的作用下也容易变形。

解决的方法是在两支承之间增加一个调整垫圈，垫圈的厚度应使两支承与垫圈靠紧后，各滚珠构成的圆周外径约比工件孔径大0.3 mm左右，并保持紧靠后滚珠与滚珠架径向孔之间仍有一定的间隙。这样不仅不会因滚珠外胀而造成滚珠架变形，而且滚珠还能在滚珠架与支承之间自由转动，可避免滚珠与工件孔口的相互擦伤。

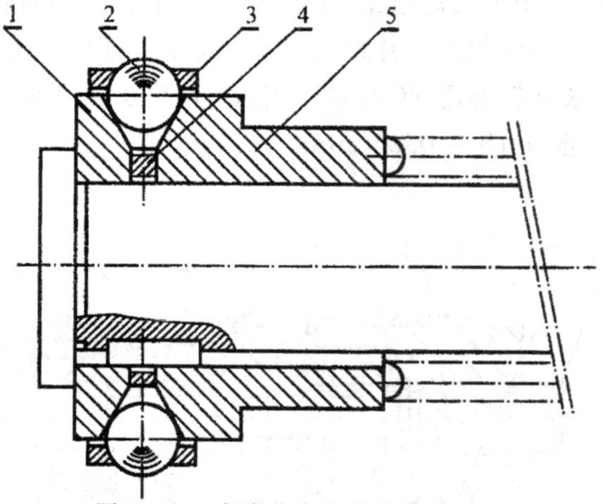

图7.18 多滚珠弹性内孔滚压工具

1—左支承；2—滚珠；3—滚珠架；4—调整垫圈；5—右支承

3. 暗斑、锈蚀点、压痕和划伤

产生这些缺陷的主要原因如下：

(1) 预孔加工时留下的乳化液痕迹没有擦净，滚压后便会出现光泽暗淡的斑点。

(2) 预孔加工后已经产生锈斑，但未发觉，滚压后便可清晰地看出不同程度的锈蚀点。

(3) 采用的润滑剂中，残留有细碎的金属屑或预孔表面有预加工时留下的铁屑和磨粒等杂物，往往会在滚压后的深孔表面出现很深的压痕。在拉挤或推挤时孔壁上则出现纵向划伤。

(4) 滚压工具滚动不灵或滚压元件表面有缺陷，也会引起工件表面划伤。

采取预防措施如下：

(1) 滚压加工前，必须检查预孔表面质量，应无锈蚀点、表面伤痕。然后进行擦洗，表面粗糙度要求较小的工件须用绸布擦净。

(2) 使用清洁的润滑剂。保持机床润滑系统和注油工具的清洁，以防杂物损坏滚压表面。

(3) 滚压元件表面不得有尖角、锈蚀、压坑等缺陷。

(4) 滚压过程中，应尽量避免中途停车，否则会在工件表面上压出一条沟带，如因故必须停车时，可先将滚压元件脱离工件表面，然后再停车。

二、薄壁工件的变形

(1) 滚压加工和切削加工一样，也易使薄壁工件产生变形。这种变形常发生在多滚珠弹性滚压工具滚压薄壁筒形工件的深孔加工时，由于工件的装夹不可能十分准确，工件中心与回转中心不重合，形成一个夹角；又由于工具是浮动的，工件随工具会产生偏摆运动。这样，滚压头上多滚珠所构成的圆周在工件横截面上的投影便是一个椭圆，原来多滚珠平均承受的滚压力就会集中在椭圆长轴方向的两个滚珠上，尽管随着工件的旋转，受压最大的滚珠会逐次更换，但工件受力的部位却一直不变。这种不均衡的滚压力则使工件产生了整体变形，成为椭圆形。由于孔口偏摆最大，所以孔口的椭圆度也最严重。

(2) 当工件壁厚不均匀时，滚压后工件各部分所产生的整体变形也不均匀，所以孔形也会随之发生畸变。这种变形随最小壁厚的减小而增大。减小这种变形的措施是减小滚压力，施加瞬时滚压力(如冲击式滚压)，增大最小壁厚等。

(3) 当薄壁深孔滚压加工时，内孔滚压后其外圆亦会产生一定的残余变形 ε_0'(外径扩大)，其值可由表 7.7 确定。

表 7.7 深孔零件滚压后外圆的残余变形

被加工零件材料	最小余量 /mm	工件壁厚 /mm		
		30 ～ 15	15 ～ 10	5
钢	0.05 ～ 0.07	0.005	0.008	0.015
铸铁	0.06 ～ 0.07	0.008	0.015	0.040

(4) 薄壁工件在滚压时容易变形，且在滚压后又不容易恢复，即滚压时所发生的塑性变形量大，弹性变形量小。壁厚的工件，在滚压时不易变形，但在滚压后又很容易恢复，即往往是塑性变形小，弹性变形大。

工件内孔在滚压过程中所发生的变形，不但与滚压余量和滚压工件的材质有关，而且也与滚压压力与孔壁的厚薄有关。弹性变形量的大小决定于滚压元件对内表面金属的压应力大小。

一般来说，工件外圆表面的变形量，随孔壁的厚度而变化，孔壁越厚，滚压变形越小；反之，孔壁很薄，则变形也随之增大。

三、喇叭口

深孔滚压加工后，常在孔口两端呈现不同程度的喇叭口及上、下端面凸起。喇叭口和端面凸起是由金属材料受力后，向着阻力最小的方向流动的结果。这种现象的出现，就其加工方法来说是正常的，但对某些工件的使用要求来说，又是不允许的，因此，必须设法消除。

(1) 从加工工艺着手，两端留以适当的余量，待滚压加工后再修整两端面，去掉喇叭口及端面凸起。

(2) 当工件孔壁较薄时，可安排先加工内孔，后加工外圆，以在壁厚较大的情况下加工。

第八章　深孔珩磨加工

珩磨加工是内孔精加工的一种有效方法，它是利用可涨缩的磨头使珩磨条压向工件表面，以产生一定的接触面积和相应的压力，在适当的冷却液作用下，珩磨条对被加工表面作旋转和往复进给的相对综合运动，从而达到改善表面质量，改善表面应力状态和提高被加工零件精度的目的，是一种多刃切削的精加工方法。近几年来，由于珩磨技术的发展，如人造金刚石和立方氮化硼等超硬磨料的应用，把珩磨技术推向一个新的阶段。现在珩磨已不仅用作高精度要求的最终加工工序，并且还可作为切除较大余量的中间工序，是一种高效、优质的加工方法。本章主要介绍内孔珩磨原理、珩磨油石及珩磨头结构、珩磨工艺参数的选择等。

第一节　珩磨加工的特点及原理

一、珩磨加工的特点

珩磨加工与一般切削加工相比有以下特点。

1. 可以获得高的加工精度

珩磨可以在较短的时间内经济地获得较高的形状精度及尺寸精度。加工直径小于 50 mm 的孔时，其圆柱度可达 0.5 μm，轴心线直线度可达 1 μm；加工 $\phi50 \sim \phi200$ mm 的孔时，其圆柱度误差在 $3 \sim 5$ μm 之间；孔深在 $300 \sim 400$ mm 时，圆柱度可达 10 μm 以下。经珩磨加工的内孔，尺寸精度可达 IT6 ～ IT7。但珩磨加工不能提高被加工孔的位置精度。

2. 可以获得高的表面质量

(1) 珩磨的加工表面具有交叉网纹，有利于润滑油的储存及油膜的保持，能承受较大的载荷，工件耐磨性好。

(2) 珩磨表面粗糙度 R_a 值通常可达 $0.8 \sim 0.1$ μm，最高可达 0.1 μm 以下。

(3) 珩磨加工表面几乎没有热损伤、变质层、嵌砂或冷硬现象。但存在高的残余压应力，这些都有利于零件使用寿命的提高。

3. 加工范围广

珩磨能加工各种内孔(通孔、盲孔、多台阶孔、圆锥孔、椭圆孔和余摆线孔等)、平面、外圆柱表面、球面、齿轮表面、发动机曲线表面等；能加工的孔径范围为 $\phi2 \sim \phi2\,000$ mm，孔深最大为 24 000 mm，长径比 L/d 约为 $1/(50 \sim 300)$；几乎能加工所有工业用材料。

4. 具有较高的生产率，对机床精度的要求低

珩磨是大面积多刃切削加工，因而具有较高的材料切除率，如珩磨直径为 100 mm 左右的缸套孔，其材料切除率可达 300 ～ 500 mm^3/s。

因珩磨时珩磨头或工件要能浮动，珩磨头与机床的连接属于柔性连接，故对机床的精度要求低，并可用车床、镗床、钻床等机床改装。

二、珩磨加工的工作原理

珩磨是利用安装在珩磨头圆周上的若干砂条(油石)，由张开机构将砂条沿径向张开，使其压向工件的孔壁；与此同时，使珩磨头(或工件)作旋转运动和直线往复运动，对孔进行低速磨削和摩擦抛光(见图 8.1)。旋转及往复运动的结果是，油石上的磨粒在孔的表面上的切削轨迹呈交叉而又不重复的网纹，如图 8.1(c) 所示，因而获得表面粗糙度较小的加工表面。径向加压运动是油石的进给运动，加压压力愈大，进给量就愈大。

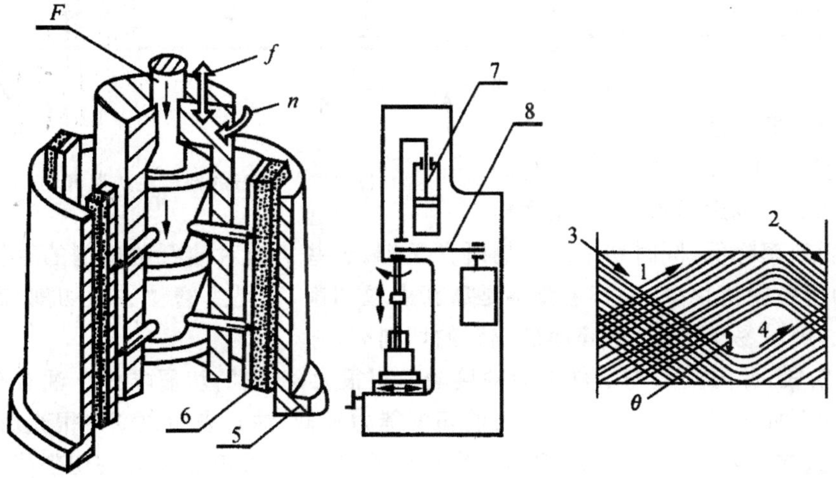

(a)　(b)　(c)

图 8.1　珩磨原理

(a) 珩磨原理；(b) 珩磨机；(c) 一根油石在双行程中切削轨迹的展开

1,2,3,4— 形成纹痕的顺序；5— 工件；6— 油石；7— 油缸；8— 链条；θ— 网纹交叉角(切削角)

三、珩磨运动过程

立式珩磨时，珩磨头由机床主轴带动相对工件作旋转和直线往复运动，同时油石对被加工表面作径向进给运动。前两种运动构成珩磨的主运动，并使油石形成螺旋运动，因此，油石上大量的磨粒就在加工表面上刻划下螺旋形交叉网纹的珩磨条纹。图 8.2 是单个油石在孔中完成一个双行程运动后所刻划的条痕展开示意图。图中 l_W 为孔长；πd_W 为孔的周长；θ 为网纹交叉角。Ⅰ，Ⅱ，Ⅲ 是油石在一个双行程中转折时顺次的位置。为避免每条油石的运动轨迹重复，即不让油石上的磨粒仍在原先刻出的条痕上刻划，应使油石在一个双行程终了时的位置 Ⅲ，相对其行程的初始位置 Ⅰ，在圆周方向上有一个附加的偏移量 s。

Δ_1 和 Δ_2 为油石距孔两端的越程量，它是保证孔的正确形状和使油石磨损的主要因素。越程量偏小，容易使两端孔径变小，形成鼓形误差。越程量过大，将使两端孔径变大，形成喇叭形误差。当越程量取 0.3 ～ 0.5 倍的油石长度时，一般两端孔径不致产生较大的误差。

四、珩磨的切削过程

在珩磨的切削过程中，油石的表面状态、油石的压力、被加工表面三者的变化情况及相互关系，因采用的扩张进给方式的不同而不同。

1. 定压进给的珩磨过程

定压进给中，进给机构以恒定压力压向孔壁，珩磨过程可根据油石表面的变化状态分为三个阶段：

(1) 脱落切削阶段：加工初始阶段，由于孔表面粗糙，油石与孔壁的实际接触面积小，接触压力大，工件孔粗糙表面的凸起部分很快被磨去，而油石面因接触压力过大，加上切屑对油石粘接剂的磨耗使磨粒和粘接剂间的结合强度下降，因而有的磨粒在切削力作用下自行脱落，油石面即露出新的磨粒，即为油石的自锐。

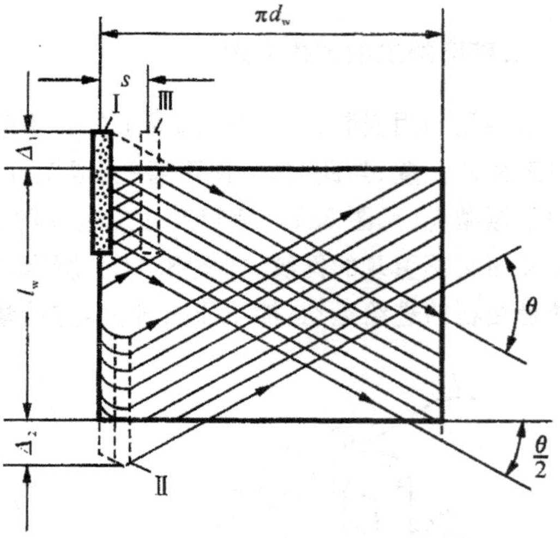

图 8.2 油石的磨削轨迹展开图

(2) 破碎切削阶段：随着珩磨的进行，孔表面越来越光滑，接触面积也逐渐增大，单位面积接触压力下降，切削效率降低，同时切下的切屑既少又细。这些切屑对油石粘接剂的磨耗也很小，因此，油石面的磨粒脱落很少。油石主要不是靠新磨粒切削，而是由磨粒尖顶切削，因而磨粒尖顶的负荷很大，磨粒易于破裂、崩碎而形成新的切削刃。

(3) 堵塞切削阶段：此时油石与工件表面的接触面积很大，极细的切屑堆积于油石孔壁之间不易排除，造成油石面气孔的堵塞。因此油石的切削能力极低，油石表面也变得很光滑，此时油石的磨削相当于抛光。但当油石堵塞严重而产生黏结性堵塞时，油石完全失去切削能力并严重发热，加工精度与表面粗糙度均可受到破坏。因此，当油石进入堵塞切削时，要尽快结束珩磨。

图 8.3 中粗折线表示珩磨的磨削量和油石磨耗量与加工时间的关系，双点划线将珩磨过程分为三个阶段，两条水平虚线 I 和 II 代表不同的工件前工序表面粗糙度或磨粒直径，水平虚线 I 位置高，表示前工序表面粗糙度值小或磨粒直径大，因而破碎切削时间延长，脱落切削及堵塞切削的时间缩短。

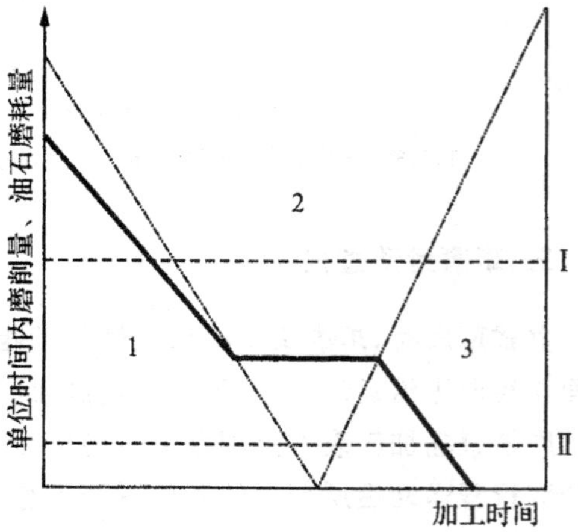

图 8.3 珩磨磨削阶段的划分

1— 脱落切削区；2— 破碎切削区；3— 堵塞切削区

由于每个工件的加工余量及表面粗糙度差别很大，这三个切削阶段不一定在同一工件的加工过程中表现出来。若工件分粗、精两次珩磨，则精珩开始时，接触面积较大，整个精珩过程中，接触面积的变化不大，因此整个过程基本上属于破碎和堵塞切削阶段。

2. 定量进给的珩磨过程

定量进给珩磨时，进给机构以恒定的速度扩张进给，使磨粒强制性地切入工件，因此珩磨过程只存在脱落切削和破碎切削，不可能产生堵塞切削现象。因为当油石产生堵塞而使切削能力下降时，则进给量大于实际的磨削量，此时珩磨压力增大，从而使磨粒脱落、破碎、切削作用增强。

3. 定压-定量进给的珩磨过程

加工开始以定压进给珩磨，当油石进入堵塞切削阶段时，转换为定量进给方式珩磨，让磨粒只产生脱落、破碎，使油石恢复切削能力，提高效率，最后可用无进给珩磨提高孔的精度和降低表面粗糙度。

第二节　珩磨油石

珩磨前正确地选择油石，是保证顺利完成珩磨工艺的重要条件之一。油石的特性同砂轮一样，也是用磨料、粒度、硬度、结合剂等几个参数来表示的。

一、珩磨油石的性能

1. 珩磨油石的磨料

珩磨油石的磨料是油石的一个重要性能，它直接影响到珩磨加工的表面质量和生产率。生产中使用的珩磨油石主要有白刚玉、棕刚玉、黑色碳化硅和绿色碳化硅等，近几年发展到使用人造金刚石、立方氮化硼做珩磨油石的磨料。

刚玉系制成的珩磨油石，适宜珩磨淬火钢、高碳钢以及薄壁零件和抗拉强度高和韧性较大的金属。它的主要缺点是在珩磨过程中，磨料往往很快崩坏，而且常常会整粒地掉下来，失去切削能力。因此常要更换油石或者重新修磨油石。

碳化硅系油石的硬度比刚玉高，绿色碳化硅硬度比黑色碳化硅更高，但它们的韧性比较差，磨粒表面的棱角磨钝后，磨料本身能自动分裂而逐渐剥落，从而产生新的切削刃，这是碳化硅磨料的优点。碳化硅油石适用于珩磨强度低和性能脆的材料，如铸铁及黄铜等有色金属和非金属材料。

金刚石系磨料可分为天然金刚石和人造金刚石两种。天然金刚石硬度高，强度大，大负荷珩磨时不易碎裂，磨削性能好，磨削力小，价格较为昂贵，适用于珩磨高强度、低韧性的工件材料。人造金刚石较天然金刚石硬度高，但强度较天然金刚石低，自锐性好，适合于加工韧性较差的硬或软的工件材料，价格低，所以较天然金刚石用途范围广。

立方氮化硼的硬度高、热稳定性好，对黑色金属的化学反应与刚玉一样属惰性，是加工钢材料的一种好磨料，尤其适合于加工硬且韧性大的钢件材料，如特种工具钢（高钒高速钢）、耐热合金钢、镍基高温合金、钛合金和高铬不锈钢等。这些特殊材料用人造金刚石油石则难以加工。立方氮化硼磨料的这些特殊加工性能，还表现在它加工时切屑自离性好，故不会发生切屑黏结在油石上的现象，保证了它对这些材料加工性能始终如一的正常进行。常见珩磨油石磨料应用范围见表 8.1。

表 8.1 珩磨油石磨料应用范围[15]

磨料名称	代号	适用加工工件材料	应用范围
棕刚玉	A	未淬火的碳钢、合金钢等	粗珩
白刚玉	WA	经热处理的碳钢、合金钢等	精珩、半精珩
单晶刚玉	SA	韧性好的轴承钢、不锈钢、耐热钢等	粗珩、精珩
铬刚玉	PA	各种淬火与未淬火钢件	精珩
黑色碳化硅	C	铸铁、铜、铝等及各种非金属材料	粗珩
绿色碳化硅	GC	铸铁、铜、铝等。多用于淬火钢及各种脆、硬的金属与非金属材料	精珩
人造金刚石	MBD	各种钢件、铸铁及脆、硬的金属及非金属材料，如硬质合金	粗珩、半精珩
天然金刚石		各种钢件，韧性较差的硬或软的工件材料	粗珩、半精珩
立方氮化硼	CBN	韧性好且硬度和强度较高的各种合金钢	粗珩、精珩

2. *珩磨油石的粒度*

珩磨油石的粒度的粗细直接影响加工表面的表面粗糙度和生产率，因此一般根据生产率与表面粗糙度决定珩磨油石的粒度。在表面粗糙度允许的前提下，粒度应尽量选择得粗一些，以获得高的生产率。一般粗珩选用 80# ～ 180#，半精珩选用 180# ～ 280#，精珩选用 W40 以上。普通珩磨油石的粒度与珩磨表面粗糙度的关系见表 8.2，金刚石珩磨油石的粒度与珩磨表面粗糙度的关系见表 8.3。

表 8.2 普通珩磨油石粒度与珩磨表面粗糙度的关系

磨料	粒度	珩磨表面粗糙度 $R_a/\mu m$			
		淬火钢	未淬火钢	铸 铁	有色金属
刚 玉	100# ～ 180#	—	1.25 ～ 1.0	—	—
碳化硅		—	—	1.0	1.6 ～ 1.25
刚 玉	240#	0.63	1.0 ～ 0.8	—	—
碳化硅		—	—	0.63	1.25 ～ 1.0
刚 玉	W50	0.4 ～ 0.32	1.0 ～ 0.63	—	—
碳化硅		—	—	0.5 ～ 0.4	0.8
刚 玉	W40	—	—	—	—
碳化硅		0.32 ～ 0.25	0.63 ～ 0.5	0.5 ～ 0.4	0.8 ～ 0.63
刚 玉	W28	0.2 ～ 0.16	—	—	—
碳化硅			0.32 ～ 0.25	0.32 ～ 0.25	0.5 ～ 0.4
刚 玉	W20	—	—	—	—
碳化硅		0.16 ～ 0.10	0.25 ～ 0.20	0.16 ～ 0.125	0.4 ～ 0.32

表 8.3 金刚石珩磨油石粒度与珩磨表面粗糙度的关系

珩磨油石粒度	80#	100# ～ 120#	150#	180#	240#	280#	W40	W28	W20
珩磨表面粗糙度 $R_a/\mu m$	1.6 ～ 0.8	0.8 ～ 0.4	0.4	0.4 ～ 0.2	0.20 ～ 0.10	0.10	0.10 ～ 0.05	0.05	< 0.05

立方氮化硼珩磨油石粒度与人造金刚石珩磨油石相同，一般采用 120#，150#，180#，280#，W40，W28，W20，W14 等。

3. 珩磨油石的硬度

珩磨油石的硬度取决于珩磨金属的硬度，从油石的自锐性出发，珩磨硬的金属要选较软的油石；珩磨软金属则要选择较硬的油石。油石硬度的高低，是指结合剂对磨粒粘结能力的强弱，它与磨粒本身的硬度高低无关。珩磨油石的硬度过低，说明结合剂对磨粒的粘结能力低，磨粒脱落快，油石消耗量大，尺寸不易控制，脱落的磨粒也易划伤工件，不易获得较好的表面质量。珩磨油石的硬度过高，已磨耗的磨粒不易脱落，油石自锐性不良，油石表面易堵塞，切削性能低甚至消失，工件表面质量低劣，容易引起工件表面烧伤。所以，合理地选择油石的硬度，对珩磨油石的寿命、珩磨效率、珩磨工件表面粗糙度以及能否顺利地进行珩磨有很大影响。常用珩磨油石硬度如表 8.4 所示。

表 8.4 珩磨油石的硬度

油石粒度	双边珩磨余量 /mm	油石硬度	
		钢件	铸铁
100# ～ 150#	0.05 ～ 0.5	L ～ Q	N ～ T
	0.01 ～ 0.1	N ～ T	Q ～ Y
180# ～ 280#	0.05 ～ 0.5	T ～ P	L ～ R
	0.01 ～ 0.1	L ～ S	Q ～ T
W40 ～ W20	0.05 ～ 0.15	E ～ M	K ～ Q
	0.01 ～ 0.05	M ～ R	M ～ T

4. 珩磨油石的结合剂及组织

普通磨料的珩磨油石一般采用陶瓷、树脂结合剂。陶瓷结合剂（代号 V）油石较脆，硬度不均匀，珩磨过程中经常发生块状剥落的现象。剥落的油石碎片会擦伤孔壁表面，破坏加工表面质量，影响生产率和孔的尺寸精度。树脂结合剂（代号 B）的油石强度比较高，且有一定弹性，能抗振。油石磨损均匀，寿命长，不易打碎，珩磨出来的零件表面粗糙度较陶瓷结合剂的低。但树脂结合剂易受碱的侵蚀，如果冷却液中含碱量超过 1.5% 时，结合剂会遭到破坏，油石的强度和硬度会显著下降，所以珩磨时应避免用含碱的冷却液。一般在珩磨压力较高的条件下使用，用于低粗糙度珩磨。

超硬磨料油石，如金刚石、立方氮化硼油石通常采用的结合剂有 4 种类型：树脂、陶瓷、青铜和电镀金属。树脂结合剂主要用于低粗糙度珩磨；陶瓷结合剂自锐性好，珩磨效率高，用于粗珩、半精珩；青铜结合剂（代号 Q），强度高，耐磨性好，自锐性较差，用于脆、硬材料或韧性材料的粗珩;电镀金属结合剂(代号 D),用于成形油石、小孔珩磨头,珩磨效率高,耐用度低。

二、珩磨油石的规格及数量

珩磨油石的规格是指油石的形状和尺寸。它的断面尺寸为矩形,珩磨大直径的孔时,为了延长油石寿命,也可采用断面为方形的油石。

(1) 油石长度 L。油石长度 L 根据珩磨头的长度和孔径选取。

(2) 油石的截面尺寸。珩磨软材料可选宽油石,珩磨硬材料需选窄油石,珩磨钢件比珩磨铸铁油石宽度要窄一些。珩磨小孔,油石尽可能宽些;珩磨大孔,油石宽度 $B \leqslant 25$ mm。使用金刚石或立方氮化硼油石,其宽度一般为普通油石的 1/2 ~ 1/3。具体数据参见表 8.5。

表 8.5 珩磨油石截面尺寸及数量

珩磨孔径 /mm	油石数量 / 条	普通油石截面 $B\times H$	金刚石油石截面 $B\times H$
5 ~ 10	1 ~ 2	—	1.5 × 2.2
10 ~ 13	2	2 × 1.5	2 × 1.5
13 ~ 16	3	3 × 2.5	3 × 2.5
16 ~ 24	3	4 × 3	3 × 3
24 ~ 37	4	6 × 4	4 × 4
37 ~ 46	3 ~ 4	8 × 6	4 × 4
46 ~ 75	4 ~ 6	8 × 8	5 × 6
75 ~ 110	6 ~ 8	10 × 8,12 × 10	5 × 6
110 ~ 180	6 ~ 8	12 × 10,14 × 12	6 × 6
180 ~ 310	8 ~ 10	16 × 13,20 × 20	—
> 300	> 10	20 × 20,25 × 25	—

(3) 金刚石、立方氮化硼油石的结构形状、尺寸与所选用的结合剂有关,一般树脂、陶瓷和电镀金属结合剂的油石,由于自锐性较好,其形状可近似普通磨料油石。而青铜结合剂油石必须采用带槽结构的窄油石,如图 8.4 所示,以提高其自锐能力和防止堵塞。槽宽 b 约为 1 ~ 2 mm,槽深 t 不小于磨料层 h,一般为 1.5 mm。

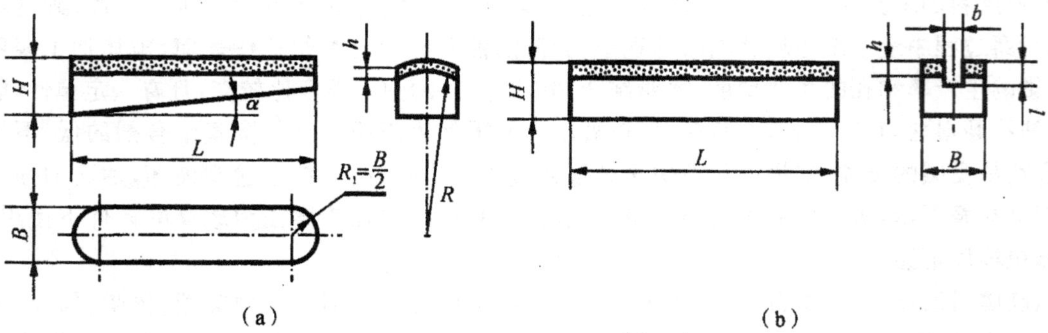

图 8.4 金刚石和立方氮化硼油石的形状结构

(a) 珩磨小孔用油石;(b) 带槽油石

(4) 油石数量(见表 8.5)。在不影响珩磨头刚性的前提下,尽可能采用多条油石,并适当减少油石宽度,若能保持油石总宽度占孔周长的 0.15 ～ 0.28 倍,就可获得较高的珩磨效率,还可减少孔的变形量。

三、珩磨油石的连接方式

小孔珩磨头所用的油石一般不需连接,可与珩磨杆径向的孔配合,由锥芯推动扩张、收缩。

中孔、大孔珩磨头所用的油石,一般采用机械夹固、胶合、压制(在塑料油石座上) 等连接方式。

1. 机械夹固式

图 8.5(a) 是用螺钉或其他机械夹紧方式连接。切削力负荷集中在夹紧螺钉上,易引起珩磨油石破裂,结构不紧凑,但更换珩磨条方便。

2. 胶合式

图 8.5(b) 是用树脂漆、赛璐珞及虫胶等方法胶合连接。胶合牢固可靠,由于油石底面胶层有厚有薄,胶合后的油石高度不一致,须经修整后才能使用。

3. 压制式

图 8.5(c) 是用塑料热模压制成型。珩磨轻巧省力,既可提高珩磨效率,又能延长油石寿命,比胶合式更经济,适宜在大量生产中使用,一般珩磨头直径为 12 ～ 75 mm。

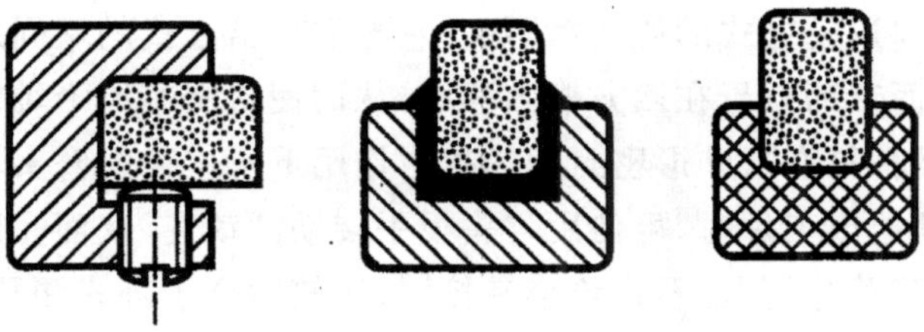

(a) (b) (c)

图 8.5 油石的连接方式

(a) 机械夹固式; (b) 胶合式; (c) 压制在塑料油石座上

第三节 珩磨头的结构形式

珩磨头的结构对加工质量和生产率都有很大的影响。对珩磨头的要求是:油石能在径向均匀地涨缩,对加工表面的压力能调整并保持在一定的调节范围内;油石应具有一定的刚度,当被加工孔的形状误差(如圆度和圆柱度) 使油石的压力增加时,油石在半径方向不致发生位移和歪斜;珩磨到最后尺寸时,油石能迅速缩回,以便于珩磨头从孔内退出。

一、珩磨头的结构形式

1. 通用珩磨头

图 8.6 是中等孔径($\phi 20$ ～ $\phi 150$ mm) 通用珩磨头,采用的是后进给方式,它由磨头体、油石、油石座、导向条、弹簧、锥体涨芯组成。当锥体涨芯移动时,油石便可涨开或收缩。珩磨头为棱圆柱体,珩磨油石条数一般为奇数。油石座直接与进给涨芯接触,中间不用顶销与过渡板,结构简单,进给系统刚性好。同时在珩磨深孔时,还可根据需要在孔的中间部位或孔底进行必要的进给,以保证孔尺寸全长上的一致性。

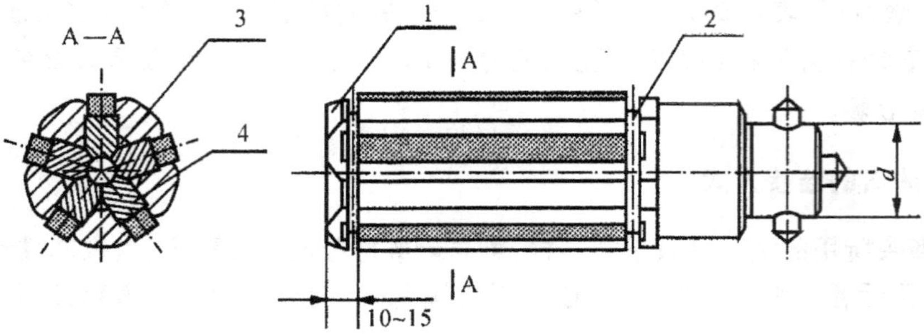

图 8.6　中等孔径(后进给)通用珩磨头

1— 本体前导向;2— 弹簧圈;3— 锥体涨芯;4— 油石座

磨头的外径尺寸应以被加工孔径为基准,当油石处于收缩状态时,磨头外径比被加工孔的孔径小,以便于磨头进入或退出工件孔;当油石处于最大涨开位置时,磨头的外径至少应等于被加工孔的最终要求尺寸加上油石的极限磨耗量。

有时在磨头体圆周上嵌有导向条,它与油石相间排列。当磨头进入工件孔时,导向条起导向作用和保护油石不致碰伤,当磨头退出工件孔时起定心作用。此外,它还能防止油石因磨耗不均而导致磨头偏心。导向条在圆周上的外径应比被加工孔的基本尺寸小 0.1 ～ 0.5 mm,但比油石收缩状态时的外径大,并与油石圆周同轴。

图 8.7 为一种采用前进给方式的通用珩磨头,它与后进给方式的不同之处在于:其涨芯体的移动是由转动活动套而带动螺母在四方槽内移动,从而使得涨芯体沿轴向伸出或缩回,并带动油石座的径向伸出和缩回(在“O”形密封圈的拉力作用下)。这种珩磨头不需要涨芯操作杆,在加工中,当珩磨头尾部退出工件时,可使用勾头扳手转动活动套,从而完成油石的径向进给。因此这种珩磨头的操作简单方便,油石进给容易控制,比较适合于卧式深孔珩磨加工。

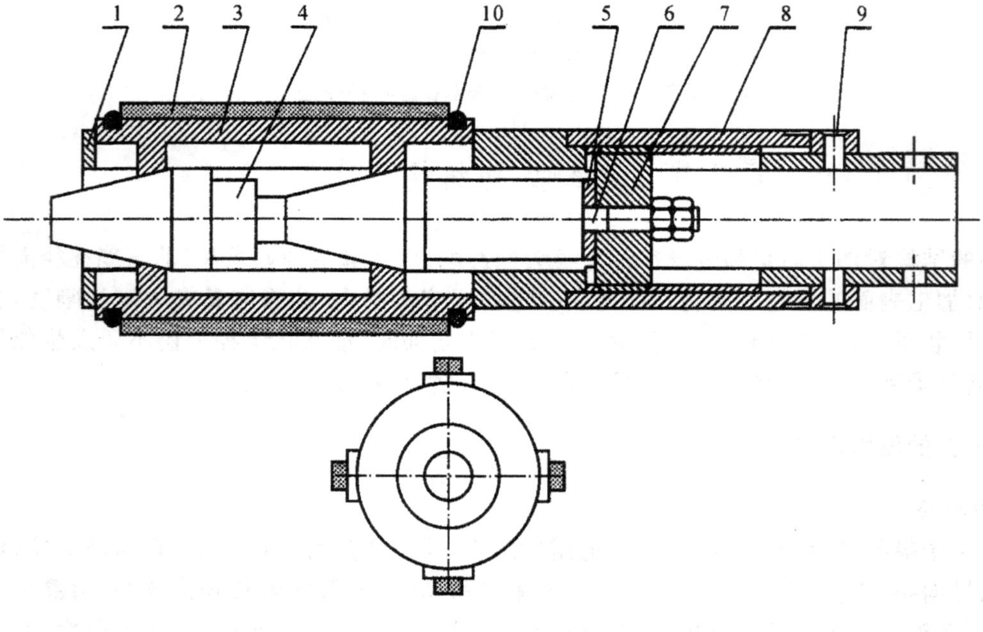

图 8.7　中等尺寸(前进给)通用珩磨头

1— 珩磨头体;2— 油石;3— 油石座;4— 涨芯体;5— 垫片;6— 螺杆;7— 滑动螺母;8— 活动套;9— 螺钉;10— 密封圈

2. 小孔珩磨头

珩磨$\phi5 \sim \phi20$ mm的小孔时，可将磨头体与油石座做成一体，使涨芯与磨头体在整个长度上为面接触，以增强刚性。

(1) 单油石珩磨头：如图8.8所示磨头，适用于加工直线度要求很高，孔径为$\phi5 \sim \phi20$ mm的孔，珩磨头由两根导向条与一根切削油石组成。两根导向条非对称分布，宽度大的导向条用来承受油石产生的径向力和切向力的合力(合力通过它的支承面中间)，防止珩磨头变形；窄导向条起辅助支承的作用，使珩磨头与孔的接触状态稳定，以提高加工精度。导向条的材料用硬质合金或人造金刚石。根据孔径大小，导向条可做成镶嵌式或用电镀法将金刚石微粉镀在磨头体表面上，也可镀上粗粒度金刚石，然后用立方氮化硼砂轮或油石将其磨钝，使其失去切削能力。

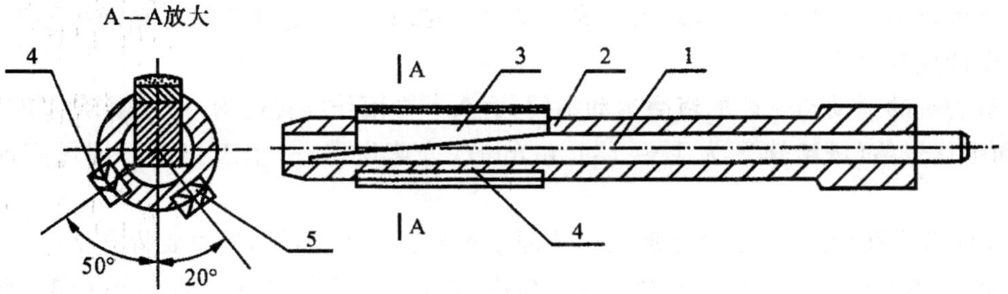

图 8.8 单油石珩磨头

1— 涨楔；2— 磨头体；3— 油石座；4— 辅助导向条；5— 主导向条

(2) 对开轴瓦式珩磨头：由两个半圆形轴瓦构成，如图8.9所示。适用于加工直线度要求较高，有间断表面的孔。珩磨头的径向扩张进给是通过楔形涨芯作用于两个半圆形轴瓦的斜面上，缩回是靠轴向两端的两个"O"形弹簧圈的弹力。它可用普通磨料油石粘接于磨头表面，也可用几根金刚石油石用低熔点的焊条焊接于磨头表面。油石长度为一般珩磨头所选用的油石长度的两倍。此磨头便于在磨床上修磨它的切削表面，加工精度稳定，切削效率比单油石珩磨头高10%左右，使用寿命长。

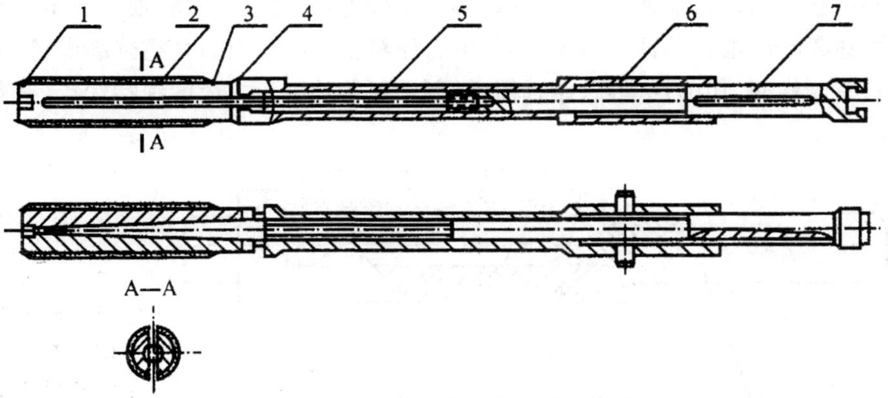

图 8.9 对开轴瓦式珩磨头

1,3—O形弹簧；2— 油石；4— 珩磨头；5— 调节板；6— 联结轴；7— 调节件

(3) 可调整的整体珩磨头：在大量生产中用这种珩磨头(见图8.10)来加工高精度的孔。

孔的形状误差可达 0.5 μm 以下，尺寸误差可控制在 2 ～ 3 μm 内，表面粗糙度 R_a 达 0.2 μm。

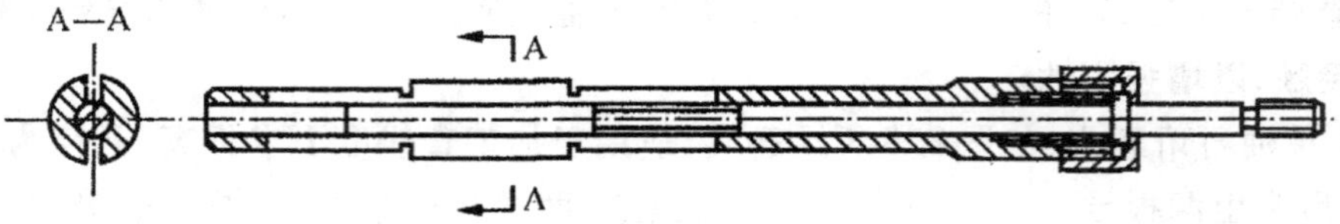

图 8.10 可调整的整体珩磨头

磨头体为一整体套筒，两边对称开两条轴向槽，在其表面上镀 0.3 ～ 0.5 mm 厚度的金刚石磨粒，磨头体内孔为 1 : 50 的锥孔。利用锥孔中的锥形涨芯使整个磨头体产生弹性变形而调整到预定的尺寸。在加工过程中没有涨缩运动，因此可将其看做一种成形工具。

使用这种珩磨头的机床，一般均为立式多轴多工位珩磨机。珩磨头与主轴间为刚性连接，工件夹具设计成浮动形式。

这种珩磨头的运动与一般的珩磨运动不同，磨头一方面作旋转运动，一方面径向快速接近工件，轴向工作进给(进给速度为 1 ～ 1.5 m/min)，快速退回。一个工作循环即可完成一件加工。

(4) 双斜面小孔珩磨头：这种珩磨头的头部结构如图 8.11 所示，其主要特点是：

1) 珩磨头体上的导向条采用一种整体式结构，即为头体上外圆的一部分对导向条部分进行渗氮处理，使其表面硬度达 HV1 200 左右，以提高导向条的耐磨性。珩磨头体上采用长方槽来容纳涨开机构，如图 8.12 所示。

2) 油石座采用双斜面涨开机构，以提高油石径向运动的稳定性和减小油石座的径向尺寸，同时将斜面涨开机构安置在油石座的侧面，大大减小了油石座的径向尺寸，有利于径向空间的利用，如图 8.13 所示。

3) 采用薄片式涨芯，并用双斜面与油石座配合，如图 8.14 所示。

4) 油石用胶与油石座连接，易于粘接。

5) 珩磨头与夹持体之间以双螺纹套连接，以提高连接的柔性。

6) 采用螺纹进给加力机构完成油石的径向进给运动。

此种珩磨头可直接安装在普通车床上，配以其他附件就可以投入使用。油石在半径方向上的最大伸出量可达2 mm，油石用钝或破损后，给油石座粘上新的油石后稍稍修磨即可使用。这种小孔珩磨头具有刚性好、切削效率高、结构简单、制造工艺性好等方面的独特优点，有着良好的应用效果。

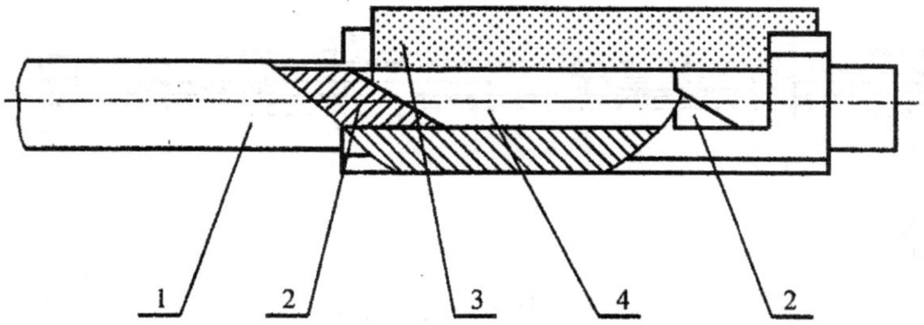

图 8.11 双斜面高效小孔珩磨头

1— 珩磨头体；2— 涨芯；3— 油石；4— 油石座

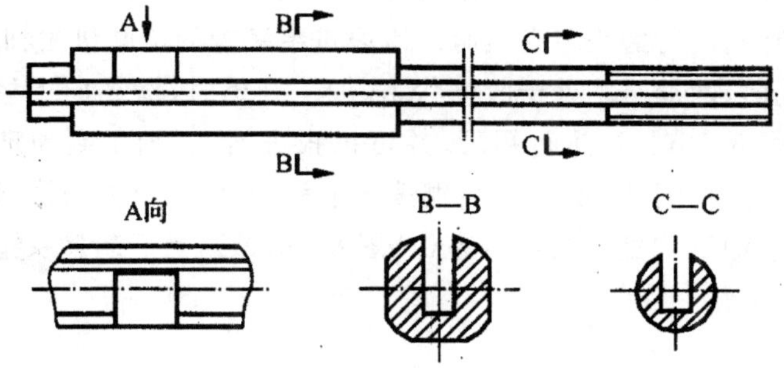

图 8.12 珩磨头体

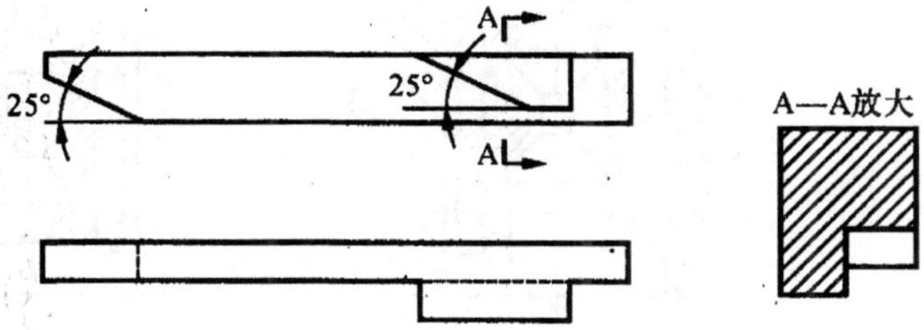

图 8.13 油石座

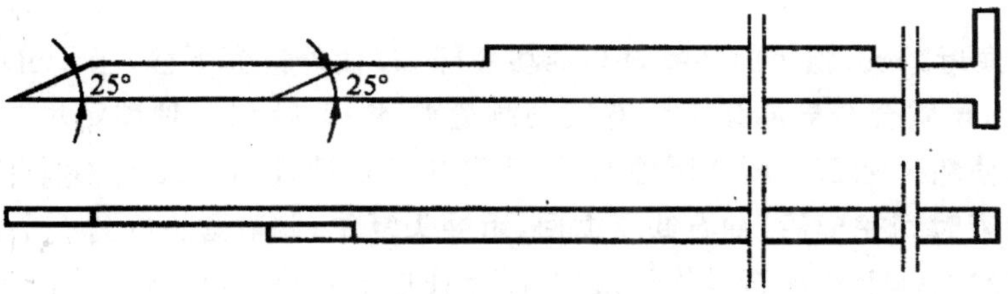

图 8.14 薄片式涨芯

3. 大孔珩磨头

它主要用于大孔径 $\phi150 \sim \phi300$ mm 的珩磨加工。图 8.15 为凸环式大孔珩磨头，凸环的外径接近珩磨孔径，以支持油石座和承受珩磨切削力，具有较好的刚性。油石座上的横销 3 紧贴凸环内端面，对油石轴向定位并承受珩磨时的轴向力。移动涨锥 1 使油石座 4 伸出，借弹簧圈 5 缩回油石。同时为了减小涨芯和油石座的体积(减轻珩磨头的重量)，可以在涨芯体与油石座之间采用斜端面柱销来完成顶出油石的运动。

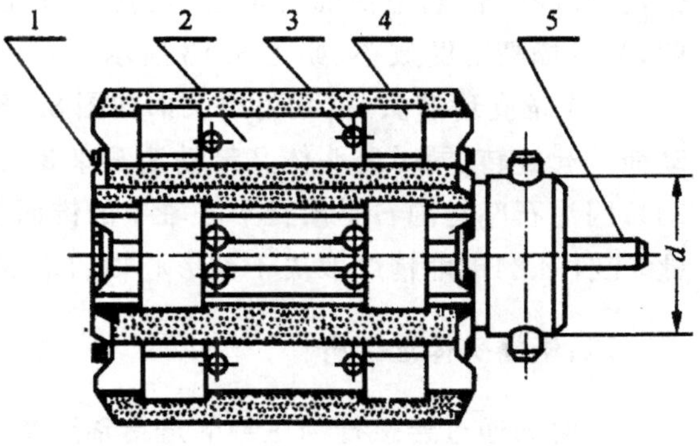

图 8.15 凸环式大孔珩磨头

1— 涨锥；2— 凸环；3— 油石座横销；4— 油石座；5— 弹簧圈

4. 平顶珩磨头

它主要用于具有相对运动摩擦副的零件的内孔珩磨，如内燃机气缸孔等。与普通珩磨相比，它所加工的表面微观几何形状是不同的，承载面积增大4倍左右，具有较高的珩磨效率。珩磨头装有粗、精珩磨两副油石。珩磨头装在具有双阶段进给装置的珩磨机主轴上，分别进行粗、精珩磨。磨头进入工件孔前，两油石均处于收缩状态。加工开始时，涨芯向下移动，由于斜面的作用，粗珩油石涨开（见图8.16(a)），进行粗珩，并可扩张进给。当加工到预定尺寸时，锥度涨芯向上移动，粗珩油石收缩（见图8.16(b)），再继续向上移动时，精珩油石涨开。珩磨到最终尺寸时，涨芯向下移动，两组油石均处于收缩状态（见图8.16(c)），然后珩磨头退出工件，加工循环结束。

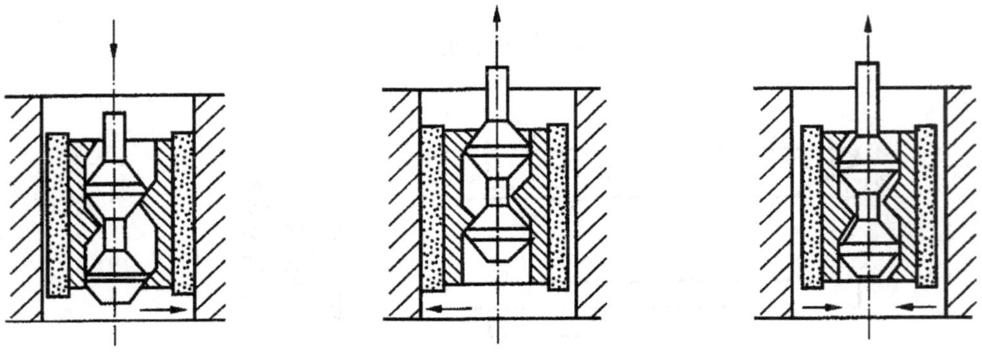

(a) (b) (c)

图8.16 平顶珩磨头工作原理

(a) 粗珩油石涨平；(b) 精珩油石涨开；(c) 粗、精珩油石收缩

图8.17为平顶珩磨头，粗珩时活塞杆C推动套杆11，使外锥套下移，涨开粗珩油石座6。在珩磨头的两个对称硬质合金导向条上配有气动测量喷嘴12，待粗珩到预定尺寸后，通过气动测量仪发出信号，使粗珩油石降压并缓慢退回。活塞杆B迅速推动内锥3，使精珩油石涨开，进行精珩。待预定精珩时间完毕后，油石卸压缩回，珩磨头复位。此珩磨头的另一个特点是制造精密，所有油石座与磨头体上的油石槽均经研配，以保证进给系统的可靠性。

5. 特殊珩磨头

（1）盲孔珩磨头：一种可采用普通珩磨头，按通孔珩磨原则选择油石长度，珩磨中使油石在盲孔底端换向时自动停留（1～2 s），或在预定时间间隔（可通过试验来确定）内，对盲孔底端进行若干短行程的珩磨，此法宜采用耐用度较高的金刚石油石。另一种是长短油石组合珩磨，在孔的全长上用长油石珩磨，在孔的盲孔端将短油石涨出，增加切削刃，既可保证孔的精度，又可提高珩磨效率，如图8.18所示。

（2）锥孔珩磨头：锥孔珩磨头即如图8.18所示珩磨头，锥形心轴1与磨头体2通过键7带动而一起旋转，同时磨头体又带动油石座3与油石4作旋转及往复运动（锥形心轴不作往复运动）。因油石座与油石是沿锥形心轴1的锥面上移动的，并且要求锥形心轴在轴向上无窜动，因此，工件孔的锥度精度取决于锥形心轴的锥度。

二、珩磨头体连接杆

珩磨头通过连接杆与主轴的进给轴连接起来，连接杆的上端用圆锥或圆柱平键与主轴连接，下端的孔与珩磨头滑配，靠珩磨头上的短销传动，该珩磨头只宜单向驱动。

连接杆的结构一般有浮动、半浮动和刚性3种形式，如图8.20所示。

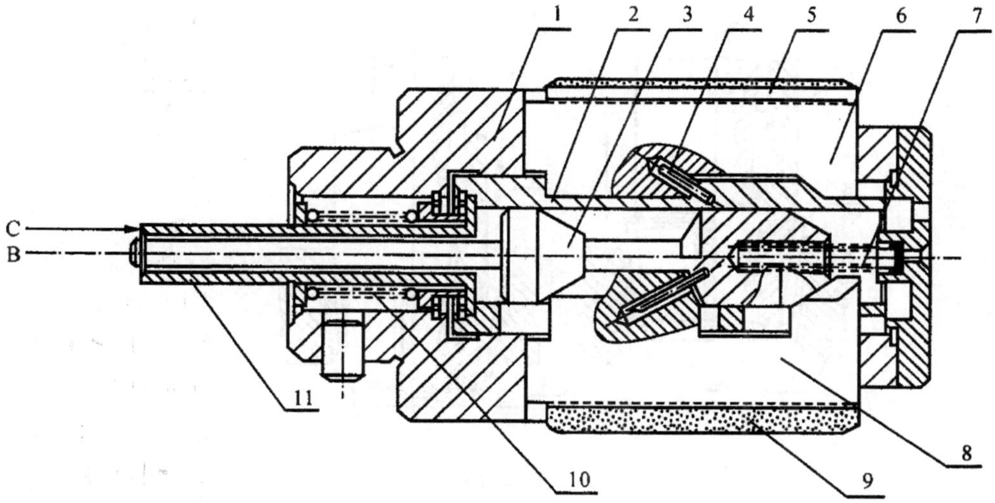

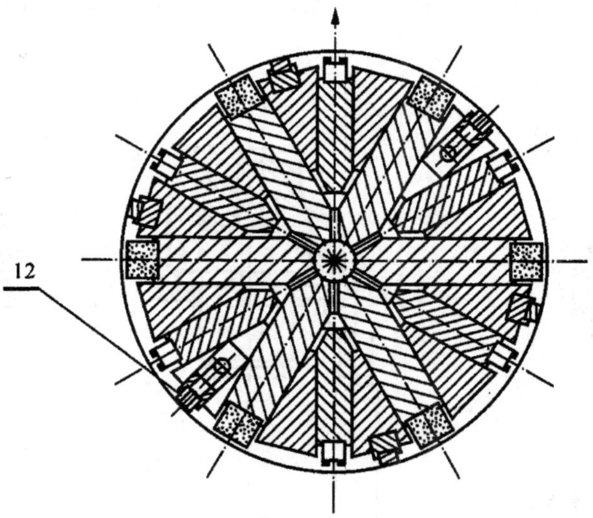

图 8.17 平顶珩磨头

1— 本体；2— 外涨锥；3— 内涨锥；4— 斜销；5— 粗珩油石；6— 油石座；7— 复位弹簧；8— 精珩油石座；9— 精珩油石；10— 复位弹簧；11— 套杆；12— 导向条喷嘴

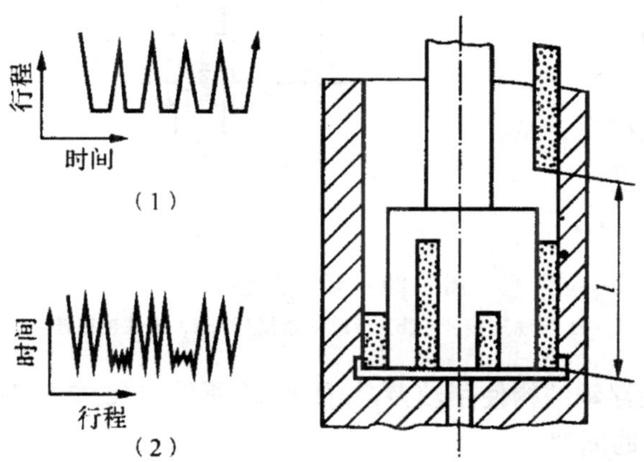

图 8.18 盲孔珩磨

(a) 长油石珩磨；(b) 长短油石珩磨

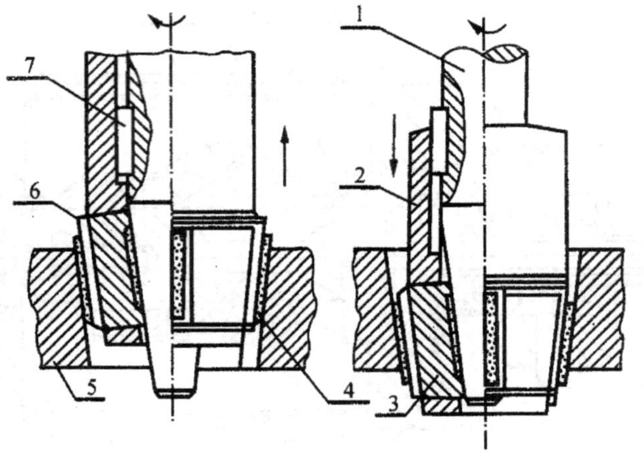

图 8.19 锥孔珩磨头

1— 锥形心轴；2— 磨头体；3— 油石座；4— 油石；5— 工件；6— 弹簧圈；7— 键

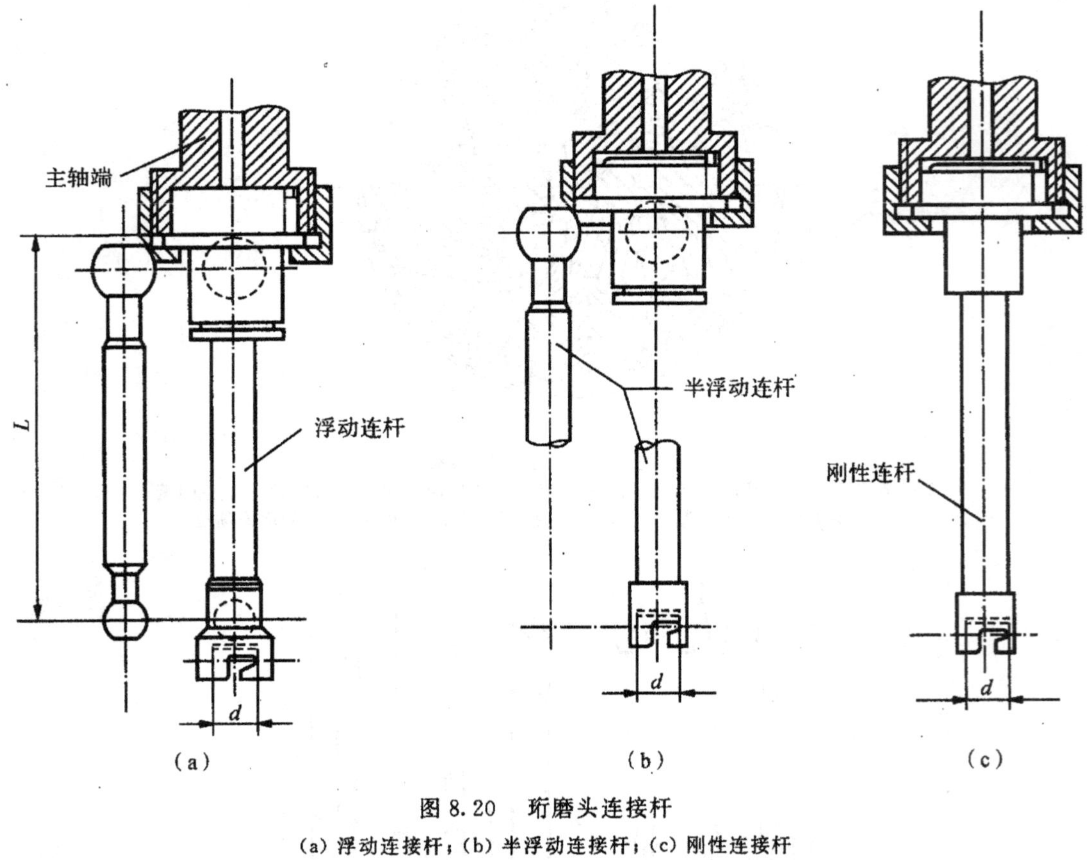

图 8.20 珩磨头连接杆

(a) 浮动连接杆；(b) 半浮动连接杆；(c) 刚性连接杆

浮动连接杆以球头浮动结构使用较多，如图 8.21 所示，它的结构简单、灵活，浮动范围大，用螺母调节浮动关节间的间隙。

刚性连接杆有整体结构和螺纹连接结构，制造精度高，调整对中严，用于珩磨小孔、短孔和须伸入工件内部的孔。

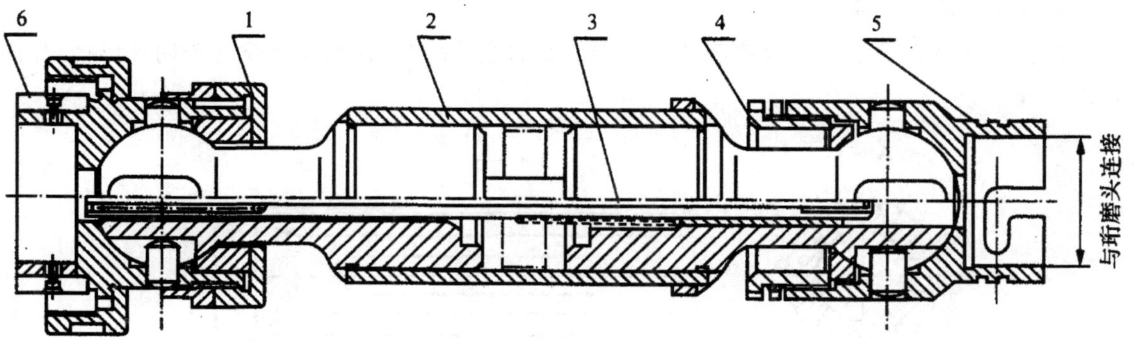

图 8.21 球头浮动连接杆

1,4— 调整螺母;2— 双球头杆;3— 进给推杆;5— 弹簧卡箍;6— 键

第四节 珩磨头结构设计

一、珩磨头基体结构设计

珩磨头基体是珩磨头的主体或基础件,应具有足够的强度和珩磨油石的利用率,并要求冷却液容易进入工作区。

1. 基体的外径尺寸

基体的外径尺寸应根据被加工工件孔径的大小来确定,被加工孔径小于 25 mm 时,基体外径应比被加工孔的基本尺寸小 0.2 ～ 0.8 mm;被加工孔径大于 25 mm 时,有导向条的珩磨头外径可略小一些。若珩磨头基体外形做成棱圆柱形,其直径可略大一些。

2. 珩磨头基体工作部分长度

它取决于加工孔的长度或油石的长度。

3. 油石槽数 n

槽数太多会降低基体强度,槽数太少,会降低生产效率,且孔的尺寸精度将受到一定影响。一般按表 8.6 选取。

表 8.6 基体油石槽数

被加工孔直径 /mm	< 8	8 ～ 16	16 ～ 25	25 ～ 75	75 ～ 200	200 ～ 500
基体上槽数 n	2	2 ～ 3	3 ～ 4	4 ～ 6	6 ～ 12	12 ～ 36

4. 油石槽的长度 l 和宽度 B

基体上油石槽的长度和宽度主要取决于油石长度和宽度。油石长度 l 不宜太长或太短,它受工件精度和珩磨效率的限制,油石宽度一般取决于被加工孔的大小,以及孔表面性质的影响。可参考“珩磨油石”一节选取。

5. 小直径珩磨头基体的油石槽圆弧半径 R

为便于油石的安装、基体的加工以及珩磨头基体的强度,在油石槽两头设计有两个圆弧,其圆弧半径应等于槽宽 B 的一半,即 $R = B/2$。

6. 基体上的冷却槽

为了便于小直径珩磨头冷却液的流通和油石的充分冷却，在基体上铣有轴向弧形槽，如图8.22所示。

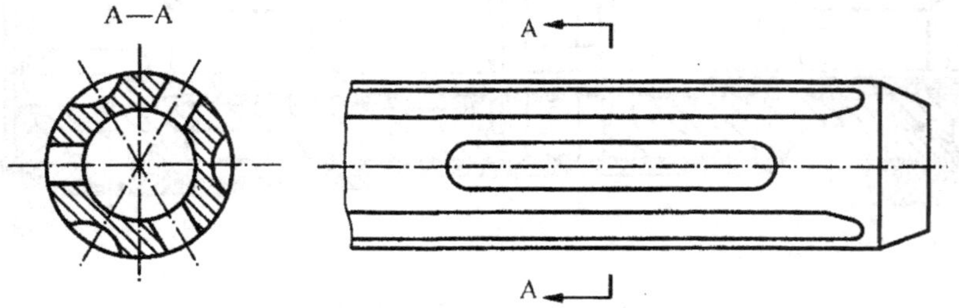

图 8.22　小直径珩磨头结构

二、涨锥(微调锥芯)

涨锥是用以支承珩磨油石座或珩磨油石的，通过它的轴向移动来扩张或收缩油石。因此，涨锥必须具有足够的刚性。珩磨油石收缩至极限时，油石外径应小于被加工孔珩前的孔径，以便于进入和退出。珩磨油石极限扩张量应大于油石有效磨料厚度，即油石座涨开后的外径加上油石使用后的报废尺寸(普通油石 1 ～ 2 mm，金刚石油石小于 0.1 mm) 应等于或略大于珩磨孔径。大孔珩磨头上油石的扩张或收缩是通过锥芯相对于珩磨油石座下部的锥面或锥体做轴向调节完成的；小孔珩磨头上的油石扩张或收缩，是依靠锥芯相对于珩磨油石基体斜面做轴向调节完成的。锥芯上的支承油石基体的斜面数量，应与珩磨头基体上的槽数相同，其等分也应和槽的等分相吻合，以保证油石顺利地装入珩磨头基体。斜面角度的一致性，可以确保所有油石扩张量的一致，对提高珩孔精度，特别是孔的几何精度是大有好处的。

大孔珩磨头所使用的锥芯斜面角度 α，除要求锥芯有足够的强度外，还要保证珩磨油石在扩张或收缩至极限时，锥芯仍保留有一半油石长度在锥芯锥面上支撑着，其值可通过计算或作图求得。

锥芯斜面角度的大小，应控制在 2° ～ 3° 范围内。加工直径 10 mm 以下孔径时，取 $\alpha = 2°$ 或 2°30′；加工直径在 10 ～ 20 mm 的孔径时，取 $\alpha = 3°$ 或 3°30′。

锥芯斜角 α 过小，影响油石的快速进给或退回，影响微量进给，且加工效率低，油石利用率低；斜角 α 过大时，会使油石进给时扩张过猛，虽能提高工效，但会使挤压力、切削热大增，油石表面易堵塞铁屑，影响正常切削。

锥芯结构如图 8.8 及图 8.16 所示。

三、导向装置

为了防止珩磨油石进出孔时被碰坏，避免珩磨头上其他零件与被加工表面接触，珩磨头上一般都装有前导向头、导向条、后导向套等。小直径通孔珩磨采用前导向头，如图 8.8 所示。导向条及导向头外径应大或等于珩磨油石收缩至极限位置时的外径，小于被加工孔在珩磨前的最小孔径。

导向条的数量与油石数量相等，导向条长度每端超出油石 8 ～ 10 mm，导向条两端应有

10×15°倒锥，导向条外径圆柱度应小于0.01 mm。与工件已加工表面接触的导向件材料，采用夹布胶木；与工件待加工表面接触的导向件材料，采用碳钢、合金钢或青铜，导向条采用硬质合金。

四、珩磨头基体、涨锥等主要零件的材料

珩磨头基体、涨锥等主要零件的材料要求有较高的强度和硬度，可选用CrWMn，CrMn，9SiCr或T8A材料，要求硬度达HRC62以上。

第五节 珩磨用量

珩磨用量包括：切削速度、网纹交叉角、油石工作压力、扩张进给速度、加工余量及越程量等。

一、切削速度 v 与网纹交叉角 θ

珩磨切削速度 v_e 与珩磨往复直线运动速度 v_a 和圆周速度 v 有关，v_e 是圆周速度 v 和往复直线运动速度 v_a 的合成速度，如图8.23所示。v_e 的方向即为磨粒的切削方向。在珩磨的每一个往复行程中，参加切削的每一个磨粒在孔表面上的运动轨迹是两条交叉成一角度的螺旋线，无数磨粒切削的结果便在孔表面上形成一交叉网纹，网纹交叉角 θ 又称为切削交叉角，由图8.23可知

$$\theta = 2\arctan(v_a/v) \tag{8.1}$$

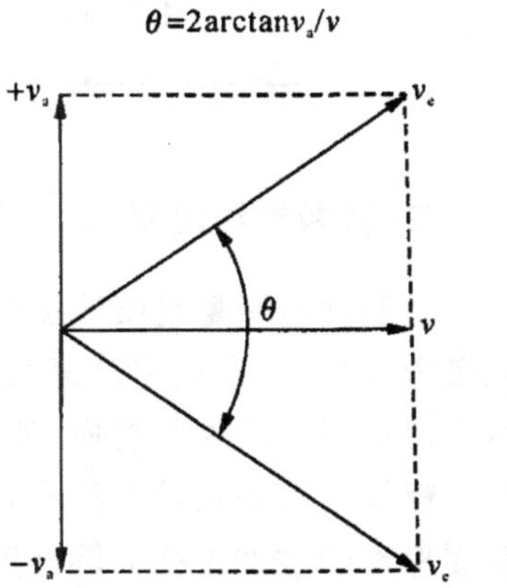

图8.23 切削速度与网纹交叉角的关系

珩磨的加工效率和加工质量与切削速度、切削交叉角、圆周速度、往复速度有关。圆周速度 v 和往复速度 v_a 根据被加工材料的磨削性能确定。脆性大的材料，两种速度可取大一些；韧性大的材料，两种速度应取小些。珩磨速度亦因设备和珩磨工艺的情况而变化，在很大程度上取决于珩磨油石的质量和对工件材料的适应情况。一般孔径珩磨的切削速度及网纹交叉角可参考表8.7。

表8.7 一般孔径珩磨的切削速度及网纹交叉角

材料	硬度HRC	加工性质	圆周速度 v / $m \cdot min^{-1}$	往复速度 v_a / $m \cdot min^{-1}$	交叉角 θ / (°)
铸铁	15～50	粗珩	33～60	15～35	15
	50～65	精珩	20～33	15～35	20
碳钢及合金钢	15～35	精珩	25～30	10～25	30
	35～50	粗精珩	18～25	10～25	45
	50～65	粗珩、平顶珩	15～18	10～25	60
有色金属		粗珩、强力珩	50～70	10～20	75～80

网纹交叉角 θ 是影响表面粗糙度和生产率的主要因素。增大 θ 角，切削效率增大，表面粗糙度变粗。粗珩时应提高 v_a 使 θ 角增大，一般取 θ 为 $30^\circ \sim 60^\circ$；精珩时应降低 v_a，使 θ 角减小，一般取 θ 为 $20^\circ \sim 30^\circ$。

二、珩磨油石工作压力

油石工作压力一般是指垂直作用在油石单位面积上的平均压力，它的大小影响金属切除量、油石磨耗量、加工精度及表面粗糙度。压力增加时，金属切除量增大，但压力过大时，油石的磨耗量大增，而金属切除量并不按比例增大。对每种油石，各有其临界压力，超过这一压力，油石急剧磨耗。确定油石工作压力，还应考虑工件的材质、形状、尺寸、磨头刚性以及机床功率等因素。油石工作压力可参考表 8.8 进行选择。

表 8.8　油石工作压力

加工性质	工件材料	油石工作压力 /MPa
粗加工	铸铁	0.5 ~ 1.5
	钢	0.8 ~ 2
精加工	铸铁	0.2 ~ 0.5
	钢	0.4 ~ 0.8

三、微量进给速度

珩磨油石微量进给速度(即径向进给量)对加工效率、加工精度、加工表面粗糙度、油石磨耗量影响较大。微量进给速度快，则效率高，但油石的磨耗量大，加工表面质量差。选取微量进给速度应根据工件的材质、油石的种类、性能、加工精度及工件孔的形状等因素综合考虑。

粗加工采用粗粒度油石，微量进给速度可大一些；精加工，微量进给速度不宜过大，否则油石变形影响被加工孔的圆柱度、圆度和直线度误差，破坏油石磨粒的正常工作。

如果珩磨过程发出的声音响而难听，甚至十分刺耳，或珩磨头发生振动，这就说明微量进给速度太大，应调整油石对零件表面的压力，减少径向进给量。否则，油石就会破裂，或者烧伤零件表面。

四、工作行程

在往复运动中，必须保证油石在孔两端的超出量，此量称为越程量(见图 8.24)。设油石长、孔长、越程量分别为 l, L, l_1，则油石的工作行程长 l_x 为

$$l_x = L + 2l_1 - l \tag{8.2}$$

式中　$l_1 = (1/3 \sim 1/5)l$。

油石的越程量与孔的前道工序几何形状误差、被加工工件的材质、油石在孔两端的停留时间等因素有关。越程量过大，$l_1 > \frac{1}{3}l$，在孔两端易形成喇叭孔；越程量过小，$l_1 < \frac{1}{5}l$，中部的重叠珩磨时间过长，易出现腰鼓形；若两边越程量不等，即上端 $l_1 > \frac{1}{3}l$，下端 $l_1 = \left(\frac{1}{5} \sim \frac{1}{3}\right)l$，

则易产生锥度。如图 8.24 所示。

对于深孔珩磨而言，一般只会在孔两端出现喇叭口，尤其是入口处的喇叭口较大。

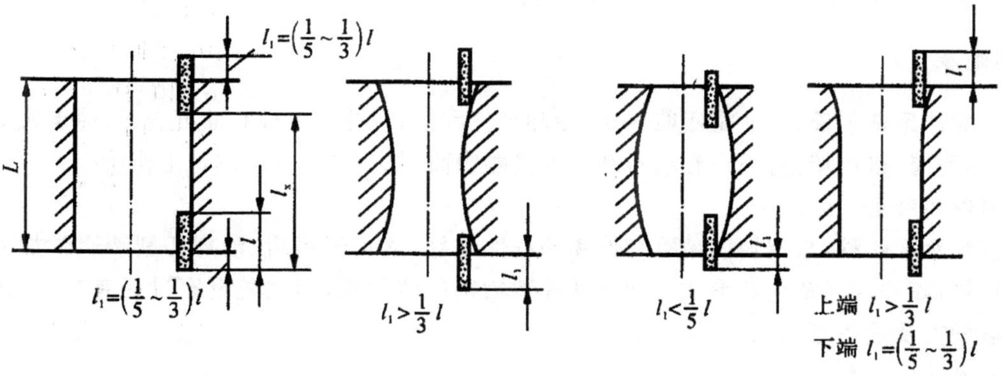

图 8.24 珩磨油石的行程与越程量的关系

五、珩磨加工余量

珩磨加工余量对珩磨质量和生产率有很大影响。珩磨加工余量一般为前道工序形状误差及表面变形层综合误差的 2 ～ 3 倍。

大批量生产，尤其是精密孔加工，加工余量除影响生产率外，还直接影响孔的尺寸精度。表 8.9 给出了不同的工件材料及不同的生产类型的珩磨加工余量推荐值。

对于深孔珩磨，由于存在深孔加工误差较大、孔径变形及直线度误差的影响，相对而言，珩磨余量应取得较大一些，这主要是根据工件材料的硬度、孔径大小以及珩磨前孔的加工精度来进行选择的。

表 8.9 珩磨加工余量推荐值

工件材料		加工余量		
		单件生产 /mm	成批生产 /mm	特殊情况 /mm
铸铁		0.06 ～ 0.15	0.02 ～ 0.06	0.4
钢	未淬硬	0.06 ～ 0.15	0.02 ～ 0.06	0.2 ～ 0.4
	淬硬	0.02 ～ 0.08	0.005 ～ 0.08	0.1
硬铬		0.03 ～ 0.08	0.02 ～ 0.08	
粉末冶金		0.1 ～ 0.2	0.05 ～ 0.08	
轻金属		0.03 ～ 0.1	0.02 ～ 0.08	0.2

六、珩磨前工序的要求

(1) 珩磨前被加工表面不应有硬化层，否则珩磨前须先将硬化层完全磨去，以保证加工精度的稳定性。

(2) 严格控制珩磨前工序孔的尺寸公差，以保证珩磨余量合理。

(3) 不使用钝化了的油石，以免加工表面形成挤压硬化层。

(4) 待珩表面不应残留氧化物(脱碳层、铁锈等)、油漆和油垢等物，以免堵塞油石。

(5) 金刚石油石珩磨淬硬钢时，加工表面不允许有脱碳层。

七、切削液

珩磨中应使用切削液，目的是吸收热量，冷却工件和油石；冲刷工件和油石表面，冲走脱落磨粒、碎末和磨屑，以免堵塞油石；在油石和工件接触表面形成一层油膜，改善工作状况。

1. 切削液的种类

有油剂和水剂两种，水剂切削液冷却性和冲洗性较好，适用于粗珩。油剂切削液通常加入适量的硫化物，硫和铁元素化合形成一种抗粘焊和堵塞的硫化铁，对改善珩磨过程有利，常用珩磨切削液种类及适用范围如表 8.10 所示。

2. 切削液的使用要求

在使用珩磨切削液时应满足下列要求：

(1) 珩磨切削液应干净无杂质。杂质会使油石堵塞，珩磨头卡死、刮伤加工表面。通常采用磁性分离与纸带过滤的联合净化装置，以保证切削液的含污程度小于 0.2 ～ 0.3g/L。

(2) 控制切削液温度低于 35℃，以免产生振动，影响珩磨精度及表面质量。除要求油箱的容积大外，最好在冷却润滑系统中设有自动冷却装置。

(3) 珩磨过程中的切削液必须供给充足，连续不断地供给。

表 8.10　珩磨切削液的种类及适用范围

类型	成　分/(%)						适用范围
	煤油	锭子油	油酸	松节油	其他		
油剂	80 ～ 80	10 ～ 20					钢、铸铁、铝
	55		40	5			高强度钢、韧性材料
	100						粗珩铸铁、青铜
	88				石油硫酸钡		硬质合金
	85				硫酸＋猪油		铝、铸铁
	80				硫化矿物油		铸铁
	75				硫化矿物油		软钢
	85				硫化矿物油		硬钢
水剂	磷酸三钠	环烷皂	硼砂	亚硝酸钠	火碱	其他	粗珩钢、铸铁、表铜及各种脆性材料
	0.6		0.25	0.25		水	
	0.6	0.6		0.25		水	
	0.25		0.25	0.25	0.25	水	
	0.6	0.25	0.25	0.25	0.25	水	

第六节 常见的珩磨缺陷和解决措施

一、圆度误差超差

圆度误差超差的主要原因是：

(1) 珩磨主轴(或导向套)与工件孔的对中误差过大，应调整主轴、导向套和工件孔的同轴度。

(2) 夹具夹紧力过大或夹紧位置不当。

(3) 孔壁不均匀，珩磨温度高或珩磨压力过大。

(4) 工件内孔硬度和材质不均匀。

(5) 冷却液供应不均匀，不充分，造成内孔表面冷热不均匀。

(6) 珩磨前工序孔的圆度误差超过珩磨余量的1/4。

(7) 珩磨头浮动连接过松，转速过高，转动惯量大。

(8) 往复速度过高，油石与孔相互修整不够。

二、孔的直线度误差超差

其主要原因有：

(1) 珩磨油石或珩磨头太大，导向块设计不合理。

(2) 珩磨前工序孔的直线度误差超差。

(3) 珩磨浮动接头不灵活，影响珩磨头的导向性。

(4) 工件的夹紧变形较大。

(5) 夹具与主轴或导向套的对中性不好。

三、孔的尺寸超差

1. 珩磨时热量高，冷却后尺寸变小

其原因是：

(1) 珩磨余量过大，珩磨时间过长。

(2) 珩磨头转速高，往复速度低。

(3) 油石堵塞，自锐性差。

(4) 珩磨微量进给太快，珩磨压力过大。

(5) 油石磨料、粒度、组织选择不当。

(6) 工件材料的可加工性差。

(7) 冷却液不足或冷却性能差。

2. 工艺系统不稳定，造成尺寸时大时小

其原因有：

(1) 珩磨前工序孔的表面质量差，珩磨余量变化大。

(2) 油石硬度不均匀，切削性能不稳定。

(3) 珩磨前工序孔的表面有冷作硬化层，表面粗糙度的变化范围较大。

四、珩磨表面粗糙度达不到工艺要求

其原因有：

(1) 油石粒度选择不合适。

(2) 珩磨圆周速度太低，往复速度过高。

(3) 精珩余量过小，珩磨时间短，或压力过大。

(4) 珩磨切削液杂质多，黏度低，润滑性差，流量小。

(5) 精珩前工序孔的表面质量太差。

(6) 珩磨油石太硬，易堵塞油石表面。

(7) 珩磨油石太软，精珩时沙粒易脱落，不起抛光作用。

(8) 工件材质太软，应选较硬的或粒度较细或注蜡的油石。

五、珩磨表面刮伤

其原因是：

(1) 珩磨油石表面太硬，组织不均匀，油石表面堵塞后易积聚铁屑，而刮伤表面。

(2) 珩磨头在孔内的间隙太小，珩磨头与孔中不易排出的切屑发生挤压而刮伤表面。

(3) 珩磨压力太大，超过油石强度，油石被挤碎刮伤工件表面。

(4) 珩磨头退出时油石未先缩回，从而刮伤工件表面。

(5) 导向套与工件孔未对中，珩磨头退出时尾端易摆偏。

(6) 油石太宽，铁屑不易排除脱落而积聚在油石表面上，形成硬点而刮伤工件表面。

(7) 珩磨切削液杂质太多，流量和压力过小。

第九章　深孔振动钻削

第一节　深孔振动钻削的基本概念

一、振动钻削的提出

振动切削是从20世纪50年代开始发展起来的一种新的切削方法，由于它在难加工材料和难加工工序的加工中所具有的优良工艺效果，因而受到国外工业发达国家的重视，并积极地进行了开发研究，取得了重大的进展。在国内，振动切削的研究工作虽然已从20世纪60年代末开始，但由于历史原因，未能继续进行下去。直到20世纪70年代后期，一些大专院校才重新开始研究，其研究成果已应用于生产，并取得了明显的经济效益。振动切削与普通切削相比，在降低切削力和切削热方面有明显的效果，尤其在难加工材料的加工和精密加工中，振动切削具有普通切削无法比拟的工艺效果。因此，作为精密机械加工和难加工材料加工的一种新技术，振动切削已经逐步渗透到多种机械加工领域，振动钻削就是比较成功的应用实例。

振动钻削，即在钻头（或工件）正常工作进给的同时，对钻头（或工件）施加某种有规律的振动，使钻头在振动中切削，形成脉冲式的切削力波形，使切削用量按某种规律变化，以达到改善切削效能的目的。根据实际加工的需要，适当选择振动参数（频率 υ，振幅 A 以及频率 υ 与工件转速 n 的比例关系），可以控制切屑的大小和形状，得到满意的切屑，避免切屑堵塞。可提高生产效率几倍到十几倍，提高加工精度1～2级，且加工表面质量也有较大改善。

二、振动钻削的分类

1. 按振动性质分为自激振动钻削和强迫振动钻削

自激振动钻削是利用切削过程中产生的振动进行的；强迫振动钻削是利用专门的振动装置，使钻头（或工件）产生有规律的、可控的振动进行切削。一般使用强迫振动钻削。

2. 按振动频率分为高频振动钻削和低频振动钻削

钻头（或工件）振动频率在16 kHz以上的称为高频振动钻削；钻头（或工件）振动频率在200 Hz以下的称低频振动钻削。低频振动钻削的振动主要依靠机械或电磁等激振装置来实现，以断屑为主要目的。高频振动钻削则是利用超声波发生器、换能器、变幅杆来实现，以改善加工精度和表面粗糙度，提高切削效率和效能，扩大切削加工适应范围为主要目的。通常，将高频振动钻削称为超声振动钻削。

3. 按振动方向分为轴向振动钻削、扭转振动钻削和混合式振动钻削

钻头(或工件)沿进给方向的振动称为轴向振动钻削;钻头(或工件)沿圆周方向的振动称为扭转振动钻削;既有轴向又有周向的振动称为混合式振动钻削。

三、深孔振动钻削系统的组成

深孔振动钻削系统的组成如图 9.1 所示,其中低频振动钻削装置采用机械式双偏心轮机构,振幅可在 0 ~ 0.5 mm 范围内连续可调;频率采用交流变频调速,调频范围为 0 ~ 100 Hz;负压抽屑装置采用了负压机理,以保证切屑顺利排出。

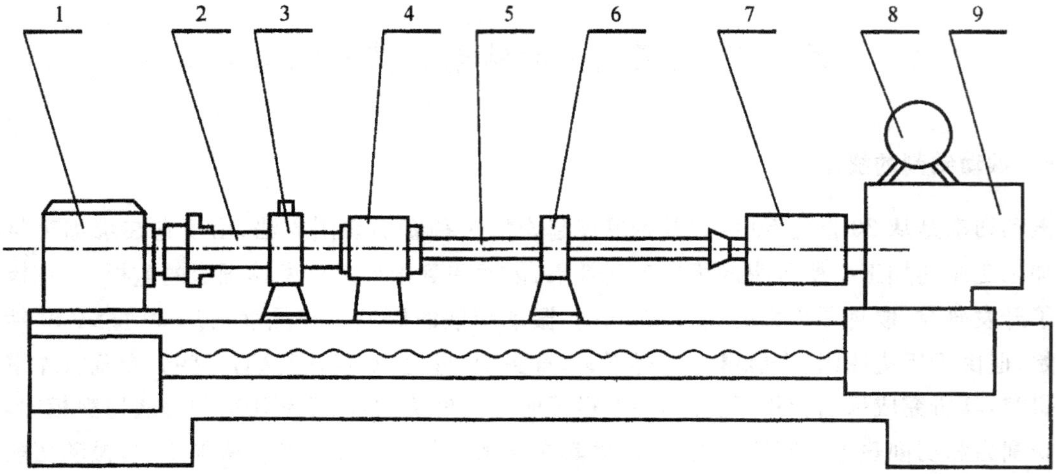

图 9.1 超细长小直径深孔振动钻削系统的组成

1— 机床;2— 工件;3— 中心架;4— 授油器;5— 钻杆;6— 支撑架;7— 负压抽屑装置;8— 电机;9— 振动装置

四、深孔振动钻削的特点

通过对一般钢料(45 号钢)、钛合金(TC4) 和镍基高温合金(1Cr11Ni4NMo) 等材料小直径深孔的振动钻削试验研究表明,深孔振动钻削具有以下特点:

(1) 断屑可靠,排屑顺畅:在适用范围内,只要振动参数和切削用量选择恰当,不论加工何种材料,采用何种刀具角度,都能可靠地断屑,解决了超细长小直径深孔(特别是难加工材料超细长小直径深孔) 加工的断屑及排屑问题,可以使小孔钻削实现自动进给和钻削更长的深孔。

(2) 提高了切削液的使用效果和钻头的耐用度:振动钻削过程中,刀刃与工件加工表面发生周期性分离,产生高频率的抽吸-挤压作用,切削液能直接渗透到刀具与切屑的接触表面。一方面有效地冷却了钻头的刃部,减小了切削热;另一方面降低了切屑与前刀面的摩擦系数,减小了切屑变形,使得切屑能顺利地排出。

(3) 降低了切削力:振动频率越高,切削力降低的比例越大。例如,振动钻削奥氏体不锈钢,切削力可降低 1% ~ 30%。

(4) 提高了加工精度和表面质量：振动钻削降低了切削力，减小或消除了切削过程中的振动，钻削平稳，因而减小了孔径的尺寸分散性。同时由于消除了积屑瘤，减少了切屑划伤，孔的表面粗糙度可降低 1 ～ 3 级。

(5) 改善了钻头的工作条件，扩大了内排屑深孔钻的应用：由于振动钻削有效地解决了断屑问题，因此钻头一般不需开断屑槽，简化了钻头的刃磨。同时，根据孔径的大小可以控制切屑的大小和形状，以减小刀具的容屑空间，进一步提高钻杆的刚性，这样就可以在更小的直径范围内使用内排屑深孔钻头。

因此，从振动切削的工艺特点来看，可以在更大的范围内采用振动钻削法来代替普通钻削法，尤其是对于难加工材料以及小直径精密深孔加工，振动钻削法是改善传统深孔加工工艺的有效途径。

第二节　振动钻削断屑机理

一、振动钻削断屑形式

深孔钻削断屑的方法有很多，但从机理上讲可以分为两大类：

(1) 力学断屑：通过改变切屑形成的外部环境，以产生新的力学机制，使切屑内部应力超过其应力极限，达到断屑的目的。

(2) 几何断屑：改变切削层几何参数，使切削面积有规律地变为零，或者使切屑产生薄弱环节，而实现断屑。几何断屑时，切削面积有规律地变化。当切削面积变化为零时称为完全几何断屑，否则称为不完全几何断屑。不完全几何断屑中有力学断屑机制存在，但是产生这种断屑方式的原因主要是由于切削面积有的地方大，有的地方小，从而使切屑产生薄弱环节，在力的作用下折断。所以产生不完全几何断屑主要是由于几何因素引起的。

二、力学断屑机理

力学断屑是通过改变切屑形成的外部环境，使切屑内部应力超过应力极限而实现断屑。在钻削过程中，切屑周期性折断以便切屑排出。如果切屑不能自然折断，就必须采取一定措施强迫折断。为了得到理想的切屑，切屑必须周期性的折断。那么在什么情况下切屑才能折断呢?对于塑性材料，如果在切削过程中切屑的变形超过了材料的断裂应变，那么切屑将自行折断。

根据最大应变理论，切屑折断的判据应该为

$$\varepsilon_f \geqslant \varepsilon_b \tag{9.1}$$

而

$$\varepsilon_f \propto a_{ch}/R_c$$

式中　ε_f —— 切屑的卷曲应变；

R_c —— 切屑的卷曲半径；

a_{ch} —— 切屑厚度；

ε_b —— 临界断裂应变。

由此可见，要实现断屑可以从三个方面考虑，一是增大切屑厚度 a_{ch}；二是减小切屑卷曲半径 R_c；三是设法提高被切削材料的脆性，即减小 ε_b。三者在断屑实践中起同等重要的作用。

(1) 增加切屑厚度有两条途径：一是增加切削厚度 a_c，根据 $a_c = f\sin\kappa_r$，可以通过增加进

给量 f 或加大主偏角 κ_r 实现；二是减小前角，从而增大切削变形，由于变形系数 $\xi = a_{ch}/a_c$，ξ 增加会导致切屑厚度 a_{ch} 增大。

(2) 切屑的卷曲分为自然卷曲和强制卷曲两种。自然卷曲是在切屑形成过程中第二变形区自行完成的，从切屑控制的角度来讲，卷曲变形程度不够，很难满足断屑要求。在刀具前刀面上设置断屑槽可以迫使切屑受障碍而强制卷曲。使用合理的断屑槽尺寸，可以控制 R_c 的大小，达到断屑的目的。

(3) 当工件的材料和热处理状态给定后，温度对材料的断裂应变 ϵ_b 影响最大。当温度超过临界值时，断裂应变就急剧上升。因此，为了使断屑稳定可靠，就必须控制切削温度。

三、几何断屑机理与条件

1. 轴向振动钻削运动方程

低频轴向振动钻削方式是几何断屑的代表之一，其加工原理如图 9.2 所示。凸轮在电机的带动下高速旋转，迫使钻杆作一定频率和振幅的振动，对工件进行振动钻削。

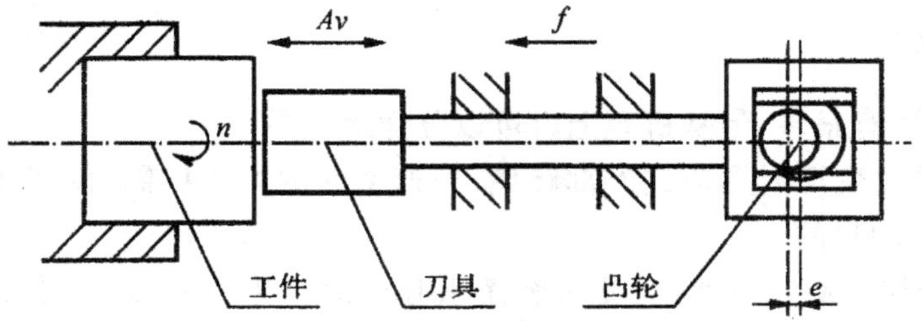

图 9.2 低频轴向振动钻削的加工原理

图 9.2 所示的钻削运动过程可以简化为图 9.3 所示的模型，图中 $OXYZ$ 构成空间直角坐标系，其中 X 表示进给方向(轴向)，Y，Z 表示切深方向。在普通钻削过程中，刀具相对于工件的运动可以分解为主运动和直线进给运动，刀刃上任意一点在钻削加工过程中形成一条空间螺旋线，其数学描述为

$$\left.\begin{aligned} x_0 &= v_f t \\ y_0 &= r\sin\theta \\ z_0 &= r\cos\theta \end{aligned}\right\} \tag{9.2}$$

式中 v_f —— 刀具进给速度；

θ —— 刀具周向角位移；

r —— 刀刃上一点到刀具轴心的距离。

当进行轴向振动钻削时，由于在刀具的轴向施加了一个附加的周期性振动，刀刃上同一点相对于工件的运动轨迹就变成了一条带有振纹的空间曲线。设所加的轴向振动为 $x_1 = A\sin\omega t$，则刀刃上同一点的运动方程式为

$$\left.\begin{aligned} x &= v_f t + A\sin\omega t \\ y &= r\sin\theta \\ z &= r\cos\theta \end{aligned}\right\} \tag{9.3}$$

式中 A—— 所加振动的振幅；

ω—— 所加振动的角频率。

设图 9.3 中,刀具进给量为 f(mm/r),刀具相对工件转速为 n(r/min),振动频率为 ν(Hz),周向角位移为 θ(rad),则

$$\theta = 2\pi nt$$

$$\nu_f = \frac{fn}{60}$$

$$\omega = 2\pi\nu, \quad \omega t = \omega\frac{\theta}{2\pi n} = \frac{60\nu}{n}\theta$$

故式(9.3) 变为

$$\left.\begin{aligned} x &= \frac{f}{2\pi}\theta + A\sin\frac{60\nu}{n}\theta \\ y &= r\sin\theta \\ z &= r\cos\theta \end{aligned}\right\} \tag{9.4}$$

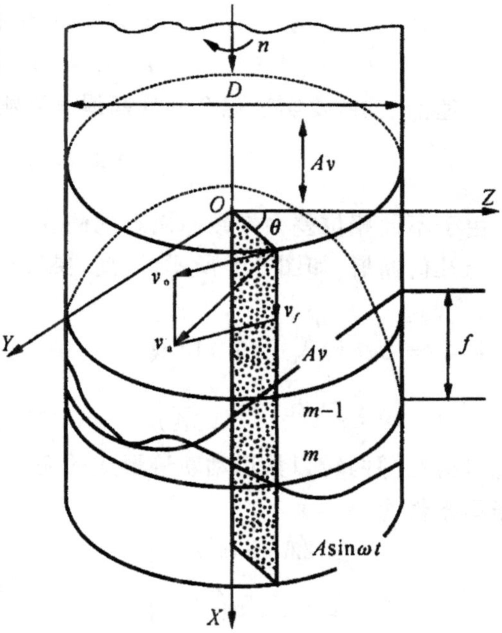

图 9.3 振动钻削运动模型

2. 完全几何断屑机理与条件

完全几何断屑时切削面积有规律地变为零,其断屑示意图如图 9.4 所示。

根据式(9.4),则刀具的轴向位移

$$x(t) = \nu t\frac{n}{60} + A\sin\omega t \tag{9.5}$$

而瞬时进给量 f_0 为

$$f_0 = x(t+t_0) - x(t) = f + 2A\sin\left(\pi\frac{60\nu}{n}\right)\cos\left(2\pi\nu t + \frac{60\nu}{n}\pi\right) \tag{9.6}$$

式中 t_0—— 刀尖相对工件转一周所需的时间,即 $t_0 = 1/(n/60) = 60/n$(s)。

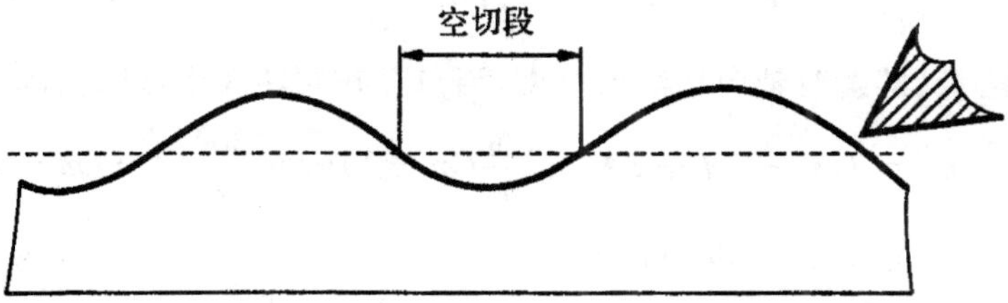

9.4 完全几何断屑示意图

设工件转一周刀具的振动次数称为重叠系数,用 J 表示,则 $J = 60\nu/n = K + i$,K 表示整数部分,i 表示小数部分,规定 $-0.5 < i < 0.5$,那么相邻两转之间的相位差 $\varphi = 2\pi i$,也即后一刀比前一刀在圆周上超前 φ。这样式(9.6) 可变成

$$f_0 = f + 2A\sin(i\pi)\cos(2\pi\nu t + i\pi) = f + 2A\sin(i\pi)\sin\left(2\pi\nu t + i\pi + \frac{\pi}{2}\right) \tag{9.7}$$

实际切削厚度 $$a_{ce} = f_0\sin\kappa_r$$

所以 $$a_{ce} = \sin\kappa_r\left[f + 2A\sin(i\pi)\sin\left(2\pi\nu t + i\pi + \frac{\pi}{2}\right)\right] \tag{9.8}$$

由此可见,实际切削厚度是周期变化的,其变化范围为:$a_{cemin} \leqslant a_{ce} \leqslant a_{cemax}$。根据式(9.8) 得

$$a_{\text{cemin}} = \sin\kappa_r[f - 2A\sin(i\pi)] \tag{9.9}$$

$$a_{\text{cemax}} = \sin\kappa_r[f + 2A\sin(i\pi)] \tag{9.10}$$

从理论上讲，要实现完全几何断屑只要满足 $a_{\text{cemin}} \leqslant 0$，即

$$f \leqslant 2A\sin(i\pi) \quad 或 \quad \frac{2A}{f} \geqslant \frac{1}{\sin(i\pi)} \tag{9.11}$$

由于不同相位差会导致断屑形式的改变，若相位差不合适，即使振幅满足条件也只能形成不完全几何断屑，如图 9.5 所示。因此，要实现完全几何断屑就必须在断屑条件中加上相位差条件。

将 $\varphi = 2\pi i$ 代入式(9.11)得

$$\varphi \geqslant 2\arcsin\left(\frac{f}{2A}\right) \tag{9.12}$$

由此可得相邻两转刀具运动轨迹形成的完全几何断屑条件为

$$\left.\begin{aligned} & f \leqslant 2A\sin\pi i \\ & \varphi \geqslant 2\arcsin\left(\frac{f}{2A}\right) \end{aligned}\right\} \tag{9.13}$$

上述分析只考虑了相邻两转之间刀具运动造成的进给量变化的情况。但是在实际振动钻削加工中，振幅的选择往往比较大，影响切削层参数的因素不仅与相邻两转有关，还可能受多转切削参数的影响。

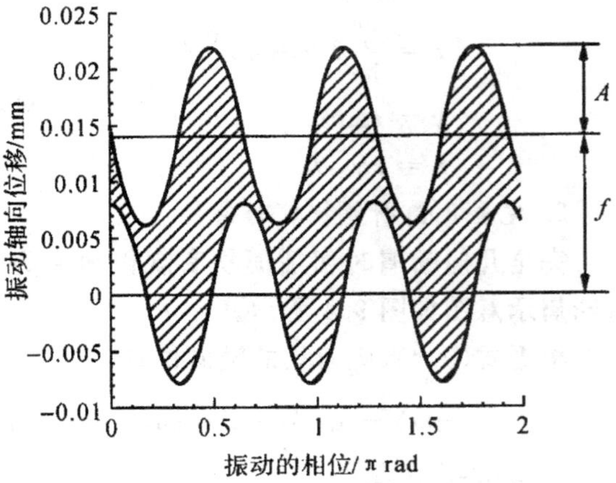

图 9.5

考虑 m 转干涉波纹数的影响，根据轴向振动钻削运动方程式(9.4)得第 m 转刀具的轴向坐标值为

$$x_m = \frac{f}{2\pi}[\theta - (m-1)\times 2\pi] + A\sin\frac{60\nu}{n}[\theta - (m-1)\times 2\pi] \tag{9.14}$$

刀具的瞬时实际进给量(即瞬时轴向切削层厚度，当只存在两转波干涉时为瞬时进给量)为

$$f_s = x - x_m = (m-1)f + 2A\sin\frac{60\nu}{n}(m-1)\pi\cos\frac{60\nu}{n}[\theta - (m-1)\pi] \tag{9.15}$$

将 $J = 60f/n = K + i$ 代入式(9.15)得

$$f_s = (m-1)f + 2A\sin i(m-1)\pi\cos\{(K+i)[\theta - (m-1)\pi]\} \tag{9.16}$$

实际切削厚度 $a_{\text{ce}} = f_s\sin\kappa_r$，则

$$a_{\text{cemin}} = \sin\kappa_r[(m-1)f - 2A\sin(m-1)\pi i] \tag{9.17}$$

当 $a_{\text{cemin}} \leqslant 0$ 时，相邻 m 转之间的运动轨迹有交点存在，则得到多转波纹干涉的断屑条件表达式为

$$f \leqslant \frac{2A\sin(m-1)\pi i}{(m-1)} \quad 或 \quad \frac{2A}{(m-1)f} \geqslant \frac{1}{\sin(m-1)\pi i} \tag{9.18}$$

同样，将 $\varphi = 2\pi i$ 代入(9.18)得存在多转波干涉的相位差条件为

$$\varphi \geqslant \frac{2}{m-1}\arcsin\left[\frac{(m-1)f}{2A}\right]$$

由此可得存在多转波干涉的振动钻削完全几何断屑条件式为

$$\left.\begin{aligned} & f \leqslant \frac{2A\sin(m-1)\pi i}{(m-1)} \quad \text{或} \quad \frac{2A}{(m-1)f} \geqslant \frac{1}{\sin(m-1)\pi i} \\ & \varphi \geqslant \frac{2}{m-1}\arcsin\left[\frac{(m-1)f}{2A}\right] \end{aligned}\right\} \tag{9.20}$$

四、不完全几何断屑机理

大量实验证明，即使不满足完全几何断屑条件（也即 $a_{\text{cemin}} > 0$），也常能可靠断屑。通常把振动参数不满足完全几何断屑条件的断屑都归属于不完全几何断屑。为探讨其机理，引入切削厚度相对变化率的概念：切削厚度变化量对切削长度的变化梯度 $\mathrm{d}a_c/\mathrm{d}y$ 称为切削厚度的相对变化率（y 为理论切削长度），用 u 来表示，即 $u = \mathrm{d}a_c/\mathrm{d}y$；而单位切削长度上的切削厚度变化量 $\Delta a_c/\Delta y$，即平均切削厚度相对变化率，用 u_a 表示，即 $u_a = \Delta a_c/\Delta y$。如果保持最小切削厚度 a_{cmin}（即切削厚度的薄弱环节）不变，切削厚度相对变化率 u 越大，平均切削厚度 u_a 越大，切削弯矩也就越大，在最小切削厚度 a_{cmin} 处的变形也就越大，切屑越容易折断。

由于切削厚度的变化，致使在切削过程中产生一种新的力学机制。在宏观上，切削厚度不再保持恒定，有的部位厚，有的部位薄，切削厚度大的部位切屑变形小，瞬时卷曲半径增大；而随着切削厚度的减小，切削变形增大，卷曲半径减小，加工硬化程度增加，直至切削厚度达到最小，此时产生薄而脆的切屑薄弱环节。与此同时，卷曲半径的减小加速了切屑的卷曲，迅速卷起的切屑在一定程度上阻碍了高压切削液的通过，从而受到切削液的冲击，又一次的附加变形使得切屑极易折断。

轴向振动钻削中切削厚度变化的曲线如图 9.6 所示，假设切屑在振动波形半个周期内折断，l 为一根切屑长度。根据式(9.9) 和(9.10)，在上升段或下降段的切削厚度平均变化率

$$u_a = \Delta a_c/\Delta y = \frac{a_{\text{cmax}} - a_{\text{cmin}}}{l} = \frac{4\sin\kappa_r A \mid \sin(i\pi) \mid}{0.5\pi d/J} = \sin\kappa_r \frac{8AJ \mid \sin(i\pi) \mid}{\pi d} \tag{9.21}$$

式中 d—— 钻孔的直径，mm。

从式(9.21) 可以看出：增大 J，A 的值可以增大 u_a 的值，u_a 越大，切屑越容易折断。

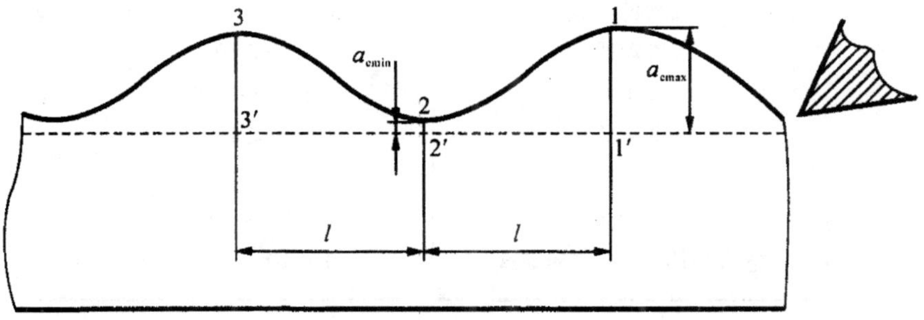

图 9.6 不完全几何断屑切屑厚度变化

当没有相位差（$i = 0$）时，振动钻削的切削厚度也是变化的（存在周期性薄弱环节），因此，也可以形成不完全几何断屑的条件，如图 9.7 所示。图中最大切削厚度 $a_{\text{cmax}} = f$，而最小切削厚度 a_{cmin} 无法给出数学表达式，但可以借助计算机求数值解，其范围为 $0 < a_{\text{cmin}} < f$。

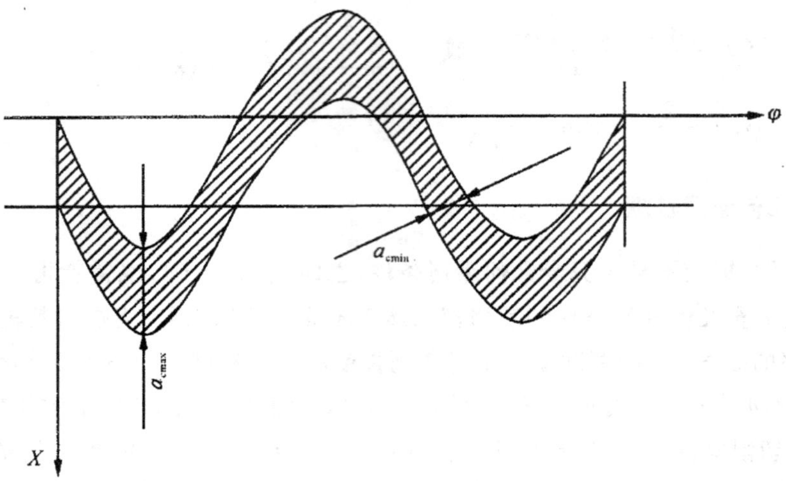

图 9.7 相位差为零时形成不完全几何断屑

第三节 振动钻削装置

一、振动钻削装置

强迫振动钻削装置的形式有机械、电磁、电气、气动和液压等基本形式；也可以组成各种复合形式的强迫振动装置，例如机械-液压、电气-液压等。

不同的振动装置，都有各自适用的频率范围，应根据实际的工艺要求选择，其工作频率范围如表 9.1 所示。

表 9.1 各种振动装置的频率范围

形式	频率范围 /Hz
机械离心式	3 ～ 100
机械偏心式	2 ～ 300
气动式	＜100
液压式	0 ～ 500
电磁式	＜400
步进电机式	＜400
电动式	20 ～ 3 000
电致伸缩式，磁致伸缩式	$20\times10^3 \sim 50\times10^3$

1. 机械振动钻削装置

机械振动钻削装置结构简单，造价低廉，使用和维护都比较方便，切削过程中振动参数受负载的影响比较小，因而得到较广泛应用。

机械振动钻削装置通常有偏心式、曲柄滑块式和四连杆机构振动装置。偏心式的部件少，尺寸紧凑，应用更为普遍。

(1) 曲柄滑块式和四连杆机构振动装置：曲柄滑块式和四连杆机构振动装置的工作原理如图9.8和图9.9所示。电机以3 000 r/min的转速经过一级皮带传动，使滑块或摆杆产生每分钟6 000次的滑动或摆动，带动刀具或工件形成100 Hz左右的轴向或圆周方向的振动。

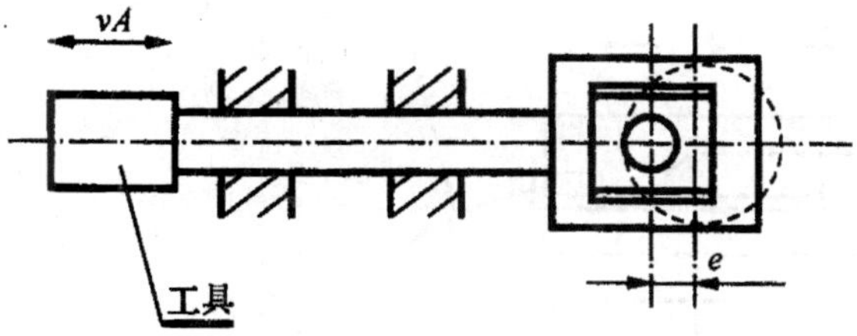

图 9.8 曲柄滑块式振动装置工作原理

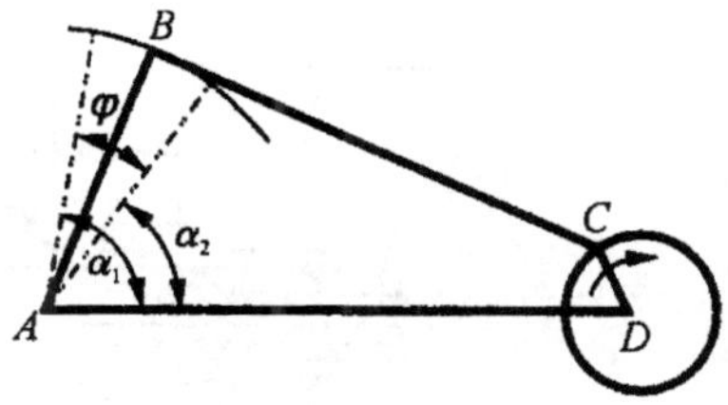

图 9.9 四连杆机构振动装置工作原理

(2) 偏心凸轮式振动钻削装置：图9.10是一种偏心凸轮式振动钻削装置。该装置是由振动轴、偏心凸轮机构、电机和连接底板等主要部分所组成。工作时，电机通过皮带轮带动凸轮轴回转，并推动滚子使振动轴产生一定振幅的轴向振动。采用双偏心凸轮机构可实现振幅的无级调节；采用调速电机可实现无级调频，以实现不同工况振幅和频率的要求。

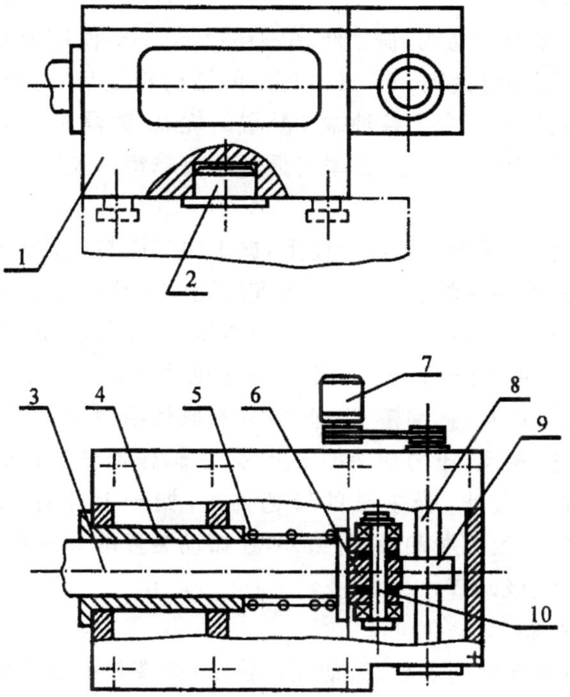

图 9.10 偏心凸轮式振动钻削装置

1— 电动机；2— 箱体；3— 定位体；4— 振动轴；5— 轴套；6— 弹簧；7— 滚动轴承；8— 小轴；9— 凸轮轴；10— 双偏心轮

(3) 凸轮摆杆式振动钻削装置：图9.11为一种凸轮摆杆式振动钻削装置。利用凸轮驱动摇杆而带动振动轴产生轴向振动，它的特点是可以将振动驱动器(凸轮摆杆) 放在振动轴的中间位置。这样振动轴就可以做得长一些，有利于振动轴的工作平稳，减小长钻杆的下垂，保证钻孔的轴线精度。

这种类型的振动装置，可通过改变凸轮机构的偏心量，来得到多种振幅。若电机是调速电机，还可实现无级调频。

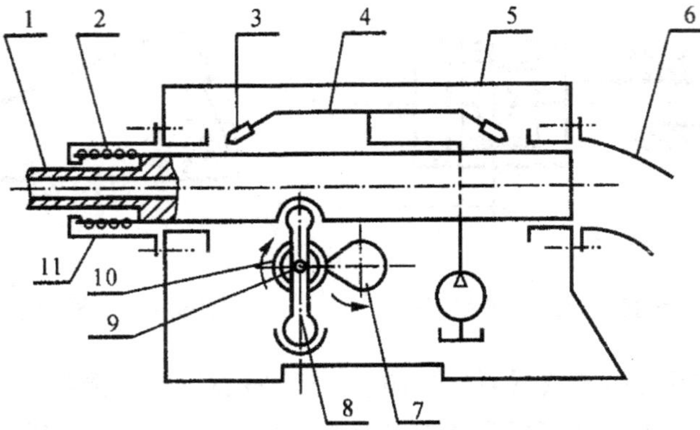

图 9.11　凸轮摆杆式振动钻削装置

1— 振动轴；2— 弹簧；3— 油嘴；4— 油管；5— 箱体；6— 排屑管；7— 凸轮；8— 摇杆；9— 销轴；10— 滚动轮；11— 弹簧罩

2. 液压振动钻削装置

液压振动钻削装置多为滑阀式，振动频率不超过 60 Hz，使用上受到一定的限制。电气液压随动振动装置的振动频率可达到 250 Hz 以上，但结构较复杂，制造成本高。图 9.12 为一种强制配流式液压振动装置，它综合了各种振动装置的优点，振幅在 0.005 ～ 0.1 mm 之间可以无级调节，振动频率可达 300 Hz 以上，频率与振幅的负载特性较好，在加工中能保持稳定的相位差振动状态。

振动装置用螺纹连接在钻床主轴的套筒上，振子用花键与主轴连接，工作时振子一边随主轴旋转一边作轴向振动，并随主轴套筒、振动装置外壳一起作进给运动。在振子的外表面上开有若干间距相等、开口方向交替相反的油槽，展开如图 9.13 所示。压力油由进油环经槽 b 进入油槽 Ⅱ，其压力使振子下移，振子下腔内的液压油经油槽 Ⅰ，环槽 a 到出油口泄油。

振子随主轴作顺时针回转时，油槽 Ⅲ，Ⅳ 将分别取代油槽 Ⅰ，Ⅱ 的位置，油槽 Ⅲ，Ⅳ 的开口方向分别与油槽 Ⅰ，Ⅱ 相反，压力油使振子上移。主轴作回转运动时，振子就会沿轴向作往复振动，实现钻头的轴向振动。当主轴的转速为 n，振子上开有 $2N$ 个油槽，则振动频率 $\nu = nN/60$，调换振子即可改变振动频率。另外，在振动装置的液压系统中装一个调速阀，通过调节流量实现其振幅的无级调节。

3. 电磁振动钻削装置

电磁振动钻削装置具有结构简单，振动频率较高，频率与振幅的负载特性较好等优点。但由于电磁振动器的功率较小，故一般只适用于小孔加工，特别是难加工材料的小孔加工，效果尤为显著。

电磁振动装置如图 9.14 所示，主要由电磁铁、弹簧及与电磁铁相固联的振动轴构成。工件装在振动轴的顶端，并让衔铁在不闭合的状态下工作（取下电磁铁的短路环），衔铁与铁芯底面保持一段距离 Δ，铁芯线圈始终处于通电状态。当通入的交流电电压在零与最大值之间变化时，电磁铁的磁场就会相应变化，因此对衔铁的吸力也在零与最大值之间变化，再加上弹簧的复位作用，就会使 A 值不断变化，从而构成与衔铁相固联的振动轴上下振动。当交流电的频率为50 Hz时,振动台的振动频率为100 Hz。另外,铁芯的供电电路中连接有调压变压器,调节其电压的大小,即可使电磁铁衔铁的振幅发生变化。

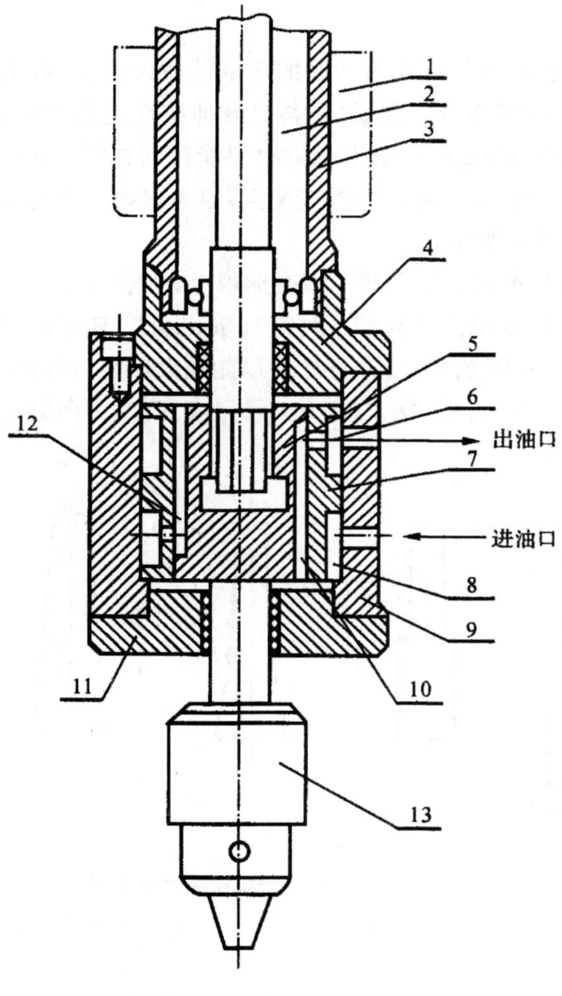

图 9.12 液压振动钻削装置
1— 床身;2— 主轴;3— 套筒;4— 上端盖;5— 振子;6— 环槽 a;7— 内衬;8— 环槽 b;9— 外套;10— 油槽 Ⅰ;11— 下端盖;12— 油槽 Ⅱ;13— 钻夹头

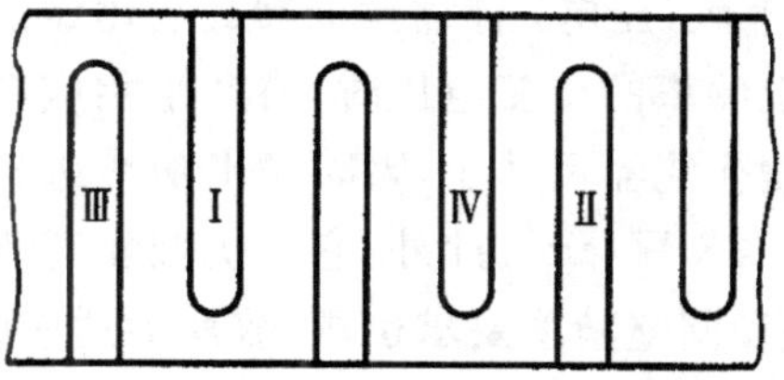

图 9.13 振子表面展开图

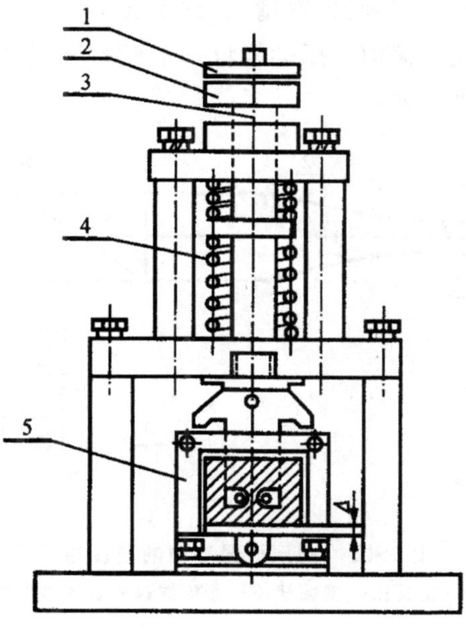

图 9.14 电磁振动装置
1— 工件;2— 工作台;3— 振动轴;4— 弹簧;5— 电磁铁

4. *超声波振动钻削装置*

超声波振动钻削装置由超声波发生器、换能器、变幅杆、切削工具等几部分组成,如图9.15所示。

(1) 超声波发生器:它的作用是将 50 Hz 的交流电变成一定功率输出的超声波电振荡,以提供振动切削加工中的振动能量。

(2) 换能器:其作用是将高频电振荡转换成高频机械振动。分为磁致伸缩换能器和电致伸缩换能器两种。

1) 磁致伸缩换能器是利用磁致伸缩效应(即铁、钴、镍以及其合金的长度随所处磁场强度变化而伸缩)制做的。例如用纯镍片叠成封闭磁路的镍片式换能器,两芯柱上同向绕有线圈,并通入高频电流使之伸缩，从而产生高频机械振动。这种换能器的特点是机械强度高，输出功率大，切削力的变化及振动系统本身的一些变化对刀刃振动形态的影响比较小。缺点是能量转换效率低，且温度升高时，磁致伸缩效应变小，故一般工作时要用水冷却。目前国内使用这种换能器比较多。

2）电致（压电）伸缩换能器是利用锆钛酸铅（$ZrPbTiO_3$）等物质的压电效应（即在两界面上加一定频率的交变电压时，将产生相应频率的伸缩变形）制做的。与磁致伸缩换能器比较，电致伸缩换能器尺寸小，瞬时输出功率达 35 ～ 40 W/cm²，但连续振动时只能达到它的 1/5 左右，即 7 ～ 8 W/cm²。此外，它的机械强度低，工作电压高，电声转换效率高，因而振动系统的设计、制造和调整精度要求也高，故所能适应的切削条件较窄。

（3）变幅杆：电致或磁致伸缩换能器在高频电振荡作用下的伸缩变形很小，一般只有 4 ～ 5 μm 左右，不能直接用来进行切削加工，必须通过变幅杆将振幅放大到 15 μm 以上。变幅杆的形式主要有三种：指数型、圆锥型和阶梯型，如图 9.16 所示。变幅杆之所以能放大振幅，是由于通过它任一截面的振动能量是不变的（传播损耗不计），截面小的地方能量密度变大，因而振幅也就得到了放大。

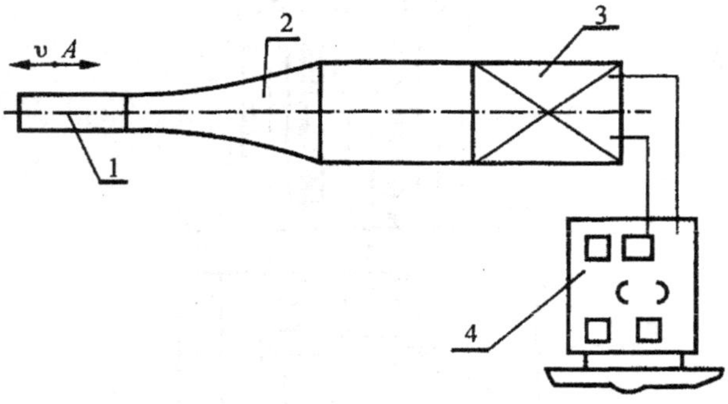

图 9.15　超声波振动钻削装置的组成

1— 工具；2— 变幅杆；3— 换能器；4— 超声波发生器

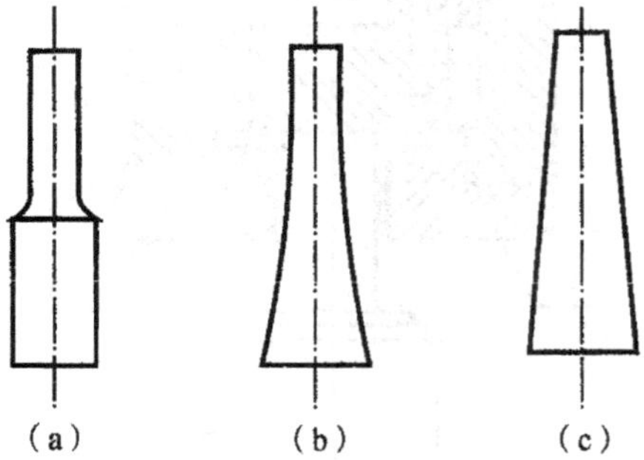

图 9.16　变幅杆的主要形式

(a) 阶梯型；(b) 指数型；(c) 圆锥型

二、低频机械式振动装置的调幅与调频

低频机械式振动装置通常采用如图 9.10 所示的偏心凸轮式振动钻削装置，振幅的调节采用双偏心凸轮机构可实现振幅的无级调节；频率的调节采用调速电机可实现无级调频。

1. 双偏心凸轮调幅机理

图 9.17 为双偏心凸轮调幅机理，(a) 和(b) 分别为偏心量达到最大和最小时的两个偏心轮（1 和 2）的位置。图 9.18 为振幅 A 随角度 α 变化的曲线。图 9.19 为简化的调幅原理图。

其中 O 是偏心轮 1 的回转中心，也即为凸轮轴的回转中心（偏心轮 1 与凸轮轴为同一实体）；O_1 是偏心轮 1 的几何中心，也是偏心轮 2 的回转中心；O_2 是偏心轮 2 的几何中心。当偏心轮 2 绕偏心轮 1 转动时，实际上就是 O_2 绕 O_1 转动，在设计上保证两偏心轮的偏心量相等，$e_1 = e_2 = 0.25$，即为 $O_1O_2 = OO_1$。这样，O，O_2 间的距离就是装配好后的凸轮轴组件的偏心量，也就是振幅 A。

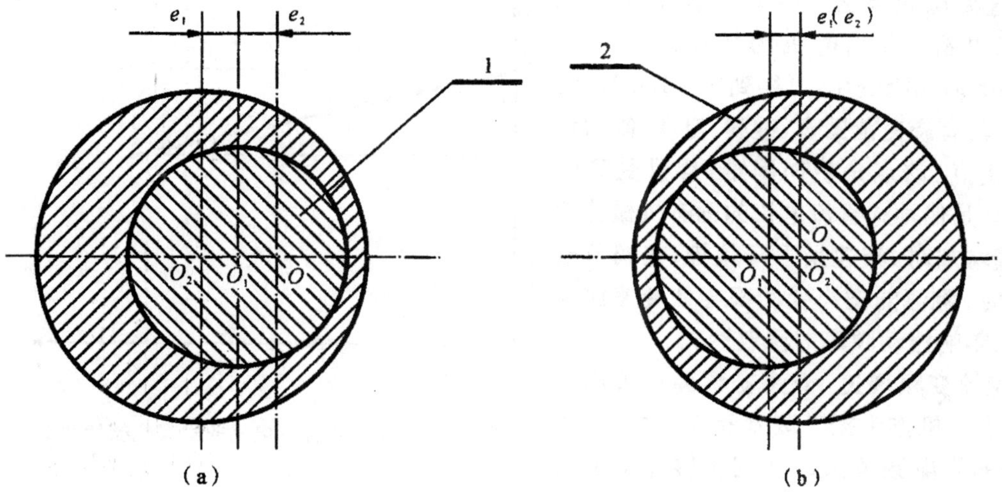

图 9.17 偏心轮的两个极限位置

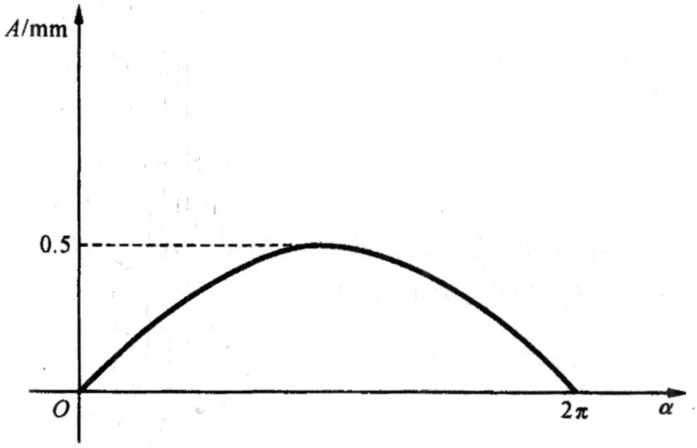

图 9.18 振幅随转角变化曲线

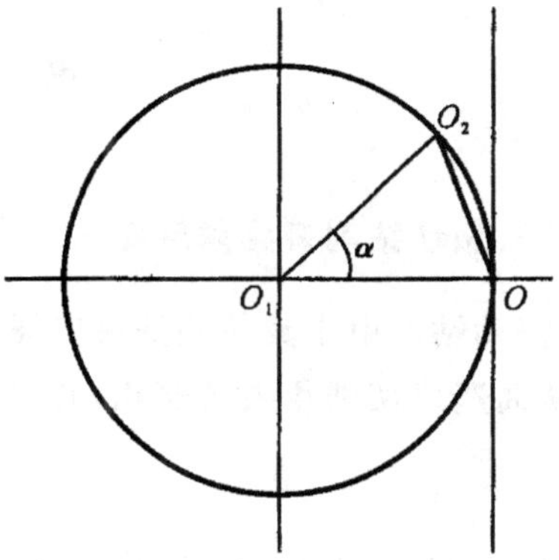

图 9.19 调幅原理图

由图 9.19 不难得出

$$A = e = OO_2 = 2e_1 \sin(\alpha/2)$$

式中 $0 \leqslant \alpha \leqslant 2\pi$。

显然，当 α 从 0 到 2π 连续变化时，A 也在 $0 \sim 2e_1$(0.5) mm 之间连续变化。当 $\alpha = \pi$，即为图 9.17(a) 所示的位置时，A 为最大值，即 $A_{max} = 0.5$ mm；当 $\alpha = 0$，即为图 9.17(b) 所示的位置时，A 为最小值，即 $A_{min} = 0$。

为满足不同的工艺要求，可以通过调整偏心轮 2 与偏心轮 1 的径向位置得到所需要的不同振幅值，并且此振幅值的调节可以连续变化。

2. 振动装置调频原理

振动频率是振动钻削的重要参数。在小直径深孔钻削中，要求振动频率调节范围尽可能大，振动频率要稳定，受负载的影响越小越好。在低频机械式振动装置中，振动钻削的频率是通过调节凸轮的转速（驱动电机的转速）来实现，一般有两种调频方法：直流电机调速和交流电机调速。

(1) 直流电机调速:振动装置驱动电机采用直流电机,直流电机的转速可在 0～6 000 r/min 内无级变化,可得到 0～100 Hz 的振动频率。具有调速范围宽,过载、启动、制动均易控制等优点。缺点是换向困难,容量受到限制。图 9.20 是他励式直流电机的固有机械特性图,当负载增加时,转速呈下降趋势。在调节电位器阻值时,阻值的微小变动都会使转速波动很大,从而影响振动频率的稳定性。

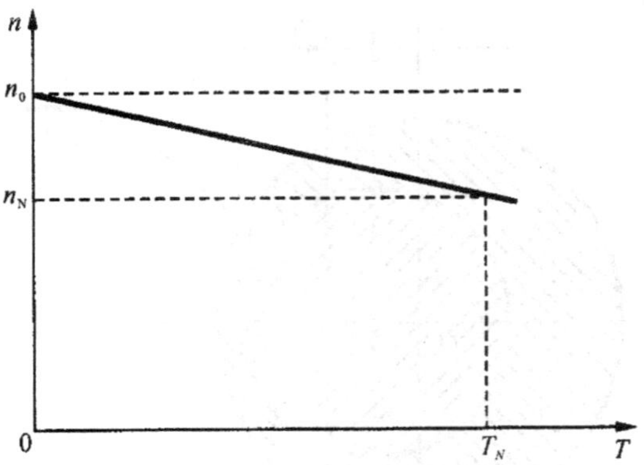

图 9.20 他励式直流电机的固有机械特性图

(2) 交流变频调速:交流变频调速采用三相交流异步电机作为振动装置驱动电机,通过改变定子的供电频率来改变同步转速实现调速,它具有效率高,调速范围宽,精度高,调速平滑,受负载影响较小等优点,是振动装置比较理想的调频方法。

第四节 振动钻削过程

一、振动钻削刀具角度变化

振动钻削由于其所施加轴向振动的影响,实际切削速度的大小和方向都在不停地发生变化,从而造成切削角度的变化。若以 v_s 表示瞬时进给速度,则由式(9.3)得

$$v_s = \frac{dx}{dt} = fn + 2\pi\nu A\cos 2\pi\nu t \tag{9.22}$$

所以钻头前、后角的动态变化量为

$$\Delta\beta = \arctan\left(\frac{f}{2\pi r} + \frac{\nu A\cos 2\pi\nu t}{rn}\right)\cos\kappa_r \tag{9.23}$$

其中 $\frac{f}{2\pi r}$ 项是由进给速度引起的,而 $\frac{\nu A\cos 2\pi\nu t}{rn}$ 项是由振动引起的。若钻头的刃磨后角为 α_o,刃磨前角为 γ_o,实际工作轴向后角为 α_{oe},实际工作轴向前角为 γ_{oe},则 α_{oe} 的变化范围为 $\alpha_o - \Delta\beta \sim \alpha_o + \Delta\beta$,$\gamma_{oe}$ 的变化范围为 $\gamma_o - \Delta\beta \sim \gamma_o + \Delta\beta$。图 9.21 是振动钻削时刀具轴向前、后角的变化情况。

由此可见,在振动钻削过程中,钻头实际工作前、后角与进给量 f、振动频率 ν、振幅 A、主偏角 κ_r、主轴转速 n 以及刀刃的切削半径 r 有关。

另外,实际工作后角 α_{oe} 不能小于零(负后角),否则会导致钻头严重磨损和钻杆冲击振动,甚至崩刃。因此,为防止出现负后角,刃磨后角 α_o 必须大于 $\Delta\beta_{max}$,即 $\tan\alpha_o > \tan\Delta\beta_{max}$,其中 $\Delta\beta_{max} = \arctan\left(\frac{f}{2\pi r} + \frac{\nu A}{rn}\right)\cos\kappa_r$。于是有

$$\nu A < rn\left(\tan\frac{\alpha_o}{\cos\kappa_r} - \frac{f}{2\pi r}\right) \tag{9.24}$$

在其他条件都已确定的情况下,可以参考式(9.24)选取振动频率 ν 和振幅 A。

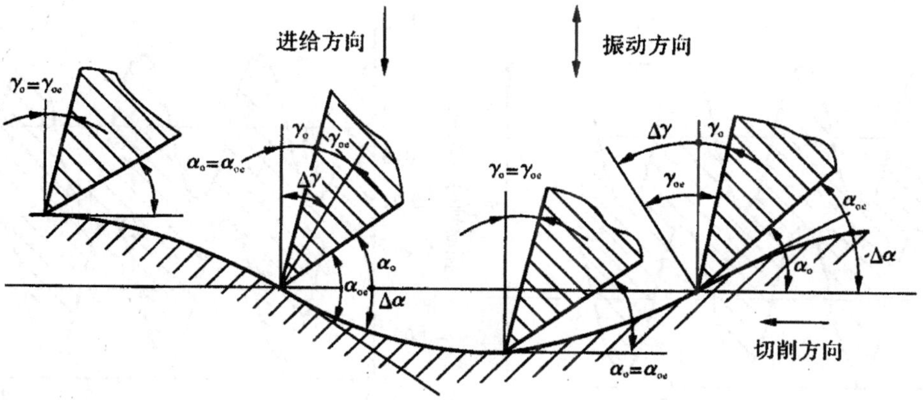

图 9.21 振动钻削刀具轴向前、后角变化

二、振动钻削圆周方向切屑形状和瞬时轴向切削层厚度

1. 圆周方向切屑形状

根据振动钻削断屑机理可知，振动钻削的断屑与振动参数 A，ν 以及切削参数 n，f 匹配有关。因此，振动钻削断屑状况和切屑形状必然与这些参数之间的关系有关。为分析这种关系，把刀刃某点的运动轨迹沿圆周展开，由于相邻两转间刀刃某点沿轴向移动的进给距离很小，展开忽略不计，则得到图 9.22 所示的不同参数下的展开图(图中阴影部分是切屑的理论实体形状)。

图 9.22(a) 是 $\varphi=0$ 时的波形，此时刀刃某点运动轨迹相邻两转之间没有相位差，但由于振动的存在，切屑厚度仍然存在周期性的薄弱环节，可以形成不完全几何断屑。

图 9.22(b)，(c)，(d) 则是 $\varphi\neq 0$ 时的波形，此时刀刃某点运动轨迹的相邻两转之间存在一定大小的相位差。其中图 9.22(b) 是当 $A<\dfrac{f}{2}$ 时的波形，由于刀具相邻两转的运动轨迹永远无法相交，故只能在切屑长度上产生周期性的薄弱环节，从而形成不完全几何断屑；图9.22(c) 是在 $f>A>\dfrac{f}{2}$ 时的干涉波形，此时若振动参数和切削用量匹配合适，就可以形成完全几何断屑；图 9.22(d) 是 $A>f$ 时的干涉波形，此时除存在相邻两转之间的断屑条件外还必然存在相邻多转之间的切削干涉波形。

小直径深孔振动钻削时，切屑往往是由多转刀刃轨迹包容而成的(见图 9.23)，假设是 m 转得到某一切屑单元，则在 $m-1$，$m-2$，$m-3$ 转中分别切出这个切屑的一个边，在第 m 转时切出整个切屑。

包容的波形数越多，刀具每转振动次数越多，则圆周向的切屑长度越小。也就是说，采用轴向振动钻削的方法可以通过选择参数来控制切屑的形态。

2. 瞬时轴向切削层厚度

瞬时轴向切削层厚度是指某一瞬时，刀具切削刃在本次切削与上几转切削中的某一转，在同一圆周位轴向的距离，用 f_x 表示(即为瞬时实际进给量 f_s，)。在图 9.24 中，f_{x1}，f_{x2}，f_{x3} 分别表示不同瞬时的轴向切削层厚度。

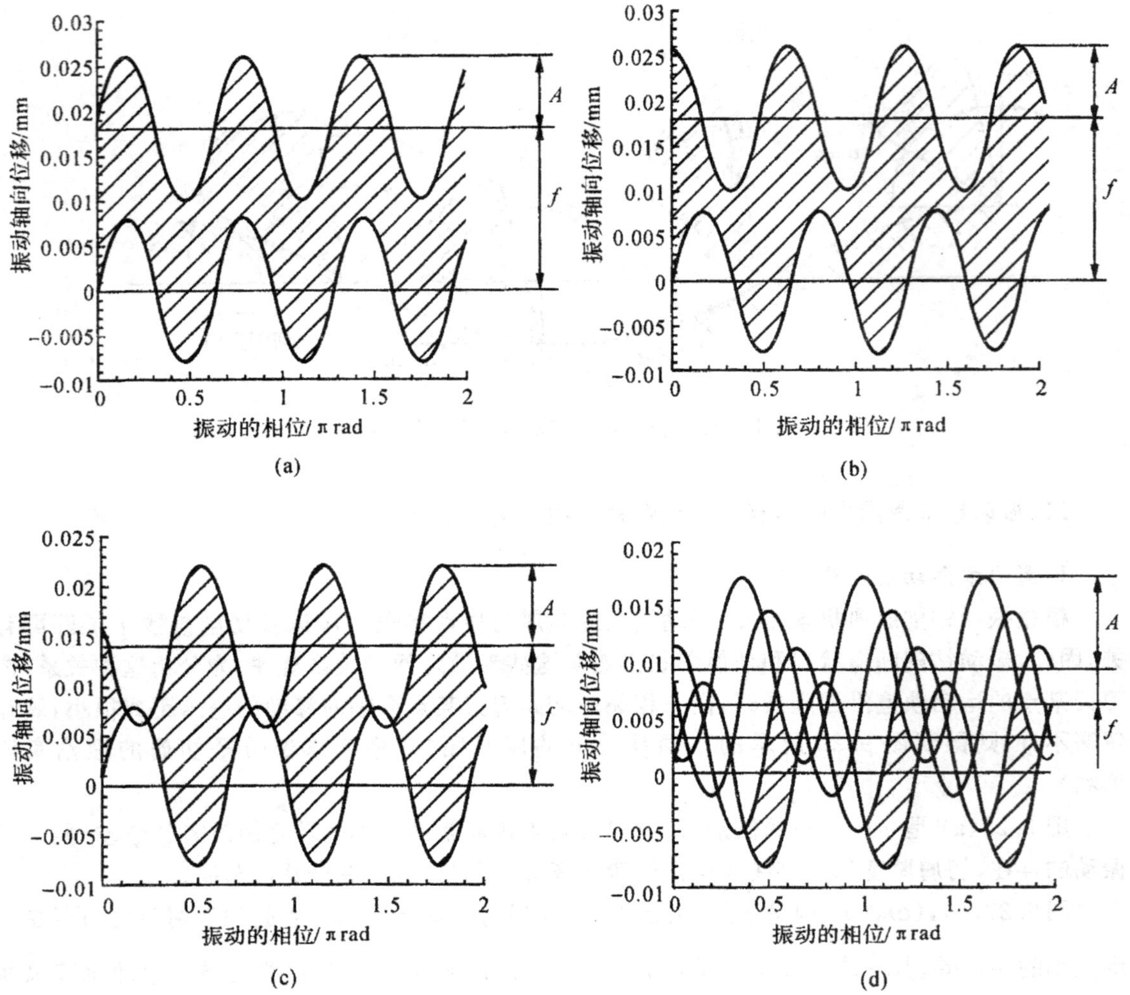

图 9.22　不同参数匹配下的断屑类别(阴影代表切屑)

(a) $\varphi=0$; (b) $\varphi\neq 0$ 且 $A<f/2$; (c) $\varphi\neq 0$ 且 $f/2<A<f$; (d) $\varphi\neq 0$ 且 $A>f$

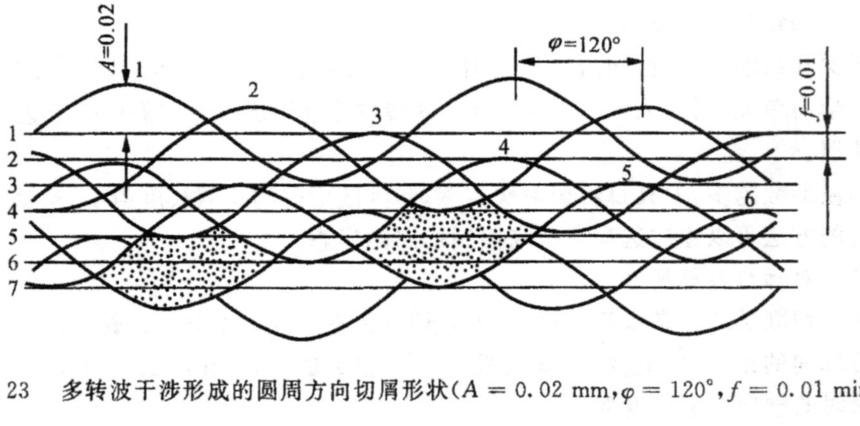

图 9.23　多转波干涉形成的圆周方向切屑形状($A=0.02$ mm, $\varphi=120°$, $f=0.01$ min/r)

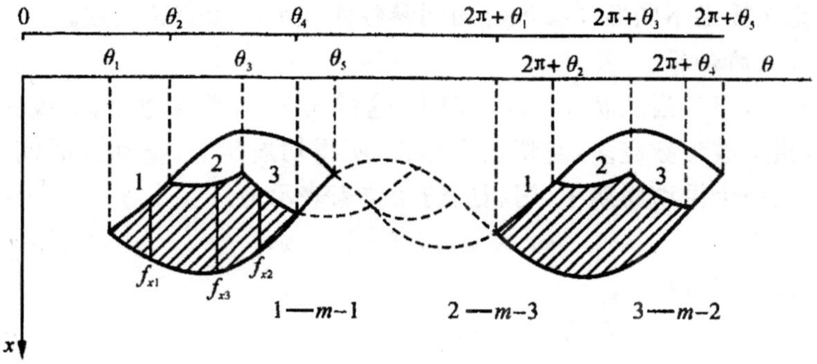

图 9.24 多转波干涉的瞬时轴向切削层厚度

根据切削运动方程(9.4),以本转切削轨迹为起点向上推,在每转刀刃转过 θ 角时,其上某一点在同一位置角上的轴向坐标可由下列方程表示,即

$$x_1=\frac{f}{2\pi}\theta+A\sin\frac{60\nu}{n}\theta$$

$$x_2=\frac{f}{2\pi}(\theta-2\pi)+A\sin\frac{60\nu}{n}(\theta-2\pi)$$

$$x_3=\frac{f}{2\pi}[\theta-2(2\pi)]+A\sin\frac{60\nu}{n}[\theta-2(2\pi)]$$

……

$$x_m=\frac{f}{2\pi}[\theta-(m-1)(2\pi)]+A\sin\frac{60\nu}{n}[\theta-(m-1)(2\pi)]$$

其中 m 取 1,2,3,4,…

瞬时轴向切削层厚度为

$$f_{xm}=x_1-x_m=(m-1)f+2A\sin\frac{60\nu}{n}(m-1)\pi\cos\frac{60\nu}{n}[\theta-(m-1)\pi] \tag{9.25}$$

将 $\varphi=\frac{60\nu}{n}2\pi$ 代入,且 $\theta=2\pi nt/60$,则式(9.25)变为

$$f_{xm}=(m-1)f+2A\sin\left(\frac{m-1}{2}\varphi\right)\cos\left[2\pi\nu t-\frac{m-1}{2}\varphi\right]=$$
$$(m-1)f-2A\sin\left(\frac{m-1}{2}\varphi\right)\sin\left[\omega t-\left(\frac{m-1}{2}\varphi+\frac{\pi}{2}\right)\right] \tag{9.26}$$

代入不同的 m 值,即可求得不同瞬时的轴向切削层厚度值。

三、完全几何断屑条件下的临界相位差与理论切屑长度

1. 相交波纹数与振动参数、切削参数之间的关系

根据多转波干涉的瞬时轴向切削层厚度,当 $f_{xm}\leqslant 0$ 时,相邻 m 转之间的刀刃运动轨迹有交点。因此,要在一个振动周期内实现完全几何断屑,必须有 $\frac{2A}{(m-1)f}\geqslant\left|\frac{1}{\sin(m-1)\pi i}\right|$(与多转波干涉完全几何断屑条件相符),也即

$$|i|\geqslant\frac{\arcsin\left(\frac{m-1}{2A}f\right)}{(m-1)\pi} \tag{9.27}$$

因此，可以根据此式算出不同振动参数与切削参数匹配下的相交波纹数。

2. 切入、切出点的计算

在图 9.24 中，刀刃应当从 θ_1 切入，θ_4 切出，这样 $\theta_1 \sim \theta_4$ 为切削区间，$\theta_4 \sim \theta_1 + 2\pi$ 为空切区间。直观来看，相交波形数越多，空切区间越长，所得切屑越短。把切入时间和切出时间分别用 t_1 和 t_2 表示，在一个振动周期中，用相应的相位来表示为

$$\varphi_{\text{in}} = \omega t_1, \quad \varphi_{\text{out}} = \omega t_2 \tag{9.28}$$

令式(9.27) 中 $f_{xm} = 0$，得

$$\cos\left(\omega t - \frac{m-1}{2}\varphi\right) = -\frac{(m-1)f}{2A\sin\left(\frac{m-1}{2}\varphi\right)} \tag{9.29}$$

将式(9.28) 代入式(9.29)，得

$$\varphi_{\text{in,out}} = \frac{m-1}{2}\varphi \pm \arccos\left[-\frac{(m-1)f}{2A\sin\left(\frac{m-1}{2}\varphi\right)}\right] \tag{9.30}$$

任意参数中本转与相邻转之间刀刃运动轨迹的交点中，切入点与切出点总是切削刃在圆周位置轴向位移中最大的两个交点。进一步可以判断任意相邻两点谁是切入点谁是切出点，根据本转运动轨迹在此点的斜率(即 $\mathrm{d}x/\mathrm{d}\theta$)，当斜率大于零时为切入点，当斜率小于零时为切出点，因为在切入点处的瞬时切削层厚度在增加，在切出点处的瞬时切削层厚度在减小，对应于运动轨迹的展开图上，就是其导数大于零和小于零。

3. 临界相位差

根据圆周向切屑形状展开图，当相位差 φ 小于一定的值时，就不可能产生完全几何断屑。要实现完全几何断屑就必须使 φ 大于某一数值，这一数值称为临界相位差，用 φ_0 表示。当 $\arccos\left[-\frac{(m-1)f}{2A\sin\left(\frac{m-1}{2}\right)}\right] = 0$ 时，切入、切出相位相等(切入、切出点重合)，即在一个振动周期仅有一个交点。此时，即为临界点 $\varphi_0 = \frac{2}{m-1}\arcsin\left[(m-1)\frac{f}{2A}\right]$，由此可见，临界相位差随 $\frac{f}{2A}$ 的增大而增大；在 $\frac{f}{2A}$ 较大时，必须采用较大的 φ，即 i 值。因为只有当 $\varphi \geqslant \varphi_0$ 时，才能实现完全几何断屑。

4. 理论切屑长度

为了控制切屑的形状和大小，应适当匹配各参数，在图 9.25 中，刀具从 θ_1 切入，θ_4 切出，其间切下的切削层在圆周方向的距离称为理论切屑长度。忽略切削变形，则 $\Delta\varphi = \varphi_{\text{in}} - \varphi_{\text{out}}$，即形成一个切屑单元过程中实际参与切削的角度。

因此，理论切屑长度尺寸为

$$l = \Delta\varphi R/J \tag{9.31}$$

式中 R—— 被加工孔的半径，mm。

由式(9.31) 知，振动钻削中，切屑的长度只与切削用量和振动参数有关，在满足断屑的前提下，可以通过控制切削用量和振动参数，人为有效地控制切屑的长度。

对于不完全几何断屑，由于刀刃始终参与切削，假设其恰好在一个振动周期从薄弱环节折断，这时 $\Delta\varphi = 2\pi$，则

$$l = 2\pi R/J \tag{9.32}$$

这说明通过改变重叠系数 J 可以控制切屑的尺寸。

四、不完全几何断屑情况下 i 的选取范围

当相交波纹数 $m=1$ 时，此时，既不是两转波干涉，也不是多转波干涉，而是属于不完全几何断屑，其瞬时轴向切削层厚度为

$$f_{zt}=x_1-x_2=f+\left[\sin\frac{60\nu}{n}\pi-\sin\frac{60\nu}{n}(\theta-2\pi)\right]=$$

$$f-2A\sin\frac{60\nu}{n}\pi\sin\left(\frac{60\nu}{n}\theta-\frac{60\nu}{n}-\frac{\pi}{2}\right) \tag{9.33}$$

将 $J=\dfrac{60\nu}{n}=K+i$ 代入式(9.33)得

$$f_{zt}=f-2A\sin(K+i)\pi\sin[\omega t-(K+i)\pi] \tag{9.34}$$

显然，

$$\left.\begin{aligned}f_{zt\min}&=f-2A\mid\sin i\pi\mid\\ f_{zt\max}&=f+2A\mid\sin i\pi\mid\end{aligned}\right\} \tag{9.35}$$

设孔壁处的平均轴向切削厚度变化率 $u_{ax}=\dfrac{f_{zt\max}-f_{zt\min}}{l}$

将不完全几何断屑理论切屑长度公式代入，得

$$u_{ax}=\frac{2JA\mid\sin i\pi\mid}{\pi R} \tag{9.36}$$

u_{ax} 越大，切屑越容易折断。

式(9.36)说明增大重叠系数 J 和振幅 A 有利于切屑的折断。当 $|i|=0.5$ 时，最易断屑，但很难让 $|i|$ 的取值刚好为 0.5，并且在 $|i|=0.5$ 时，钻头所受冲击严重，所以 $|i|$ 值一般偏离 0.5，i 的取值可以在 $0\sim0.5$（见图 9.25(a)）和 $-0.5\sim0$（见图 9.25(b)）两个范围内。

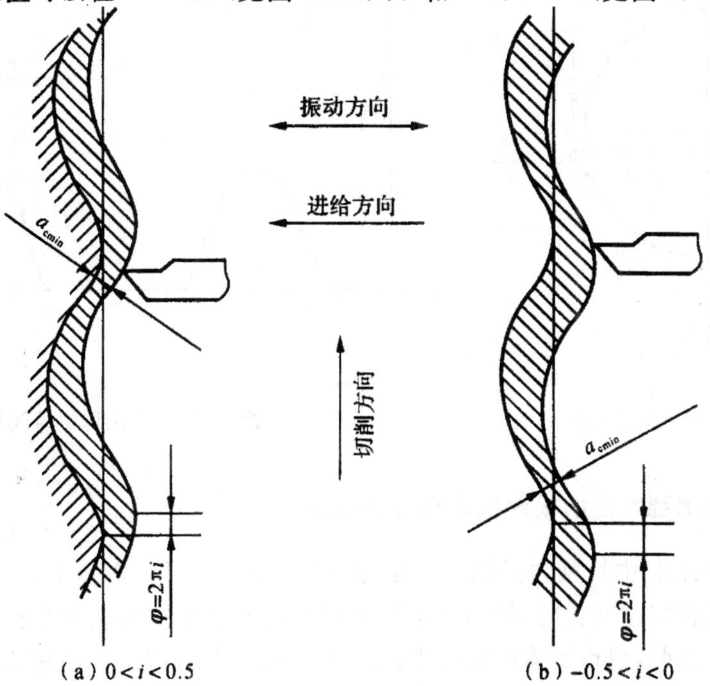

图 9.25 i 的两个取值范围

(a) $0<i<0.5$；(b) $-0.5<i<0$

当 $0 < i < 0.5$ 时，实际切削后角增大，切削前角减小，同时，振动退刀使得合成切削速度降低，切屑变形增大，更有利于切屑的折断；在 $-0.5 < i < 0$ 时的情况与 $0 < i < 0.5$ 时刚好相反。所以，i 值取在 $0 \sim 0.5$ 范围内比 $-0.5 \sim 0$ 范围内要好。

完全几何断屑可看作不完全几何断屑当 $a_{cmin} \leqslant 0$ 时的特殊情况，所以此范围同样适用于完全几何断屑情况下 i 值的选取。

第五节 振动钻削系统的稳定性

影响振动钻削系统稳定性的因素很多，但归根结底是由切削力引起的。与非振动钻削相比，振动钻削由于有强迫振动的介入，其稳定性问题就更为复杂。

低频轴向振动钻孔时，钻削系统实际上为弹性体，由于切削力的周期性变化，势必引起系统的振动，表现为 ① 钻头的轴向振动；② 钻杆的扭转振动；③ 钻杆的横向摆振；④ 钻杆的弯曲振动。这些振动分别由变化的轴向力、扭矩、主切削力所引起。

一、振动钻削切削力分析

在普通钻削时，轴向力和扭矩可按经验公式计算，而振动钻削由于瞬时进给量的周期性变化，钻削轴向力和扭矩也发生周期性的变化(见图 9.26)，同时，径向力 F_y 和导向块上的支撑反力 F_N 也发生周期性的变化。在完全几何断屑时，由于切屑在切削面积为零处自动分离，其理论切削力是以 2π 为周期的函数(见图 9.27)，但由于切削面积并非按正弦规律变化，所以实际瞬时切削力也并非按正弦规律变化。

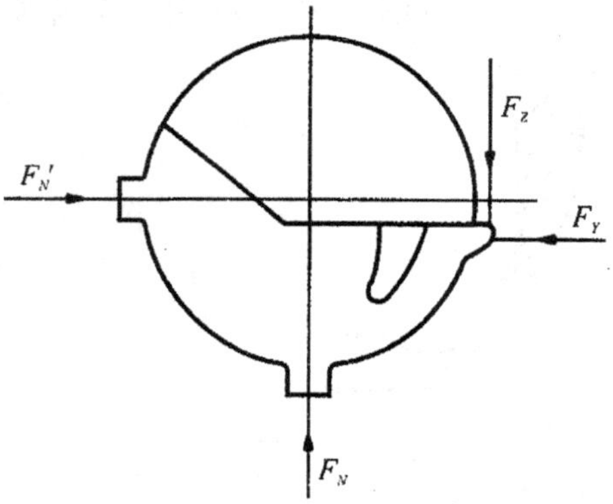

图 9.26 钻头受力简图

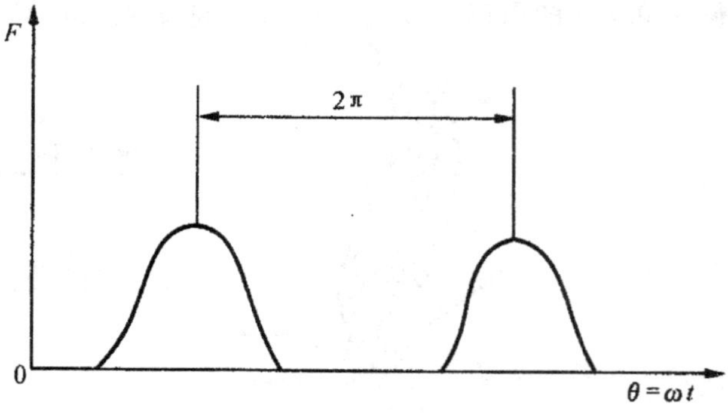

图 9.27 理论切削力波形

二、影响振动钻削稳定性的轴向振动和扭转振动

假设轴向力、扭矩和主切削力随轴向切削厚度而呈线性变化，实际上对于不完全几何断屑，瞬时进给量按正弦规律变化时，钻削扭矩和主切削力也是按正弦规律变化的，轴向力的变化近似于正弦规律。为此，假设所有的激振力都是时间 t 的正弦函数，各激振力、扭矩的变化和切削厚度的变化之间没有相位差。

建立如图 9.28 所示的模型，刀柄处的振动为 $x_3 = A\sin\omega t$，图中 x 为钻头的瞬时位移，

M 为钻头的质量。

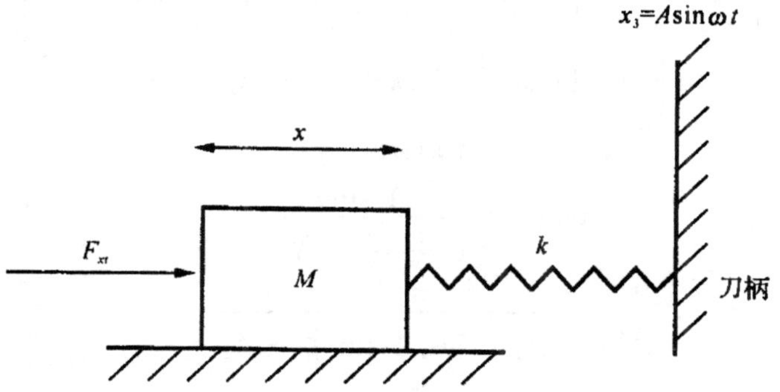

图 9.28 轴向振动模型

当 $m=2$，瞬时轴向进给量为

$$f_{xt}=f_{x2}=f-2A\sin\left(\frac{\varphi}{2}\right)\cos\left[\omega t-\left(\frac{\varphi+\pi}{2}\right)\right]$$

由于进给量的变化而产生的瞬时轴向力为

$$F_{xt}=-F_0\sin(\varphi/2)\sin[\omega t-(\pi+\varphi)/2]$$

式中 F_0 —— 激振力的力幅；

φ —— 相邻两转刀刃轨迹波形间的相位差。

于是，可以得出动力学方程

$$M\ddot{x}+k(x+x_3)=-F_0\sin\frac{\varphi}{2}\sin\left[\omega t-\frac{1}{2}(\pi+\varphi)\right]$$

即
$$M\ddot{x}+kx=-F_0\sin\frac{\varphi}{2}\sin\left[\omega t-\frac{1}{2}(\pi+\varphi)\right]-Ak\sin\omega t \tag{9.37}$$

式中 x —— 钻头的瞬时位移；

$\ddot{x}$ —— 钻头的瞬时加速度；

x_3 —— 钻柄的瞬时位移，$x_3=A\sin\omega t$；

k —— 系统的弹性系数；

ω_n —— 系统固有频率，$\omega_n^2=k/M$；

ω —— 激振力频率；

M —— 模型的质量。

解方程可得

$$x=\frac{-F_0\sin\frac{\varphi}{2}}{|\omega_n^2-\omega^2|M}\sin\left[\omega t-\frac{1}{2}(\pi+\varphi)\right]-\frac{Ak}{|\omega_n^2-\omega^2|M}\sin\omega t \tag{9.38}$$

其中，$\frac{-F_0\sin\frac{\varphi}{2}}{|\omega_n^2-\omega^2|M}\sin\left[\omega t-\frac{1}{2}(\pi+\varphi)\right]$ 是由轴向切削力周期性变化而引起的；$\frac{Ak}{|\omega_n^2-\omega^2|M}\sin\omega t$ 是由刀柄的振动引起的。

令
$$A_1=\frac{F_0\sin\frac{\varphi}{2}}{|\omega_n^2-\omega^2|M},\quad A_2=\frac{Ak}{|\omega_n^2-\omega^2|M}，一般 A_2>A_1$$

即
$$x=-A_1\sin\left[\omega t-\frac{1}{2}(\pi+\varphi)\right]-A_2\sin\omega t$$

也即
$$x=A'\sin(\omega t+\varphi)$$

其中
$$\tan\varphi=\frac{-A_1\sin\varphi}{A_1\sin\frac{\varphi}{2}+A_2}$$

$$A'=\sqrt{A_1^2-2A_1A_2\sin\frac{\varphi}{2}+A_2^2} \tag{9.39}$$

其中 A'—— 振动钻削时钻头的振幅。

不难看出，当 $i=0.5,\varphi=\pi$ 时，

$$x=-A_1\sin\left[\omega t-\frac{1}{2}(\pi+\pi)\right]-A_2\sin\omega t=(A_1-A_2)\sin\omega t \tag{9.40}$$

式(9.40)说明 $i=0.5$ 时，变化的切削力减小了钻头的振动，使钻头的振幅达到最小值。此时瞬时进给量的变化幅度最大，由它引起的瞬时切削力的力幅 A_1 也最大，钻头振幅 A' 最小。

同样可以分析，当 $i=0,\varphi=0$ 时，钻头振幅 $A'=A$ 达到最大值；而当 $\omega_n=\omega$ 时，A' 将趋于无穷大。

由以上分析可知：① 当 $i=0.5$ 时，钻头的轴向激振力的幅值最大，所受振动冲击最大；② 当 $i=0$ 时，钻头轴向激振力的幅值最小，所受振动冲击最小；③ 当 $\omega_n=\omega$ 时，钻头振幅将无限大，即系统达到共振，要设法避开；④ 刀柄的振幅越大，钻头的振幅越大。

三、影响振动钻削稳定性的横向振动和弯曲振动

1. 横向振动

由于径向力以及主切削力的周期性变化，使得压向导向块的合力及导向套上的支反力也周期性变化。导向块在轴向位置上滞后于切削刃，这样主切削力与导向块所受的支反力 F_N 形成一力偶 M_N（见图 9.29），M_N 也随瞬时轴向切削厚度 f_{a} 周期性地变化。又由于导向块的倒锥量，导向块后部与孔壁间存在间隙，使得周期变化的力偶 M_N 引起钻杆产生横向振动。导向块与主切削刃轴向距离很小，产生的力偶也很小，所以横向振动一般不是太严重，但是，如果振动频率接近横向振动的固有频率就会发生共振，这是应该避免的。

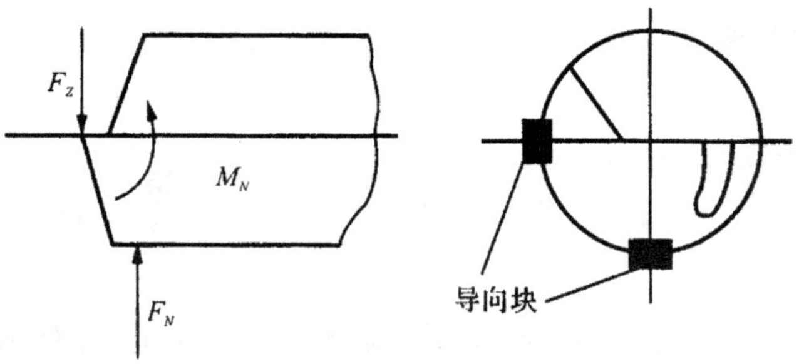

图 9.29 钻头受到周期性的力偶

2. 钻杆的弯曲振动

一方面，由于周期性力偶 M_N 的存在，必然会使钻杆发生弯曲振动；另一方面，当采用了单刃刀具（小直径深孔钻头一般都是单刃刀具）时，切削时轴向力的合力不是作用在钻头中心（见图 9.30），偏置的轴向力必然引起钻杆的弯曲，由于轴向力的周期性变化，同时也会引起钻杆的弯曲振动。钻杆的弯曲振动是这两种振动的合成。当振动频率接近系统的固有频率时，同样会产生共振，当然也应该避免。

四、振幅损失

振幅对断屑和控制切屑尺寸有很重要的作用，从振动装置传递出的振幅值 A 到达切削刃时，由于工艺系统本身固有的缺陷，必然产生损失，这种损失给人为控制振动钻削加工过程带来了极大的困难。

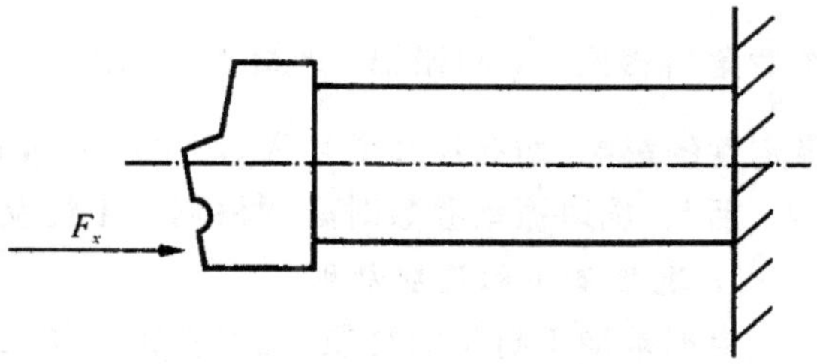

图 9.30 轴向力不过钻头轴心

在低频轴向振动钻削加工的凸轮 — 钻杆（刀具）— 工件系统中，影响振幅损失的因素主要有三种：

(1) 凸轮高速旋转时，从动件的惯性力较大，整个机构会发生弹性变形，使得钻杆工作端的实际位移小于凸轮机构预设的振幅值（名义位移）；

(2) 由于钻杆刚性较差，钻杆受压后发生弯曲变形；

(3) 工件受到周期性的冲击后，会产生振动响应，出现一定振幅的振动，该振动与激振存在相位差，产生振幅损失。

在小直径深孔振动钻削中，在工艺系统各部分都可靠连接的情况下，振幅损失主要是由于钻杆的刚性不足引起的。在如图 9.28 所示的模型中，振幅的损失率

$$\xi=\frac{A-A'}{A}\times 100\%=\left(1-\frac{A'}{A}\right)\times 100\%=$$

$$\left[1-\frac{\sqrt{A_1^2-2A_1A_2\sin\frac{\varphi}{2}+A_2^2}}{A}\right]\times 100\% \tag{9.41}$$

当 $i=0,\varphi=0$ 时，$\xi=\left(1-\frac{A_2}{A}\right)\times 100\%$ 达到最小，振幅损失最小；

当 $i=0.5,\varphi=\pi$ 时，$\xi=\left(1-\frac{|A_1-A_2|}{A}\right)\times 100\%=\left(1-\frac{A_2-A_1}{A}\right)\times 100\%$ 达到最大，振幅损失最大。

通过以上分析可以得出减小振幅损失的途径为：

(1) 在保证断屑的前提下，减小相位差 φ。

(2) 适当加大振幅 A，但不能太大，否则增大 A 会使钻头承受的周期切削力幅值太大，冲击增大，影响钻头寿命。

(3) 增大弹性系数 k，即增大钻杆的刚度（内排屑深孔钻的振幅损失小于枪钻的振幅损失）。

第六节 振动钻削的工艺参数选择

振动钻削的工艺参数通常包括振动参数（振幅 A，振动频率 ν）和切削参数（机床转速 n，进给量 f）两部分，该参数对小直径深孔钻削至关重要。影响振动钻削的工艺参数的因素比较复杂，如：断屑条件对 $\frac{2A}{f}$，$\frac{60\nu}{n}(J,i,\varphi)$ 的约束；刀具实际切削角度受 A,ν,n,f_1 的影响（特别是工作后角）；相位差 φ 和振幅/进给量的比值 $\frac{A}{f}$ 共同影响切屑形态；i 值、振幅和振动频率 ν 对振动稳定性的影响；切屑尺寸受切入、切出点之间的相位差 $\Delta\varphi$ 和重叠系数 J 的影响。

因此，选取振动参数时必须根据加工情况，仔细分析，综合考虑各项因素进行选取。

1. 进给量 f 的选取原则

根据被加工材料的材质、孔的直径和加工精度要求，考虑与振幅 A 的匹配以及机床的实际情况，选取适当的值。对于难加工材料的小直径（$\phi < 10$ mm）深孔钻削，进给量一般取较小值（f 不超过 0.01 mm/r）。

2. 转速 n 的选取原则

转速直接影响切削速度，小直径孔钻削时，由于孔径小，切削速度不会很高，所以根据材质，考虑加工效率，初步确定转速的范围。一般转速可以取较大的值，同时要考虑频转比 $\frac{\nu}{n}$。

3. 振动频率 ν 的选取原则

选取振动频率 ν 时，应首先使加工过程稳定良好，实用中，在保证断屑和考虑排屑空间对切屑尺寸的制约作用的基础上，选取较低的 ν 值，这样加工过程中稳定性会更好一些，同时合适长度的切屑对加工质量的提高也有利。

4. 振幅 A 的选取原则

一般来说，加工中的振幅越大，钻头所受的冲击也就越大，使钻头的磨损加快。所以选择 A 值时，在满足断屑的情况下，选较小值，以减小切削力的波动，避免出现强烈振动而影响加工质量。同时配合 i 的取值，确保最小瞬时实际进给量 $f_{x\min}$ 不要过小，一般实际中 $\frac{2A}{f} \leqslant 1 \sim 4$。对于小直径深孔钻削，要考虑振幅的损失，给定的 $\frac{2A}{f}$ 值可以取得较大。

在具体制定振动钻削参数时，可以按以下步骤进行：

（1）根据工件材料和刀具材料以及被加工孔径确定进给量 f。

（2）根据排屑通道的大小确定切屑的尺寸，进而确定重叠系数 J 和 $2A/f$ 的取值。

（3）从断屑的要求、加工质量的要求出发，对 i 作相应的调整。

（4）综合考虑振动装置的频率范围、机床转速范围和断屑要求来确定转速 n 和振动频率 f。

（5）综合考虑断屑要求和振幅损失以及系统的稳定性，选取合适振幅 A 值。

5. 振动钻削的影响因素

影响振动钻削的因素比较多，通常反映在以下几个方面：

（1）工件的材料：工件的材料决定了刀具的几何角度和刀片材料的选择。如一般钢料选 YT15 或 YT798；不锈钢和钛合金选 YG8；镍基高温合金选 YD15 等。

(2) 振动钻削工艺参数的确定：低频振动钻削时，工件每转中刀具的振动次数称为重叠系数 J，用 $J=\nu/n=K+i$ 表示。其中 K 表示整数部分，i 表示小数部分，i 的取值为：$-0.5<i<0.5$。重叠系数 J 对切屑形状、大小有决定性的影响。根据这个原则，钻削 45 钢时，选振幅 A 为 0.07～0.08 mm；频率 ν 为 75～80 Hz；工件转速 $n=1\,000$ r/min；进给量 $f=0.008$ mm/r。钻削钛合金时，选振幅 A 为 0.1 mm；频率 $\nu=90$ Hz；工件转速 $n=1\,000$ r/min；进给量 $f=0.008$ mm/r。钻削镍基高温合金时，选振幅 $A=0.07\sim0.08$ mm；频率 ν 为 40～45 Hz；工件转速 $n=400$ r/min；进给量 $f=0.008$ mm/r。

(3) 切削液的选择：为保证切屑的顺利排出和减少切削液在钻孔中的沿程压力损失，一般选粘度较小的机械油作为超细长小直径深孔的振动钻削的切削液。通常选 N5 机械油。

第十章　深孔零件的加工工艺

第一节　深孔零件加工工艺特点及基准选择

一、深孔零件加工工艺特点

深孔零件加工与一般零件加工相比，具有以下工艺特点：

(1) 深孔零件的质量要求高，尺寸精度在 IT6 ～ IT12 范围内，表面粗糙度 R_a 在 25 ～ 0.2 μm 范围内，形位精度、加工硬化层、残余应力及表面物理机械性能均要求较高。

(2) 深孔零件内表面的加工是在半封闭状态下进行的，操作者不能直接观察刀具的切削情况，加之容屑空间小，切削热不易传散，排屑和冷却润滑困难。

(3) 工艺系统刚性薄弱(尤其是刀具系统刚性薄弱)，误差复映比较突出。加工稳定性低，易产生振动及变形，孔的加工精度及表面粗糙度不易保证。因而，刀具的导向、工艺系统的刚性就显得十分重要。

(4) 切削路程长，切屑排出困难，刀具切削刃负荷不均，切削温度高，刀具易磨损、挤裂、崩刃。

二、深孔加工的基准选择

选择深孔加工的定位基准是一个重要问题。被加工零件的轴心线、孔心线是深孔加工的主要基准。什么情况下用轴心线、孔心线作为深孔加工的测量基准、定位基准、校正基准，要根据具体的加工情况而定。被加工零件的轴心线、孔心线是深孔加工从始至终的最重要的基准，选择是否正确是保证深孔加工质量好坏的关键。轴心线和孔心线基准，分别是由外圆柱表面和内孔表面来具体体现的。因此，深孔加工的基准一般按以下原则进行选择。

(1) 毛坯是实心料：显然基准是毛坯料的轴心线，安装工件时是按外圆找正夹持工件的，所以轴心线即为加工时的定位基准。检查工件跳动量的大小时(即工件的弯曲度，由于工件较长，操作者按惯例要作这样的检查，来判断工件余量是否足够)，工件的轴心线即为度量基准。若工件的弯曲度超过一定的范围，根据检测出的弯曲度大小、方位进行校正毛坯，其校正基准也是毛坯料的轴心线。

(2) 镗孔的基准选择(毛坯管料除外)：镗孔的基准选择有两种情况。

1）若上道工序的孔心线相对于外圆的轴心线偏斜较大，继续按上道工序的孔心线镗孔，会造成外圆车削余量不够的危险，此时就应将工件调头选择工件外圆的轴心线为基准，进行找正安装，即进行有一定偏心量的镗削（俗称“借量”）。

2）若上道工序的孔心线相对于外圆的轴心线偏斜较小，且内余量相对于外圆也较小，即可按上道工序的基准继续进行镗孔，此时镗孔余量比较均匀。

(3) 深孔珩磨的基准选择：深孔珩磨的主要任务是完成孔径尺寸的半精加工或最终精加工，为降低孔的表面粗糙度值，使其表面光洁、光滑。珩磨应保持原孔的轴心线不变，即基准就是该孔的孔心线。

(4) 车外圆的基准选择：通常，当长径比 $L/d \leqslant 15$ 时，由于孔比较直，通常外径余量足够，可直接以孔为基准，顶着内孔车外圆即可。多数深孔的长径比都比较大，由于深孔加工的系统刚性较差，钻、镗、珩中产生的应力使工件发生了变形，即深孔的孔心线发生了弯曲，甚至发生几个方向的弯曲，因而车削外圆时，应以弯曲的孔心线为基准，来车外圆，即外圆的轴心线的弯曲大小及方向应保持与孔心线一致，多数情况是靠测量工件的壁厚来实现的，也就是说车削时要保证壁厚均匀。

(5) 工件校正基准的选择：工件经钻、镗、珩、车外圆等工序加工后，多数情况下工件是弯曲的，必须进行校正，其校正基准就是外圆的轴心线（也就是工件的外圆柱表面）。

(6) 台阶孔的基准选择：深孔台阶的基准选择，尤其是多台阶孔的基准选择是十分讲究的，因为各台阶孔之间都有一定的同轴度要求。一般情况下是先加工出一个基准孔，用该基准孔的内孔表面定位（即以孔心线为基准）来加工另一个孔，也可将该基准孔的基准转移到相对应的外圆，即以该孔为基准车出相应长度的外圆基准后按其外圆基准找正调整工件安装，加工另一孔的引导孔，再进行另一孔的深孔加工。见第十二章第四节四台阶孔的深孔加工。

第二节 深孔加工工艺路线及加工余量的确定

一、工艺路线的拟订

拟订工艺路线要考虑以下 4 个方面的内容。

1. 加工方法的选择

根据深孔表面的技术要求，来确定余量的大小，确定加工方法及走刀次数。要达到相同加工质量的加工方法有多种选择。应综合考虑从粗加工到精加工各种工艺因素的影响。表 10.1 介绍了常见深孔加工方法所能达到的尺寸精度和表面粗糙度。根据使用单位的具体工艺状况以及被加工零件的要求，来选择合适的加工方法。

表 10.1 常见深孔加工方法和刀具所适用的加工范围

加工方法	加工刀具	加工孔直径/mm	尺寸精度	圆度误差 /μm	表面粗糙度 R_a/μm
深孔钻削	扁钻	25 ~ 450	IT11 ~ IT14	≥ 40	10 ~ 2.5
	深孔麻花钻	1 ~ 75	IT11 ~ IT14	≥ 40	20 ~ 5
	枪钻	2 ~ 50	IT7 ~ IT10	5 ~ 10	5 ~ 1.25
	DF 钻	6 ~ 65	IT7 ~ IT10	5 ~ 15	3.2 ~ 1.25
	BTA 钻	6 ~ 80	IT7 ~ IT10	5 ~ 15	5 ~ 1.25
	喷吸钻	18 ~ 65	IT9 ~ IT10	10 ~ 40	5 ~ 1.25
	BTA 套料钻	47 ~ 500	IT9 ~ IT12	≥ 20	5 ~ 1.25
深孔镗削	外排屑深孔镗刀	2 ~ 50	IT8 ~ IT11	10 ~ 80	5 ~ 1.25
	BTA 镗刀	≥ 20	IT8 ~ IT11	10 ~ 80	5 ~ 1.25
	浮动镗头	≥ 50	IT8 ~ IT11	10 ~ 40	5 ~ 1.25
	组合镗头	20 ~ 220	IT8 ~ IT11	10 ~ 40	3.2 ~ 1.25
深孔铰削	多刃铰刀	10 ~ 60	IT8 ~ IT11	10 ~ 40	3.2 ~ 0.2
	单刃铰刀	10 ~ 60	IT6 ~ IT10	5 ~ 10	3.2 ~ 0.2
	金刚石铰刀	3 ~ 100	IT7 ~ IT10	5 ~ 10	1.6 ~ 0.2
深孔磨削	深孔磨削	大、中孔径	IT8 ~ IT10	10 ~ 40	3.2 ~ 1.6
	深孔珩磨	2 ~ 1 200	IT6 ~ IT9	5 ~ 30	0.8 ~ 0.2
滚压	滚压头	≥ 6	IT5 ~ IT9	5 ~ 30	0.8 ~ 0.1

2. 加工阶段的划分

深孔零件加工过程可划分为以下 5 个阶段：

(1) 准备阶段：主要包括工件的热处理，探伤检查，毛坯外观检查，尺寸的检测，弯曲度检测，毛坯校正，工件两端车削（平端面）等项准备工作。

(2) 粗加工阶段：此阶段的主要任务是用较高的生产率来切除大量的加工余量，如深孔钻削及粗镗等方法。

(3) 半精加工阶段：此阶段的主要任务是进一步提高加工精度，并减少表面层残余缺陷，为精加工作好准备（保证一定的加工精度和加工余量），如半精镗。

(4) 精加工阶段：如精镗、浮动铰，它是部分深孔加工零件的最终加工阶段，对于要求加工质量更高的零件，还需给光整加工阶段留加工余量。

(5) 光整加工阶段：以提高尺寸精度和降低表面粗糙度为主的阶段，如滚压、珩磨等。

划分加工阶段可以保证高的加工效率和加工质量，合理使用刀具、工具、机床及技术工人，减小精加工的切削热、切削变形及刀具磨损等。但也并非深孔加工都要划分加工阶段，当加工质量要求不高，工件是薄壁深孔或加工余量很小时，可以不划分加工阶段。

3. 工序集中与分散

集中安排深孔零件的加工，即一次装夹，完成钻、镗、铰等多项工序，避免工件多次安装的误差，切削余量均匀，加工十分平稳。但每道工序加工后，须另换刀具、钻杆，变更切削用量，测量加工尺寸，同时工件应力不能充分释放。分散安排深孔零件的加工，虽然有多次安装误差问题，这种更换安装有时又是非常必要的，如已加工孔的孔心线偏斜量过大，此时就不得不调头安装，以外圆找正再镗孔。另外，它可避免多次换钻杆、换刀具，同时便于中间检验，合理使用操作工人及设备。

4. 工艺路线的安排

深孔零件的加工工艺路线的安排视零件结构特征、加工方法、加工要求、刀具结构、设备状况等因素而不同，工艺路线常有下列几种安排顺序。

(1) 钻(粗镗)前的准备工序→热处理→实心料钻深孔(或管坯粗镗深孔)→半精镗→铰(粗铰、精铰)→滚压(或珩磨)→辅助表面加工→检验。

(2) 准备工序→热处理→钻(镗)→热处理→车削工序→镗→浮动镗滚复合→检验。

(3) 准备工序→热处理→钻(镗)→镗铰滚复合→珩磨→检验。

(4) 准备工序→热处理→钻→铰→检验。

(5) 准备工序→热处理→镗铰滚复合→(珩磨)→检验。

目前由于深孔刀具的发展，深孔加工已能实现高效精密加工，所以深孔表面的加工工序已大为简化和趋于工序集中。如过去采用炮钻、尖刀镗、多刃铰刀，浮动镗刀等旧刀具结构，加工工序多，工艺路线长，常需要钻→镗→粗铰→精铰→滚压(或珩磨)→擦铅等多道工序。现采用硬合金BTA钻头加工，只安排钻→铰(单刃铰刀)加工，表面粗糙度 R_a 达 0.8 ～ 0.2 μm，甚至一次钻削表面粗糙度 R_a 达 0.8 μm。对于管坯深孔零件，采用先进的BTA镗削法，采用镗或镗铰滚压复合工具一次走刀，表面粗糙度 R_a 达 0.4 μm，尺寸精度达 IT6 ～ IT7 级。

二、加工余量的选择

在由毛坯变为成品的过程中，在某加工表面上切除的金属层的总厚度称为该表面加工总余量。每一道工序所切除的金属层厚度称为工序间加工余量。对于内表面而言，加工余量是从直径上考虑的，故称为对称余量(即双边余量)，以下所提的余量，无论内外圆，都是指的双边余量。

根据深孔加工的工艺特点，确定工序间加工余量时要注意以下几点。

1. 毛坯料的外径余量

毛坯料的外径余量大小直接影响深孔加工的工艺成本、加工效率及加工质量，余量过大，会造成材料浪费；余量过小，无法保证合格的加工质量。深孔加工的毛坯外径余量，必须考虑下面 3 个方面的因素：

(1) 被加工孔的长径比 l/d 的大小：显然长径比 l/d 值愈大，毛坯料的外径余量就愈大。

(2) 工件的热处理：深孔加工后还必须热处理的毛坯外径余量要比无须热处理的要大。

(3) 毛坯料的状况：毛坯的供料是属热扎、冷拨、锻造、铸造中的哪一种，外表面的缺陷状况，是否平直光洁，尺寸是否均匀，毛坯的弯曲度大小及方向等。

毛坯料的外径余量的选择可参考表 10.2。

表 10.2 毛坯料的外径余量

L/d	≤15	30	45	60
加工后要热处理 /mm	5	7	9	11
加工后无须热处理 /mm	3	5	7	9

从表 10.2 中可看出，工件无论加工后是否进行热处理，当长径比从 15 开始，每增大 15，其相应的毛坯料的外径余量也增大 2 mm(注：表 10.2 中的值仅供参考，读者可根据各单位具体生产条件不同，作适当的调整。)。

2. 工序间加工余量的确定

(1) 管料毛坯的内孔加工余量的确定：拟订管料毛坯的内孔加工余量时，应考虑如下几方面的因素。

1) 和实心棒料一样，加工余量与被加工孔的长径比大小、毛坯的状况及工件的热处理因素有关。

2) 由于深孔加工的工艺系统刚性较差，镗孔时内孔误差复映比较突出，因此，内孔加工表面的形位公差要求较高的工件，应安排粗、精镗削，每多走一次刀，就能更进一步减少误差复映的程度。

3) 粗镗余量，必须保证整个内孔圆周上的最小余量要能让镗刀吃上刀，这样才能保障切削基本稳定。

(2) 半精加工和精加工工序间加工余量的确定：

1) 深孔半精加工和精加工工序间加工余量比一般孔加工方法要大，因为上道工序的形位误差(特别是热处理变形) 比较大，为保证一定的径向力，使导向条紧贴已加工孔壁，起减小振动、稳定钻削的作用。

2) 在相同切削条件下，不同的刀具和不同的刀具角度，要求余量的大小也不同。例如，单刃深孔铰刀比多刃深孔铰刀的加工余量要大，主偏角大的比主偏角小的深孔铰刀的加工余量要大。

3) 在相同切削条件下，切削用量大的(特别是进给量) 比用量小的余量要大。

4) 前道工序所留加工余量的均匀性愈差，要求加工的余量就愈大。

5) 在相同切削条件下，具有抗黏结、抗扩散磨损的深孔切削液的加工余量可小于其他切削液的加工余量。

3. 常用深孔加工方法的余量选取

当工件长度在 1 000 ～ 4 000 mm 时，深孔加工方法的余量选取如下：

(1) 半精镗的加工余量：取 3 ～ 8 mm；

(2) 精镗的加工余量：取 1 ～ 2 mm；

(3) 精铰的加工余量：取 0.5 ～ 1.5 mm；

(4) 粗珩磨的加工余量：取 0.4 ～ 0.8 mm；

(5) 精珩磨的加工余量：取 0.02 ～ 0.04 mm。

4. 热处理工序的安排

热处理工序的目的在于改变材料性能，提高材料的可加工性和消除内应力。深孔加工的热处理分为预备热处理和最终热处理。如在钻孔前，含碳量超过 0.5% 的碳钢，为降低硬度，应采用退火；含碳量低于 0.5% 的碳钢，为提高其硬度，改善材料的切削加工性能，应进行正火。在钻孔前或半精加工前安排调质，使材料组织细化均匀，且具有一定的强度、硬度和冲击韧性的综合机械性能。在精加工后安排氮化等表面处理。

第三节　典型深孔零件加工工艺

一、抽油泵长缸套深孔加工

抽油泵长缸套结构如图 10.1 所示，材料为 38CrMoAlA，内孔要求氮化处理，由于该材料强度高，加工硬化严重，因此属于难加工材料。

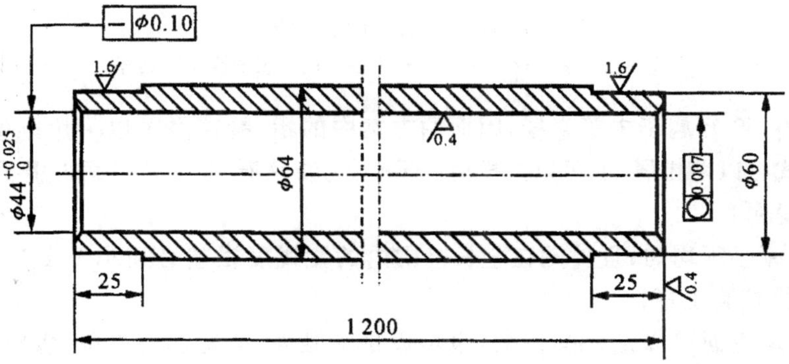

图 10.1　抽油泵长缸套零件图

1. 零件结构特点和技术要求分析

抽油泵长缸套是抽油泵的主要基础件，抽油泵工作性能的好坏主要取决于柱塞和泵套的配合性能，即取决于泵套加工精度、表面质量及形状精度。

该零件的内孔加工要求为：孔径中 $\phi 44^{+0.025}_{0}$ mm，孔长 1 200 mm，长径比约为 60，表面粗糙度 R_a 为 0.4 μm，直线度中 ϕ0.10 mm/ 全长，圆度误差为 0.007 mm，调质硬度为 HB250 ～ 300，强度 σ_b 为 950 MPa。

2. 定位基准的选取

以外圆表面作为定位基准，用三爪夹持后端外圆并用中心架支承前端外圆，如图 10.2 所示。

3. 工艺路线的拟定

(1) 毛坯选择：根据抽油泵长缸套的结构特点和技术要求，该零件既可选用管材，也可选用棒材，选用管材可省去钻孔，但内孔必须小于 ϕ34 mm，以保证粗镗余量(即管材内孔为 ϕ34 mm，壁厚为 18 mm，长度为 1 206 mm。选用实心棒料则尺寸为 $\phi 70 \times 1\ 208$ mm。

(2) 孔的加工方案：坯材为管材的加工方案：下料 — 调质 HB280 ～ 310— 校直 — 车两端面(长度留余量)— 粗镗($\phi 42.2_{-0.02}^{0}$ mm)— 精镗($\phi 44_{-0.03}^{0}$ mm)— 氮化 — 珩磨 — 车外圆及连接螺纹等。

坯材为棒材的加工方案：下料 — 车定位面 — 钻孔(ϕ38 mm)— 调质 HB280 ～ 310— 校直

—车两端面(长度留余量)—粗镗($\phi 42.2_{-0.02}^{0}$ mm)—精镗($\phi 44_{-0.03}^{0}$ mm)—氮化—珩磨达尺寸—车外圆及连接螺纹等。

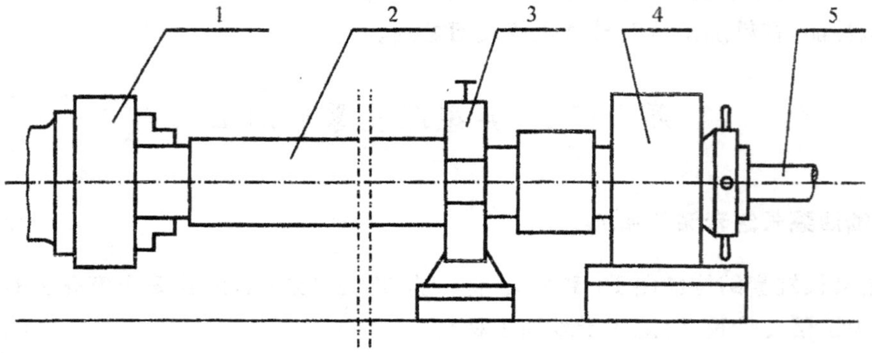

图 10.2 缸套的装夹方式

1—三爪卡盘;2—工件;3—中心架;4—授油器;5—钻杆

由于孔不深,孔径属于中等直径,因而两方案中的粗、精镗削可以采用推镗,比拉镗简单。推镗的排屑方式可以前排屑,也可以内排屑(BTA),为防堵屑,此工艺方案采用了前排屑的方式。

(3) 几点说明:

1) 管材壁厚必须均匀,且外圆在全长范围内的直线度误差必须小于 1.5 mm。若超差,在车削前应再安排校直工序。

2) 工件的定位面可以是外圆柱面,也可以是端锥面。前者加工简单、省料省工,若夹紧力过大或孔壁偏薄时,加工后圆度误差较大,但可以在工件外圆上加上弹性厚壁套来克服。后者加工费料(坯料总长度要加长),夹紧力的方向和孔轴线一致,加工后圆度误差较小。

3) 冷却液采用深孔切削液或 N20 以下的机械油,可以减小刀具的黏结磨损及扩散磨损,延长刀具的耐用度,并提高其加工精度。

4) 选用错齿 BTA 内排屑深孔钻。取其断屑槽高度 $h = 0.4$ mm,槽宽 $b = 2$ mm,圆角半径 $R = 1.5$ mm;选 $n = 380$ r/min,$f = 0.15$ mm/r 的切削用量,即可得到满意的“C”形屑。

5) 采用机夹式的粗精镗刀,刀片材料为 YW,粗镗刀块的主偏角 κ_r 为 45° ~ 60°,精镗刀块的主偏角 κ_r 为 20° ~ 30°,粗镗余量 a_p 为 3 ~ 4.5 mm,精镗余量 a_p 为 1 ~ 2 mm。

二、液压缸体精密深孔加工工艺

液压缸体是常见的液压基础件,要求缸体有较高的强度和耐磨性,并有较高的加工精度和低的表面粗糙度,图 10.3 为某液压缸体零件图。工件材料为 27SiMn,加工前,调质处理,硬度 HB240 ~ 280,强度 $\sigma_b > 100$ MPa,孔径为 $\phi 70$ mm,尺寸精度为 H6,圆柱度为 $\phi 0.04$ mm,表面粗糙度 R_a 为 0.32 μm,属于高精度薄壁管零件。

1. 工艺路线的安排

一般该类零件的毛坯均采用无缝钢管,其工艺路线的安排有两种:

(1) 热处理(调质)—车端面及定位表面—粗镗—浮动镗—滚压。

(2) 热处理(调质)—车端面及定位表面—粗镗—精镗—珩磨。具体选择时可根据具体情况来定,本书选方案(1)。

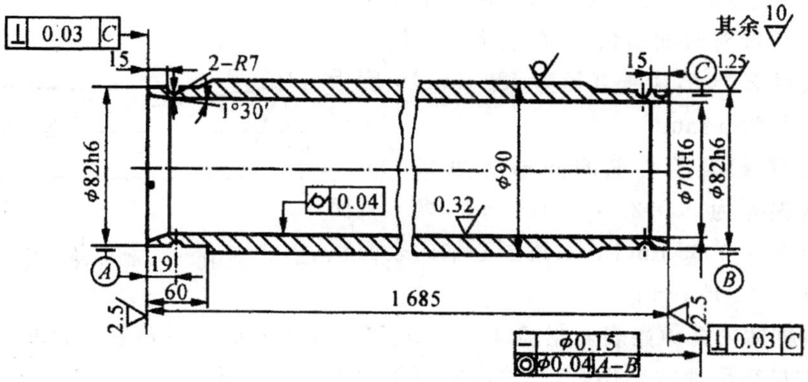

图 10.3 液压缸体零件图

2. 深孔加工工艺特点分析

(1) 粗镗：去除大部分余量，以保证浮动镗（或精镗）的加工余量均匀。粗镗孔轴线的直线度误差和圆柱度误差的大小会影响浮动镗的切削效果，如果不能满足直线度和圆柱度的要求，可加半精镗工序，一般粗镗或半精镗工序采用单刃镗刀推镗法。

(2) 浮动镗（或半精镗）：可以控制尺寸公差和几何形状偏差，具有结构简单、调整方便、成本低、生产效率高等优点，但由于它是定尺寸刀具，工件的加工尺寸由刀具本身来保证，因而刀刃磨损是影响缸体内孔加工精度的主要因素。

1) 浮动镗刀的切削刀刃形为增强刀刃强度，提高其尺寸精度和耐用度，改善刃区的散热条件和减轻单位切削刃上的切削力，采用直线型刀刃和小偏角（κ_r 为 1° ～ 2°）的切削刃，如图 10.4 所示。在刀具刃区中部为修光刃，修光刃的长短为 7 ～ 15 mm 左右。

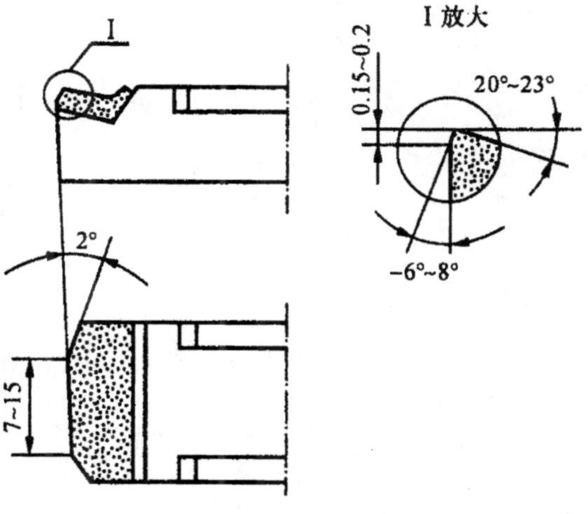

图 10.4 浮动镗刀刃形图

2) 刀刃的合理几何角度（工作角度）一般选取 r_o = 15°，a_o 为 6° ～ 8°。由图 10.5 知，刀刃相对于工件中心高出 $H/2$，使刀具实际工作前角减小，实际工作后角增大，因此，应根据 H 计算刀具的实际刃磨角度。

采用小的偏角值，取 κ_r 为 1° ～ 2°，减小侧向压力，有利于刀块自由浮动，增大径向压力，刀刃逐渐切入有利于稳定切削。在修光刃上磨出一条宽为 0.15 ～ 0.2 mm 的棱带，既便于测量，又具有支承、导向、消振、辊压及提高工件表面质量的作用。

(3) 滚压加工：采用多锥滚柱刚性可调式滚压工具，设计和使用时应注意的问题是：

1) 锥滚柱的锥角应大于心轴的斜角，如滚子锥度选 1°36′，滚压心轴斜角为 1°，滚压后角

$\alpha = 36'$，可避免或减弱滚柱后缘在加工表面上留下进给的痕迹，有利于改善表面质量，降低表面粗糙度。

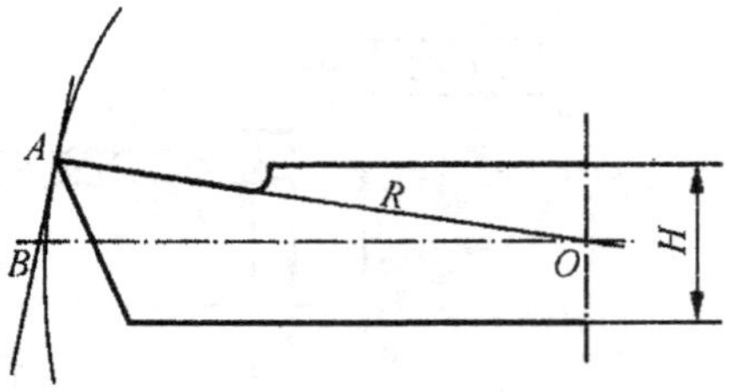

图 10.5 浮动镗刀的切削状况

2）滚子数目 $Z = 6$，滚子直径为 ϕ20 mm，长度为 25 mm，圆角半径为 5 mm。

3）要求滚子和滚压心轴的同轴度为 0.006 ～ 0.01 mm，圆度误差为 0.002 ～ 0.003 mm，滚子表面粗糙度 R_a 在 0.2 ～ 0.05 μm 以下，滚压心轴的表面粗糙度 R_a 为 0.1 ～ 0.05 μm 以下。

4）滚压前缸体内孔原始表面粗糙度 R_a 不应高于 1.6 μm，余量应在 0.02 ～ 0.03 mm 之间，表面不得有局部硬块或划伤，否则将影响滚压加工表面质量。

5）滚压用量选择：滚压速度 v 为 70 ～ 100 m/min，进给量 f 为 0.2 ～ 0.4 mm/r，一般滚压一次就能达到要求，最多不得超过 2 次，否则将导致金属表面产生微小裂纹或起皮现象。

6）滚压过盈量（即滚柱的切深）应根据工件材料的硬度、弹性模量、屈服极限等机械性能和系统刚性等来选取，一般滚压过盈量 i 为 0.04 ～ 0.08 mm。

第十一章　深孔加工中的常见问题

难切削材料的深孔加工、深孔钻削孔轴线偏斜和深孔加工表面出现螺旋沟都是深孔加工中难以解决的问题，直接影响深孔加工质量和加工效率。因此，研究难切削材料深孔加工技术、控制深孔钻削孔轴线偏斜技术和抑制深孔加工表面螺旋沟技术，成为深孔加工技术中最为关注的问题。多年来，通过对这些问题进行理论分析和实验研究，取得了显著的加工效果。

第一节　难切削材料的深孔加工

随着机械工业的飞速发展，具有良好的物理机械性能、抗腐性能、抗磁性能、抗高温氧化性能的特殊材料，愈来愈多地被用来进行深孔加工。它们的加工特性虽然各不相同，但都有一个共同特点，就是切削十分困难。下面将分别介绍它们切削的特性及可相应采取的工艺措施。

一、不锈钢的深孔加工

1. 不锈钢的加工性质

不锈钢按其组织分为奥氏体型（如 1Cr18Ni9Ti 等）、奥氏体铁素体型（如 1Cr18Ni11Si4AlTi 等）、铁素体型（如 1Cr17 等）、马氏体型（如 1Cr13 等）及沉淀硬化型（如 OCr17Ni4Nb，人们常简称 PH17－4）等。

铁素体不锈钢的切削加工性与合金钢相似。马氏体不锈钢淬火后的硬度和强度都较高，切削比较困难；而未经调质处理的不锈钢精加工时，很难获得较小值的表面粗糙度。奥氏体不锈钢的相对加工性等级 K_v 为 0.15 ～ 0.5，说明该材料组织塑性大，容易产生加工硬化，导热性只有 45# 钢的 1/3，属于不锈钢中最难切削的一种材料。沉淀硬化型不锈钢，硬度一般高达 HRC32 ～ HRC38，强度 $\sigma_b \geqslant 1\,100$ MPa，该材料除具有较高的机械特性，还具有奥氏体不锈钢的耐蚀性，目前在测井仪器、化工机械方面应用比较多；该材料加工时，刀具磨损快，切屑韧性大，切削难度也比较大。

2. 加工奥氏体不锈钢的工艺措施

（1）选择合适的刀具材料：一般选 YW1、YW2 或 YG8A 的硬质合金材料，不宜选 YT 类的硬质合金，因为工件和刀具中的 Ti 元素之间有亲合力，会产生严重的粘刀现象，刀具磨损严重。

（2）选择合适的切削用量：一般选用 $v \leqslant 20$ m/min，f 为 0.01 ～ 0.07 mm/r。

（3）选择合适的刀具角度：选较大前角，使切削轻快省力。

（4）选择合适的排屑方式：由于奥氏体不锈钢很不容易断屑，如果采取低转速，较深断屑台的方式都不能很好断屑的话，最好采取不断屑的相反措施，即减小进给量，适当提高转速，切出薄薄的切屑，使切屑绵长不断并顺利排出，切削十分平稳。

二、钛合金的深孔加工

钛合金材料分为3大类：TA1 ～ TA8 称为 α 型钛合金；TB1 ～ TB2 称为 β 型钛合金；TC1 ～ TC11 称为($\alpha+\beta$) 两相钛合金。

1. 钛合金的加工性质

(1) 弹性模量低：钛合金的弹性模量约为钢的1/2(即108 GPa)，后刀面与已加工表面之间产生强烈摩擦，它是造成切削钛合金切削温度高的主要原因之一。

(2) 单位切削力大：钛合金密度 $\gamma = 4.51\ kg/cm^3$，是一种"比强度"(强度 / 密度)、"比刚度"(刚度 / 密度) 都很高的材料。切削时，刀刃与切屑的接触长度极短，因而单位切削力比较大。

(3) 化学活性大：在高温状态时，钛和空气中的 O_2，N_2，H_2，CO，CO_2 等气体成分产生强烈的化学反应。特别是与氧、氮产生间隙固溶体，生成一层硬度很高的硬质层，对刀具有强烈的磨损作用。

(4) 亲合性大：在切削时，由于切屑与刀面之间的强烈摩擦，在高的切削温度及高的切削压力的作用下，刀具材料和工件材料中的钛元素相互亲合，产生咬合、粘刀，使刀具产生粘结磨损。

(5) 导热性差：钛合金的导热系数约为 $45^{\#}$ 钢的1/5 ～ 1/3，切削温度高，切削热集中在刃口部分，刀具磨损较快。

2. 主要的工艺措施

(1) 控制切削温度：实践证明加工钛合金时，降低切削温度是提高刀具耐用度的有效途径。因此，宜用较低的切削速度，采用大前角、大后角、大副偏角，为的是减小摩擦，切削轻快，切削热源"产的少"；采用一定压力和流量的冷却液，进行充分的冷却，使切削热"散得快"。

(2) 选用钨钴类硬质合金：该刀具材料与钛元素的亲合力小，导热性较好，硬质合金晶粒愈细，切削效果就愈好。

(3) 提高工艺系统刚度：可以有效地减小切削振动，提高刀具的耐用度。如选用刚性好的钻杆、中心架等。

(4) 采用内斜式断屑槽：槽底圆弧较大，减小切屑的变形量，切屑卷曲的曲率半径较大，似乎是"自由卷曲"、"自由断屑"而不是"强迫断屑"、"冲击断屑"，可有效提高刀具的耐用度。

三、高温合金的深孔加工

1. 高温合金的类别

高温合金分为铁基、镍基和钴基三大类。三类高温合金中铁基的抗氧化性能最差，价格也最低廉，切削也较为容易。铁基的组织是奥氏体，但比起奥氏体不锈钢来，其相对加工性仅为奥氏体不锈钢的1/2左右，加工的难度要比奥氏体不锈钢大得多。它的主要牌号是GH135(Cr15Ni35W2Mo2Al2.5Ti2) 和 GH36(4Cr12Ni8Mn8MoVNb)。

镍基高温合金的抗氧化性能高于铁基而低于钴基，价格比铁基贵，但又比钴基便宜。加工难度大于铁基，低于钴基。主要牌号分别是 GH33(Cr20Ni77AlTi2.5)，

K3(17Cr12Ni68W5Mo4Co5Al5Ti3)。GH33 属变形合金,K3 属铸造合金。

2. 镍基高温合金的切削特性

(1) 加工硬化严重,加工表层的硬化程度可达 200% ~ 500%。

(2) 切削力大,切削力是 45# 钢的 2 ~ 3 倍。

(3) 切削温度高,可达 1 000℃。

(4) 刀具磨损快。

3. 对待镍基高温合金的主要工艺措施

(1) 选用 YD15 的硬质合金材料,它可以耐高温,具有较高的抗氧化、抗扩散磨损的性能。

(2) 对镍基高温合金进行"淬火"处理,使内部金属间的化合物转变为固溶体,从而减少切削力。

(3) 提高工艺系统的刚度,尽可能采用刚性好的中心架、钻杆;另外,在设计刀具时可采取一些措施来提高刀具切削时的刚度,例如适当减小偏心量,加大压向导向块的径向力,采用减振块、减振条,用四刃钻代替三刃钻等。

(4) 降低切削速度,但不宜将进给量降得过小,避免刀刃在硬化层上进行切削。

(5) 冷却要充分,排屑要流畅。

第二节 深孔钻削孔轴线偏斜的机理与控制

一、概述

深孔钻削孔轴线偏斜问题是目前存在的一个技术难题。当钻孔长径比大于 50 时,孔轴线的偏斜一般无法预测和控制。孔轴线偏斜到一定程度后,就开始急剧变化,此时,孔直线度大大超差,钻头甚至从工件中间"水平"钻出,造成工件报废,钻头损坏,经济损失较大。

国内外对深孔钻削孔轴线偏斜的问题已充分重视。如在深孔刀具方面最具权威的 Sandvik Coromant 公司,德国的 Gühring 公司和日本机械技术研究所等都投入了大量的人力和财力进行研究,以求解决上述问题,但由于其难度较大,均未取得令人满意的结果。

为了提高孔直线度,降低废品率,国外主要采用提高机床、工装、刀具的精度、刚度的方法来提高深孔直线度,降低废品率。这种方法可以减小孔轴线偏斜的影响程度,但无法完全解决或者纠正孔轴线偏斜问题。

受到国内工艺水平的限制,机床、刀具的制造精度无法与国外同类产品相比,因而深孔钻削孔轴线偏斜比较严重,废品率较高。为了缓解矛盾,常采用加大外圆余量的方法来减少废品率,但这种方法并没有改变孔轴线偏斜的影响因素,即不能改善孔加工的直线度,只能适用于无直线度和内、外圆同轴度要求比较低的零件。

二、深孔钻削孔轴线偏斜的影响因素

1. 加工方式对孔轴线偏斜的影响

深孔钻削按主运动分为刀具旋转、工件旋转和两者同时反向旋转三种加工方式,不同的加工方式对孔轴线偏斜的影响不同。

(1) 主运动为刀具旋转的加工方式:主运动为钻头旋转运动,刀具或工件沿工件轴线作进

给运动。这种运动形式所加工出的孔的轴心线就是刀具绕回转中心在切削力的作用下连续运动的轨迹。如图 11.1(a) 所示，在刀具旋转加工方式下，由于工件是静止的，若刀具向一定方向倾斜，在刀具旋转 180(后，刀具顶端对工件的轴线仍然保持了这个切削方向，并在此方向上加工出倾斜的孔，而且随着加工的进展，在切削力的作用下，刀具头部偏离目标轴线的偏差增大，随之孔的偏斜量也加剧。

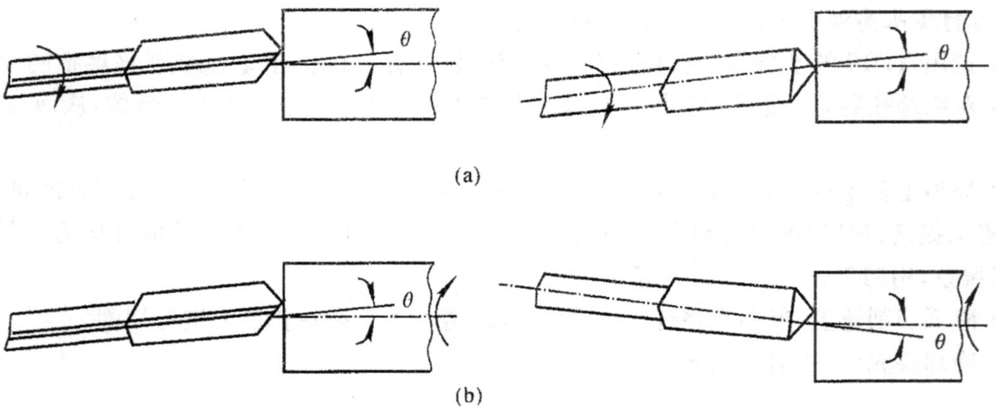

图 11.1 两种加工方式轴线的偏差状况

(2) 主运动为工件旋转的加工方式：图 11.1(b) 表示了主运动为工件旋转加工方式下刀具相对于工件连续运动的轨迹。若刀具倾斜一个角度，当工件以机床主轴轴线为回转轴线旋转 180°后，刀具相对工件的倾斜方向也转了 180°，即刀具的倾斜方向是绕工件回转轴线对称旋转的，所以工件旋转的加工方式要比刀具旋转的加工方式的直线度好。

图 11.2 表示了主运动为工件旋转时，刀具从 x_i 截面进给到 x_{i+1} 截面时，轴向进给量和径向偏移量的几何关系。钻头的运动可分解为三个部分，钻头中心在轴向平移了 Δx_i 到达 Q'_i，由于钻头的倾斜角 θ_i 的存在，钻头中心沿铅直方向平移到 Q''_i，同时偏心的孔带动钻头中心旋转到 Q_{i+1}。根据图中几何关系，$i+1$ 位置孔中心偏移量为

$$R_{i+1} = \overline{Q_{i+1}x_{i+1}} = \overline{Q''_1 x_{i+1}} = \sqrt{(R_i\cos\Delta\varphi_i)^2 + \delta_{i+1}^2}$$

$$\delta_{i+1} = \delta_i + \Delta\delta_i = \delta_i + \Delta x_i\theta_i$$

又

$$\delta_i = R_i\sin\Delta\varphi_i$$

则

$$R_{i+1} = \sqrt{(R_i\cos\Delta\varphi_i)^2 + (R_i\sin\Delta\varphi_i + \Delta x_i\theta_i)^2} \quad (11.1)$$

当钻头旋转为 $\Delta\varphi_i$ 时，轴向进给为 Δx_i，钻头旋转一周，轴向前进一个进给量 f，即

$$\Delta\varphi_i = \frac{2\pi}{f}\Delta x_i \quad (11.2)$$

把式(11.2) 代入式(11.1)，得到孔中心径向偏移与轴向位移的递推关系

$$R_{i+1} = \sqrt{\left(R_i\cos\frac{2\pi}{f}\Delta x_i\right)^2 + \left(R_i\sin\frac{2\pi}{f}\Delta x_i + \Delta x_i\theta_i\right)^2} \quad (11.3)$$

式中 R_i—— 在 x_i 截面上孔中心径向偏移量；

f —— 刀具每转进给量；

θ_i —— 两横截面 x_i 和 x_{i+1} 之间钻头的倾角；

Δx_i—— 两横截面 x_i 和 x_{i+1} 之间的轴向距离。

由式(11.3)知，当初始偏移量 $R_0=0$ 时，钻头倾角为 θ，孔中心的偏斜量 R 和孔深 Δx 呈线性关系，即 $R=\Delta x\theta$。

(3) 工件和刀具同时反向旋转的加工方式：工件和钻头同时反向旋转能吸收单一旋转运动的优点，而且由于相对旋转速度较大，钻杆的运动刚度得以提高，挠度减小，孔直线度较好，可供选择的加工速度增多，便于选择调整切削参数。但由于运动形式复杂，要求刀具的回转精度较高，工艺装备复杂，人工监视困难。另外，刀具的合成运动轨迹比较复杂，孔的圆度误差也较大。

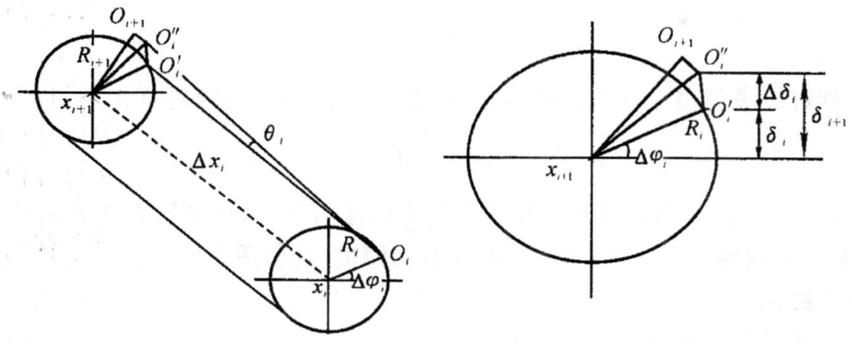

图 11.2 进给量和偏移量的几何关系

2. 导向套偏心对孔轴线偏斜的影响

深孔刀具大都采用“偏心切削”，即钻尖不在钻心，径向切削力通过导向块压向孔壁。开始切削而导向块未进入工件孔之前，刀具的径向平衡完全依靠导向套，而导向孔偏心或间隙过大，势必在一开始切削时就造成刀具倾斜(见图 11.3)，虽然这种偏斜值可能非常小，但会随着刀具的轴线进给而有规律地延伸。

当导向套的偏心量为 δ_B 时，在入钻阶段可以把钻杆钻头系统简化为顶端固定、下端铰支的梁柱，如图 11.4 所示。假设钻头在铰支端的偏移量为 q，因为有轴向力 F_x，则可设铰支端的垂直支反力为 N_y，因此可列出钻头挠曲线近似微分方程为

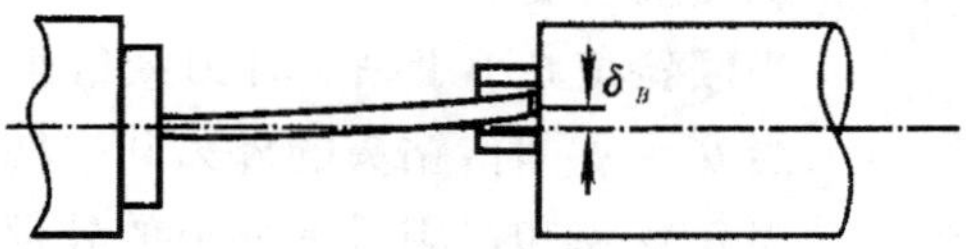

图 11.3 导向套偏心的影响

$$EI\frac{\mathrm{d}^2y}{\mathrm{d}x^2}=-F_x(y+q)+N_y(L-x) \tag{11.4}$$

式中 E—— 钻杆材料的弹性模量；

I—— 钻杆的截面惯性矩；

L—— 钻杆夹持端到钻头的长度。

设 $\dfrac{F_x}{EI}=k^2$，整理式(11.4)得

$$\frac{\mathrm{d}^2y}{\mathrm{d}x^2}+k^2y=k^2\left[-q+\frac{N_y}{F_x}(L-x)\right] \tag{11.5}$$

此微分方程的近似通解为

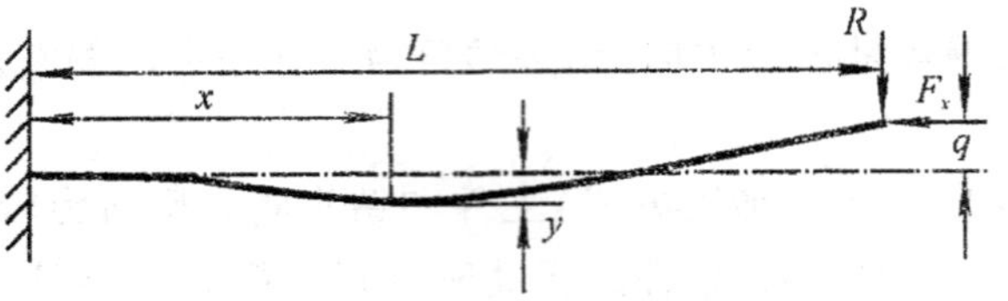

图 11.4　入钻阶段的力学模型图

$$y = A\cos kx + B\sin kx - q + \frac{N_y}{F_x}(L - x) \tag{11.6}$$

$$\theta = \frac{dy}{dx}$$

由边界条件可以求得当 $x = L$，导向套偏心量为 δ_B 时的入钻倾斜角 θ_0 为

$$\theta_0 = \frac{3}{2L}\delta_B \tag{11.7}$$

由式(11.7)知，导向套偏心量直接影响刀具入钻倾斜角度，直接影响孔轴线的偏斜程度，因此，提高导向套的同轴度和定位精度，提高钻杆的刚度，选取适当的钻杆长度，都有利于减小深孔钻削孔轴线的偏斜。

3. 工件端面倾斜对孔轴线偏斜的影响

在深孔钻削中，倾斜的工件端面对孔加工的精度特别是轴线偏斜的影响较大，其原因是在入钻时钻头切削倾斜的工件端面导致切削条件不稳定。在加工如图 11.5 所示的工件时，在取定钻头的外刃余偏角 ψ_{r1} 后，随着倾斜角 θ 的不同，入钻时的切削面积也相应改变。

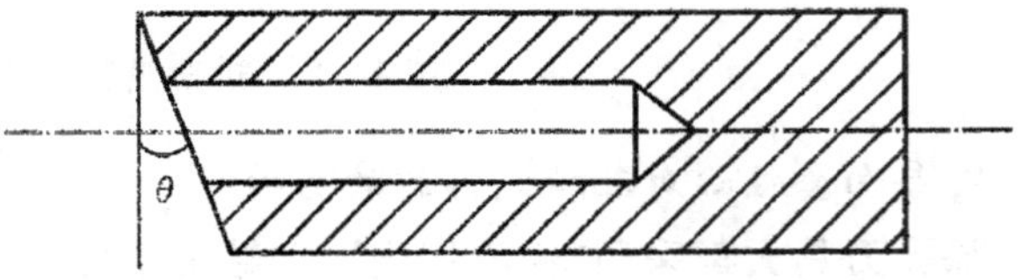

图 11.5　端面倾斜的工件示意图

当倾斜角 θ 小于钻头外刃余偏角 ψ_{r1} 时，钻心最先接触工件(见图 11.6(a))。

当 $\theta = \psi_{r1}$ 时，钻头的外刃几乎同时切削工件(见图 11.6(b))。

当 $\theta > \psi_{r1}$ 时，则只有外刃的外部与工件接触(见图 11.6(c))。

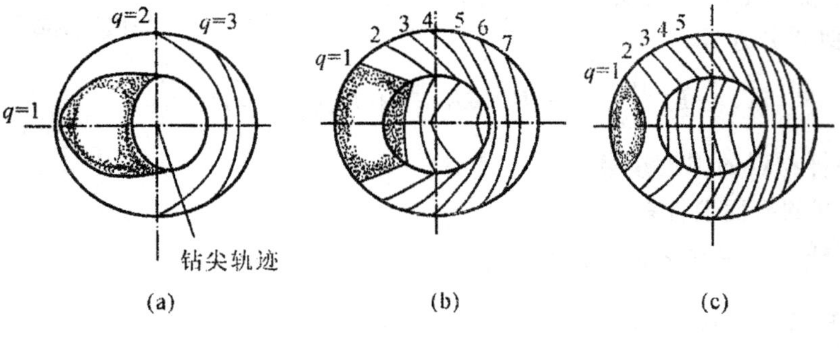

图 11.6　不同端面倾斜角的工件在入钻时的切削面积的变化

如图 11.6 所示的阴影部分是工件和刀具相对运动一周($q = 1$)后切去的金属横截面，无论哪种情况，入钻时外刃切削是断续的，切削面积是不断变化的。当 $\theta \neq 0°$ 时，分于钻尖两侧外

刃和内刃上所承受的径向力、轴向力的设计平衡被破坏，加剧"偏心切削"和轴向力 F_x 作用在钻头头部的偏转力矩，造成入钻时刀具的倾斜。

4. 钻杆的刚度及钻杆支承的位置对孔轴线偏斜的影响

在轴向力 F_x 的作用下，钻杆将发生弯曲，造成入钻倾斜角。该倾斜角值的大小取决于钻杆的刚度和钻杆支承的位置。

5. 刀具的几何参数对钻孔轴线偏斜的影响

在刀具几何参数中，对钻孔轴线偏斜影响最大的是导向块与副切削刃的位置角、钻头的偏心量、内外角以及各错齿切削负荷承担量的大小等。一般要求切削刃的合力必须压向导向块，保证钻头的稳定度。特别是当径向合力压向外齿的副切削刃这一边时，使副切削刃切入工件，造成刀具中心偏离回转中心，随着加工深度的加大，这种侧压力愈来愈大，偏斜也随之加大。

6. 其他影响因素

深孔钻削时影响孔轴线偏移的因素除上述主要因素外，还有许多随机性的影响因素。如：

(1) 工件材料的硬度不均匀，有硬质点等。

(2) 铸、锻造和热处理后的不均匀残余应力。

(3) 冷却润滑压力的脉动，进给量不均匀等使切屑厚度发生变化。

(4) 断屑、排屑情况的变化，切屑的短时间阻塞。

(5) 机床振动和外部振动的干扰等。

这些随机因素是通过切削力的波动而造成加工孔轴线的偏斜，虽然它们单独偶尔出现的影响虽然极小，但当多因素大量出现时，却具有不可忽视的影响。由于这些因素具有随机性，进行定量分析是非常困难的，有待于在大量的生产实践中总结统计规律，作进一步探讨。

三、控制深孔钻削孔轴线偏斜量的途径

如前所述，深孔钻削过程中影响孔轴线偏斜的因素很多，初始阶段由于导向误差、钻头受力不均而产生孔轴线径向偏移。随着钻孔深度的增加，在切削力的作用下，由于钻杆刚度不足、本身自重、离心力以及上述诸多随机因素，造成孔轴线偏斜的加剧。因此，需要采取有效的措施来减小或抑制深孔钻削过程中孔轴线的偏斜。

1. 深孔钻削前预防偏斜的措施

为控制孔轴线的偏移量，在钻削开始前，可以采取如下措施：

(1) 选择最佳切削方式：由于工件旋转的工作方式所形成的孔轴线偏斜量小，因而在可能情况下尽量采用工件旋转的加工方式。如果由于工件重量过大或为非回转体以及因机床条件所限制，必须采取刀具旋转的工作方式时，则应注意选择合理的切削用量，即在初始阶段，为防止因钻杆悬伸较长、自重、切削力以及离心力所产生的弯曲而采用低速和较小的进给量。钻孔深度达到一定深度后，由于孔壁的导引作用使得钻杆弯曲所造成的影响已较小，则可选用较高的转速及适当大的进给量。

(2) 合理选择刀具几何参数：在选择导向块位置角时，首先要考虑钻头的稳定度 S(详见第一章)，保证钻头稳定度 $S>1$；在选择刀具几何角度和各个错齿刀刃的切除量时，首先要考虑径向切削力的平衡性，径向合力要指向导向块，尽量减小切削力对钻头头部的力矩，减小刀具入钻倾斜角。

(3) 提高被加工工件的质量：被加工工件的质量包括几何质量和物理质量。几何质量主要

是指被加工工件表面的几何尺寸，要求工件毛胚外圆和端面要粗车，并保证端面和外圆轴线垂直。这样可以减小工件离心力，保证入钻时钻头与工件端面的垂直。物理质量主要是指被加工工件材料的质量。在深孔钻削前，应先进行调质或失效处理，减小工件因硬度不匀和残余应力对钻孔轴线偏斜的影响。

(4) 提高导向精度：导向精度取决于授油器中心与机床回转中心的同轴度及导向套内外定位面的同轴度和导向孔与钻头的配合精度。导向套材料一般选用高强度合金钢，淬火硬度在HRC55以上。目前，在高精度深孔钻削中常采用硬质合金导向套，以提高导向套导向精度的保持能力。

(5) 提高钻杆刚度：钻杆的刚度对孔轴线偏斜量的影响至关重要。如何提高钻杆刚度是改善深孔钻削过程中孔轴线偏斜量的一个重要因素。为提高深孔钻削的刚度，除在头部设有导向套外，在钻杆中部可附加安装1～2个中间支撑架，支撑架可沿导轨滑动，直至钻孔工序完成。试验证明，应用中间支撑架可使钻孔轴线偏斜量减小。如图11.7所示为对45# 钢钻孔，其钻孔直径 $d = 14$ mm，切削转速 $n = 380$ r/min，进给量 $f = 0.01$ mm/r 带中间支撑架和不带中间支撑架时的孔轴线偏斜量的比较曲线。由该曲线可知，不用中间支撑架时，钻孔深度400 mm处孔轴线偏斜量可达0.5 mm，而采用中间支撑架时，在同样条件下孔轴线偏斜量仅为0.2 mm。由此可知，用中间支撑架对改善深孔钻削孔轴线偏斜量有一定的作用。

(6) 选用合适的减振方式：减小切削振动，可以提高刀具耐用度，减小钻削中孔轴线偏斜。内排屑系统减振效果较好，因为切削液通过已加工孔壁与钻杆外圆之间的环形空间均匀流入，对钻杆形成柔性支撑，可减振吸振。研究表明，采用高压脉动方式供液是最有效的，它既可以使钻削过程稳定，还可以显著地减小刀具的偏移，切削液脉动供给的原理类似于低频振动钻削的原理。除此之外，在钻杆上附加减振装置，也可以有效地抑制振动。

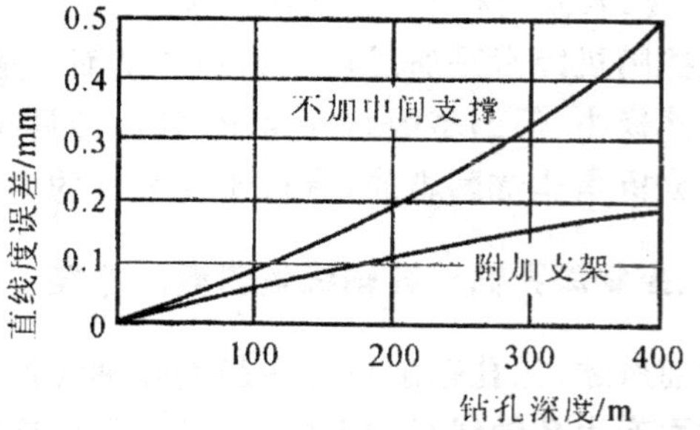

图 11.7　中间支撑架对孔轴线偏斜量的影响

2. 深孔钻削中孔轴线偏斜的控制

深孔钻削过程中孔轴线偏斜的控制十分困难，特别是在线控制，还是亟待攻克的难题。这里有两个需要解决的关键问题，一个是钻孔轴线偏斜的测量；另一个是发现偏斜后的纠偏。目前，还无法做到在线测量和纠偏，只能在加工过程中停机测量(采用超声波测量法，不用卸工件和刀具，直接测量)，并采用以下方法进行纠偏。

(1) 调整钻削工艺进行纠偏：此方法简单实用，钻孔时必须采用钻-镗工艺。在钻削到工件1/2长度时进行测量，若孔轴线偏斜未超差，就不做调整继续钻通；若偏斜超差，就调整工艺，将工件卸下掉头，从另一端重新开始钻孔与原孔接通，最后镗通孔。这样，可以控制工件全长上钻孔的偏斜量不超过在全长1/2处的偏斜量。

(2) 调整刀具几何参数进行纠偏：当测量出孔轴线偏斜量较大时，可以通过调整刀具的几何参数进行纠偏，即适当地修磨钻头的内角、外角和钻尖偏心量，改变刀具的受力状况。最简单的一种方法就是调整钻头圆周方向的安装位置，也可以改变刀具的受力方向，位置调整合适，可以起到抑制孔轴线偏斜的作用。

(3) 调整工件轴心位置进行纠偏：深孔钻削到一定深度，经测量孔偏斜量达到纠偏范围时，可以采用调整工件轴心位置的方法来进行纠偏。用这种方法首先必须了解深孔钻削孔轴线偏斜的变化趋势。如图 11.8 所示即用 $\phi20$ mm 单齿深孔钻钻削钛合金时孔轴线偏斜的变化趋势，可分为正常偏斜和急剧偏斜两个阶段。在正常偏斜阶段，偏斜量与初始偏斜量在钻孔深度上基本呈线性关系，偏斜量可以预测和控制；而在急剧偏斜阶段，是无法预测和控制的。因此，应该避免钻削进入此阶段。根据深孔钻削孔轴线偏斜变化趋势，采用纠偏方法的原理就是：不断地将工件上已偏斜孔的轴线调整到机床的回转中心上，使之总是处于偏斜的初始阶段，避免急剧变化阶段，达到减小孔轴线偏斜量的目的。在调整时，可以采用调整工件装夹位置和附加支撑等方法进行。此方法可行的关键是掌握不同材料和不同直径孔轴线偏斜的变化趋势，确定合理的调整位置。

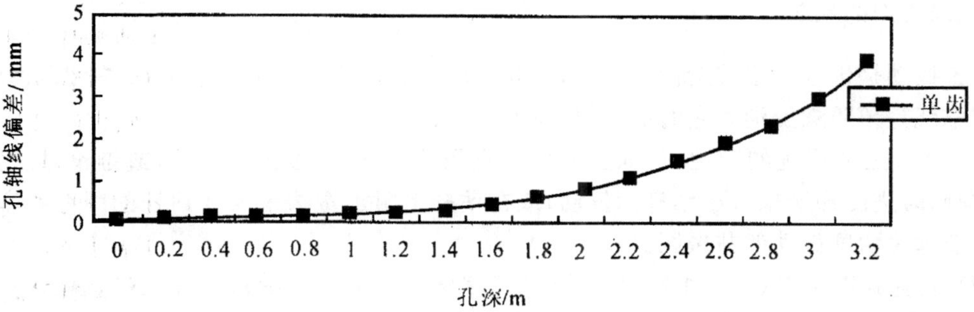

图 11.8 深孔钻削孔轴线偏斜的变化趋势

第三节 深孔加工孔表面形成螺旋沟的机理及控制

在深孔加工中，无论是钻削、镗削还是铰削，加工的内表面都会有不同程度的螺旋沟产生。由于钻削时，孔底定位较好，圆周导向可靠，切削比较稳定可靠，加上钻孔之后，一般都还需要进行粗镗、半精或精加工；而铰削时，由于切削余量、切削力都比较小，切削状况平稳，所以，通常钻削、铰削在孔表面上形成的螺旋沟都不严重，本节不讨论钻削、铰削中所形成的螺旋沟问题，仅对镗削中出现的螺旋沟问题进行讨论。

一、镗削内孔表面出现的螺旋沟

深孔镗削（尤其是粗镗）时，最初阶段镗刀处于正常切削，随着镗削深度的逐渐加深，切削振动逐渐加大。在观察长条切屑时，发现切屑由宽度均匀一致，逐渐发生了变化，呈有规律的多节状切屑，此时，钻杆晃动也逐渐加大。随着镗孔深度的进一步加深，上述现象就更为明显，如此继续加工到终端，在工件的内孔表面就出现了深度较深的多头螺旋沟，螺旋沟的深度从工件始端到末端逐渐加深，末端螺旋沟的最深处，接近镗刀导向块与刀体的高度。

螺旋沟严重地影响镗削质量，是当前深孔加工领域的棘手问题。因此，找出螺旋沟产生的原因，采取相应的措施来防止、减少螺旋沟的产生以提高镗削质量是非常必要的。

二、螺旋沟产生的原因

在加工塑性材料时，由于切削的振动，工件回转中心及镗刀的加工中心也相应发生了变化，使镗刀的三点定圆（三点指的是两个导向块及外刃）失去平衡，孔径加大，晃动加大，振动加剧，导向块瞬间会脱离孔壁的导向位置，如此有规律地频繁进行，就在该加工的表面上逐渐形成了螺旋沟槽，螺旋沟槽的宽度也随镗削深度的加深而加宽，其沟槽宽度大到导向块能掉入沟槽里后，镗刀的导向块就沿着螺旋沟槽向前推进，螺旋沟的深度就随深孔加工的深度加深而加深，直到镗刀刀体的外圆柱面与孔壁接触上以后，螺旋沟的加深程度才有所减缓。镗刀继续向前推进时，螺旋沟深度的加深是靠磨损刀体来实现的。由于镗刀的晃动，刀具中心与工件回转中心不重合，切削刃的切削轨迹是变化的，所切出的螺旋沟也往往是多头的。

三、螺旋沟的预防

由于振动是镗削产生螺旋沟的根源，因此螺旋沟的预防就应从防振入手。一切能使镗削减振的措施就是预防螺旋沟产生的措施。具体办法是：

（1）增大工艺系统的刚性：例如选择较大直径的钻杆，改推镗为拉镗，或推镗时从钻杆的内、外圆同时进冷却液来减小钻杆的振动，或在钻杆上附加重物来改变钻杆的固有频率，使镗削的振动远离切削振动的共振区。

（2）认真分析加工对象：如果加工对象是塑性材料（如 45# 钢），工件未经热处理；或者虽经热处理，但由于工件直径较大，工件中心部分仍然较软；工件加工余量较大，孔的深度 > 1 000 mm 时，像这样的加工对象，粗镗时就要高度重视，应提前采取预防措施。

（3）加强镗削的监测：在镗削的整个过程中，从始到终都应进行监测。例如用表动态监测钻杆振幅的变化；观察切屑的宽度变化；听镗削声音的变化；测试孔壁的厚度变化等等，一旦监测出螺旋沟已在逐渐形成，就应马上采取纠正措施。此时纠正还比较容易，到螺旋沟已经很严重才纠正时，难度将会大大增加，甚至无法挽救。

（4）采用减振镗刀：从理论上讲三点就可以定圆，即镗刀的两个导向块及外刃就足够确定一个整圆。如果再新加一个点，此点只要是弹性的，或者是软质点（见图 11.9），四点不仅不会产生干涉，同时它还会起减振及抑制振动的作用。

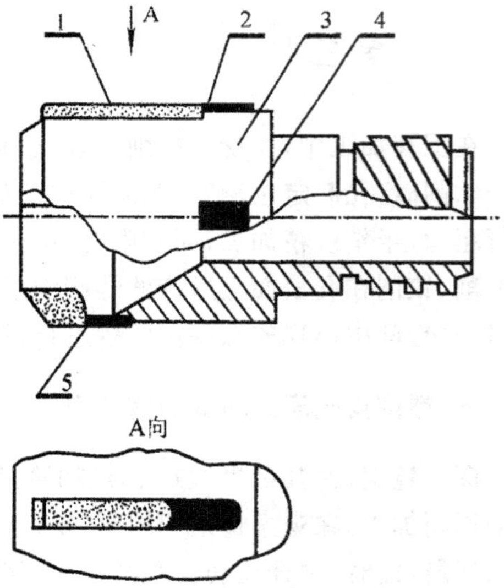

图 11.9　减振镗刀

1— 硬质合金导向块；2— 导向减振条；3— 刀体；4— 附加减振条；5— 刀块减振条

如图 11.9 所示的减振镗刀由减振块、减振条所组成。这种减振镗刀经切削测试，在相同切削条件下，轴向力、扭矩及钻杆的振幅都比普通镗刀的要小，镗削轻快且平稳，镗孔质量又高，可有效地防止螺旋沟的生成。

（5）减小切削力：减小切削力可以有效地阻止螺旋沟的生成。减小进给量及镗削余量都能减小切削力，但过小的进给量及镗削余量，虽然能减小切削力，但它不能抑制振动，振动会加大，不利于预防螺旋沟的产生。另外，适当增大镗刀的前角，减小镗刀的后角，不仅可以减小切削力，而且也可以减小切削振动。

（6）加大副切削刃棱带的宽度：在切削有振动时，将副刃棱带加宽加长，可以阻止副刃对孔壁的切入，即可减小螺旋沟的产生。副刃带的棱带宽度也不宜过长，过长的棱带会造成振动加剧，同样也会加剧螺旋沟的生成。

（7）适当提高工件的硬度：某些塑性材料，加工前虽然进行过热处理，但由于直径较大，淬火深度有限，芯部材质仍然较软，因此可以适当提高热处理硬度或者先钻削经热处理后再镗削。经验证明，镗削材质软的较材质硬的工件容易产生螺旋沟。

（8）合理分配镗削余量：镗削余量的大小直接影响切削力及切削振动的大小，本次加工的镗削余量一定要留足，以便下次镗削能完全消除螺旋沟的缺陷。在保证能消除上道工序缺陷的基础上，最终镗削余量愈小愈好。

（9）工件调头：除毛坯管料外，大多数工件经上道工序钻削或镗削之后的出口端，螺旋沟缺陷比始端较明显、较严重，若不调头再次镗削容易造成误差复映和切削振动，会更加助长螺旋沟的生成。所以应将工件调头，在车床上车出本次镗削的引导孔，再次进行深孔镗削就会大大减小镗削时的振动。

四、螺旋沟的消除

螺旋沟消除的关键是要尽早发现，发现愈早，愈早采取措施，可以阻止螺旋沟的进一步扩大，纠正起来也比较容易，否则难度加大，甚至无法挽救。消除螺旋沟的具体办法是：

（1）改变切削用量：此法简单省事，一般用于螺旋沟初期形成阶段。

（2）改变切削振动频率：在钻杆上加设减振装置，或改变镗刀的安装位置。

（3）改变导向块尺寸：如加宽导向块的宽度和长度，在镗刀的圆圈上再增加导向块的数量，切削时，导向块就不会掉入螺旋沟内，打乱了原来螺旋沟的形成规律，有效地纠正螺旋沟。

第十二章　深孔加工难题实例

本章所涉及的深孔加工难题，都是近十余年来，我们所承接的深孔加工课题，通过我们的工艺条件，都达到了加工技术要求。现列举部分实例，供读者参考，其方法未必就很合理，希望能起到抛砖引玉的作用。

第一节　孔径两端小中间大的深孔加工

一、工件简述

图 12.1 为偏心工作筒的零件简图(只标注相关主要尺寸)。

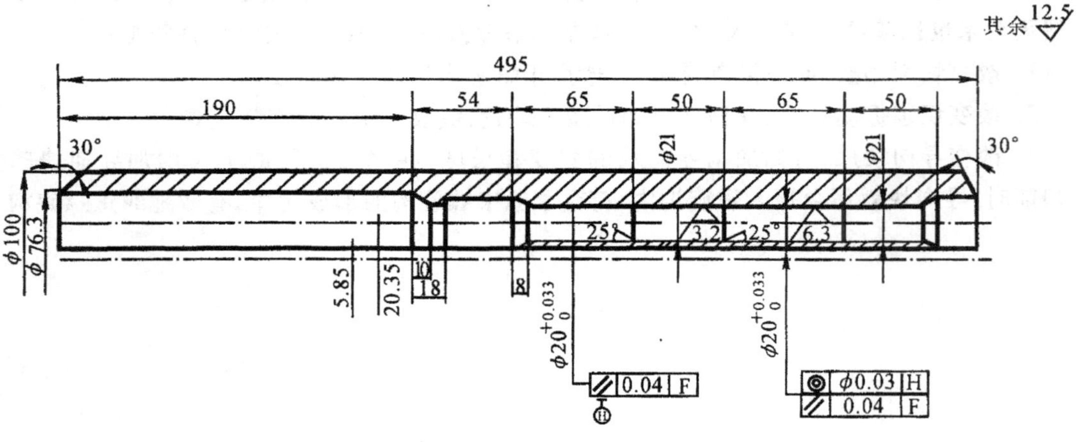

图 12.1　偏心工作筒简图

工件两端孔径小($\phi20^{+0.033}_{0}$ mm)，中间孔径大($\phi21$ mm)，外形为非回转体，工件全长为 573 mm(须另加工艺夹头)，材质为 35CrMo，调质硬度为 HB280，其中 $\sigma_b \geqslant 735$ N/mm^2，$\sigma_s \geqslant 540$ N/mm^2，$\delta_s \geqslant 15\%$，$\psi \geqslant 45\%$，$A_{kv} \geqslant 47$ J。由此可见，该材料的强度和韧性较高，断屑效果欠佳。

二、难点分析

加工中主要存在以下难点：

(1) 镗削 $\phi21$ mm 孔径时，由于镗杆外径仅为 $\phi18$ mm，镗杆经授油器进入工件，伸出长度大约为 450 mm(工件有工艺夹头)，工艺系统刚性较差，容易振动，加工质量难以保证。

(2) 工件外部形状为异形，深孔加工时，需要考虑离心力的平衡问题。

(3) 要实现镗刀块的伸出、夹紧、松开、缩回这些动作，需要设计特殊的附件来操作镗刀块完成上述动作。由于设计空间相当有限，孔为 $\phi(20^{+0.033}_{0})$ mm，设计镗刀及附件都有一定的难度。

(4) 镗刀的刃形，要能保证镗削 $\phi21\times50$ 孔的同时，在孔的左右两端还要能加工出25°的斜面。

镗刀的设计有一定难度，要求镗刀必须满足如下要求：

(1) 镗刀体由已加工好的小孔 $\phi(20^{+0.033}_{0})$ mm 进入适当位置后，镗刀块能强迫逐渐伸出，并逐渐切入，到位后夹紧刀块，再继续切削，要保证能镗削出 $\phi21$ mm 的内孔。当走刀到达相应位置后，松开夹紧，镗刀块能缩回刀体内，以便镗刀从该孔中退出，不会拉伤已加工好的精加工表面，缩回后的刀体径向尺寸必须小于 $\phi(20^{+0.033}_{0})$ mm。

(2) 要求镗刀在孔中能自身导向、支撑，以便增强镗刀的刚性。

(3) 镗刀体应有一定的容屑、排屑空间，并通过一定压力的切削液，强迫切屑沿一定方向排出。

三、镗刀的设计

将镗刀设计成中心转动式(见图 12.2)，其结构特点是：

(1) 镗刀块的伸出、缩回、夹紧、松开，都是靠推拉杆端部和刀块的斜面来实现的。在有限的空间里，实现了刀体、刀块、推刀杆三者最大强度、最小空间的最佳设计。

(2) 刀块是对称型的双刃块，径向力能相互抵消，自身导向好。

(3) 固定销位于镗刀中心，刀块转动要灵活，定位、夹紧动作要准确可靠。

(4) 结构工艺性要好，装拆要方便。

设计镗刀块刃形时应注意的问题是：

(1) 刀刃的初始位置及最终位置都必须满足内孔两端 25° 倒角的要求。

(2) 工件镗孔最大尺寸为 $\phi21.2\pm0.05$ mm，该尺寸即为镗刀的最大直径，也是镗刀在其基面内的尺寸，它在定位基准面上的投影尺寸为 $2\times21.2\times\sin\left(\arccos\dfrac{4}{10.6}\right)=19.64$ mm，刀块缩回时最小尺寸设计为 $\phi19.8\pm0.05$ mm，该尺寸即为镗刀的最小直径(在镗刀的基面内测量)，它在定位基准面上的投影尺寸为 $2\times9.9\times\sin\left(\arccos\dfrac{4}{9.9}\right)=18.11$ mm。

(3) 镗刀块的中心孔，既是设计基准，又是工艺基准，因此应将圆心选为镗刀块设计基准的坐标原点。

三、附件的设计

(见图 12.3) 附件主体 1 由 3 个成 120° 的螺栓 2 固定在深孔加工机床的尾座上，刀块的转动由推拉杆 9 进行操纵。当转动滚花螺母 7 时，转动套 4 随着推拉杆 9 转动，转动角度由主体上铣出的半圆台阶限位，转动套 4 定位后，防转套 5 将转动套 4 压紧，使推拉杆 9 能够将刀块定位在加工位置上。要使镗刀块再次偏转，只需拧松防转套 5，反方向转动滚花螺母 7，即可实现刀块的反向偏转，拧紧防转套 5，使镗刀块又重新定位。

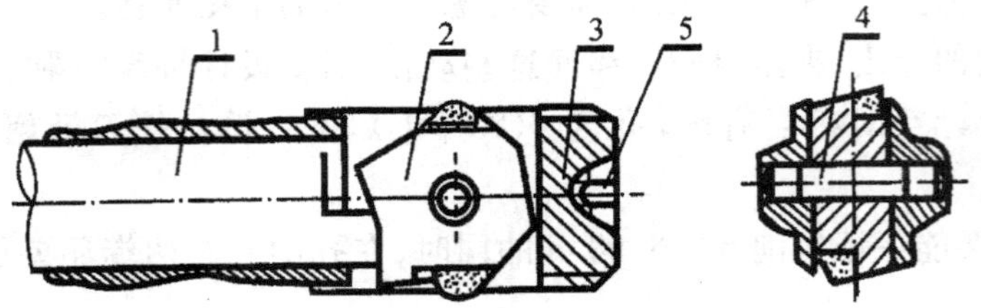

图 12.2 中心转动式结构

1— 推拉杆；2— 镗刀块；3— 镗刀体；4— 推销；5— 导向条

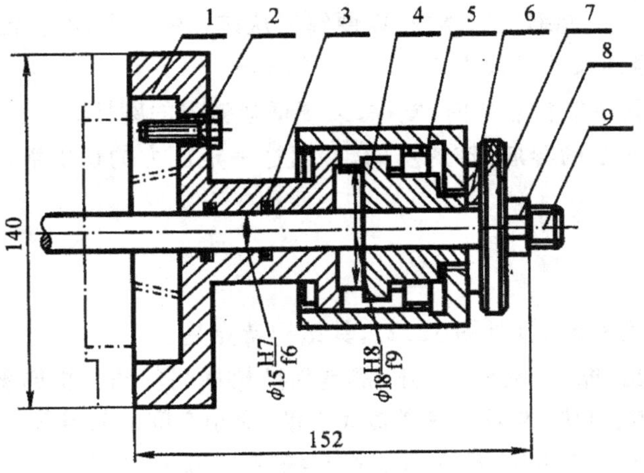

图 12.3 附件结构图

1— 主体；2— 螺栓；3— O 型密封圈；4— 转动套；5— 防转套；6— 厚垫片；7— 滚花螺母；8— 螺母；9— 推拉杆

第二节 钛合金超薄壁精密小孔的深孔加工

一、加工对象

如图 12.4 所示为钛管加工，加工的技术要求是：

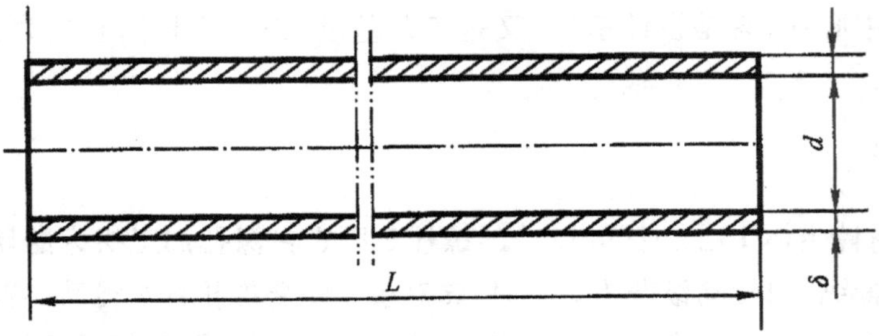

图 12.4 钛合金管

内孔 $\phi(8\pm0.03)$ mm；壁厚 δ 为 (0.15 ± 0.03) mm；长度 $L=180$ mm；内表面粗糙度 R_a 为 0.8 μm；外表面粗糙度 R_a 为 1.6 μm；圆度误差 $\leqslant 0.03$ mm，材料为 TC4。

二、难点分析

根据零件的加工要求，加工的难点比较突出，主要是：

(1) 材料难切削：该材料具有比强度及热强度都高，导热性差和弹性模量小的难切削特点，因而切削时，弹性变形大，加剧了切屑与刀面的强烈摩擦，切削热传导困难，热量大部分都集中在刃口，加上钛的化学活性大，容易产生刀具粘结磨损。

(2) 内孔难加工：内孔的尺寸精度、形状误差及表面粗糙度都要求很高，加上孔径小，更增加了内孔的加工难度。内孔又是外圆的工艺基准，因此内孔加工质量的高低，直接影响外圆的加工质量。为保证内孔的加工质量，首先要钻好内孔，因为它是精加工的基础，必须保证孔径尺寸均匀一致，再经镗削半精加工，使尺寸非常均匀，余量很小之后，最后进行珩磨和研磨。

(3) 刀具难设计：由于内孔很小，无论设计内排屑深孔钻还是珩磨头，都有一定的难度。这样的刀具在国内市场上是没有的，查遍国内资料，没有相近似的参考刀具，显然刀具的设计制造是有一定难度的。

(4) 变形难控制：因为工件特薄，定位、夹持、加工都易产生变形，拟订工艺时必须高度重视这个问题。

三、小直径内排屑深孔钻头及珩磨头

1. 小直径内排屑深孔钻头

钻头的硬质合金为整体形，并与钻杆插入焊接而成(见图 12.5)

在两个导向条及副刃的延长部位及排屑口的上方，都镶有软质材料，起减振、扶正作用。钻头的刃形如图 12.6 所示，根据被加工的材质，钻头的后角 α_o 及副偏角 κ_r' 较大，外刃及内刃的余偏角基本相等(即 $\psi_r=\psi_{rr}$)，偏心量较大，即 $e=1.2$ mm。

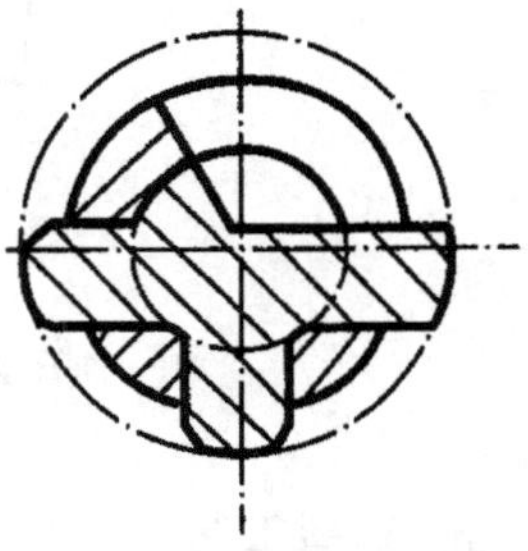

图 12.5 钻头截面形状

2. 小珩磨头

油石座 1 两侧的不同位置处各有 25° 的斜面(见图 12.7)，用以和涨芯 3 的斜面相配合，连接套 4 将涨芯和推拉杆连接起来，实现浮动连接；夹持体紧固在车床的四方刀架上，转动手轮即可推拉涨芯进刀退刀，完成小孔的珩磨。

四、深孔加工工艺

(1) 第一步钻削：要求钻削孔径为 $\phi7.6$ mm，采用轴向振动的方式进行钻削，能够可靠地进行分屑、断屑，具有切削轻快、变形极小、切削平稳、加工质量高的优点。

(2) 第二步振动镗削：为的是消除钻削留在内孔表面上的缺陷，使内孔尺寸均匀一致，进一步减小加工余量(留珩磨双向余量为 0.10 mm)。

(3) 第三步珩磨：留 0.01 ～ 0.15 mm 的研磨余量。

(4) 第四步研磨：抛光后达技术要求。

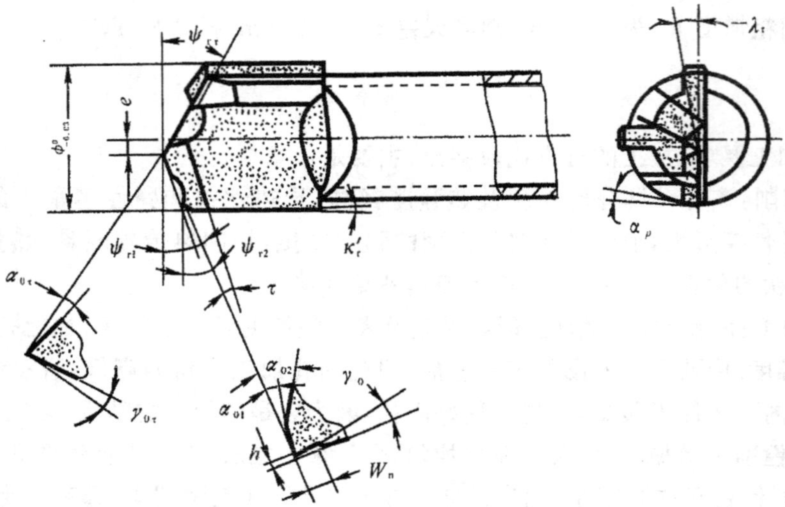

图 12.6　钻头刃形

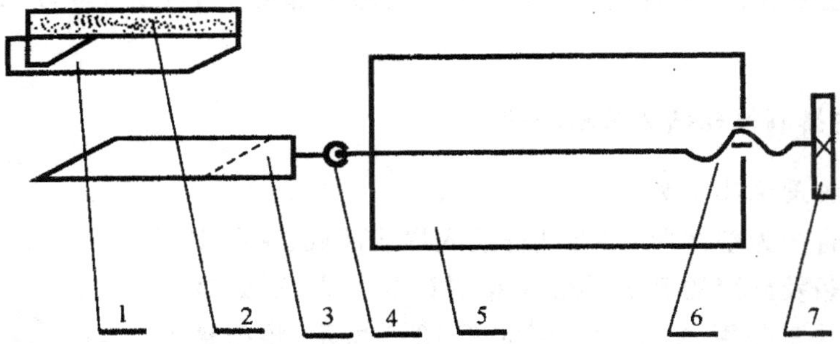

图 12.7　小珩磨头工作示意图

1— 油石座；2— 油石；3— 涨芯；4— 连接套；5— 夹持体；6— 推拉杆；7— 手轮

五、车削工艺

由于工件要加工成 δ 为(0.15 ± 0.03) mm 的薄管，除了精车外，很难用其他精加工方法(如磨削、挤压、抛光等)来完成外圆的精加工。为防止变形，所采取的措施是：

(1) 配磨心轴，保证心轴与内孔表面的接触面积达 85% 以上；

(2) 工件两端留有一定厚度和宽度的工艺夹头，以减小薄壁管的变形，待外圆车完达要求后，最后用线切割将两端工艺夹头切掉；

(3) 采用主偏角 $\kappa_r = 90°$，$\gamma_o = 15°$，$\alpha_o = 10°$ 的车刀车削外径，限制每次走刀的背吃量 $a_p < 1$ mm；

(4) 轴向受力夹持工件。

第三节　内外圆为台阶的深孔加工

一、加工难点

图 12.8 为工件加工简图，主要加工难点是：

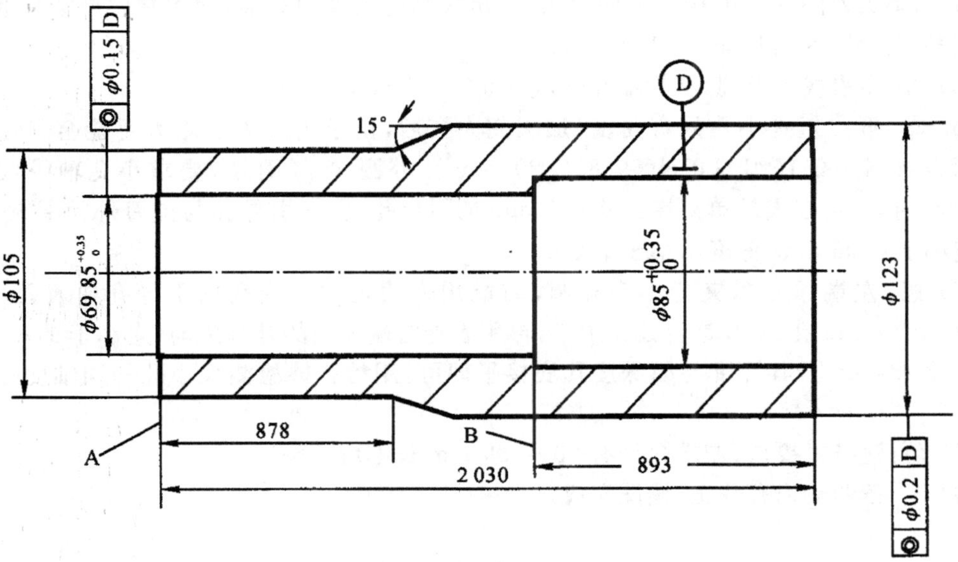

图 12.8　内外圆为台阶的工件加工简图

(1) 毛坯为热轧管料，尺寸为 ϕ130 mm×35 mm×2 050 mm，毛坯内、外圆表面缺陷明显，内孔余量为 10 mm，抽检 10 根管料，其弯曲度都在 3 ～ 6 mm 范围内。显然，毛料弯曲度太大，应进行热校直（弯曲度 < 1.2 mm），并再经时效处理之后，方可进行加工。

(2) 不锈钢牌号为 0Cr17Ni4Cu4Nb 的沉淀硬化型不锈钢，$\sigma_b \geqslant 1\,000$ N/mm^2，$\delta_s \geqslant 13\%$，$\psi \geqslant 45\%$，HRC ≥ 31，由此可见，材料的强度高，韧性大，硬度高，属难切削材料。

(3) 工件小头内孔加工余量小，由于误差复映，内管的形状误差很难在一次镗削后消除，而小头的外径加工余量却又很大，加工会产生较大的应力，加工变形较大。大头外径加工余量不大，但内孔加工余量较大，由此可见，大小头加工中所产生的应力都比较大，很容易产生加工变形，特别是在内外圆尺寸变化较大处，最容易产生急弯。

二、工艺路线及注意事项

(1) 车：检查外圆跳动量，凡小于 2.4 mm 即可车两端面；超过者，经热校直再经时效处理，最后经检查跳动量合格后方可车工件两端面。

(2) 镗：用 ϕ69.5 mm 镗刀镗通毛坯内孔，经检测并初选取内孔质量较好的一头作为小头（作标记）。

(3) 珩：全长珩通，保证内孔尺寸达 $\phi(69.85^{+0.35}_{0})$ mm。

(4) 车：

1）为进一步确定小端头，应用测厚仪按壁厚均匀车光外圆表皮（即将基准由孔心线改移到外圆的轴心线）。为便于检查孔心线的弯曲度，将无急弯或最大弯曲不大于 0.2 mm，且内孔质量又比较好的一头，作为最终选定的小头。

2）用表及测厚仪找正 ϕ69.85 mm 内孔的两端（此时 A，B 处的孔心线基准已转移到外圆表面上来了），车小头外径达 ϕ106 mm，大头外径达 ϕ128 mm。再次检测小孔的弯曲度，若发现小端又产生变形弯曲超差，此时必须进行冷校直至达到要求为止。

3）以小头外圆为基准找正工件大头，车出大端的内外圆基准，使大端内外圆基准与小头内孔同轴，再将大头外圆车到 ϕ124 mm。

(5) 镗：用表找正外圆，将大端孔镗成 $\phi79 \times 894$ mm。

(6) 车：再次复查小孔的弯曲度（加工完大孔后，由于内应力的增大可能会引起工件变形），用表及测厚仪仔细找正 $\phi(69.85^{+0.35}_{0})$ mm 孔外圆 A，B 两处，要求小孔轴线偏斜小于 0.15 mm 时，即可在大端单刀镗出 ϕ84.8 mm 的引导孔，要求引导孔与镗刀外径配镗，其最大间隙应小于 0.06 mm，深度不小于 150 mm。

(7) 镗：左端用三爪夹持小头外圆，右端用表找正大头内孔的引导孔内表面，并复查 $\phi(69.85^{+0.35}_{0})$ mm 孔 A，B 是否处在中心，再用表查右端大头的外圆跳动（应小于 1.5 mm），即可进行镗 ϕ84.8 孔，其深度与原深度孔底接平即可。用检验棒检测大小孔的同轴度是否达到要求。

(8) 珩：达技术要求（左端允许有 20～30 mm 长不珩到头）。

(9) 车：按两端内孔找正，按图车成。

第四节　三台阶孔的深孔加工

一、难点分析

图 12.9 为三台阶孔的加工简图，其加工难点有两点：

(1) 材质为 0Cr17Ni4Cu4Nb 沉淀硬化型不锈钢。

(2) 三台阶孔同轴是本零件加工的最大难点。

三个台阶孔，应该先加工哪个孔呢？显然，应该是 $\phi(51^{+0.02}_{0})$ mm 孔，因为该孔的加工要求较高，该孔深度为 1 599 mm，在它的后面有一个台阶孔，在它的前面有两个台阶孔，所以，可以将此孔作为基准孔，让其余各孔的轴心线都向该孔轴心线"看齐"（同轴）即可。所谓"看齐"就是在加工完该孔后，应先将该孔的孔轴心基准线移到外圆柱表面上来。车削外径时，要保证孔壁厚度均匀，再将外圆校平直，该孔的轴心线基准，就在外圆面上体现出来了。此后再加工各台阶孔，就有了方便可观测的基准了。

如果首先加工 ϕ45 通孔，无论采取何种工艺措施，要保证其余各孔的同轴度。都是比较麻烦和困难的。假若，现在加工第二个台阶孔 $\phi(51^{+0.02}_{0})$ mm，要让此孔与 ϕ45 mm 孔同轴，如果加工到中途监测发现该孔轴心线与 ϕ45 孔的轴心线有偏斜的趋势（虽然同轴度可能此时还在公差范围内），因为镗孔余量小，镗孔深度又不长，同时，纠偏未必就那么"听话"，那么"保险"。

二、工艺路线及说明

(1) 下料：按 $\phi(90 \times 2\ 360)$ mm 下 0Cr17Ni4Cu4Nb 的料（已经固溶处理）。

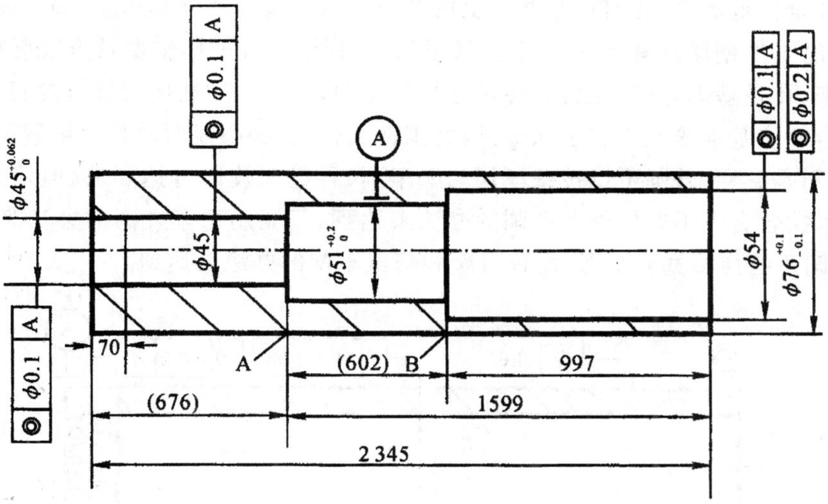

图 12.9 三台阶孔的加工简图

(2) 车:经检测、校直后,外圆跳动小于 1.5 mm,方可车平两端面。

(3) 钻:钻(φ50.4×1 603) mm 的深孔。

(4) 珩:粗珩尺寸为 φ(50.6±0.03) mm,要求各段尺寸均匀,一致性要好。

(5) 车:按壁厚均匀车削外圆达 φ82 mm,特别是 A,B 之间各孔壁壁厚一定要均匀一致,测量要准确。

(6) 校:按外圆冷校直,径向跳动小于 0.8 mm。

(7) 钻:用特殊钻头,以 φ(50.6±0.03) mm 为导向孔,钻 φ44.75 mm 引导孔,后更换成普通深孔钻头,将 φ44.75 mm 孔钻通。

(8) 珩:珩 $\phi(51^{+0.02}_{0})$ mm 及 $\phi(45^{+0.062}_{0})$ mm 的孔。

(9) 车:按壁厚均匀将外圆车到 φ78 mm(用两个中心架,后中心架夹持在 A 处)。

(10) 校:按外圆冷校直,径向跳动小于 0.6 mm。

(11) 车:车引导孔 φ54,尺寸与镗刀相配,装两个中心架,后端装在 B 处要求尽量镗深引导孔,按进口端 $\phi(51^{+0.02}_{0})$ mm 孔找正。调头,装两个中心架,后端中心架装在 A 处,按 φ45 mm 入口孔 找正,单刀镗 $\phi(45^{+0.062}_{0})\times 70$ mm 孔。

(12) 镗:镗(φ54×997) mm 孔,在 B 处装一个中心架,按 $\phi(51^{+0.02}_{0})$ mm 孔找正,另一个中心架装在入口处,按 φ54 mm 引导孔找正。

(13) 检:用检测棒检测各台阶孔是否同轴。

第五节 超细长钛合金的精密深孔加工

图 12.10 和图 12.11 分别为两种钛合金超细长孔零件加工简图。

一、难点分析

(1) 该类零件材料分别为 TC10 和 TC6,属难切削材料。

(2) 加工要求高。无论是外形尺寸、形状误差、表面粗糙度要求都很高,加之该零件属高精度产品，在工件全长范围内，任何一个截面上的某一个点的尺寸及壁厚超差，都按废品处理。如图 12.10 所示的工件壁厚只有 5 mm，工件又很长，要保证零件的同轴度及直线度难度是比较大的。由此看来，孔是基础，只有先将孔径尺寸加工均匀，尺寸一致性比较好且内表面的粗糙度值又比较低时，才使基准的质量有了保证。因为工件太长，孔轴心线弯曲是不可避免的，但只要弯曲是大弯而不是急弯，外圆可以按壁厚均匀来车削，再经精校即可达要求。但外圆的表面粗糙值要求很低，钛合金又不能用外圆磨削的办法来达到，只能用精车外圆的办法来达到，故必须采用 90° 主偏角的弹簧宽刃车刀，用跟刀架和挤压车削的办法来达到。

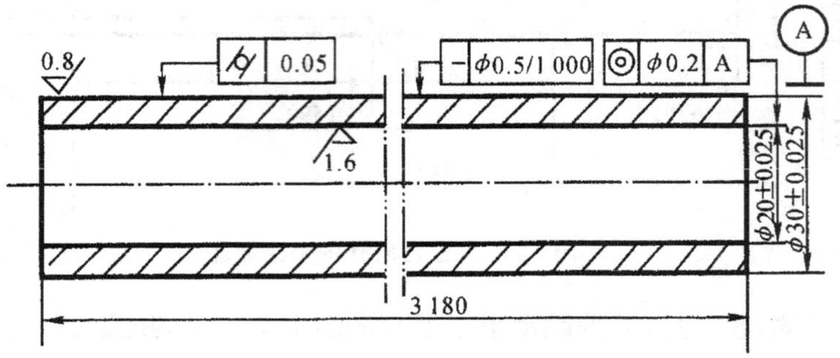

图 12.10 伸缩杆的加工简图

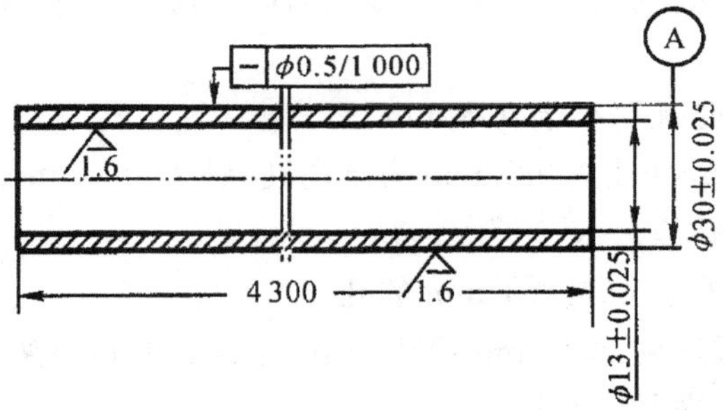

图 12.11 测井支承管

(3) 加工变形大。工件薄而长，刚性极差，加之钛合金的弹性模量很小，即为 108GPa，约为钢的 1/2，因而容易产生很大的变形。由此可见进行充分的热处理，很好地消除应力是非常重要的。

(4) 长径比($L/d = 330$) 较大。属于超细长深孔加工，必须保证良好的排屑。

三、工艺安排的几点说明

(1) 关于热处理：毛坯经锻造后，须进行完全退火处理，即将温度加热到高于再结晶温度而又低于($\alpha+\beta$) → β 的转变温度(一般为 650 ~ 800℃)，保温足够时间后空冷。较彻底地消除内应力，降低硬度，恢复塑性，并使材料组织的力学性能均匀。

零件在粗珩、半精车外圆和校直后，要进行稳定性退火处理。即将工件加热到低于相变温度 300 ~ 400℃，再保温(80 ± 20) min，然后空冷，方可保证该零件的组织与性能的稳定。

(2) 关于车削：经热处理后的毛坯棒料，应该先进行粗车外圆(去外皮) 和校直。目的有两个：

1）车去外皮，让工件应力释放，减小以后工序的应力变形；

2）车去锻造毛面，光滑的外圆面可以成为校直、纠偏的基准。

（3）关于刚性和柔性：由于工件壁薄而又细长，刚性极差，容易产生加工变形，因此，在工件的左、中、右端都用四爪夹持，以便加工过程中的调整。在车削外圆时除用中心架外，还用了跟刀架，其目的都是为了增大工件的刚性，以便减小切削变形。在钻削深孔时，工件旋转中心与刀具加工中心常会发生偏离，需要纠偏，要求钻杆要具有一定的柔性，以便施加外力后容易产生变形，使工件的回转中心与刀具中心接近或重合，达到纠偏的目的。因此，应该注意选择直径较小的钻杆，一则在施加外力纠偏时，可以防止钻杆和工件孔壁摩擦接触影响正常切削；二则在用“换刀法”纠偏时，是以钻杆适当小为前提的，否则就不能采用此法纠偏了。

（4）关于珩磨：将粗珩安排在粗车之前，在精车校直后再安排半精珩和精珩。

第六节　用小直径麻花钻进行超细长深孔加工

所谓小直径超细长深孔，本书指的是孔径为 $\phi3 \sim \phi12$ mm，长径比（L/d）为 80 ～ 300 的深孔。

一、市场需求分析

随着机械加工业的飞速发展，小孔加工，特别是非回转体的小孔径、大长径比的深孔加工愈来愈多，加工难度愈来愈大。有的是工件特大，有的是特小，有的是特长，有的是壁厚特薄，这样的工件要用枪钻来加工有一定的困难。而小直径的麻花钻，既不需要高压油路系统，又不需要特殊的密封，只要能进行找正、夹持工件或特殊的工艺处理，往往都能加工出满意的小孔。

从目前国内市场来看，由于小孔径、大长径比的麻花钻钻深孔，在钻头的刃磨、工件的装夹、特殊工艺的处理等方面都有一定的难度。因此，研究小直径麻花钻超细长深孔是很有意义的。

二、支撑板的深孔加工

1. 加工难点

（1）如图12.12所示，工件为板料，尺寸为450 mm×380 mm×8 mm，可见工件比较大，而厚度又比较薄，因而容易变形。

（2）孔径小，仅为 3 mm，最深的孔达 247 mm，每个孔要和另外一个或两个 3 mm 的孔相贯，在相贯处，小钻头最容易折断，也最容易把钻头引偏。

（3）在各个方向上要求所有小孔都必须钻得非常的直，不能钻偏。因为小孔与大孔 $\phi(154.5^{+0.2}_{0})$ mm 仅有 1.25 mm 的最小壁厚。在 8 mm 的厚度方向，小孔与板的最小壁厚也只有 2.5 mm。由此可见，很容易出废品。

（4）排屑、冷却润滑有一定的困难。如果使用枪钻钻孔，一来这么小的枪钻只能依赖进口；二来高压密封、工件装夹都非常困难。

2. 工件的定位与加工

采用专用的回转式夹具，以工件的 C，B 面实现五点定位，靠找正工件的一个侧面来保证工件各面之间的垂直度。

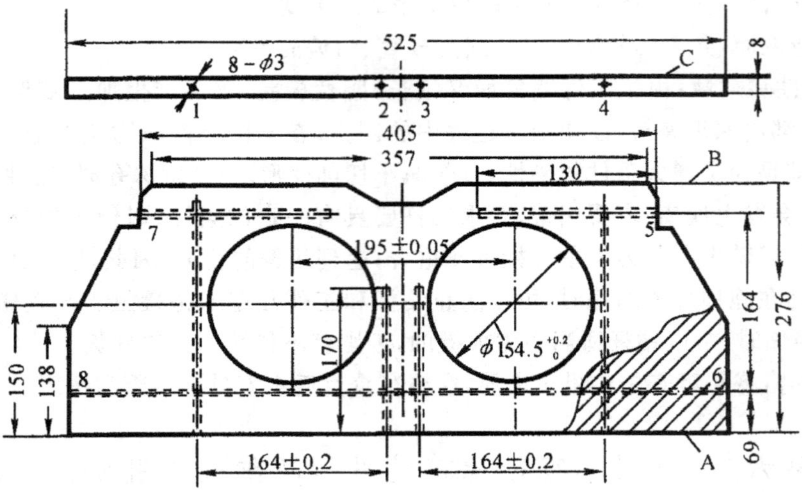

图 12.12 为支撑板的零件图

首先钻1,2,3,4孔;然后,将工件随夹具体回转90°,用表找正A面,保证A,B面平行,夹持后钻5,6孔;最后将工件和夹具体回转180°,找正A面,夹持后钻削7,8孔。

小钻头必须修磨横刃,使横刃宽度 $b_\psi \leqslant 0.2$ mm,必须保持钻刃的锋利性,严格按固定的操作规则进行加工,否则废品率相当的高。

二、驱动体的深孔加工

1. 加工难点

如图12.13所示,工件材质为35GrMo,在零件的壁厚15 mm上钻有 $\phi6\times1\ 835$ mm和 $\phi6\times1\ 880$ mm两个深孔,两孔与大孔 $\phi(84^{+0.054}_{0})$ mm的平行度为 $\phi0.3$ mm,以便保证管子能承受70 MPa的工作压力。因此,此零件加工的关键是如何保证平行度。

显然,如此长的小盲孔,要从一端直接钻到深度,无论采用什么钻头,采用什么样的机床及工艺方法,要保证其平行度是不大可能的,只有采取特殊的工艺才有可能达到加工要求。

2. 特殊的工艺方案

(1) 毛坯按 $\phi130\times1405$ mm和 $\phi130\times735$ mm两段下料;

(2) 经平端面后,在同一工况下,钻 $\phi62$ mm的通孔;

(3) 进行预备热处理,调质硬度HB为 280 ± 10;

(4) 以内孔为基准,车去外皮使两段料外圆尺寸一致;

(5) 划各件的 $\phi6$ mm孔(在端面及外圆母线上划线),L_1 两端的 $\phi6$ mm孔中心要同轴;

(6) 从两端钻 L_1 的 $\phi6$ mm孔,保证 $\phi5.9$ mm的钢丝能顺利穿通,从一端钻 L_2 的 $\phi6$ mm盲孔,检测最终端孔的偏斜位置,并作记录和标记,在 L_2 小孔的侧面将小孔接通;

(7) 按焊接工艺要求车削相应连接部位,并进行焊接、保温;

(8) 将焊接处的 $\phi6$ mm孔接通,注意,接通钻头的钻杆长度约为1 420 mm,要想接通焊接孔有较大的加工难度;

(9) 根据两个 $\phi6$ mm孔的轴心线及外圆母线找正,校正工件,并按以上基准找正车外圆

（留余量）；

(10) 粗镗通孔达 $\phi78$ mm；

(11) 最终热处理；

(12) 按外圆为基准校直工件，进行精镗、珩磨、精车达成品要求。

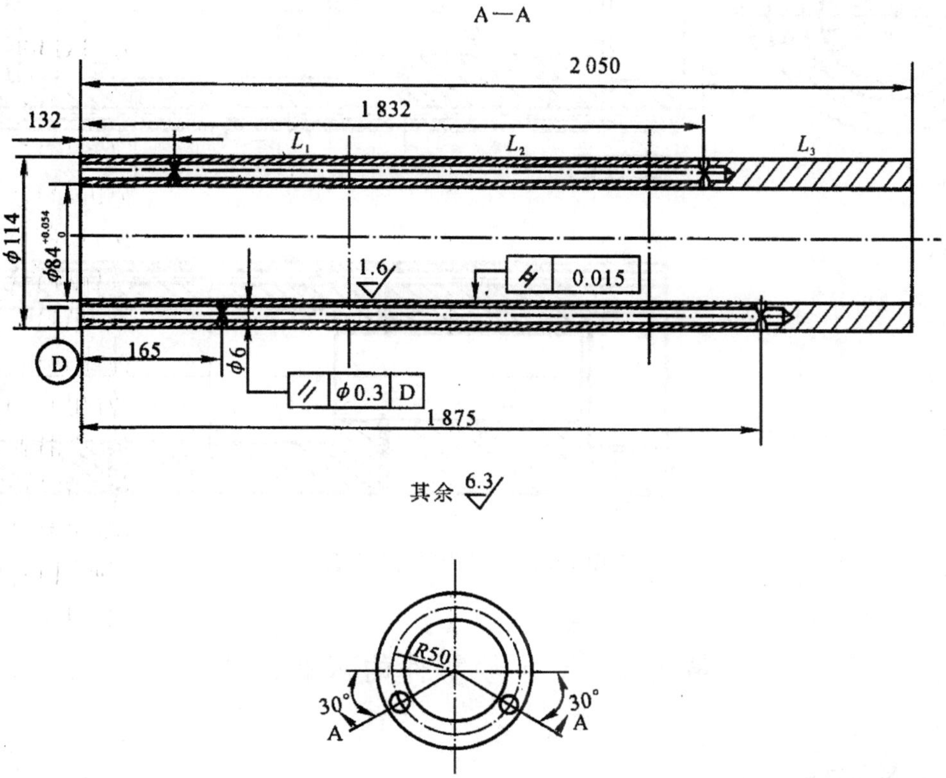

图 12.13　驱动体加工简图

三、外壳的深孔加工

1. 加工难点

工件材料（见图 12.14）为 0Cr17Ni4Cu4Nb，即 PH17-4，属沉淀硬化型难加工的不锈钢材料，工件全长为 1 816 mm，两 $\phi6$ mm 的小孔与内孔 $\phi82.6^{+0.03}_{-0.02}$ mm 的平行度为 $\phi0.2$ mm，这就是该零件加工的难点之一；难点之二就是要在外圆的相应位置上有 $\phi3$ mm 的小孔贯穿 $\phi82.6$ mm 或 $\phi62$ mm 的大孔进入 $\phi6$ mm 的小孔，其深度又比较深（即 $\phi115$ mm 的外圆直径）且要钻正是比较困难的；难点之三就是要接通 $\phi6$ mm 的焊接孔，因为钻头长度大于 920 mm，焊接处硬度偏高，容易断钻。

2. 工艺方案

工艺方案与驱动体加工方案相似，注意钻 $\phi3$ mm 孔安排在零件精加工之后进行，并一定要仔细进行找正工作。

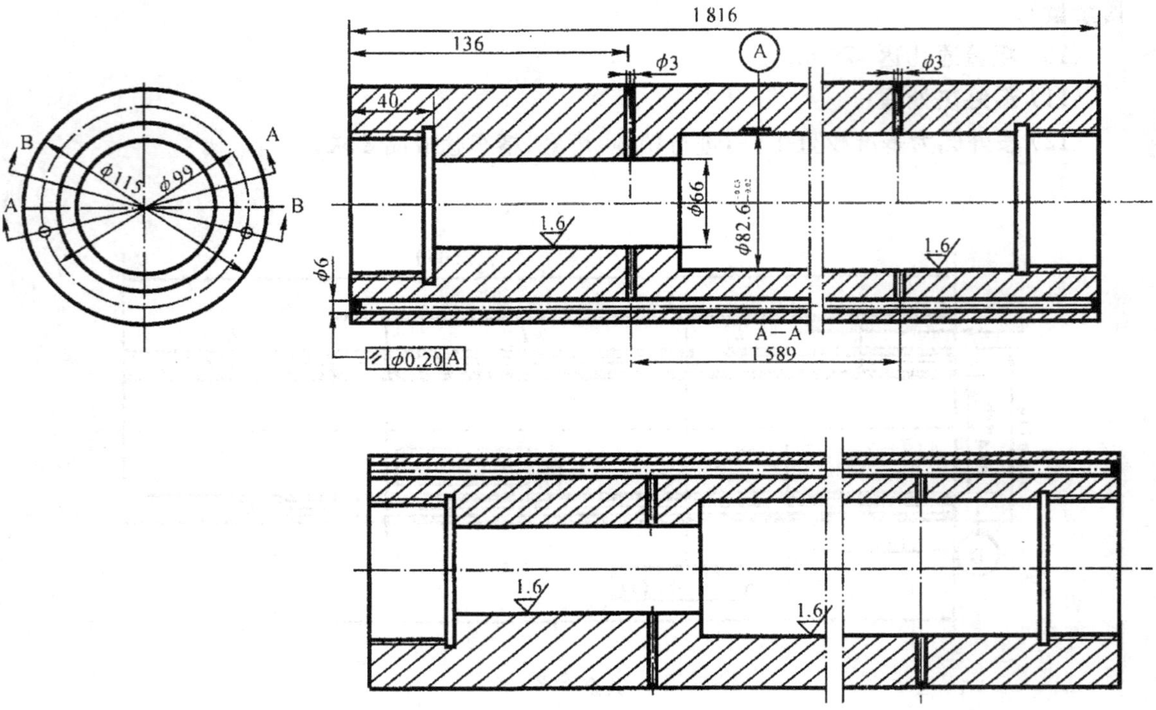

图 12.14 外壳零件示意图

第七节 异形零件的深孔加工

一、U 型斜槽的加工

1. 加工难点

如图 12.15 所示，斜度为 4° 的 U 型槽加工有一定的难度，如果用铣削，需要制作特殊的成型铣刀，且铣削振动较大，难达技术要求，因为 U 型槽的深度、表面粗糙度及尺寸精度都难保证。斜槽的对称度为 0.02 mm，其精度也是很高，而且 U 型槽的侧面壁厚仅为 10 mm，工艺刚性较差，加工变形大，所以，加工难度较大。

2. 加工要点

按 $\phi100\times887$ mm 下料，并进行调质处理；半精车外圆 $\phi(97\pm0.1)$ mm×880 mm；在距左端 420 mm 处铣 15 mm×15 mm 找正基准小平面，保证该基准与工件轴线平行。

按 15 mm×15 mm 平面及外圆母线找正铣削钻孔入口处密封的 4° 斜面（确保钻孔时密封）。

计算出两端 $\phi40$ mm 斜孔的顶尖基准孔位置，车出两端钻孔的外圆基准，并找正其外圆。

钻、镗、珩成内孔为 $\phi(40^{+0.146}_{+0.1})$ mm，并在入口处配堵头，经找正基准后打 $\phi(84^{-0.036}_{-0.071})$ mm 外圆柱的顶尖孔；精车、精磨外圆达尺寸要求，按 $\phi(40^{+0.146}_{+0.1})$ mm 为基准铣出斜槽，各尺寸达技术要求。

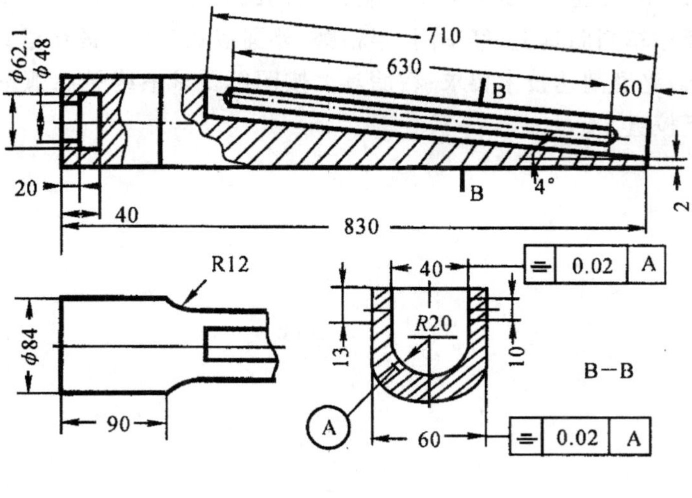

图 12.15 U型斜槽零件示意图

二、弧形板的加工

1. 加工难点

(见图 12.16)该零件材质为 1Cr18Ni9Ti 的奥氏体难加工不锈钢;内、外圆弧的圆心是偏心的,其偏心量为(6.35±0.254) mm,它就是弧形板的最大厚度,由此可见,弧形板刚性很差,加工振动比较大。工件全长 1 100 mm,弧形板长而薄,且端截面的弧形板厚又是变化的,加工成形是十分困难的,工件加工变形较大。由此可见,要加工出该弧形板困难是很大的。

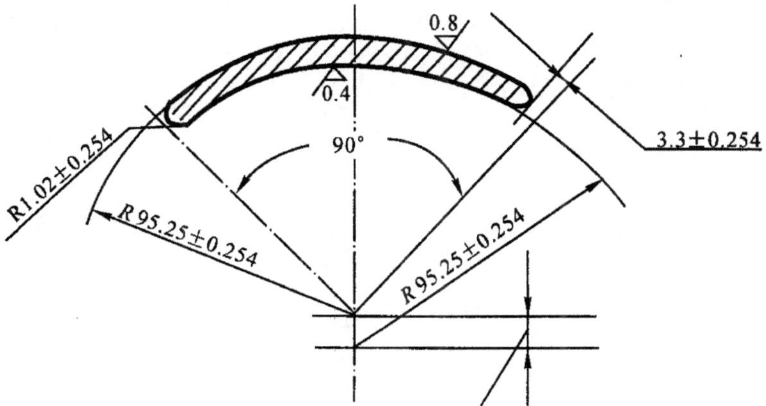

图 12.16 弧形板截面形状

2. 加工要点

先按深孔加工的办法,经粗、精镗、粗珩磨内孔成 $\phi(190.5^{-0.1}_{-0.6})$ mm;经时效处理后,精珩成 $\phi(190.5\pm0.5)$ mm,使内表面粗糙度为 0.4 μm;按工件内孔配心轴,并使工件轴向受压夹持,将工件均匀轴向剖成 4 块,仅留 95° 的扇形弧形板;车削胎具,要求胎具圆上均匀分布的 4 个弧

形圆的半径都是 $R(95.25 \pm 0.254)$ mm，它们之间的圆心距都是 (6.35 ± 0.254) mm；将铣成的 4 块弧形板紧固在车削胎具上，经车削、半精磨，外圆留 0.5 mm 的余量；和胎具一块进行充分时效处理；工件最终磨削达技术要求；在胎具上按图纸要求最终铣出弧形板；在专用校正夹具上对弧形板进行校直。

第十三章　深孔加工的检测与监控

第一节　深孔加工检测

深孔加工检测是深孔零件加工过程中的一个重要组成部分，是对深孔零件进行质量控制和管理的重要手段，是贯彻质量标准的技术保证。

深孔加工检测主要是指深孔加工几何参数的测量和工艺误差的分析测量，其主要检测内容有：深孔尺寸误差的测量；深孔表面形状误差（包括孔的直线误差、圆度误差、圆柱度误差）的测量；深孔表面位置误差（包括阶梯孔的同轴度误差、孔系轴线平行度及位置误差、孔与端面的垂直度误差）的测量；深孔表面质量（包括表面粗糙度、表面硬度、表面显微硬度、表面金相组织、表面残余应力等）的测量。工艺误差的分析测量是在调查、分析、估算深孔加工误差产生原因的基础上，进行某几个主要问题的现场测试，从定性、定量方面判断工艺误差产生的最主要原因，从而采取相应的工艺措施，消除或减小加工误差，提高深孔加工精度。

随着现代科学技术的发展，深孔加工的检测技术也随之得到发展，已由静态检测发展到直接动态检测或间接动态检测。采用电感、电子、激光等先进检测技术，并用计算机采集、处理、存储、检测数据。但由于深孔表面的空间限制，深孔加工的检测技术仍有不少问题有待解决。

一、深孔孔径尺寸精度检测

在深孔加工中，孔径尺寸精度是一项非常重要的检测内容，其检测方法也各不相同，主要根据零件的尺寸精度、生产批量以及孔深等方面来考虑采用何种检测方法。主要的方法有以下几种：

1. 通用量具测量

孔径测量常用游标卡尺、内径千分尺、内径百分表（内径千分表）等通用量具。内径百分表（内径千分表）的测孔深度取决于杠杆的长度，属于比较法（相对法）测量内孔尺寸。这种方法简单实用，但深孔的中间部分无法测量，而且测量精度有限．可靠性一般，受操作者的影响较大。

2. 专用量规测量

在大批量生产中常用专用量规测量。例如，火炮炮管内膛光腔孔径尺寸．阴线、阳线直径和膛线宽度，常用光滑量规、阴线量规和阴线宽度量规进行检验，如图 13.1 所示。

随着数字显示技术的发展，一些通用电子量具，如电子卡尺、电子千分尺、电子指示表、电子塞规已在深孔检测中得到运用。

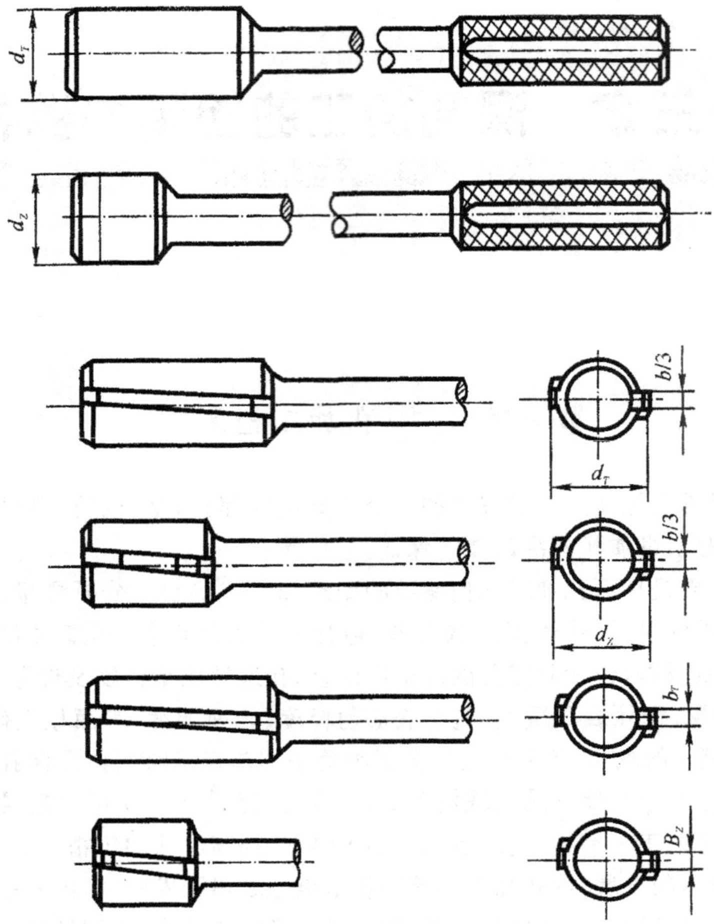

图 13.1 检验内膛专用量规

3. 电感测径仪

电感深孔测径仪可测量深孔直径、炮管阴线、阳线直径。测量时先用标准环规调整仪器的“零位”，然后测出孔径与标准环规的差值。其优点是：

(1) 测量速度快，可直接读数；

(2) 测量精度高，误差为 ±0.005 mm；

(3) 应用范围广，通用性好。如对 ϕ37 mm 的孔，炮管电感测径仪测量头的测定范围可达 1.5 mm(阳线直径从 36.92 ~ 38.50 mm，阴线直径为 37.82 ~ 39.50 mm)，更换测头部件，即可扩大使用范围；

(4) 制造容易，价格低廉。

4. 电子测径仪

电子测径仪如图 13.2 所示。测量头 1 上有 4 个电子检测套 3，其中 2 个分别用来测量炮膛阳线和阴线直径；另外 2 个为一组用来测量同轴度。电子检测套实质上是线性可变差动变压器，具有可动铁芯。当测量头从深孔中推过去时，内径直径偏差使铁芯产生位置变化，变压器的二次线圈的电压振幅又与铁芯位置成线性变化，此电压信号通过连接杆 4 中的电缆，分别传送到 3 个数字放大器 9 予以放大，由扫描装置根据一个按钮指令从 3 个放大器选择信号，并每次传送1个信号到数字电压表6，将测量数值直接显示出来，然后将信号再送到数字记录器7，由打印机将数值打出。8是记录器的控制部分，2是同轴度调整检验块，5是直径调整检验块，它们在安装和调整时使用。

这种电子测径仪的优点是：安装调整比较容易，可直接读出检测数值，并能将检测数值记录下来，检测效率高，可靠性也好，测量精度可达0.003 mm，重复性精度和分辨能力高于气动量仪。

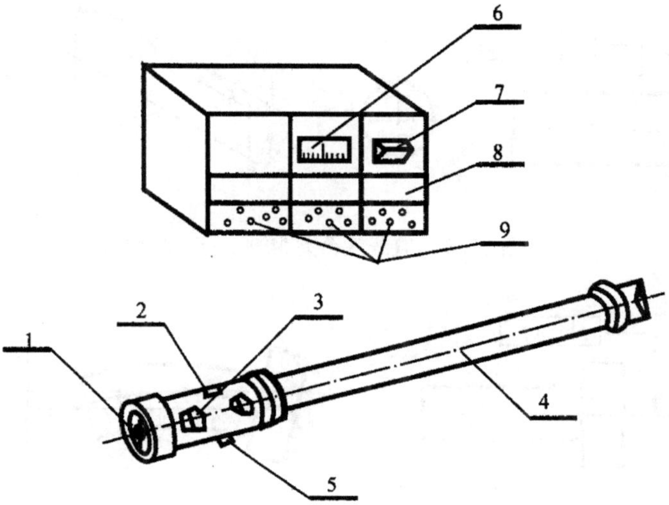

图13.2 电子测径仪

5. 气动量仪

气动测量是将被测孔径尺寸的变化转化成气体流动压力的变化或流量的变化。其种类有低压水柱式气动量仪、浮标式气动量仪、薄膜式气动量仪、水银柱差压式气动量仪及带差动测头的波纹管气动量仪等。

气动量仪的优点是：

(1) 可进行非接触测量，测量力特别小，对易变形薄壁零件的测量有利；

(2) 可以测量 $\phi1.5$ mm 以下的孔径；

(3) 可利用气动方程进行被测尺寸和、差、算术平均值的计算；

(4) 量仪结构简单，对环境要求低；

(5) 测量精度高达 $\pm(0.3 \sim 1)$ μm；

(6) 可实现自动检测，但尚须改善其动态特性，扩大示值范围及测量气隙。

6. 表面反射仪(像点仪)

利用表面反射的原理对工件精确瞄准，以相应读数装置读数，可对直径大于等于0.1 mm的小孔进行测量，是一种非接触瞄准装置，精度可达 $(0.1 \sim 0.2)$ μm。被测件放在仪器的纵向滑板的工作台上，当被测件的左、右两侧面进入瞄准显微目镜的现场，并被瞄准好后，分别从读数显微镜的目镜内读得标准尺的两个读数，这两个读数之差即为被测工件的尺寸。即被测孔径

$$D = |x_1 - x_2|$$

其中，x_1，x_2 分别为孔壁两侧读得标准尺的两个读数。

二、深孔直线度误差的检测

直线度是指被测实际线对其理想直线的变动量。深孔表面为回转体表面，直线度就是对它的圆母线、直母线和轴线的形状提出要求。深孔直线度公差带，根据要素的特征及其使用要求，分为限制圆柱面直母线形状误差的两平行直线(如图 13.3 所示）和有限制圆柱体轴线形状误差(即限制空间直线在任何方向上的形状误差）的圆柱体(如图 13.4 所示）两种。

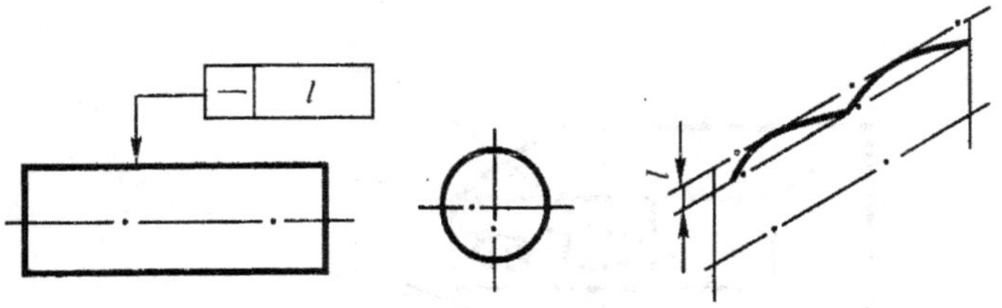

图 13.3　直线度公差带——两平行直线

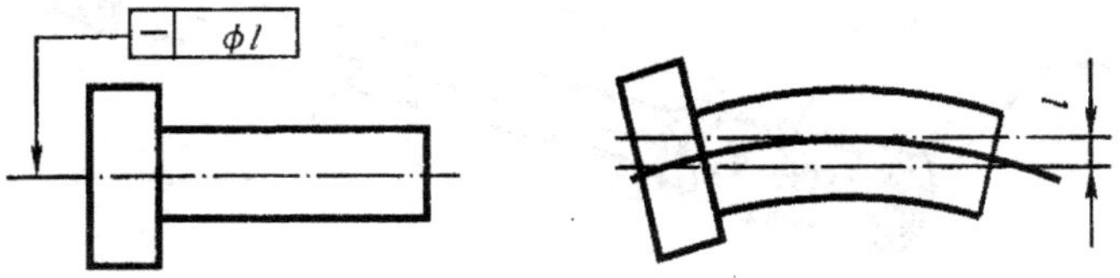

图 13.4　直线度公差带——圆柱体

孔径较大，长径比(L/d）又比较小的通孔，只要能较准确地测出两头孔的位置，即可基本确定孔的直线度误差。但对孔径很小，孔深较深，精度又高的通孔，直线度误差的测量就比较困难了，尤其是长径比较大的盲孔及在加工中测量(动态测试）孔的直线度误差，其难度就更大了。深孔直线度误差的测量方法，可根据测量精度、孔径大小、加工状态(静态或动态）及加工方法(钻孔或镗孔）来选择。一般的测量方法有量规测量法、感应式应变片测量法、校正望远镜测量法、激光测量法及超声波测量法等。

1. 直线度量规

在生产中常用专用直线度量规检验深孔直线度。它能判别直线度是否合格，但不能测出具体数值。检测时将深孔零件倾斜 45°，靠量规自重自由通过深孔(见图 13.5)。

直线度量规的基本尺寸按下式计算，即

$$d_1 = [(d_0 - \delta_1) + \delta_2/2 + \delta_m] - \delta_2 \quad (13.1)$$

式中　d_0——工件内孔基本尺寸，mm；

δ_1——轴线直线度公差，mm；

d_{kl}——量规基本尺寸，mm；

δ_2——量规的制造公差，mm；

δ_m——量规的磨损公差，mm。

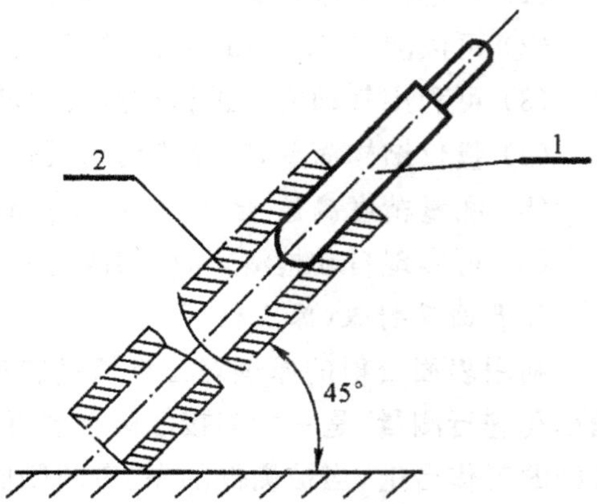

图 13.5　直线度量规的使用方法

1—量规；2—工件

2. 感应式应变片测量法

在刀杆的适当部位粘贴 X,Y 方向的应变片,感应电流经放大器放大,再经记录及数据处理,即可确定出加工时所产生的偏移及直线度误差。

3. 校正望远镜测量法

这种方法只能测量已加工好的大孔(即静态测量)。

(1) 校正望远镜的测量原理:在各孔内安放与孔大小相适应的测标,调整望远镜位置使其光轴通过首尾两孔的测标,建立测量基准线(见图 13.6),然后移动各孔的测标到相应位置上,借助望远镜瞄准测标并测出各孔心的偏移量。

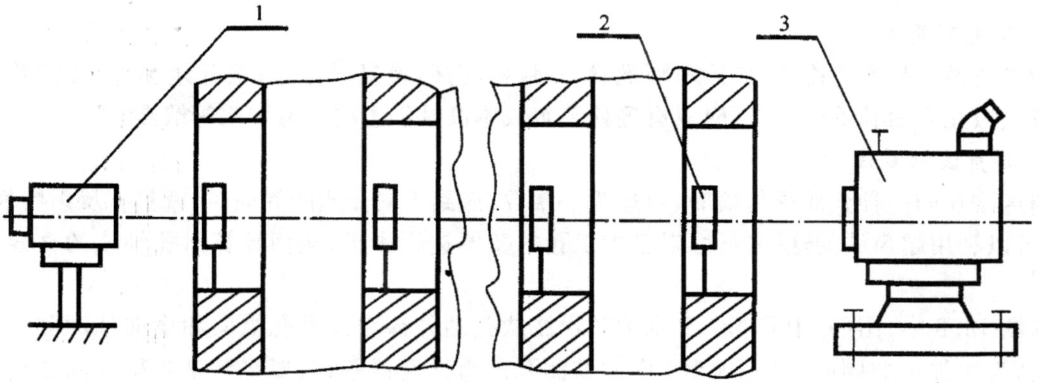

图 13.6 校正望远镜的测量

1— 照明装置;2— 测标;3— 校正望远镜

校正望远镜是利用一个轴向对称的双像棱镜,使通过双像棱镜的光束形成两个相互垂直的准直平面,此两平面的交线就是望远镜的光轴。平行光透过扇形测标进人仪器,通过双像棱镜即可获得两个轴向对称的双像。如果测标中心完全与光轴重合,双像会靠拢形成一个完全对称的图像,称之为"合缝"(见图 13.7(b)),如果测标中心与光轴稍有偏离.双像就会分开,图像中间出现一道黑线或明亮的白线(见图 13.7(a))。

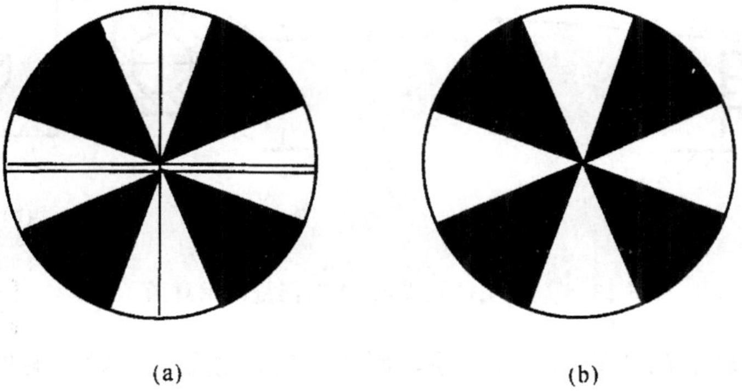

图 13.7 双像图的两种形式

调整测微器使平行平晶偏转,光线通过偏转的平行平晶产生偏移.使双像重新"合缝"。通过测微器的移动,测出测标中心对光轴基准平面的位移量。

(2) 校正望远镜测量的技术指标及优点：校正望远镜测量的技术指标：

测量距离　0 ~ 20 m

水平与垂直方向最大位移量　±1 mm

仪器分度值　1 μm

校正望远镜测量的优点：

1) 结构简单，操作方便，成本低廉，应用范围广，不受孔径限制；

2) 瞄准和读数精度高；

3) 由于各孔坐标及测量误差都是独立的，校正望远镜测量是对每个孔的测标瞄准读数，因而避免了累积误差。

4. *激光测量法*

激光测量法具有亮度强、检测清晰准确；测量精度高，重复误差小；检验效率高，维护费用低及氦氖激光寿命长等优点，同时具有测量装置成本高及动态测量有困难等缺点。

5. *超声波测量法*

超声波在同一种介质中传播时，声速为一常数，遇到不同介质的界面时，就具有反射特性。因此，可以利用超声波的这一特性，对已加工孔的壁厚进行测量，从而计算出孔轴线的直线度误差。

在图 13.8 中，图(a) 和图(b) 分别为超声波从孔的外部表面沿孔纵向和横向移动测量的示意图。为在加工的同时(动态测量) 实时监测孔的直线度误差，只要将测量头架与深孔机床的刀具进给系统联结起来，测头沿工件表面作横向(x 向) 及纵向(y 向) 运动，通过测量和记录值便可随时判定所加工孔的直线度误差。

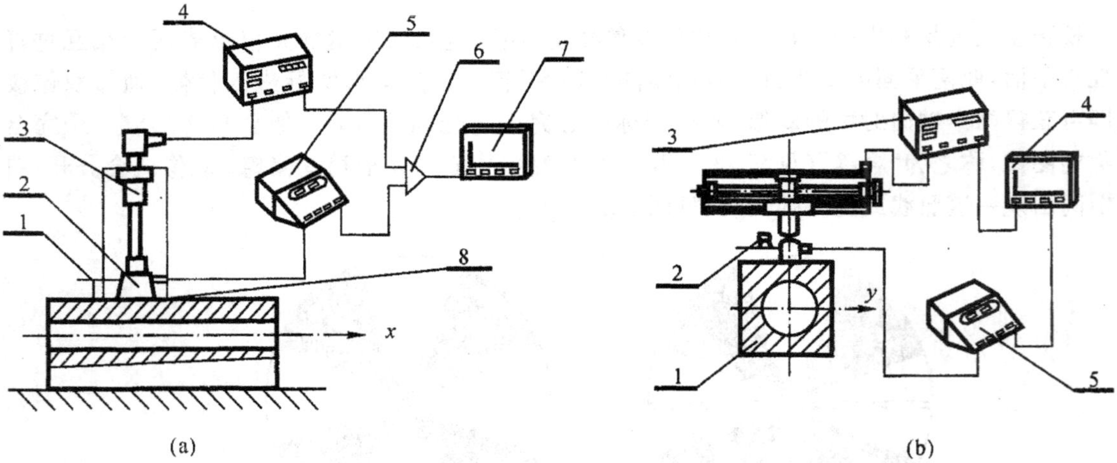

图 13.8　沿工件孔纵向、横向测量的示意图

首先测出初始孔轴心的位置(x_0, y_0)，移动测头测出任意截面孔轴心的位置(x_i, y_i)，即可按下式算出孔轴心的偏移距离 K 及偏移角 θ(见图 13.9)。

$$K = \sqrt{\Delta x^2 + \Delta y^2} = \sqrt{(x_i - x_0)^2 + (y_i - y)^2} \tag{13.2}$$

$$\theta = \arctan(\Delta y / \Delta x) \tag{13.3}$$

超声波测厚仪是利用超声波的反射特性，采用脉冲反射法进行厚度的测量。如果超声波在

被测材料中来回传播的时间为t，则厚度T是材料声速v与声波在材料中来回传播的时间t乘积的一半，即

$$T = vt/2 \tag{13.4}$$

不同的材料有着不同的声速值，测量时应将测厚仪的声速调节到所测材料对应的声速值，以保证测量的准确性。如表13.1所示为不同材料的声速值。

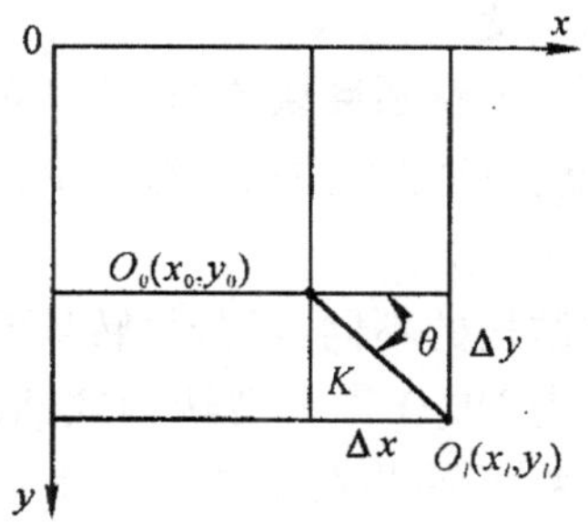

图 13.9　孔轴心的偏移量及偏移角

表 13.1　不同材料的声速值

材料	钢	铝	锌	锡	不锈钢	铜	黄铜	银	金	有机玻璃	玻璃	尼龙
声速/($m \cdot s^{-1}$)	5 900	6 400	4 210	3 320	5 790	4 700	4 640	3 600	3 240	2 720	5 440	2 620

一般超声波测厚仪的测量范围为1.2～220 mm(钢)，声速范围为100～9 999 m/s，示值误差为±(0.5～1)%T(T为工件壁厚)，显示分辨率为0.1 mm(精度较高的则为0.01 mm)。由于在深孔零件壁厚的测量中，主要是各点之间壁厚的比较测量，其同一尺寸在轴线方向上两点之间壁厚的差值很小，因此可以忽视示值误差，而测得的两点之间壁厚差就能比较准确地反映孔轴线的偏斜量。利用超声波测厚仪进行孔轴线的偏差测量，是一种操作简单、实用性强的测量方法，但其测量精度有限，主要与测厚仪显示值的分辨率有关。同时还要求零件的外圆应有较好的已加工面，以保证测量精度。

三、深孔圆度误差的检测

圆度误差是指在回转体同一横截面内，被测实际圆对其理想圆的变动量。圆度公差带为两个同心圆之间的区域。圆度误差用于限制深孔表面的径向截面轮廓的形状，如图13.10所示。

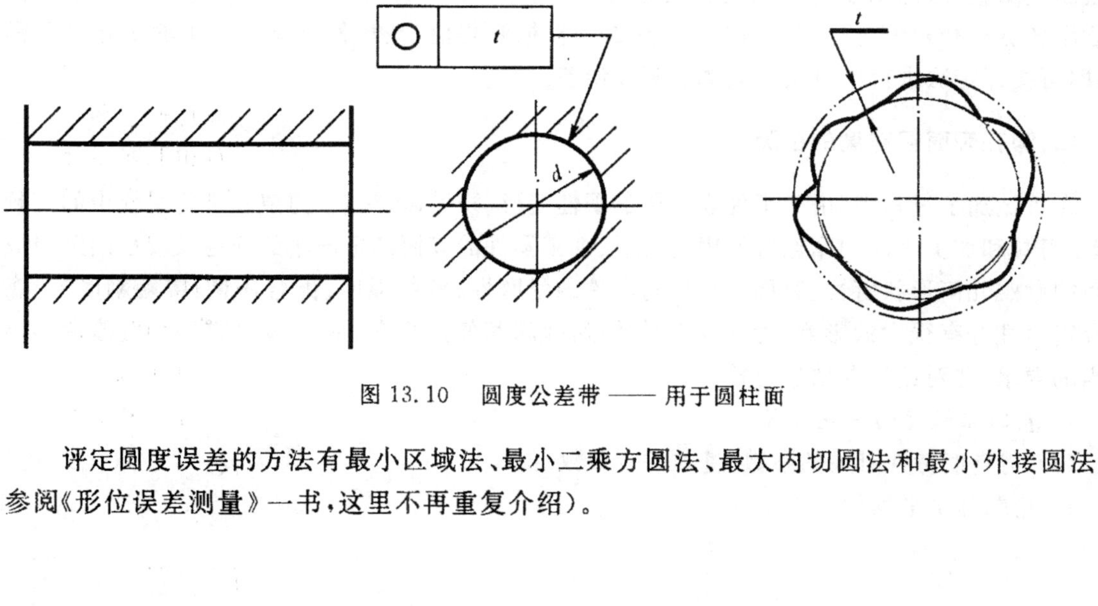

图 13.10　圆度公差带 —— 用于圆柱面

评定圆度误差的方法有最小区域法、最小二乘方圆法、最大内切圆法和最小外接圆法(可参阅《形位误差测量》一书，这里不再重复介绍)。

1. 圆度仪测量

在圆度仪上测量圆度误差，直接体现了在零件被测截面上各点的半径变化，是一种半径测量法。由于圆度仪所测零件孔深有一定的限制，所以长径比（L/d_0）较大的零件必须截断，分段测量圆度误差。

圆度仪按结构的不同，可分为转轴式与转台式两大类。

图 13.11 为 RQD—1 型转轴式圆度仪。测量时，先将零件装在工作台 2 上，调整工件内孔与测量主轴同轴，并使感应器 7 的测头与零件内孔表面始终接触，只要零件旋转一周，传感器测头在半径方向的位移量，即为零件在半径方向的圆度误差。将测头的位移转换成电信号，再经放大器将信号放大，然后推动记录笔产生相应的位移。记录器的圆盘上放有同心圆模板纸。模板纸、圆盘与测量主轴同步旋转，因此，记录笔在同心圆模板纸上就画出被测孔所测截面的轮廓图（见图 13.12）。

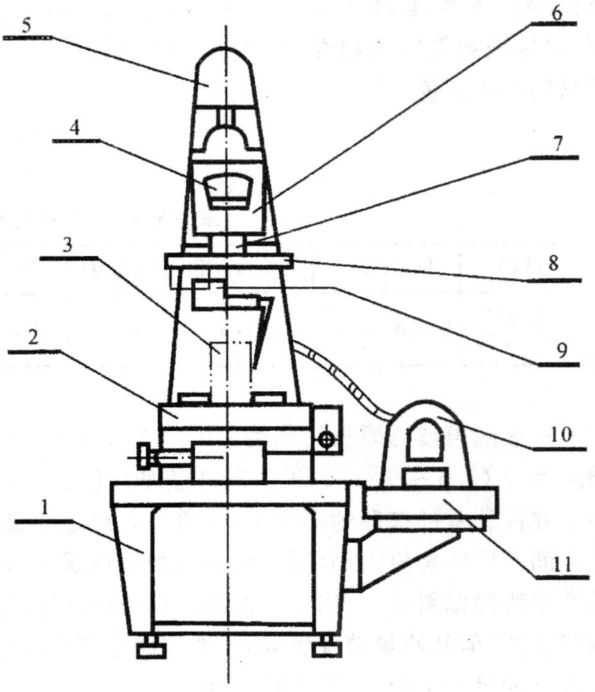

图 13.11 RQD—1 型圆度仪

1—底座；2—工作台；3—零件；4—表头；5—立柱；6—头架；7—主轴；8—导板；9—传感器；10—放大器；11—记录器

圆度仪测量圆度误差的工作原理是将被测实际要素（被测零件的实际轮廓）与理想要素相比较，把测头半径方向上的位移变化量按一定的放大倍率放大后记录下来，因而记录图形并不反映零件的实际尺寸。

2. 光学分度头测量

对圆度精度要求低的零件，可用光学分度头测量圆度误差。在被测零件的指定横截面上测量时，利用光学分度将圆度等分 n 个测量点，零件每过一个转角（$360°/n$），由测微计读出各测点相对 0° 位置测点的半径差 Δr_i，根据测得值，按比例绘制放大了的实际轮廓图像，即可按评定法求得被测实际轮廓的圆度误差。

四、深孔表面粗糙度的检测

在机械加工过程中，由于工件表面层的塑性变形、积屑瘤、鳞刺、刀痕及工艺系统中的高频振动、刀具和加工表面的摩擦等原因，会使被加工零件的表面产生微小的锋谷及较小间距组成表面的微观几何形状特性。表面粗糙度对零件的耐磨性、疲劳强度、配合质量、接触刚度、耐腐蚀及密封性等有很大的影响。为保证产品质量，提高其使用寿命，应对零件的表面粗糙度提出适当的要求，并对给定参数进行检测。

1. 表面粗糙度的评定参数

（1）与高度特性有关的参数（基本评定参数）：

1）轮廓算术平均偏差 R_a；

2）微观不平度十点高度 R_z；

3）轮廓最大高度 R_y。

（2）与间距特性有关的参数：

1）轮廓微观不平度的平均间距 S_m；

2）轮廓的单锋平均间距 S。

（3）与形状特性有关的参数：轮廓的支承长度率 t_p。

2. 深孔表面粗糙度的测量

（1）比较法：通过被测表面与粗糙度样板（标有高度参数值）相比较来确定表面粗糙度的一种测量方法。

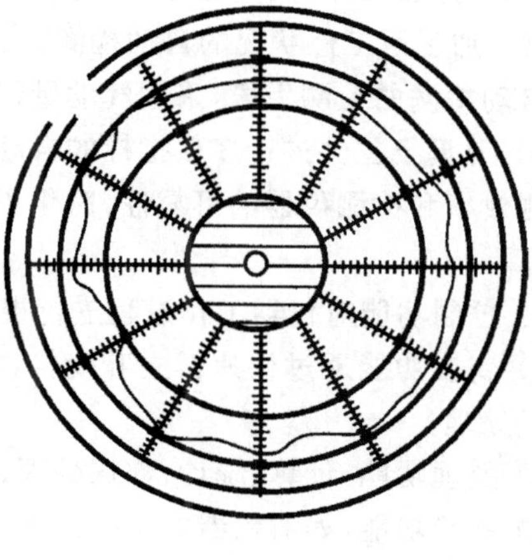

图 13.12　被测孔所测截面的轮廓

（2）针描法：利用仪器的金刚石测针与被测表面轻轻接触，传感器（连同测针一起）按一定速度作水平移动，测针的上、下运动量与电量变化量成正比，经放大和计算处理，即可把测针所描述过的轮廓状况用图形记录下来。

（3）光切法：利用“光切原理”研制的光切显微镜（又称双管显微镜）来测量 R_a，R_y，S_m 及 S 值，但不能测量粗糙度值较低的表面及不规则表面（如珩磨等）的 S_m 值。

（4）干涉法：利用“光学干涉原理”研制成的干涉显微镜来测量 R_z 及 S 值，不宜测量非规则表面（如珩磨）的 S_m 值。

（5）印模法：用川蜡、石蜡、赛璐珞和低熔合金等塑性材料将被测表面印模下来，然后对印模表面进行测量，一般采用非接触法测量。R_a 值为 50 ～ 25 μm 的表面，可在工具显微镜上测量；R_a 值为 12.5 ～ 0.4 μm 的表面，可在光切显微镜上测量；R_a 值为 0.2 ～ 0.1 μm 的表面，可在干涉显微镜上测量。

第二节　深孔加工自动检测及监控

一、深孔加工的自动检测

在现代机械加工中，自动检测是测量技术发展的一个重要方向，它具有显著的特点：

（1）检测效率高，它是提高检测效率的主要途径；

（2）易实现动态测量，它比静态测量更能确切地评定产品质量；

（3）是实现生产过程自动化的基础，是生产自动线的重要组成部分；

（4）测量信息的反馈和予馈，可使生产处于最佳过程，有效地提高产品质量和劳动生产率；

（5）改善检测人员工作条件，避免检测人员主观因素引起的测量误差。

从产品的制造过程来说，自动检测大概包括 5 个方面：

（1）加工前确认加工准备工作的自动检测；

（2）加工中工件状态的自动检测；

（3）加工条件的自动检测；

（4）为控制加工机械的自动检测；

（5）加工后工件状况的自动检测。

自动检测的检测手段，采用气动量仪、电动量仪、光栅、磁栅、感应同步器、激光及传感器来对机床、刀具及工件进行多项指标的自动检测及控制。计算机在检测领域内的应用，大大提高了检测效率和检测仪器的可靠性，简化了检测仪器的设计与制造，扩大了仪器的使用范围。其功能有：

1）控制功能对仪器工作过程进行控制或对检测系统进行群控；

2）变换功能通过快速傅立叶变换，把时间坐标的数据信息变换成频率坐标的数据信息，以便于处理；

3）处理功能，计算、统计、数据处理；

4）补偿功能，如对仪器的非线性进行补偿，以提高测量精度；

5）故障自动诊断功能。

随着科学技术的发展，新技术成就在深孔加工技术领域中亦得到了应用。NC深孔钻床的出现，先进的磁栅感应同步器测量技术的应用，提高了机床的位移精度，数显技术的应用提高了深孔机床安全报警的可靠性。深孔刀具进给速度、切削扭矩等自动检测的实现，使深孔加工机床实现自动控制成为可能。随着机械制造系统的FMS及CIMS的发展，深孔加工亦需要实现自动化。所以，深孔加工自动检测的研究是尚等待解决的难题。

二、深孔加工过程的监控

由于深孔加工是一种封闭式或半封闭状态下的加工，其加工过程很不稳定，存在着很多不利因素，影响着加工过程。因此，对深孔加工过程应该进行一定的实时监测，识别加工过程的异常状态，及时改变切削用量或采取其他措施（如换刀），以排除故障。必要时应予以显示警报，以避免事故的发生。

深孔加工的监控方法，从监测内容及手段上可分为以下几种：

（1）外观监测法：主要有：

1）观察机床主电机电流表的异常变化，以确定刀具的磨损或破损；

2）观察、比较切屑形状的变化，确定刀具切削状态是否正常。如刀具磨损后，断屑效果变差，会出现挤压状切屑；

3）观察钻杆的振动情况，通过使用百分表监测钻杆的径向振动量的大小，以确定刀具的磨损以及孔内是否出现螺旋沟。这些方法一般主要依靠操作者的经验来判断刀具的磨损或破损情况，相对来讲，具有一定的局限性及不确定性。

（2）切削力监测法：利用传感器、测力装置以及测量仪器，实时监控切削力（轴向力及扭矩）的变化，分析处理数据，提出钻头磨损的依据。

在钻削过程中产生的钻削抗力主要表现为钻削扭矩和轴向力。在普通车削或铣削时，都可采用通用三向测力仪直接测量出相对应的三个切削力分量。而对于深孔钻削，由于存在着导向块上的正压力和摩擦力，构成了刀具、导向块和工件的封闭力系，切削力分量的直接测量是很困难的，所以一般是测量总的轴向力和扭矩。其中总的轴向力包括切削力、切削液压力以及摩擦力；扭矩包括切削扭矩、导向块处摩擦力、导向套及中心架处摩擦力产生的摩擦力矩。

如图13.13所示为一深孔加工切削力检测装置[33]，主要适用于工件回转而刀具进给的深孔钻削系统。该装置为一薄壁半圆筒形结构，与钻杆座相连接，并紧贴在钻杆上，前端有一拔销与夹紧在钻杆上的拔叉相接触。当钻杆受到轴向力及扭矩作用时，所产生的微小变形(轴向及切向)会传递给薄壁半圆柱。而在薄壁圆柱内表面上粘贴有 8 组电阻应变片，将薄壁半圆柱的微小变形(轴向及剪切方向)转换成电量，并通过测量系统及标定系数转化成实测的轴向力及扭矩值。检测系统根据某一切削用量下正常钻削时的切削力值，判断钻削时钻头的磨损情况，监测系统如图 13.14 所示。

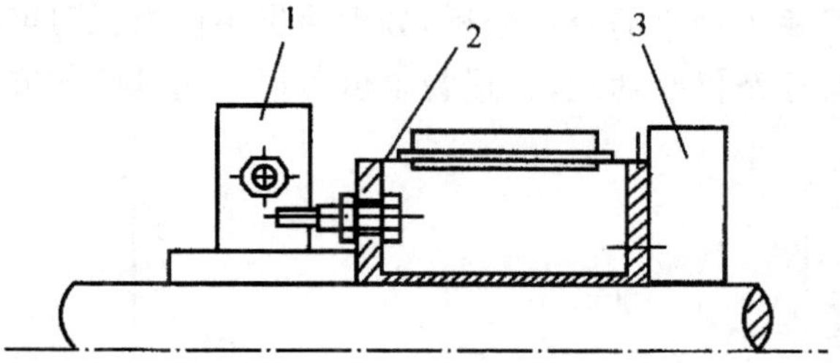

图 13.13 深孔加工切削力检测装置

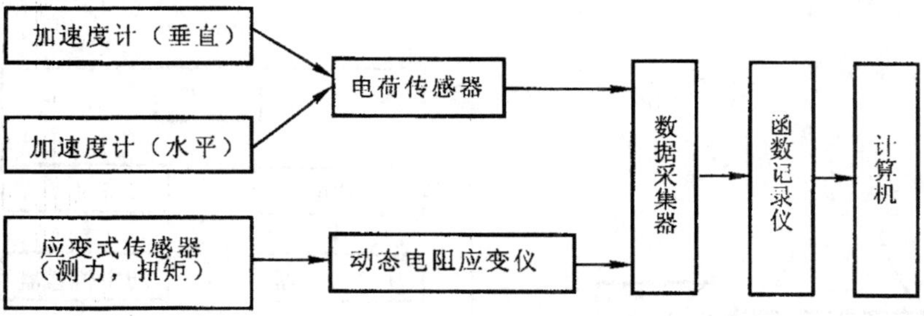

图 13.14 切削力监测系统

由于刀具的磨损过程分为 3 个阶段，即初期磨损、正常磨损及急剧磨损。在不同磨损阶段，切削力的变化规律也不相同，如图 13.15 所示。监测的目的就是要检测出刀具的磨损，也即在刀具出现较大磨损或破损时，及时停车报警以更换刀具。这也就相当于给所测的切削力设定一个“门槛”，切削力到达“门槛”值时就要对刀具进行检查，以达到控制切削过程的目的。监测“门槛”的设定，要考虑不同的切削用量、工件材料以及钻头直径等因素的影响，可采用试验的方法找出各种条件下刀具磨损和切削力变化的规律，从而对每种切削条件下人工输入“门槛”值。监测时，系统对所测得的信号进行比较，从而判断出是否正常切削，刀具是否磨损或破损，并根据此判断发出相应的控制和报警信号。

在线监测切削力的检测方法也可采用测力轴承(安装在主轴上)装置来实现，如图 13.16 所示，当切削力作用在轴承上时，该力通过轴承作用到外套上，通过在外套上设计特殊结构的变形元件，并在其上粘贴电阻应变片构成电桥，就可组成切削力测量装置。这种测力轴承即要有足够的灵敏度(做为测力元件)又必须满足主轴支承的刚度和强度要求，这是两个相互矛盾的方面。因此，如何解决好这一对矛盾是应用这种测力装置的首要问题。

(3) 机床电机功率监控方法：其监控原理为：加工过程中当切削力变化时，引起电机输出功率的变化，由检测系统完成对信号的检测与处理。图 13.17 为一种深孔加工功率传感的监测系统示意图，它主要由功率传感器和监控仪两部分组成。其监测系统总框图如图 13.18 所示，监控过程为：当电机功率变化时，由传感器提取信号后，经监控仪系统预处理、A/D 模数转换，输出各种显示信号或报警及控制机床停车。

该系统在对功率信号进行特征分析时，主要是依据刀具加工过程中产生的磨损、破损时电机输出功率的变化分析，分别给出不同情况时电机功率控制报警限值，由监控软件完成系统的监控及报警功能，其报警限值可以采用试验的方法对不同切削条件的情况进行相应的确定。

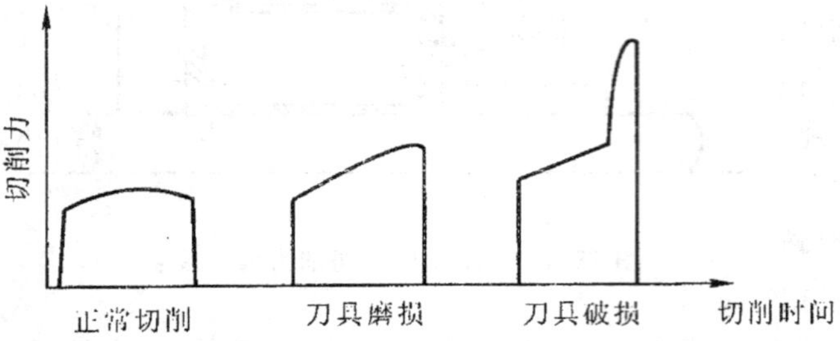

图 13.15 刀具磨损过程

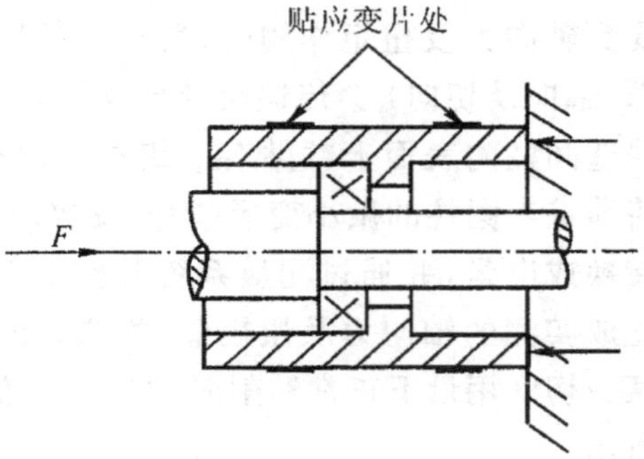

图 13.16 测力轴承装置

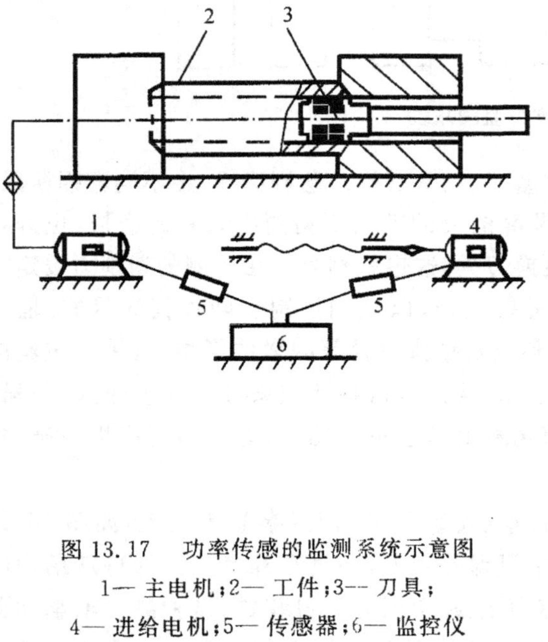

图 13.17 功率传感的监测系统示意图
1— 主电机；2— 工件；3— 刀具；
4— 进给电机；5— 传感器；6— 监控仪

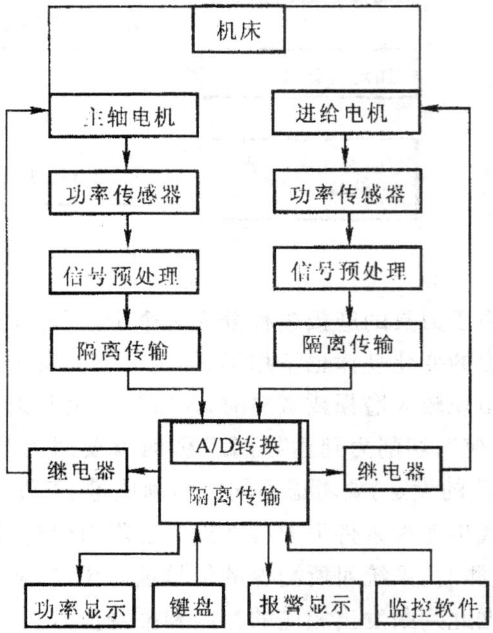

图 13.18 监控系统总框图

第十四章　深孔加工技术的研究动态

第一节　深孔加工技术的研究方向

一、深孔加工方法及机理研究

为适应种类愈来愈多，加工难度愈来愈高的新型工程材料的深孔加工，深孔加工方法已由传统的切削加工方法发展到非传统的切削加工方法，前者是以机械力学为基础的单刃或多刃刀具的切削加工方法，后者是以附加能量（如热切削、低温切削、磁化切削和振动切削）、附加介质切削（如添加气体切削或涂复固体润滑剂切削）、高速切削、电解切削以及高能束与射流切削技术等。

目前，研究最多的、应用最广的还是传统的切削方法。因此，国内外的研究人员对此切削方法的机理、基本理论进行了大量的研究，本章不再介绍。非传统切削方法是近几年发展起来的一种新的切削方法，它可以改善切屑形态的形成、切削力、刀具耐用度及已加工表面质量等，其研究主要方面为：

(1) 振动钻削技术：振动钻削改变了刀具与工件的运动关系和相互作用的条件，改善了材料的可加工性，提高了刀具的切削性能，通过控制振动工艺参数，达到控制切屑的大小及形状，解决了小直径深孔钻削中的断屑和排屑问题。

(2) 加热辅助切削：加热辅助切削是把工件的整体或局部加热到一定温度后再进行切削加工的一种新的加工技术。其目的是通过加热来软化工件材料，使工件材料的硬度、强度等性能有所下降，易于产生塑性变形，减小切削力，提高刀具耐用度和生产率，抑制积屑的产生，改变切屑形态，减小振动，减小表面粗糙度值。

(3) 低温切削：低温切削是指采用低温液体（如液氮（－186℃）、液体 CO_2（－76℃）等）及其他冷却方法，在切削过程中冷却刀具或工件，从而降低切削区温度，改变工件材料的物理力学性能，以保证切削过程的顺利进行。这种切削方法可有效减小刀具磨损，提高刀具耐用度，提高加工精度、表面质量和生产率。特别适合一些难加工材料，如钛合金、低合金钢、低碳钢和一些塑性与韧性特别大的材料等。

(4) 磁化切削：磁化切削亦称带磁切削，即使刀具和工件或两者同时在磁化条件下进行切削加工的方法，既可将磁化线圈绕于工件或刀具上，在切削过程中给线圈通电使其磁化，也可直接使用经过磁化处理过的刀具进行切削。实践证明，用磁化处理过的刀具进行切削，方法简单，使用方便，无须昂贵的设备投资和机床改造，它在难加工材料切削加工中，是提高刀具耐用度和生产率，保证加工质量的有效方法之一。

(5) 电解加工：电解加工属电化学加工方法，它是利用金属在电解液中产生阳极溶解的原理来去除工件上多余材料的一种加工方法。在深孔加工技术研究领域主要用于难加工材料的电解钻孔和深孔电解抛光。

(6) 电火花加工：电火花加工又称为电腐蚀加工，它是在一定的介质中，通过工具和工件(正、负电极)之间脉冲性火花放电时的电腐蚀现象来蚀除多余的金属，以达到对零件尺寸形状及表面质量的预定要求。由于电火花加工具有传统切削方法无法比拟的优点，在深孔加工领域也得到广泛应用。如电火花钻微小深孔、电火花磨削微小深孔等。

(7) 超声波加工：超声波加工是利用工具产生超声振动，从而改变工具和工件的运动关系和相互作用条件，提高切削工具的切削能力。例如，在珩磨过程中对珩磨头施加频率为1 600 Hz以上的超声波，使油石产生纵向或扭转振动，从而达到减小磨削力，降低磨削温度，提高加工精度，降低表面粗糙度值的目的；在深孔滚压时，对工件径向或进给方向施加一个超声波振动，从而达到减小摩擦系数，提高耐磨性，使工件表层塑性变形容易，变形抗力减小，进一步细化和纤维化已加工表面。

(8) 高能束加工：高能束一般是指激光束、电子束和离子束，高能束加工是近几年发展起来的先进加工方法，它具有传统加工方法无法代替的优点。因而，在深孔加工领域内也得到广泛应用，主要用于超硬材料的激光加工微小深孔，已取得了较好的效果。电子束加工微小深孔也得到了应用，如，利用电子束可加工深5 mm，直径为0.4 mm，长径比大于10的微小深孔。

二、深孔加工刀具结构的研究

随着加工要求及加工材料的发展，深孔加工刀具的结构在深孔加工技术领域起着越来越重要的作用，深孔加工刀具结构的研究主要表现为：

1. 深孔钻削刀具结构的研究

深孔钻削刀具结构的研究主要有三个方面：

(1) 焊接式深孔刀具：焊接式刀具具有成本低，结构简单等优点。目前，在深孔钻削方面仍起主导作用，焊接刀具结构的研究主要表现为刀具切削部分几何参数的优化研究，以适应不同材料在不同切削条件下达到最佳切削的目的。

(2) 机械夹固式深孔刀具：机械夹固式深孔刀具克服了焊接式深孔刀具在制造过程中所带来的一系列缺陷，因而在深孔钻削领域的应用越来越多，具有代表性的如：瑞典山特维克公司的T－MAX系列深孔刀具，该系列深孔刀具有机夹可转位深孔钻、套料钻、深孔镗刀和深孔铰刀。近几年来，我国在该方面的研究也取得了一定的进展，尤其是在机夹深孔镗刀和深孔铰刀的研究和应用方面。

(3) 深孔麻花钻的研究：西安石油大学研制的四刃带深孔麻花钻和不对称容屑槽深孔麻花钻，它们的容屑空间都比较大，切屑能自动排出，可以大大减少退刀次数，导向良好，钻削稳定；日本三菱金属矿业株式会社的D_2型扁钻可加工4.5倍钻头直径的深孔，加工效率是高速钢钻头的3～5倍，其刀片材料是短而厚的整体硬质合金；江西量具刃具厂生产的抛物线型深孔麻花钻，该钻头的刚性较好，能解决一定长径比的深孔钻削问题。

2. 深孔精加工刀具结构的研究

深孔精加工刀具主要指的是精密深孔钻头、精密深孔镗刀、深孔铰刀、深孔珩磨头和深孔滚压头结构的研究，具有代表性的有多尖齿深孔钻、减振镗刀、减振铰刀及新型强力珩磨头和高效复合滚压工具。其中，高效复合滚压工具分为：粗镗 — 浮镗滚压复合，推镗 — 滚压复合几种。如图 14.1 所示为一种高效复合镗滚工具，主要由镗刀 2、滚柱 5、滚道体 8、止推轴承 12、心轴 14 等主要零件组成。它的前端是精密镗刀，通过顶刀螺钉 1 调节，其主偏角为 75° 左右；在前后滚柱保持架 4，7 小孔中各装一排滚柱（前排滚柱数量比后排多 1 只），滚柱支承在滚道体上，承受径向滚压力，轴向滚压力通过支承销 9 作用于止推轴承上。滚柱、滚道体、支承销均采用 GCr15 制造，其硬度为 HRC63－66。切屑的清除主要靠低压、大流量切削液冲走。此工具的生产率高，加工质量好，表面粗糙度 R_a 可达 0.4 μm。

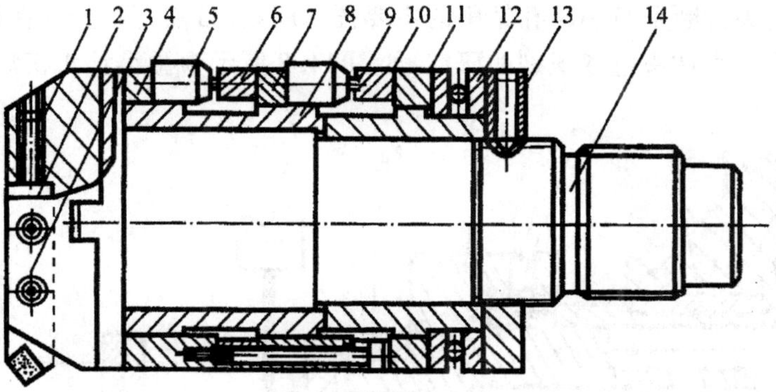

图 14.1 高效复合镗滚压工具结构示意简图

1— 顶刀螺钉；2— 镗刀；3— 压刀螺钉；4— 前滚柱保持架；5— 滚柱；6— 前挡盘；7— 后滚柱保持架；8— 滚道体；9— 支承销；10— 后挡盘；11— 半圆卡环；12— 止推轴承；13— 挡圈；14— 心轴

三、深孔钻削过程中的动态监测研究

深孔钻削加工是在封闭条件下进行切削加工，存在很多不利因素。通常会导致钻头损坏、工件报废等后果。为降低废品率，保证深孔钻削过程稳定，因而深孔钻削过程中的动态监测研究也是深孔加工技术领域内的一项重要课题。目前，国内、外深孔钻削过程中的动态监测技术主要表现在以下几个方面：

1. 深孔钻头破损和磨损机理的研究

深孔钻头破损和磨损机理的研究主要集中于难加工材料的深孔钻削。大量试验研究表明，深孔钻的磨损和破损形式为导向块粘结磨损、扩散磨损、机械磨损、崩块、裂纹等，刀片表现为崩刃和剥离以及轻微的机械磨损。

2. 深孔钻削过程中轴心线偏移的检测

在深孔钻削加工中，常常由于轴心线偏移过大而造成工件报废，深孔钻削过程中轴心线偏移检测的研究方法有：

(1) 超声波测壁厚法：利用超声波测厚仪来检测工件的壁厚差，该方法简单可靠，但须停机检测。

(2) 传感器法：将测力仪传感器固定在钻杆上，通过检测钻杆弯矩的变化来测量轴心线偏离量的大小。

3. 深孔钻削刀具状态监测研究

利用计算机技术，实时检测切削过程中的状态和有关信息，并实时进行信号处理，识别出加工过程中的异常状态，及时采取有效工艺措施加以排除，必要时予以显示报警，以避免发生事故，从而保证正常钻削的进行。

国内、外学者在深孔钻削刀具状态监测方面进行很多研究和探讨，先后研究出了用切削力、电机功率、声发射、振动加速度等信号作为测量参量，在线监测钻头磨损、折断等方法和系统。

4. 微小深孔钻削中的钻头保护研究

微小深孔钻削的排屑是一大难题。钻削过程中排屑不畅就会造成阻力矩急剧增大而导致钻头折断，防止钻头折断是微小深孔钻削的主要技术问题。目前，国内、外在该方面的研究越来越多，具有代表性的为钻头过载识别的研究，如图 14.2 所示为微小钻头扭矩过载识别装置。

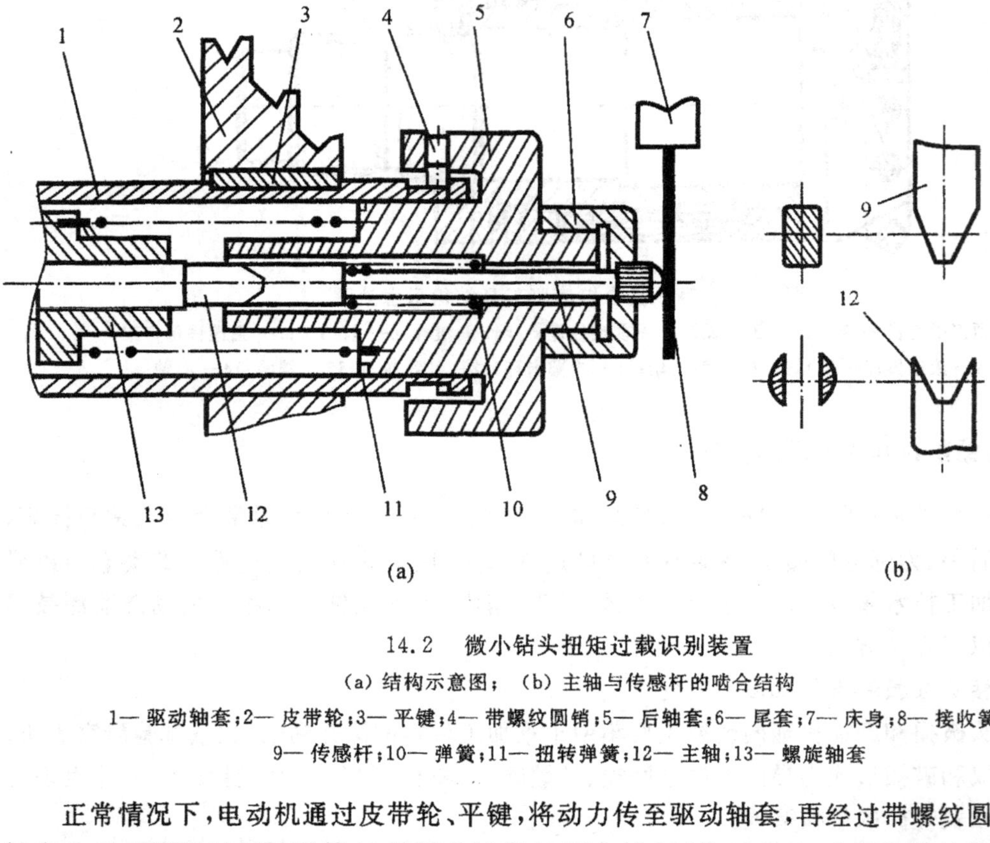

14.2　微小钻头扭矩过载识别装置

(a) 结构示意图；(b) 主轴与传感杆的啮合结构

1— 驱动轴套；2— 皮带轮；3— 平键；4— 带螺纹圆销；5— 后轴套；6— 尾套；7— 床身；8— 接收簧片；9— 传感杆；10— 弹簧；11— 扭转弹簧；12— 主轴；13— 螺旋轴套

正常情况下，电动机通过皮带轮、平键，将动力传至驱动轴套，再经过带螺纹圆销 4 传至后轴套 5，然后再通过扭转弹簧 11 转至前轴套 13 至主轴 12(件 12 与 13 之间为螺纹连接)，驱动钻头钻削加工，传感杆 9 与主轴 12 紧密啮合，同步旋转。

当钻削阻力超过预先设定的扭矩值时，由于阻力增大，钻头主轴的转速不能与后轴套的转速同步，而传感杆 9 通过尾端花键连接是与后轴套、尾套同步旋转的。主轴 12 便与传感杆之间产生打滑，由于啮合面是直斜面，钻头主轴不能轴向移动，传感杆 9 则后退，其尾部则触碰到信号接收簧片 8，簧片 8 在接收到信号后立即通过机床电气控制线路，将信号传至电磁离合器制动器及进给电机，驱动主轴拖板立即后退，避免了钻头的折断。钻头后退的同时也带出了孔中的切屑。

第二节 特种精密深孔加工工艺

在精密深孔加工工艺中，除传统的精密加工工艺以外，还形成了各种特种精密深孔加工工艺，具有代表性的有深孔电解抛光加工工艺、深孔挤压珩磨工艺、深孔强力珩磨工艺、超声波深孔珩磨工艺、深孔电解加工工艺、深孔振动滚压工艺等。

一、深孔电解抛光加工工艺

电解抛光是利用金属在电解液中的电化学阳极溶解对工件表面进行腐蚀抛光，它只是一种表面光整加工方法，用于改善工件的表面粗糙度和表面物理力学性能，而不用于对工件进行形状和尺寸加工。它和电解加工的主要区别是工件和工具之间的加工间隙大，这样有利于表面的均匀溶解，电流密度也比较小。电解液一般不流动，必要时加以搅拌即可。因此，电解抛光所需的设备比较简单，包括直流电源、各种清洗槽和电解抛光槽，不象电解加工那样需要昂贵的机床和电解液循环、过滤系统，抛光用的阴极结构也比较简单。

电解抛光的效率要比机械抛光高，而且抛光后的表面除了常常生成致密牢固的氧化膜等膜层外（这层组织致密的膜往往会提高表面的耐腐蚀性能），不会产生加工变质层，也不会造成新的表面残余应力，且不受被加工材料（如不锈钢、淬火钢、耐热钢等）硬度和强度的限制。

电解抛光有多种理论，其中最重要的是黏膜理论和氧化膜理论，也有人认为是粘膜理论和氧化膜理论共同起作用。

二、深孔挤压珩磨工艺

挤压珩磨工艺又称为磨料流加工技术，是利用半固态的研磨料，在限制通道范围内，在挤压力作用下，使磨料在被加工表面进行往复运动，对内孔表面进行研磨、抛光，清除表面硬化层，降低表面粗糙度的一种深孔表面光整加工技术。

深孔挤压珩磨具有以下工艺特点：

(1) 适应性强，覆盖面宽：磨料在液压活塞推力作用下，充满加工面和通道，对铝、钢、铜、硬质合金、陶瓷等材料，通孔、盲孔、交叉孔、台阶孔都能适用；

(2) 功能多：磨料流加工优于其他加工方法，它可以同时完成两种以上功能的加工，如倒圆、去毛刺、消除机械加工残余应力，清除电火花加工硬化层，降低表面粗糙数值；

(3) 表面质量好：采用挤压珩磨加工深孔零件，加工后的内孔尺寸精度高，表面质量好，表面粗糙度可提高 2 ～ 3 级；

(4) 生产率高，经济效益好：因挤压珩磨加工时间短，磨料可重复使用，费用低。

三、深孔强力珩磨工艺

强力珩磨工艺是国际上近年来才发展起来的一种高效率、高精度工艺。所谓强力珩磨就是其磨削工件时压力大，比普通珩磨大 5 ～ 7 倍；加工余量大，比普通珩磨大 10 ～ 20 倍；磨削效率高，比普通珩磨高 20 ～ 30 倍；加工质量好，尺寸精度可达 IT5 ～ 6，表面粗糙度 R_a 可达 0.2 μm。采用强力珩磨工艺可省去粗镗、浮镗、精镗等工序，是磨削、精整和修光三位一体的精密加工工艺。

强力珩磨工艺具有许多普通珩磨工艺所无法比拟的优点：

(1) 强力珩磨的工作压力一般为 3 MPa 左右，最大工作压力可达 6 MPa，而普通珩磨的工作压力仅为 0.5 MPa，最大工作压力也只能达到 1 MPa。

(2) 普通珩磨加工，珩磨余量一般不超过 0.05 mm；强力珩磨时，由于油石对被加工工件表面工作压力大，因此，不仅可以用于小余量切除的精加工。对于超长孔最大珩磨余量可达 3 mm 以上，强力珩磨时的余量一般为 0.3 ～ 0.8 mm，从而使半精加工和最终精加工合为一体，因此强力珩磨的加工效率大大高于普通珩磨。

(3) 普通珩磨因仅能进行微余量切削，其校正工件的精度能力差，而强力珩磨切削能力强，可以进行大余量切削，直接取代镗削加工，有极强的改善原始精度的能力，对工件预加工精度要求不苛刻，可对精轧或精拔钢管直接进行强力珩磨。

强力珩磨工艺以其压力大、切除量大、磨削效率高等优点，广泛应用于油缸、柱塞的加工，例如，石油采油用整筒抽油泵泵筒的加工，整筒抽油泵泵筒一般为 4.5 ～ 7.5 m 长的精轧或精拔管，其内孔与柱塞要求配合间隙仅为 0.025 ～ 0.188 mm，泵筒内径极限偏差仅为 0 ～ 0.05 mm，而且要求泵筒与柱塞配合后必须推拉轻松自如，因而泵筒的内孔加工精度必须很高，采用其他磨削方法不仅效率低而且保证不了内孔的尺寸精度和几何精度，采用深孔强力珩磨工艺是最为有效的方法。该工艺是靠珩磨头边绕轴线旋转，边轴向进给与径向扩张进给来加工固定在床身上或绕轴线旋转的泵筒的，它加工出来的泵筒尺寸精度为 *IT*5 级，直线度在 0.01 mm/m 以内，孔表面粗糙度可控制在 $R_a \leqslant 0.4\ \mu m$ 的范围内，生产效率也较高。

四、深孔超声振动珩磨工艺

随着科学技术和工业生产的发展，在机械制造、电子、兵器、车辆制造、船舶工业及矿山机械中，广泛使用高强度钢如 P 钢、硅锰钢等难加工材料，这些材料强度高、韧性大，刀具易磨损。超声振动珩磨是在普通珩磨的基础上，使油石附加了超声频的机械振动，可以降低珩磨力，避免油石的堵塞，提高加工质量，并且以人造金钢石或立方氮化硼油石取代传统的碳化硅油石，在珩磨效率、珩磨质量上都获得了较好的效果。因此，超声振动珩磨是解决高度钢精密深孔加工的有效方法之一。

超声振动珩磨是功率超声应用的新发展，超声珩磨系统(见图 14.3) 包括超声波发生器、频率计、超声珩磨装置 3 大部分。超声珩磨装置由声振系统(换能器、变幅杆、工具声振系统)、珩磨头部、涨芯部、动力传递部、碳刷、浮动连接部、机壳部组成，其工作原理是超声波发生器将 50 Hz 的交流电转化为超声频的电振荡，换能器将超声频的电振荡转化为超声频的机械振动。由于该机械振动的振幅较小，仅有 4 μm 左右，故不能直接用于机械加工，而要通过变幅杆将该振幅放大，并将振动传给声振子系统，声振子系统带动其上的油石产生纵向振动，在普通珩磨装置基础上实现附加了超声频的超声振动珩磨。

超声振动珩磨与普通珩磨相比在工艺上具有以下特点：

(1) 加工效率高，尤其是对难加工材料、超硬材料等加工材料的去除率比普通珩磨高 2 ～ 4 倍，是一种高效的深孔精密加工方法；

(2) 表面质量好，超声珩磨比普通珩磨不仅具有较低的表面粗糙度，而且表面微观几何缺陷少，表面粗糙度 R_a 一般可达 0.8 ～ 1.6 μm；

(3) 珩磨力小，珩磨温度低；

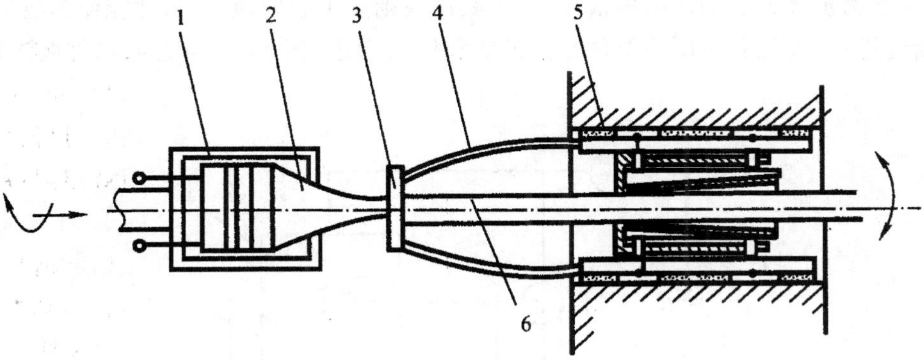

图 14.3 超声珩磨系统简图

1— 换能器;2— 变幅杆;3— 振动圆盘;4— 挠性杆;5— 油石;6— 圆杆

(4) 应用范围较小,超声珩磨由于受声振系统结构的限制,最适宜的珩磨孔径范围是 ϕ(40 ～150) mm。

(5) 油石磨粒的可选择性强,既可使用一般油石,又可使用超硬磨粒油石,突破了"人造金刚石不能珩磨钢"的界限,拓宽了人造金刚石的应用范围。

由于以上特点,深孔超声珩磨工艺近年来在生产中的应用越来越多,尤其是在高强度钢、难加工材料及超硬材料的精密深孔加工中。如图 14.4 所示为高强度钢精密深孔加工用强力超声珩磨头示意图,采用电子管超声波发生器,输出电功率大于等于 1 000 W,工件频率为 18 ～22 kHz,使用的单窗口镍片磁致伸缩换能器的功率为 1 000 W,采用小端带有圆柱杆的复合圆锥形变幅杆,谐振频率 $f=18.645$ kHz,油石振幅 $A=10$ μm,工件转速 $n=40$ r/min,往复运动速度 $v=12$ m/min。珩磨孔径 ϕ121 mm,孔深为 1 582 mm,珩后表面粗糙度 R_a 为 0.8 μm,圆度误差为 0.002 mm,加工效率为 0.005 mm/min

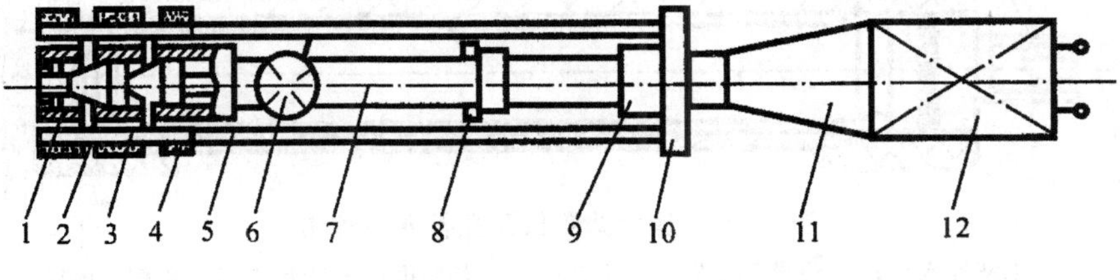

图 14.4 卧式深孔强力超声珩磨头示意图

1— 珩磨头体;2— 弹簧;3— 油石座;4— 油石;5— 挠性杆;6— 浮动机构;7— 珩磨杆

8— 油石涨开机构;9— 声绝缘杆;10— 弯曲振动圆盘;11— 变幅杆;12— 换能器

五、深孔电解加工工艺

电解加工是利用金属在电解液中产生阳极溶解的原理来去除工件上多余材料的一种加工方法,图 14.5 为电解加工过程的示意图。

加工时,在工件和工具电极之间接直流电源,工件接正极(阳极),工具接负极(阴极)。两极之间保持较小的间隙(通常为 0.02 ～ 0.7 mm),利用电解液泵在间隙中间通以高速(5 ～50 m/s) 流动的电解液,在工件和工具之间施加一定的电压,工件表面的金属就会不断地溶解，溶解的产物被高速流动的电解液带走，工具阴极则要不断匀速进给，才能使阳极溶解，过程能够不断地进行，直至获得所需要的零件形状和尺寸为止。图 14.6 为固定式阴极深孔扩孔原理图。

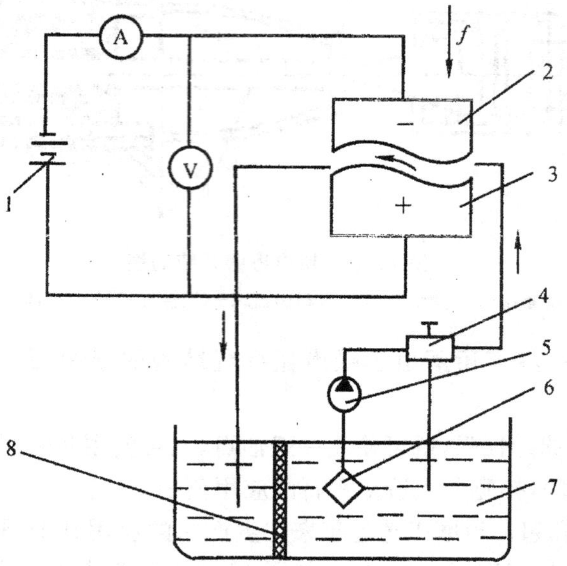

图 14.5 电解加工过程示意图

1— 直流电源；2— 工具阴极；3— 工件阳极；4— 调压阀；5— 电解液泵；6— 过滤器；7— 电解液；8— 过滤网

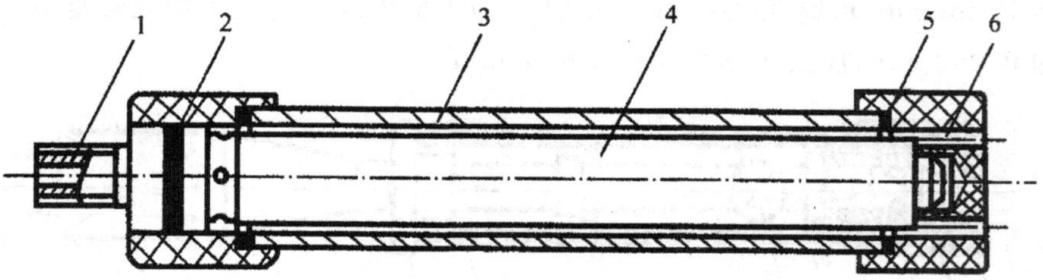

图 14.6 固定式阴极深孔扩孔原理图

1— 电解液入口；2— 绝缘定位套；3— 工件；4— 工具阴极；5— 密封垫；6— 电解液出口

电解加工与其他加工方法相比较，具有以下工艺特点：

(1) 加工范围广，不受金属材料本身力学性能的限制，可以加工硬质合金、淬火钢、不锈钢、耐热合金等高硬度、高强度及韧性金属材料；

(2) 电解加工的生产率高，约为火花加工的 5 ～ 10 倍，在某些情况下，比切削加工的生产率还高，且加工生产率不直接受加工精度和表面粗糙度的限制；

(3) 可以达到较好的表面粗糙度，R_a 为 1.25 ～ 0.2 μm；

(4) 由于加工过程中不存在机械切削力，所以不会产生由切削力所引起的残余应力和变形；

(5) 加工过程中阴极工具在理论上不会耗损，可长期使用。

六、深孔振动滚压工艺

1. 深孔振动滚压工艺原理

深孔振动滚压工艺是近几年在普通滚压工艺的基础上发展起来的一种新工艺。与普通滚压的根本区别是在滚压过程中，通过振动装置使滚压工具与工件之间产生可控的相对运动，从而改变滚压工具和被加工零件材料间的塑性变形条件，形成一种本质新颖的滚压加工方法。

深孔振动滚压按其振动频率的大小通常可分为：低频振动滚压和高频振动滚压。与普通深孔滚压工艺相比，深孔振动滚压工艺有以下工艺特点：

(1) 振动滚压工艺具有自润滑性而使外摩擦系数减小，耐磨性提高；

(2) 振能使工件表面层塑性变形容易，变形抗力减少；

(3) 振能使变形层位错长度减少，表层局部容积的位错密度增加，从而使工件表层硬度增加，残余压应力增加，但振动过大又易使工件软化，故有一个最佳值；

(4) 径向静压力可大大减少，最适宜滚压加工细长孔和薄壁件；

(5) 进一步细化和纤维化已加工表面，提高抗弯强度；

(6) 表面质量好，经振动滚压工艺可使工件表面粗糙度 R_a 由 3.2 ～ 6.3 μm 降至 0.4 ～ 0.8 μm，表面层显微硬度、残余应力均比普通滚压效果好得多。

第三节 微小深孔加工技术

微小深孔通常是指直径小于 2 mm 的深孔，随着航空、电子、仪器仪表、精密机械、自动控制及医疗器械等科学技术和工业生产的发展，微小深孔的应用日趋广泛。在现代工业产品不断向轻、薄、短、小方向发展的过程中，其组成零件也越来越趋于小型化和精密化，对微小深孔加工精度要求也越来越高，对微小深孔加工技术提出了更高的要求。

一、超声波振动钻削微小深孔

超声波振动钻削微小深孔是振动钻削的一个分支，由于加工的功率小，加工尺寸小，一般采用微型麻花钻和超声波振动装置，如图 14.7 所示，为超声波振动钻削微小深孔加工示意图。

超声波振动钻削微小深孔时，主要切削参数有切削速度、进给量、振动频率和振幅。一般转速 n 为 3 500 ～ 1 600 r/min，f 为 0.001 ～ 0.005 mm/r，振动频率为 40 kHz，振幅 A 为 2 ～ 15 μm。

二、微小深孔珩磨技术

现代机械零件中经常会出现一些直径小于 1 mm 的精密微小深孔，这类微小深孔的特点是表面粗糙度要求很高，加工余量很小，可采用珩磨工艺来实现。

微小深孔珩磨如图 14.8 所示。由弹性心杆（例如淬硬的钢丝）和磨头组成。珩磨头的直径稍小于被加工孔的直径，珩磨头是用粘结剂将磨料粘结起来而成的。心杆 1 由淬硬的弹性钢丝制成安装在机床的夹头 2 中，夹头 2 由机床主轴 3 带动作旋转运动，同时工件 5 作轴向往复运动。珩磨头 4 装在心杆 1 上，在孔和珩磨头 4 之间形成间隙，以便在加工过程中进行有效的冷却润滑。

微小深孔珩磨的珩磨压力和径向进给是由心杆的离心力来产生的，将心杆做成非对称的形状，珩磨工具在高速旋转的过程中形成偏心，使心杆产生不平衡的径向力，并使珩磨头在其整个接触线的长度上均以相同的单位接触压力与工件表面接触，进行珩磨，其原理如图 14.9 所示。通过改变磨具的转速，也可以在一定范围内无级调节径向力，即磨削力。

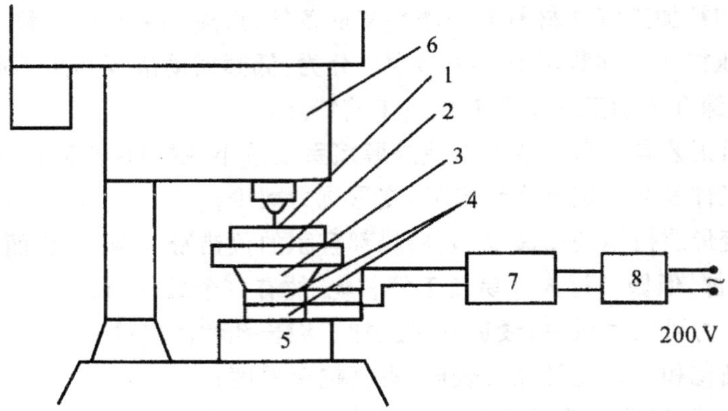

图 14.7 超声波振动钻削微小深孔加工示意图

1— 工件；2— 工作台；3— 变幅杆；4— 压电陶瓷；5— 底板；6— 高速台钻；7— 超声波发生器；8— 变压器

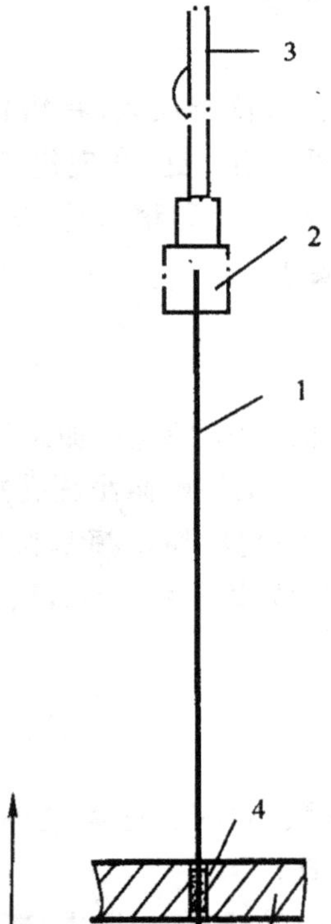

14.8 微小深孔珩磨示意图

1— 心杆；2— 夹头；3— 机床主轴；4— 珩磨头；5— 工件

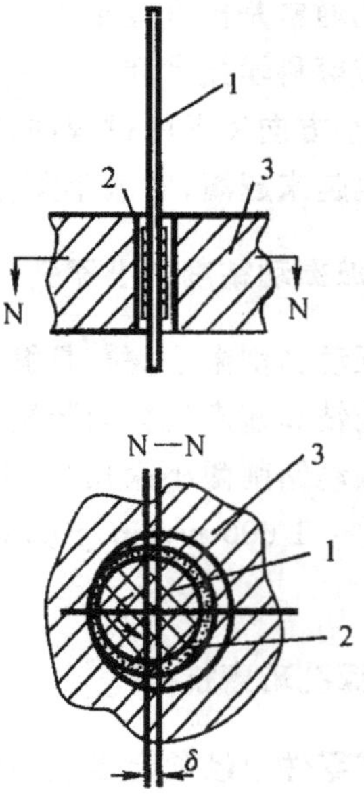

图 14.9 微小深孔珩磨原理

1— 心杆；2— 磨料；3— 工件

三、深小孔的电火花加工技术

电火花加工原理是基于工具和工件(正、负电极)之间脉冲性火花放电时的电腐蚀现象来蚀除多余的金属,以达到对零件的尺寸、形状及表面质量预定的加工要求。其工作原理是采用管状电极,加工时电极作回转和轴向进给,管电极中通入1～5 MPa的高压工作液(去离子水、蒸馏水、乳化液或煤油),如图14.10所示。由于工作液能迅速将电极产物排除,且能强化火花放电的蚀除作用,因此这一加工方法的最大特点是加工速度高。一般加工速度可达60 m/min左右,比普通钻孔速度还要快。电火花深小孔加工技术最适合于直径为$\phi(0.3\sim3)$ mm左右,长径比在20～100范围内的微小深孔加工。主要用于线切割零件的预穿丝孔、喷嘴,以及耐热合金等难加工材料的微小深孔加工。

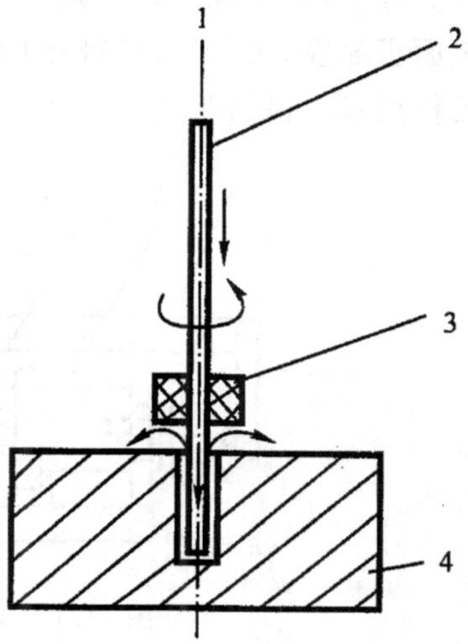

图14.10 电火花微小深孔加工示意图

1—高压工作液;2—管电极;3—导向器;4—工件

深小孔电火花加工系统主要由两部分构成,如图14.11所示,一部分是原来的机床部件,包括主轴进给系统、工作台移动与调整系统、晶体管脉冲电源等;另一部分是附属装置系统,包括工件和工具电极夹持系统、导向系统、介质循环与过滤系统。

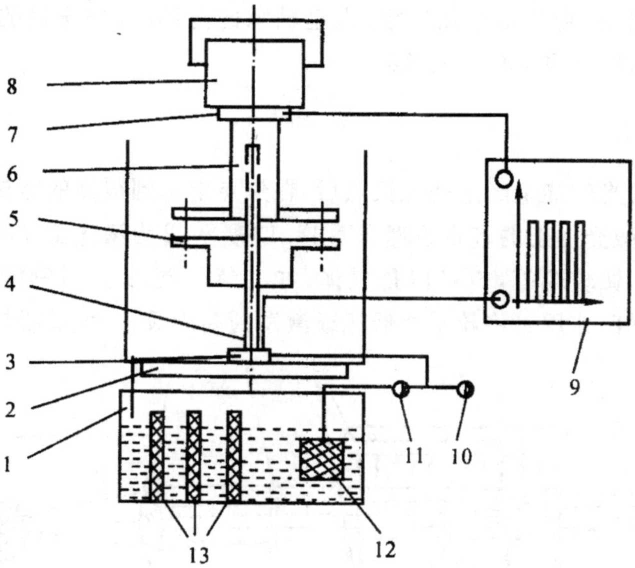

图14.11 深小孔电火花加工系统

1—介质液箱;2—工作台;3—管电极夹头;4—管电极;5—导向系统;6—工件;7—夹头;8—主轴系统;9—晶体管脉冲电源;10—压力表;11—泵;12—吸头;13—滤网

四、电火花微小深孔磨削技术

电火花磨削是在穿孔、成型机床上附加一套磨头来实现，工件旋转，电极作往复运动和进给运动。图 14.12 为加工示意图，工件 5 装夹在三爪自定心卡盘 6 上，由电动机带动旋转，电极丝 2 由螺钉 3 拉紧，并保证与孔的旋转中心线相平行，固定在弓形架上。为了保证被加工孔的直线度和表面粗糙度，工件(或电极丝)还作往复运动，这是由工作台 9 作往复运动来实现的。工作液由工作液管 1 供给。

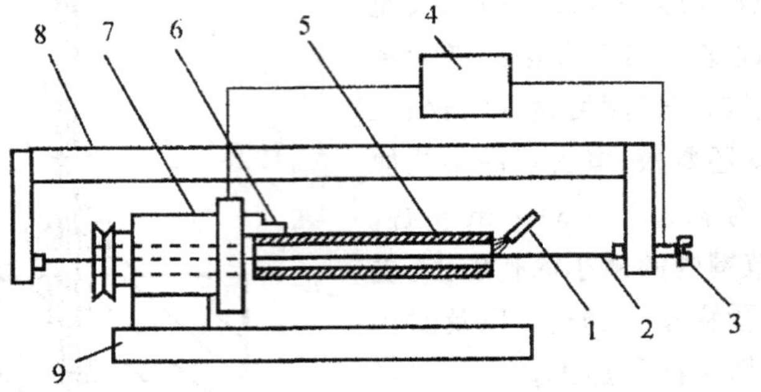

图 14.12 电火花微小深孔镗磨示意图

1— 工作液管；2— 电极丝(工具电极)；3— 螺钉；4— 脉冲电源；5— 工件；6— 三爪自定心卡盘；7— 电动机；8— 弓形架；9— 工作台

电火花磨削虽然生产率较低，但比较容易实现，而且加工精度高，表面粗糙度值小，小孔的圆度可达 0.003 ~ 0.005 mm，表面粗糙度 R_a 小于 0.32 μm，故生产中应用较多。如加工镶有硬质合金的小型弹簧夹头、粉末冶金用压模、微型轴承的内环、冷挤压模的深孔、液压件深孔等等，采用电火花磨削，均取得了较好的效果。

五、深孔激光加工

激光加工是利用光的能量经过透镜聚焦后，在焦点上达到很高的能量密度，靠光热效应来加工各种材料。深孔激光加工的基本原理如图 14.13 所示，2 为激光工作物质，激光工作物质可以是固体，如红宝石、钕玻璃等，也可以是气体，如二氧化碳。3 为激励能源，其主体是一个光泵，即脉冲氙灯或氪灯，作用是将粒子由低能级激发到高能级，产生受激辐射。

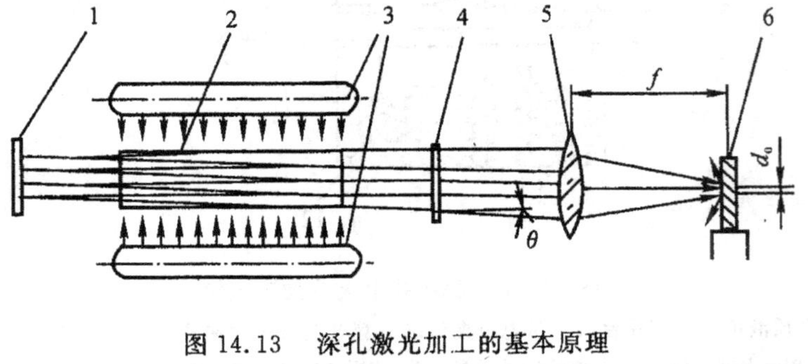

图 14.13 深孔激光加工的基本原理

1— 全反射镜；2— 激光工作物质；3— 激励能源；4— 部分反射镜；5— 透镜；6— 工件；θ— 激光束发散全角；d_0— 激光焦点直径；f— 焦距

当工作物质2被激发以后，在一定的条件下可使光得到放大，并通过1和4组成的光谐振腔的作用产生光的振荡，由光谐振腔的部分反射镜4输出激光。由激光器发射的激光再通过透镜5聚焦到工件6的待加工表面，对工件6进行预定的加工。

能量密度极高的激光束照射到被加工表面时，一部分光能被反射，一部分光能穿透物质，而剩余的光能被加工表面吸收并转换成热能。对不透明的物质，因为光的吸收深度非常小，所以热能的转换只发生在表面的极浅层，再由热的传导作用传递到物质的内部。由加工表面吸收并转换成的热能使照射斑点的局部区域迅速熔化以致汽化蒸发，并形成小凹坑，同时由于热扩散使斑点周围的金属熔化，随着激光能量的继续被吸收，凹坑中金属蒸气迅速膨胀，压力突然增大，相当于发生一个微型爆炸，把熔融物高速喷射出来。熔融物高速喷射所产生的反冲压力又在工件内部形成一个方向性很强的冲击波。这样，工件材料就在高温熔融和冲击波的同时作用下，蚀除了部分物质，从而打出一个具有一定锥度的小孔。激光束加工就是根据这样的机理进行的。

深孔激光加工在工艺上具有以下特点：

(1) 对材料的适应性强：激光加工的功率密度是各种加工方法中最高的一种，激光打深孔工艺几乎可以用于任何金属材料和非金属材料，如高熔点材料、耐热合金及陶瓷、宝石、金刚石等硬脆性材料均可加工。对透明材料(如玻璃)采取色化和打毛措施仍然可以加工。

(2) 打孔速度极快，热影响区小：工件部位周围的材料几乎不受热影响，因此工件热变形很小。

(3) 属于非接触加工：激光加工不需要加工工具，为非接触加工，工件不受力，也无变形，因此能对刚性很差的零件(如飞机薄板等)实现高精度加工。

(4) 穿越介质进行加工：激光加工可以通过空气、惰性气体或光学透明介质对工件进行加工，因此可以透过由玻璃等光学透明介质制成的窗口对隔离室或真空室内的工件进行加工。

(5) 其他方面：在节能、环保等方面也有很大的优越性。激光加工是向局部的加工点施加高速的大能量，所以能源消耗少，没有加工污染，并且工件的搬运比较方便。

由于激光加工具有以上这些特点，目前，深孔激光加工已应用于火箭发动机和柴油机的燃料喷嘴加工、化学纤维喷丝板打孔、钟表及仪表中的宝石轴承打孔、金刚石拉丝模加工等方面。深孔激光加工的直径可以小到0.01 mm以下，长径比可达50，尺寸精度可达IT7，表面粗糙度R_a为0.16～0.08 μm。

参考文献

1 机械工程手册、电机工程手册编委会.机械工程手册.北京:机械工业出版社,1980

2 孟少农.机械加工工艺手册.北京:机械工业出版社,1991

3 张耀宸.机械加工工艺设计手册.北京:航空工业出版社,1987

4 王世清等.孔加工技术.北京:石油工业出版社,1993

5 朱祖良.孔加工刀具.北京:国防工业出版社,1990

6 樊铁镔.实心料的深孔加工.成都:成都工具研究所,1988

7 霍尔登·J·斯温哈特著.深孔加工.管光晋译.北京:国防工业出版社,1974

8 陈日曜.金属切削原理.北京:机械工业出版社,1985

9 乐兑谦.金属切削刀具.北京:机械工业出版社,1985

10 李祥林等.振动切削及其在机械加工中的应用.北京:北京科学技术出版,1985

11 任兆应等.实用钻孔技术.北京:金盾出版社,1997

12 石建军.孔的切削加工.西安:西安交通大学出版社,1988

13 仇启源.现代金属切削技术.北京:机械工业出版社,1992

14 王世清等.机械制造工程学.西安:陕西科技出版社,1998

15 钱以永.珩磨及其应用.北京:机械工业出版社,1978

16 (日)隈部淳一郎.精密加工振动切削(基础与应用).韩一昆等译.北京:机械工业出版社,1985

17 机械工业部成都工具研究所.国外机械工业基本情况——金属切削刀具.北京:机械工业出版社,1988

18 黄鹤汀等.机械制造技术.北京:机械工业出版社,2000

19 刘晋春等.特种加工.北京:机械工业出版社,2000

20 韩荣第等.现代机械加工新技术.北京:电子工业出版社,2003

21 朱林.深孔钻削稳定性研究及应用,机械工程学报,1998,34(3):101~106

22 Shiqing Wang. A new twist drill from china. Cutting Tool Engineering,1993,45(1):30~35

23 L. Zhu. The research of the deep－hole strong honing of titanium alloy. Key Engineering Materials,2001(6):403~406

24 Lin Zhu. Research on the Deep－hole Drilling Technology of Super slender Titanium Alloy.北京:航空工业出版社,2002

25 Lin Zhu. The Deep－Hole Machining Technology on the Barrel of Petroleum Logging Instrument.西安:陕西人民出版社,2002

26 朱林.石油测井仪器筒体内孔加工技术.石油机械,2003(1):24~25

27 彭海等.深孔加工难题例题.新技术新工艺,2001(6):18~20

28 彭海.不锈钢和钛合金工件的高效深孔钻削工艺.现代制造工程,2003(4):47~483

29 朱林.车床改装为深孔加工机床的设计方法.新技术新工艺,2001(7):26~27

30 王世清等.新型无横刃麻花钻的结构及刃形分析.机械制造,1993(2):23~25

31 朱林.深孔强力珩磨技术及应用.新技术新工艺,2001(8):24~25

32 彭海等.超薄壁小直径精密深孔加工技术的研究.现代制造工程,2002(10)59~60

33 宋蕾,朱林.深孔钻削加工刀具状态监测的研究.新技术新工艺,2002(4):21～22
34 高本河,王世清.两端小中间大的小孔径零件加工.机械制造,1997 (3):23～24
35 徐旭松,刘战锋.低频机械式深孔振动钻削装置的设计与应用.新技术新工艺,2002(10):16～18
36 朱林.小直径、超细长钛合金深孔钻削技术.机械工程师,2002(6):12～14
37 宋蕾,朱林.深孔钻削监测系统的研究.机械工程师,2002(9):43～45
38 吴凤知.一种新型的装配式硬质合金扁钻.新技术新工艺,2002(7):15～16
39 彭海等.钛合金材料深孔钻削工艺研究.新技术新工艺,2002(8):16～18
40 彭海.钛合金及高温合金的小直径深孔加工.新技术新工艺,2003(5):20～22
41 刘战锋等.新型四棱带麻花钻的设计与试验.机械制造,1992(3):18～20
42 朱林.新型外排屑负压抽屑系统.机械制造,1992(9):15～16
43 王世清.可转位硬质合金钻—扩两用钻的切削试验与研究.工具技术,1992(4):31～35
44 樊铁镔译.一种高效深孔加工刀具——Speedbit 钻头及其改进情况.工具技术,1987(2)
45 彭海.四棱带深孔麻花钻的结构特点及切削性能.新技术新工艺,1992(4):16～18
46 王立江等.振动钻削微小孔提高加工精度的研究.机械工程学报,1992(1):15～18
47 王新风.关于深孔钻削切削形态和容屑系数优化的探讨.太原机械学院学报,1986(1):16～18
48 朱林.新型双刃枪钻及切削实验研究.机械工艺师,1993(7):5～6
49 赵洪兵,朱林.车床改装深孔机床后油路系统设计.制造技术与机床,1997(3):39～41
50 朱林.深孔钻的设计与研究.西安工业学院学报,1998,18(1):53～57
51 朱林.深孔钻 CAD 专家系统的研制.计算机辅助设计与制造,1998(2):32～34
52 王世清等.新型精孔钻的切削试验与研究.工具技术,1989(5):23～29
53 王世清.XXZ-1 型钻头钻心的数学模型及几何角度分析.西安石油大学学报,1988(2):65～70
54 朱林.CAD 在枪钻设计中的应用.太原机械学院学报,1989(2):90～94
55 史永庆.多尖齿折线刃深孔钻头的实验研究与计算机辅助设计:[硕士论文].西安:西安石油大学,1996
56 陈亚奇.钛合金小直径深孔加工研究:[硕士论文].西安:西安石油大学,1999
57 熊镇芹.深孔钻削孔轴线偏斜机理及纠偏方法研究:[硕士论文].西安石油大学,1999
58 宋蕾.深孔钻削刀具状态监测系统的研究:[硕士论文].西安石油大学,2002
59 李庆梅.深孔精密镗削的研究:[硕士论文].西安石油大学,1999
60 徐旭松.难加工材料小直径深孔振动钻削工艺研究:[硕士论文].西安石油大学,2003
61 高本河.两端孔径小、中间孔径大的小直径深孔加工研究:[硕士论文].西安石油大学,1997
62 冯凯.超细长深孔的振动钻削研究:[硕士论文].西安石油大学,1997
63 高本河.低频振动钻削小直径深孔的机理与应用研究:[博士论文].西安交通大学、西安石油大学,2000
64 Shiqing Wang:Cutting Experiments and Analysis of New Type Precision Hole Making Drills. Proceedings of CIRP Conference on Precision Engineering and Manufacturing

System,1991,(12):501～510
65 汪志明.DF深孔钻系统负压机理以及排屑特性的试验研究:[硕士论文].华北工学院,1985
66 高本和等.振动钻削中切屑颗粒的运动规律.农业机械学报,2000(1):108～110
67 刘战锋等.小直径深孔振动钻削系统设计与试验.太原重型机械学院学报,1999(3):62～66
68 高本和等.振动钻削钻头扭转振动减振机理与效果的试验研究.重型机械,1999(3):47～50
69 刘战锋等.小直径内排屑深孔振动钻削试验研究.新技术新工艺,1998(4):13～14
70 冯凯等.振动钻削切屑长度控制和最佳i值范围.西安石油大学学报,1998(6):42～45
71 刘战锋等.振动钻削系统的稳定性与振幅损失.山西机械,1999(3):13～16
72 高本和等.振动钻削中的振幅损失与补偿研究.制造技术与机床,2000(4):34～36
73 高本和等.基于非线性分析的振动切削抑振原理.机械工艺师,1998(2):9～11
74 刘战锋等.抽油泵长缸套深孔加工工艺.机械制造,1994(2):17～19
75 D. Y. Zhang et al. Study on the drill skidding motion in ultrasonic vibration micro－drilling[J]. ASME PED,1991,(55):361～371
76 Lijiang Wang et al. Investigation on zero－phase－difference vibration chip breaking[J]. Chinese Journal of Mechanical Engineering,1990(1):50～57
77 (日)足立胜重.振动切削研究(第1报).精密机械,1976,42(12):1 133～1 138
78 王立平等. 振动钻削工艺的发展概况及应用前景.工具技术,1999(3):3～6
79 李又生.深孔激光加工研究.激光技术,1998(2):98～102
80 王振龙等.钛合金深小孔的微细超声电火花加工技术.兵工学报,2000(4):346～349
81 谢关荣等.钢铁材料电解抛光技术.电镀与涂饰,2001(3):24～30
82 段绍值等.深小孔电火花加工工艺.机械工艺师,1995(1):17
83 朱派龙等.钨钼合金深小孔的电火花加工研究.电加工与模具,2000(5):12～15
84 罗均等.高强度钢超声珩磨的试验及机理研究.磨床与磨削,1998(4):22～24
85 张云电等.强力超声珩磨在高强度钢深孔加工中的应用.应用声学,1996(3):32～36
86 张景辉.卧式强力珩磨在深孔加工中的应用.机械工程师,1996(增刊):51～55
87 吴晓丹等.钛合金深孔钻削刀具破损和磨损研究.现代机械,1999(3):58～60
88 刘锡海等.ϕ2 mm深孔钻削微机监控系统的研究.吉林工学院学报,1995(2):1～5
89 陈朔东等.检测深孔钻削中心线偏移的新型传感器.机械工程师,1996(6):16～17
90 胡小秋等.深孔钻削扭矩控制装置设计.组合机床与自动化加工技术,2000(10):42～43
91 李学芳.国外刀具材料的发展近况.工具技术,1999(3):3～7
92 于启勋.刀具材料的回顾与展望(上).机械工艺师,1999(11):5～6
93 于启勋.刀具材料的回顾与展望(下).机械工艺师,1999(12):5～6
94 郭应国等.硬质合金刀具材料的现状与展望.金属热处理,1994(8):3～6
95 骆红云等.国外新型刀具材料的发展现状.吉林工学院学报,2001(1):56～58
96 秦新毓.深孔麻花钻的结构及应用.工具技术,1986(11):23～25